普通高等学校教学用书

检测技术与智能仪表

（第3版）

主　编　罗桂娥
副主编　陈革辉

中南大学出版社
2009

前　言

检测技术是信息技术的核心之一。传统的检测技术包括两方面的内容,即测量非电参数的传感器技术及应用电测方法的测量仪表。仪表的内涵除了常用的测试仪表,还有工业自动化仪表。随着微型计算机技术的发展及其在工业控制过程的广泛应用,检测技术发生了深刻的变革,目前已进入智能传感器、智能仪器仪表和智能测控系统阶段。为了适应现代科学技术发展的需要,必须对检测技术与智能仪表的内容做相应的扩充与更新。此书是在陈润泰、许琨编著的《检测技术与智能仪表(修订版)》的基础上,并结合多年教学和科研实践编写而成的。

本书以信息获取(传感器)、信息转换(检测电路)、信息处理(微机技术)和显示(仪表)为主线,系统介绍了现代检测技术与智能仪表的基本原理、方法以及相应的应用技术。全书分为4篇。第1篇为检测技术基础知识篇,主要介绍检测技术基础,包括测量方法、检测装置的基本性能与误差理论基础等。第2篇为传感器技术篇,按传感器的用途分章讲述传感器的工作原理、结构、技术指标及使用特点;同时也介绍了多传感器信息融合技术和传感器网络技术等内容。第3篇为智能仪表篇,主要阐述智能仪表的组成、输入输出通道及其接口技术、通信技术、显示与接口技术、智能仪表中的智能技术等。第4篇为自动化仪表控制及抗干扰技术篇,主要叙述工业自动化仪表常用的控制技术、干扰及其抑制技术。本书的编写力求系统性、实用性与先进性相结合,理论与实践相交融,既注重传统知识的讲授,又兼顾新技术、新成果的应用。

全书的检测技术基础知识篇、传感器技术篇、智能仪表篇、自动化仪表控制及抗干扰技术篇4篇之间既有独立性也有相关性,各专业在教学中可以自行取舍。本书可作为高等学校自动化、电气工程、测控技术与仪器、机械设计制造及其自动化、电子信息工程等相关专业高年级本科生、研究生教材,也可供其他专业学生和有关技术人员参考,或作为自学用书。

参加本书编写的有:罗桂娥(第1篇、第3篇、第4篇),陈革辉(第2篇)。全书由罗桂娥统稿并定稿。

由于作者水平有限,书中不妥之处在所难免,恳请读者批评指正。

编　者
2009 年 5 月

目　录

第1篇　检测技术基础知识

第2篇　传感器技术

第3篇　智能仪表

第4篇　自动化仪表控制及抗干扰技术

第1篇　检测技术基础知识

第1章　综　述

　　检测仪表以及由其组成的检测系统，是人类感觉器官极其重要的扩展和延伸，是人类观察自然和测量自然各种现象的重要工具和手段，故测量和检测广泛存在于各个领域。随着生产力水平的提高，需要检测的范围愈来愈宽阔，从而对检测技术、检测工具、检测方法、检测理论等提出的要求也越来越高。迄今为止，检测技术在经历了几个重要的历史时期的发展之后，作为自动化科学的一个重要分支，已经形成一门实用性、综合性的新兴边沿学科。

1.1　自动检测技术及其发展

1.1.1　检测技术与自动化科学技术的关系

　　检测技术属于信息科学的范畴，与计算机技术、自动控制技术和通信技术构成完整的信息技术科学。广义地讲，检测技术是自动化技术4个支柱之一，从信息科学角度考察，检测技术任务为：寻找与自然信息具有对应关系的种种表现形式的信号，以及确定两者间的定性、定量关系；从反映某一信息的多种信号表现中挑选出在所处条件下最为合适的表现形式，以及寻求最佳的采集、变换、处理、传输、存储、显示等的方法和相应的设备。显然，检测技术是自动化学科的重要组成部分之一，是以现代自动化系统中的应用为主要目的，围绕参数检测和测量信号的分析等信息获取处理技术进行研究开发与应用的一门综合性技术。

　　在科学实验和工业生产过程中，为了及时了解工艺过程、监测和控制某个生产过程或运动对象的状态，掌握其发展变化规律，使它们处于所选工况的最佳状态，就需要对描述被控对象特征的某些参数进行测量或检测，其目的是为了准确获得表征它们的定量信息，为生产过程的自动化及科研提供可靠的数据。至于检测技术的意义就更广泛了，它包括根据被测对象的特点，选用合适的测量仪器仪表及实验方法，通过测量及数据处理和误差分析，准确得到被测量的数据，并为提高测量精度、改进实验方法及测量仪表，为生产过程的自动化等提供可靠的依据。

　　科学技术的发展与检测技术的发展是密切相关的，检测技术达到的水平愈高,则科学技术成就愈为深广,而科学技术的发展,特别是新材料、新结构的传感器研制成功,以及微型计算机在检测技术中的应用,使得检测手段、检测方法和检测设备发生了变革性的变化,形成了自动化、实时化和智能化的微机检测系统,从而在检测的准确性、快速性、可靠性和抗干扰等方面发挥了明显作用,大大丰富了检测技术所包含的内容,扩大了检测技术的应用范围,同时也提出了新的课题。所谓智能化的微机检测系统是以微处理器为核心组成的数字化测量系统。

在现代化生产中,为提高劳动生产率和产品质量,改善劳动条件,必须不断提高生产过程自动化水平和扩大自动化应用范围。在实现自动化过程中,所用的检测技术和装置是自动化系统的"感觉器官",因为只有在准确知道生产过程的状态和工艺参数的条件下才能进行自动控制。

为了阐明检测技术在自动化系统中的应用和地位,下面以图 1 - 1 所示的数字计算机控制系统为例说明。

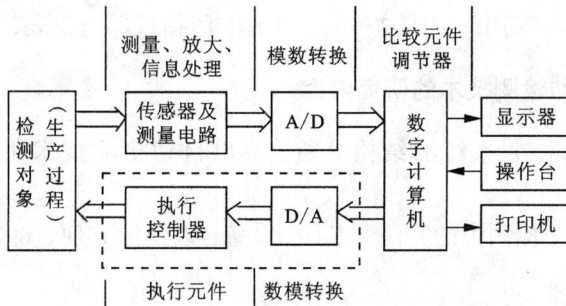

图 1 - 1 数字计算机控制系统典型框图

图 1 - 1 控制系统的特点之一是按多控制对象或多参量反馈控制来设计的,其目的是充分发挥计算机准确和快速的优势,提高计算机控制系统的性能价格比。显然,在数字计算机控制系统中需要解决大量工艺参数的检测和数字量的转换问题,在计算机应用中的这一重要分支即为巡回检测系统。去掉图 1 - 1 中的虚框部分即为此类系统的典型框图。在生产过程中,采用微型计算机进行巡回检测和数据处理不仅具有强的实时性,也给工作带来更多的方便。

从自动控制系统分类观点出发,一个控制系统不设置执行控制器部分,而系统主要用于对生产设备和工艺过程进行自动监视和自动保护,则称为自动检测系统。然而"自动检测"更一般的定义如下:使用自动化仪表或系统,在最少的人工干预下自动进行并完成测量、检验的全部过程,称为自动检测(automatic-detection and measurement)。相应的自动检测系统的基本结构从图1-1中可见,应包括检测元件(或传感器、检测仪表等)、信号处理、信号输出及附加装置等组成。传感器、检测仪表是将检测的非电量变换为电信号。信号处理包括标度变换、复杂的运算处理、A/D 转换等。信号输出环节输出有效信号,用于控制、记录、显示、保护、报警等。

从图1-1典型框图看出,自动检测技术和装置是自动化系统中不可缺少的组成部分。自动控制系统的控制精度在很大程度上取决于检测和转换技术的精度,随着自动化水平的不断提高,对检测和转换装置的要求亦愈来愈高。

在军事方面,检测技术也属于高科技的技术,军用探测技术被称为高科技战争中制胜的三大法宝之一。目前已发展和投入使用的军用探测技术主要有光学探测技术、夜视探测技术、雷达探测技术、地面传感探测技术等。根据自动控制理论,图1-1也是一个典型的负反馈闭环控制系统,它是由一些基本的职能元件组成,这些基本职能元件是:测量元件、比较元件、放大元件、调节器、执行元件等。自动化仪表分类方法也与它们相对应。

必须指出:本书用的仪表这一基本术语,泛指仪器与仪表,或者仪器仪表。

1.1.2　自动检测技术的研究内容

根据对自动检测系统的结构分析,得出自动检测技术研究的主要内容如下:

(1)研究信号检测中的方法、工具、设备,以便能方便、迅速、准确、可靠地完成检测任务。

(2)研究检测中的信息处理(如信号放大、滤波等)与变换的方法。从被检测对象中获取的信号,经检测元件、测量电路等装置后,常常包含各种干扰信号,它们不仅引起测量误差,还会对测量的可靠性、准确性带来不利的影响。为了克服干扰影响,需要使用较复杂的数据处理、变换方法。

(3)研究检测问题中信息传输、接收、存储、显示的方法与技术。

(4)研究检测仪表、检测系统的抗干扰技术和故障检测、诊断的功能。

(5)研究使用计算机辅助设计技术对检测方法、检测仪表及检测系统进行详细的理论分析、参数及结构的最优化设计。

(6)研究智能仪表的设计与集成方法。

1.1.3　自动检测技术的新进展

(1)检测理论的发展。信息论应用于检测技术领域,尤其是应用于误差理论方面已取得了较大发展。其他许多新技术如微机技术、通信技术、自动控制技术、计算机辅助技术、现场总线技术等引入检测领域，带来仪表及检测技术的巨大变革，产生并发展了智能仪表、计算机辅助测试系统等，此外还能使检测方法、检测工具朝着智能化和多功能化方向发展。在此基础上，目前部分专家正努力建立检测技术学科自己的理论基础和理论体系。就目前来说，其内容涉及生产过程参数检测系统与检测对象模型的建立与研究、检测系统中信息理论研究、检测系统中的随机信号与噪声研究、相关理论与频谱分析的应用研究、模式识别与图像理论与应用研究、模糊信息理论与应用研究、仿人与仿生测量理论与应用研究等。建立和研究理论，可以从以下两个方面对仪器仪表的发展起到积极的作用：改善和提高由现有传感元件和检测方法所构成的测量系统或检测仪表的工作性能；为研制现代检测系统和新型仪表提供理论指导。

　　(2)测量信息数字化。因为数字化信号比模拟信号有较多的优越性，由此带来的检测结果表示合理化和直观化，检测过程自动化和智能化，检测仪表、检测系统小型化或微型化，是未来检测技术发展的主流趋势。

　　(3)研究多参数综合检测、多传感器综合应用的智能化检测仪表与系统，或应用多传感器信息融合技术的检测系统，使检测系统具有智能的基本特征，以便适应大型系统的需要。

　　(4)研究故障检测与诊断技术，以及这些技术如何在检测系统中进行应用。

1.2　智能仪表的组成及发展趋势

1.2.1　工业自动化仪表概述

　　工业自动化仪表是工业生产自动化中，特别是连续生产过程自动化中必需的一类专门的仪器仪表。众所周知，生产过程是指把原料放在一定外界条件下，经过物理或化学变化而制成产品的过程，例如，冶炼、发电的热力过程。由于它们经常要求自动保持某些参数或按给定规律变化，因此，闭环控制系统在这里得到广泛的应用。随着自动控制技术的发展，生产过程中应用的自动控制系统，其组成的功能单元均已有系列产品，这些产品统称为自动化仪表。如图1-2所示，为了构成一个闭环控制系统，必须有3类自动化仪表：检测仪表，调节器，执行器。检测仪表相当于测量元件，起到测量被调量的作用；调节器相当于给定、比较、调节等元件，起到给定、比较、调节等作用；执行器相当于执行元件，起到改变操作量从而调节被调量的执行作用。此外，在实际的系统中，还应有显示仪表及手动操作器两类仪表。合理地选择它们，人们可以很方便和很灵活地构成各类闭环控制系统。可见，生产过程自动控制的特点之一是广泛采用仪表控制。

从本质上来讲,不论是生产过程仪表控制,还是图1-1所阐述的自动控制系统,它们都是闭环系统,故在分析和设计方法方面,原则上也都一样。然而,生产过程仪表控制与一般控制系统比较起来,也存在某些具体的特点,大致可归纳如下:

(1)被控对象的多样性。生产过程中的被控对象是多种多样的,有简单的,也有复杂的,并且复杂的居多。而且对象的特性很难求得精确表达式。

(2)应用成套的自动化仪表作元件来构成系统。由于被控对象特性的多样、复杂和未知等特点,很难找出它们的传递函数表达式,因此,调节器的传递函数难应用分析方法获得。为解决此矛盾,必须要设计出一个泛用型的调节器,通过改变调节器参数,以适应不同特性的对象,此类型调节器本身就是自动化仪表中的一类产品,目前有P(比例)、PI(比例—积分)、PID(比例—积分—微分)等特性的调节器可供选用。

(3)系统设计的核心问题是调节器参数设计或调整问题,设计主要任务是调节器特性的造型和调节器的参数计算、调整,而且后者更为重要,这在生产过程仪表控制中常称为调节器参数整定。由于对象的传递函数没有精确数学表达式,故很难于从计算上求得调节器的参数值,常用的是实验调整法或经验调整法。

(4)这类系统广泛应用了各种简单和复杂的控制回路。由于对象特性多样性,相应的系统也应用单回路控制和复杂的多回路控制。后者包括串级控制系统、前馈控制系统、计算机参与的采样控制系统、比值控制系统等。

(5)这类系统多为位式控制系统及恒值控制系统,因此,研究系统特性主要是研究在扰动下的特性。

从图1-2可知,按照自动化仪表的结构特点可以将其分为基地式仪表和单元组合仪表两类。基地式仪表的结构特点是将测量、记录、调节、显示等功能的单元安装在一个表壳里,形成一台自动化仪表,即为基地式仪表。仪表的这种结构形式是和当时自动化程度不高、控制分散的状态基本适应的,因而在一段时期内曾获得了普遍的应用。但是随着大型工业企业的出现,生产向综合自动化和集中控制的方向发展,人们发现基地式仪表的结构不够灵活,不如将仪表按功能划分,制成若干种能独立完成一定职能的标准单元,各单元之间以规定的标准信号相互联系,这类仪表称为单元组合仪表。利用它们的组合,便可灵活地构成各类简单和复杂的控制系统。显然,单元组合仪表无论对仪表制造厂的大量生产,还是对用户的选用和维修都是很有利的,所以自动化程度较高的大、中型企业中,几乎都使用单元组合仪表,只有小型企业或分散设备单机控制中,基地式仪表由于结构紧凑,价格便宜,仍有一定的使用。

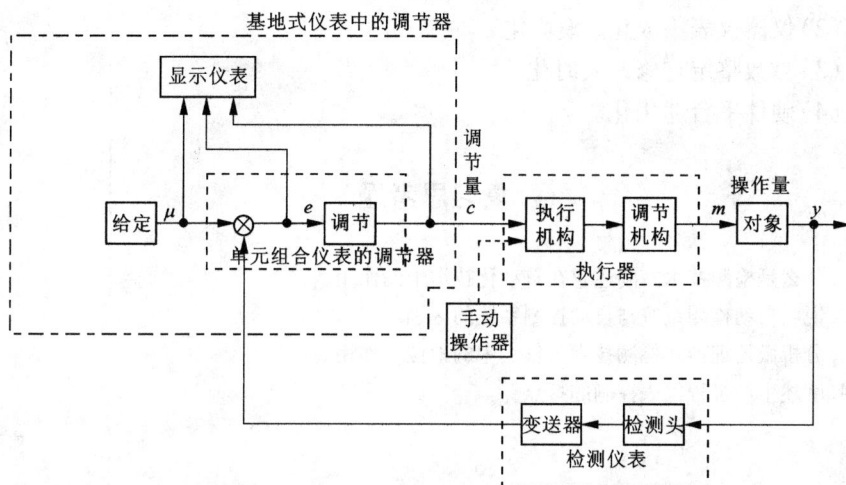

图 1-2 生产过程仪表控制系统原则性方块图

1.2.2 智能仪表的内涵及发展

本书所述的智能仪表为新一代工业自动化仪表。它就是带微处理器的过程测控仪表，即具有记忆、判断和处理功能的仪表。而更全面的理解其内涵应是：以微处理机或单片机为核心部件，借助计算机技术和测控技术等设计和制造出来，并用软件代替一部分硬件功能的一代新型仪表。智能仪表由硬件和软件两部分构成，硬件一般来说由 3 部分组成，即微处理机、操作显示部件、通道接口部件。软件分两种，一种是管理软件，另一种是应用软件。

智能仪表具有如下特点：

(1)保持原有模拟仪表的操作、使用特点，不懂计算机的仪表操作人员可按常规仪表的习惯进行操作。例如，手动/自动切换，PID 参数整定等。

(2)具有可编程特性，控制算式由程序确定，可以改变控制规律。

(3)控制功能丰富，除基本的 PID 反馈控制功能外，还可实现串级、前馈、顺控、逻辑控制等功能。

(4)演算功能强，运算精度高。

(5)具有自动补偿、自选量程、自校正、自诊断、进行巡检等功能。

(6)具有标准通信接口，可与上位机相联，实现数据通信与联网。

智能仪表产品，总的来看会朝向高精度、高可靠性、小型轻量化、模块化、数字化、智能化方向发展。总之，仪器与计算机技术的集成是当今仪器仪表发展的最显著特点，包括以下内容：

(1)硬件功能软件化。

(2)仪器仪表集成化、模块化。

(3)参数整定与修改实时化。

(4)硬件平台通用化。

复习思考题

1. 什么是检测技术？阐述它在自动化技术中的作用。

2. 说明自动检测系统与自动控制系统的区别。

3. 分析微处理器在检测技术与仪表中的地位与作用。

4. 阐述生产过程仪表控制的特点。

第 2 章　测量方法

2.1　测量的基本方程式

2.1.1　测量的概念

测量(measurement)能够使人们对客观事物获得定量或定性的认识,并由此发现客观事物的规律性。在当今的信息时代,没有信息的获取与处理是很难想象的。可见,测量对于现代科学技术的存在和发展极为重要。

测量是借助于仪器或仪表(专门的技术工具),依靠实验和计算方法对被测量取得定性或定量信息的认识过程。所谓定性,指通过测量大致判断出被测量存在与否,或者在某一个数量范围内。所谓定量,指用一定精度等级的测量仪表确定出被测量比较精确的数值大小。

从测量方法看,测量的过程实质上是一个比较的过程。在进行测量时,把被测量与一个被选为同性质的标准量进行比较,从而确定被测量对标准量的倍数,并以数字表示这个倍数。选定的标准量应该是国际上或国家所公认的,而且性能稳定的量。

2.1.2　测量的基本方程式

设被测量为 X,其标准单位为 Q,二者的比值为 x_0(无量纲的数值),则测量过程可用数学形式描述如下:

$$x_0 = \frac{X}{Q} \qquad \text{或} \qquad X = x_0 Q \qquad\qquad (2-1)$$

上式称为测量的基本方程式。式中,数值化后的比值 x_0 称为被测量的真实数值,简称真值。因为在实际求取比值时,只能用有限位数的数字来表示,并且在测量过程中也必然存在各种误差(见 4.1.3),故测量的基本方程式为:

$$X \approx xQ \qquad\qquad (2-2)$$

式中: x——测量值。

从式(2-2)看出,测量过程有三要素:

(1)测量单位。

(2)测量方法。它是将被测量与其单位进行比较的实验方法。

(3)测量仪表。它是求取比值而实际使用的仪表。

通过测量可以得到所需的测量值,然而测量目的还未全部达到,为使测量值精确,还需要对测试结果进行数据处理与误差分析,估计所得结果的准确性。

2.2 测量的基本方法

测量方法是指被测量与其标准单位进行比较的具体方法。测量方法的分类多种多样,按被测量变化的快慢可分为静态测量与动态测量,按测量手段可分为直接测量、间接测量和联立测量;按测量方式可分为偏差式测量、零位式测量和微差式测量。

2.2.1 直接测量、间接测量与联立测量

1.直接测量

通常测量仪表已标定好,在使用测量仪表进行测量时,对仪表读数不需要经过任何运算,就能直接得到测量的结果的,称为直接测量。例如用弹簧管式压力表测量流体压力就是直接测量。直接测量的优点是测量过程简单而迅速,缺点是测量精度不易达到很高。这种测量方法是工程上广泛采用的方法。

2.间接测量

在使用仪表进行测量时,首先对与被测物理量有确定函数关系的几个量进行测量,将测量值代入函数关系式,经过计算得到测量所需的结果,这种测量称为间接测量。例如:测量导线电阻率,其函数关系为 $\rho = \dfrac{\pi d^2 R}{4l}$,只要先测量出导线的电阻 R、导线长度 l 和导线直径 d,然后代入上述函数式,即可求出电阻率 ρ。

在这种测量过程中,手续较多,花费时间较长,有时可以得到较高的测量精度。间接测量多用于科学实验中的实验室测量,工程测量中亦有应用。

3.联立测量

在应用仪表进行测量时,若被测物理量必须经过求解联立方程组才能得到最后结果,则称这样的测量为联立测量。在进行联立测量时,一般需要改变测试条件,才能获得一组联立方程所需要的数据。对联立测量,其操作手续很复杂,花费时间长,是一种特殊的测量方法。它只适用于科学实验或特殊场合。

2.2.2　比较式测量

1. 偏差式测量

在测量过程中,用仪表指针的位移量(即偏差)决定被测量的测量方法,称为偏差式测量。应用这种方法进行测量时,标准量具不装在仪表内,而是事先用标准量具对仪表刻度进行校准;在测量时,输入被测量,按照仪表指针在标尺上的示值,决定被测量的数值。它是以间接方式实现被测量与标准量具的比较。例如,用磁电式电流表测量电路中某支路的电流,就属于偏差式测量。当有电流流入电流表时,在电磁力的作用下,经传动机构带动指针转动,并压缩表内的弹性元件,若弹性元件的反作用力矩与电磁力矩平衡,指针就稳定指示在刻度盘的某个位置。采用这种方法进行测量,测量过程比较简单、迅速,但测量结果的精度低。这种测量方法广泛用于工程测量中。

2. 零位式测量(又称为平衡式测量)

测量结束后,用指零仪表的零位指示来检测该系统的平衡状态,而在测量过程中是通过改变可知的基准量与被测量达到平衡状态,从而决定被测量的值,这种检测方法称为零位式测量。应用这种方法进行测量时,标准量具装在仪表内,在测量过程中,标准量直接与被测量相比较;调整标准量,一直到被测量与标准量相等,也就是使指零仪表回零。如图 2 - 1 所示电路是电位差计测量电势的简化等效电路。在进行测量之前,应先调节、校准回路工作电流 I;在测量时,接入被测电压 U_x,使之与基准电压 U_k 进行比较,调节 R_1 使检流计 G 回零,这时 $I_g = 0$,即 $U_k = U_x$,这样,标准电压 U_k 的值就表示被测未知电压值 U_x。

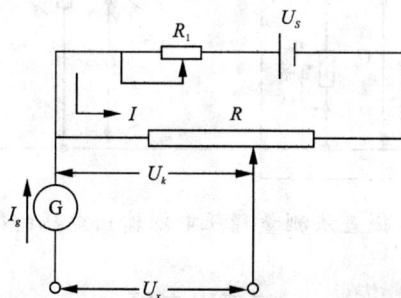

图 2 - 1　电位差计简化等效电路

采用零位式测量法进行测量时,优点是可以获得比较高的测量精度,但是测量过程比较复杂。采用自动平衡操作以后,虽然可以加快测量过程,但它的反应进度由于受工作原理所限,也不会很高。因此,这种测量方法不适用于测量变化迅速的信号,只适用于测量变化较缓慢的信号。

3. 微差式测量

将被测量与已知的标准量进行比较,并取得差值后,用偏差法测得此值。它是综合了偏差式测量法与零位式测量法的优点而提出的测量方法。此法在测量时分两步进行,第一步是将被测量基本工作点与标准量进行比较,并调节达到平衡状态。在此基础上,当被测量离开工作点(有微小变动),测量仪表便离开平衡状态,此时仪表的指示值即为变动部分的值。由于不需要进行平衡调整,大大提高了测量速度。图 2-2 为用微差法测量稳压电源输出电压随负载变动而引起的微小变化值。图中 R_{fz} 为稳压电源的负载,G 为高灵敏检流计。

在测量之前,预先调整 r_1,使电位差计的工作电流 I 为标准值,然后,在某一负载 R_{fz} 下,调整电位计 R,使高灵敏检流计 G 指零。系统处于平衡状态,即 $U_x = U_R$。而在检测过程中,当负载 R_{fz} 有变化时,稳压电源的输出电压 U_x 也必有相应的微小变化,此时平衡状态被破坏,$U_G \neq 0$,其数值即为被测量。值得注意的是,这种电路要求 G 的内阻 R_G 要足够高,满足 $R_G \gg R$、r_1、R_{fz}、r,否则,测量误差增大。因为 R_G、G 及电位差计组成稳压电源的另一条并联负载支路,R_G越大,负载支路电流越小。此外,R_G 大,可防止高灵敏检流计 G 被烧坏。微差式测量法的优点是反应快、精度高,它较适用于在线控制参数的检测,是一种很有发展前途的测量方法,在工程测量中会获得愈来愈广泛的应用。

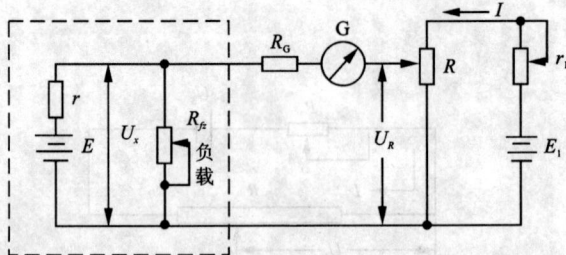

图 2-2 微差法测量稳压电源输出电压的微小变化

复习思考题

1. 分析直接测量、间接测量与联立测量的主要特点及应用场合。
2. 分析零位式测量的工作原理。

第 3 章　检测装置的基本性能

检测装置亦即检测仪器仪表,有多种类型。如何判断它们的优劣呢? 需要一些统一的评价准则,亦可以说任何检测装置均应具有的基本性能。

衡量检测装置性能主要指标有精度、稳定性和输入输出特性等。

3.1　精度

检测装置的精度包括精密度、准确度和精确度 3 个内容。

1. 精密度

精密度是指在相同条件下,对同一个量进行重复测量时,这些测量值之间的相互接近程度即分散程度,它反映了随机误差的大小。

2. 准确度

它表示测量仪器指示值对真值的偏离程度,它反映了系统误差的大小。

3. 精确度(简称精度)

它是精密度和准确度的综合反映,它反映了系统综合误差的大小,并且常用来表示测量误差的相对值。

为了加深对精密度、准确度和精确度的理解,举一个打靶实例说明。打靶结果如图 3 - 1 所示。子弹落在靶心周围有 3 种情况:图 3 - 1(a)的随机误差大,而系统误差小,故它的精密度低而准确度高;图 3 - 1(b)的随机误差小,而系统误差大,故它的精密度高而准确度低;图 3 - 1(c)的随机误差和系统误差均小,故反映精确度高。在实际测量中,人们总是希望得到精确度高的结果。

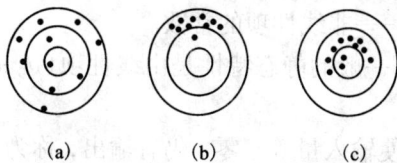

(a)　　　　(b)　　　　(c)

图 3 - 1　打靶弹着点分布图

3.2　稳定性能

检测装置一般工作在开环状态,因此稳定性不存在大的问题,而重要的问题是所谓漂移现象。

在一定条件下,保持输入信号不变,输出信号随时间或环境温度的缓慢变化,称为漂移。随时间的漂移称为时漂,随环境温度的漂移称之为温漂。例如,弹性元件的失效,电子元件的老化,放大器的温漂和温度、气压、电源电压、电磁场等外界环境都能引起漂移。

漂移能够说明检测装置工作的稳定性能,对于长时间运行的检测装置,这个指标更为重要。

根据自动控制有关理论,无论多复杂的检测装置和检测系统,都是由测量元件、放大元件、执行元件等组成的。每一个元件的输入输出特性均可用典型环节或它们的组合来描述。传感器和检测装置是检测系统的重要组成部分,因而对它们的静态特性和动态特性的分析研究也是很重要的。也就是说,需要研究它们的数学模型,建立它们的输出量与输入量之间的函数关系(动态过程),而在稳定状态下,便转变为它们之间的静特性。这里主要讨论它们的静特性。在检测技术中衡量检测装置静态特性的重要指标是线性度、灵敏度、滞环等。

1. 线性度

对于没有迟滞、蠕变效应的理想检测装置,其静态特性函数 $y = f(x)$,可由下列方程式来表示:

$$y = a_0 + a_1 x + a_2 x^2 + \cdots + a_n x^n \tag{3-1}$$

式中:　x——输入量(被测信号);

　　　　y——输出量;

　　　　a_0——零位输出;

　　　　a_1——灵敏度;

　　　　$a_2, a_3, \cdots, a_n$——非线性项的常数。

从式(3-1)可见,一般的静态特性是由线性项($a_0 + a_1 x$)和 x 的高次项所决定的。

当 $a_0 \neq 0$,表示即使输入量等于零,仍有输出,称为零位输出或零位偏移。

通常,检测装置的静态特性为非线性关系,典型的静特性如图3-2所示。实际特性 abc 线段与直线有一定差距,但在实际应用中,人们又总希望用某一规定的拟合直线代替曲线,至少在工作范围内应该如此。常用的拟合直线是切线或割线,如虚线段 ac,两者不吻合的程度称为该检测装置的"非线性误差",

或称"线性度"，常用实际曲线与理论直线之间的最大偏差与检测装置满量程输出之比(%)来表示，即：

$$E = \frac{\Delta y_{max}}{y_{max} - y_{min}} \times 100\% \qquad (3-2)$$

式中： E——线性度(非线性误差)；

Δy_{max}——实际曲线与理论直线的最大偏差；

y_{max}——输出最大值；

y_{min}——输出最小值。

由此可见，线性度的大小是以规定的直线作为基准计算出来的，因此，基准直线不同，得出的线性精度也不一样。而且采用的基准直线不同，线性度的定义也有差异。本书中采用理论直线作为拟合直线来确定检测装置的线性度，因为这种方法在阐明检测装置或传感器的线性度时比较明确和方便。所谓理论直线即式(3-1)中高次项系数为零(通常也设 $a_0 = 0$)，即：

$$y = a_1 x \qquad (3-3)$$

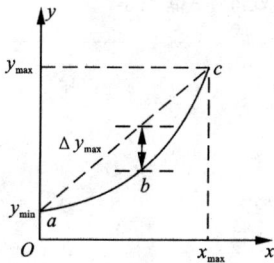

图 3-2 线性度的定义　　　　图 3-3 滞环特性示意图

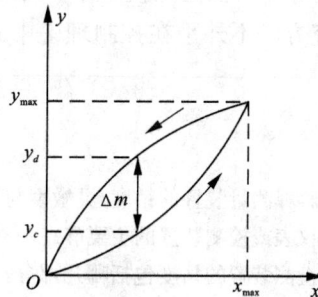

由理论直线求得的线性度称为理论线性度。在检测技术中，也常用最小二乘法来确定拟合直线，根据误差理论，最小二乘法线性度的拟合精度最高，但它的计算也最复杂。

2. 灵敏度与分辨率

灵敏度指传感器或检测仪表在稳态下输出量的变化量 Δy 与输入量变化量 Δx 之比值，用 k 来表示，即：

$$k = \frac{\Delta y}{\Delta x} \qquad (3-4)$$

对于线性传感器和检测仪表，它的灵敏度就是它的传递系数，亦即：

$$k = \frac{y}{x} \qquad\qquad (3-5)$$

传感器或检测仪表的灵敏度阈是引起输出量发生微小变化所必需的最小输入量的变化量。对于数字式测量仪表，灵敏度阈以分辨率表示，分辨率等于数字式仪表最后一位数字所代表的值。

3. 滞环(迟滞)

滞环反映传感器或检测仪表的正向特性(输入量增大)与反向特性(输入量减小)的不一致性。如图3-3所示，一般由实验确定。造成仪表滞环的原因很多，如传动机构的间隙、摩擦，弹性元件的弹性滞后的影响等。设在整个测量范围内的最大滞环误差为：

$$\Delta_m = y_d - y_c$$

则最大滞环误差率 E_m，以满量程输出 $y_{\max}$ 的百分数表示：

$$E_m = \frac{\Delta_m}{y_{\max}} \times 100\% \qquad\qquad (3-6)$$

近年来，在检测技术中，对检测仪表及检测系统动特性的研究颇为重视，其研究方法不外乎在控制理论中介绍的几种，此处不再重复。

复习思考题

1. 解释测量装置的精度、灵敏度与分辨率。
2. 仪表或检测装置的主要静态和动态性能指标有哪些?
3. 检测装置的精度包括哪几部分?

第4章　误差理论基础

误差理论是测量技术的基础理论。它主要研究测量误差(如随机误差、系统误差、粗大误差等)的性质、特点及所服从的规律和运算方法。误差理论和它的实际应用是紧密地联系的,误差理论仅概括地指出误差的性质、计算方法及数据处理的程序等,对具体的测量项目或仪表可能存在的误差因素,还必须应用专业知识来解决,否则很难得出一个合理的测量方法以及分析出一台仪表的各项误差因素,从而估计其精度。但是误差理论又是解决这些实际问题的理论基础,学习误差理论对解决生产实际问题是有指导意义的。对于自动检测系统,其精度主要取决于传感器和 A/D 的精度。

4.1　测量误差综述

4.1.1　误差的基本概念与表示方法

在实际检测中不可避免地总会出现误差,它是客观存在的。测量误差的表示方法有多种,最常用的有绝对误差、相对误差和引用误差等。

1. 绝对误差

表示绝对误差的基本方程式为:

$$\Delta = x - x_0 \tag{4-1}$$

式中：　Δ——绝对误差;

　　　　x_0——被测量的真值;

　　　　x——测量值。

为了利用式(4-1)计算绝对误差,必须先知道真值。因此,求真值的问题成为误差理论的一个重要问题。

真值是指严格定义的某个量的理论值,一个量的真值是一个理论概念,因为任何可得到的值都是通过测量获得的,与理论值有差异。因此为了研究和计算方便,在实际工作中常用约定值来代替真值。通常把下面的量规定为真值:

(1)理论真值。例如,平面三角形的内角之和恒为 180°。

(2)计量学约定真值。国际计量大会的决议已定义了长度、质量、时间、电流强度、热力学温度、发光强度及物质的量等 7 大基本单位。凡是满足有关规定条件复现出的数值即为计量学约定真值。

(3)标准器的相对真值。在有些情况下,可以认为高一级标准器的测量值是低一级标准器或普通仪表的测量值之相对真值。

采用绝对误差表示测量误差不能很好说明测量质量的好坏。例如,温度测量的绝对误差 $\Delta = 1℃$,若对人体温测量来说,则误差过大,而对钢水温度测量来说,它则是目前尚达不到的最佳测量结果。然而,绝对误差说明了测量值偏离真值的大小,它能够说明测量的精确度,故它一般适用于标准仪表的校准。在校准工作中,常用到修正值 c,其定义为:

$$c \triangleq x_0 - x \tag{4-2}$$

公式(4-2)表明,修正值与绝对值误差在数值上相等,而符号相反,其实际含义是真值等于测量值加上修正值,这样使用起来更方便些。

2. 相对误差

被测量的绝对误差与真值之比,称为相对误差 δ,一般用百分数表示:

$$\delta = \frac{\Delta}{x_0} \times 100\% \tag{4-3}$$

用相对误差表示法比绝对误差表示法最突出的优点是能够更好地说明测量质量的好坏。但在实际应用中,由于被测量的真值 x_0 是不知道的,且利用上式计算相对误差也不方便,而且在使用仪表测量时,一般不宜测量过小的量,而多用于接近上限的量,如 2/3 的量程处,因此用下面介绍的引用误差来评价仪表的质量更为方便。

3. 引用误差及最大引用误差

测量的绝对误差与仪表的满量程之比,称为仪表的引用误差 γ,它常以百分数表示:

$$\gamma = \frac{\Delta}{L} \times 100\% \tag{4-4}$$

式中: L——仪表的满量程值。

比较式(4-3)和式(4-4)可知,引用误差是相对误差的一种特殊形式而已,用满量程 L 代替真值 x_0,在使用上方便多了。然而,实践证明,在仪表测量范围的各个示值的绝对误差 Δ 都是不同的,因此引用误差仍与仪表的具体示值 x 有关,使用仍不方便。为此,又引入最大引用误差的概念,它既能克服上述的不足,又能更好地说明了误差的测量精度。所以它常被用来确定仪表的精度等级。

在规定条件下,当被测量平稳增加或减少时,在仪表全量程内所测得各示值的绝对误差(取绝对值)的最大者与满量程的比值之百分数,称为仪表的最大

引用误差 $\gamma_{\max}$:

$$\gamma_{\max} = \frac{|\Delta|_{\max}}{L} \times 100\% = \frac{|x - x_0|_{\max}}{L} \times 100\% \qquad (4-5)$$

最大引用误差是仪表基本误差的主要形式,它能更可靠地表明仪表的测量精确度,故是仪表最主要的质量指标。

4.1.2 仪表的精度等级

最大引用误差 $\gamma_{\max}$ 作为工业仪表精度等级的标志,应由制造厂家给出。仪表在出厂检验时,不论指针在刻度的哪一点,其引用误差都不允许超过 $\gamma_{\max}$ 值。

国家用它来规定电工仪表精度等级 G,分为 0.1,0.2,0.5,1.0,1.5,2.5,5.0 等 7 级。规定取最大引用误差百分数的分子作为精度等级的标志,即精度等级 G 为最大引用误差去掉百分号(%)后的数字,公式表示为:

$$G = \gamma_{\max} \times 100 \qquad (4-6)$$

显然,仪表精度等级的数字愈小,精度愈高。例如,0.5 级的仪表优于 1.0 级仪表。

若精度等级 G 为 0.1,它所表示的意义:引用误差的最大值为 ±0.1%。表达 $\gamma_{\max}$ 已有公式(4-5)及公式(4-6),它们如何配合使用,下面举例说明。

例 1 说明精度等级与绝对误差之关系。设量程为 1V 的毫伏表,精度等级为 5.0,求最大绝对误差为多少?

根据 $\qquad \gamma_{\max} = \dfrac{|\Delta|_{\max}}{L} \times 100\% = G\%$

则 $\qquad |\Delta|_{\max} = 5.0 \times L \times \% = 5.0\% = 50(mV)$

这表明,无论指针在刻度的哪一点,其最大绝对误差不超过 ±50mV,而各点的相对误差是不同的。

例 2 阐明仪表误差的确定方法及仪表的精度等级和引用误差之间的关系。设按毫伏刻度的电子电位差计的检验记录 x 如表 4-1。

我们用高精度的仪表测出相应的 x_0。

由式(4-1)和式(4-4)误差的计算结果也标明在表 4-1。

表 4-1

测示值 x(mV)	0.00	2.00	4.00	6.00	8.00	10.00
真值 x_0(mV)	0.01	1.98	4.01	5.97	8.04	9.99
绝对误差 Δ(mV)	-0.01	+0.02	-0.01	+0.03	-0.04	+0.01
引用误差 γ(%)	-0.1	+0.2	-0.1	+0.3	-0.4	+0.1

由表 4-1 可得最大引用误差为:0.4%。

即 $\qquad \gamma_{max} = \dfrac{|\Delta|_{max}}{L} \times 100\% = 0.4\%$

4.1.3　测量误差的分类

从不同的角度,测量误差可有不同的分类方法。

1. 按误差的性质分类

根据测量误差的性质(或出现的规律)、产生的原因,测量误差可分为系统误差、随机误差和粗大误差3类。

(1)系统误差。在相同条件下,多次重复测量同一被测参量时,其测量误差的大小和符号保持不变,或在条件改变时,误差按某一确定的规律变化,这种测量误差称为系统误差。误差值恒定不变的又称为恒定的系统误差,误差值按某一确定规律变化的则称为变化的系统误差。

系统误差产生的原因大体上有:测量所用的工具(仪器、量具等)本身性能不完善或安装、布置、调整不当而产生的误差;在测量过程中因温度、湿度、气压、电磁干扰等环境条件发生变化所产生的误差;因测量方法不完善,或者测量所依据的理论本身不完善等原因所产生的误差;因操作人员视读方式不当造成的读数误差等。总之,系统误差的特征是测量误差出现的有规律性和产生原因的可知性。系统误差产生的原因和变化规律一般可通过实验和分析查出。因此,系统误差可被设法确定并消除。

测量结果的准确度由系统误差来表征,系统误差愈小,则表明测量准确度愈高。

(2)随机误差。在相同条件下多次重复测量同一被测参量时,测量误差的大小与符号均无规律变化,这类误差称为随机误差。随机误差主要是由于检测仪器或测量过程中某些未知或无法控制的随机因素(如仪器的某些元器件性能不稳定,外界温度、湿度变化,空中电磁波扰动,电网的畸变与波动等)综合作用的结果。随机误差的变化通常难以预测,因此也无法通过实验方法确定、修正和消除。但是通过足够多的测量比较可以发现随机误差服从某种统计规律(如正态分布、均匀分布、泊松分布等)。

通常用精密度表征随机误差的大小。精密度越低随机误差越大;反之,随机误差就越小。

(3)粗大误差。它是指明显超出规定条件下预期的误差。其特点是误差数值大,明显歪曲了测量结果。粗大误差一般由外界重大干扰或仪器故障或不正确的操作等引起。存在粗大误差的测量值称为异常值或坏值,一般容易发现,一经发现后应立即剔除。也就是说,正常的测量数据应是剔除了粗大误差的数据，所以我们通常研究的测量结果中的误差中仅包含系统和随机两类误差。

值得指出的是：系统误差和随机误差虽然是两类性质不同的误差，但两者并不是彼此孤立的，它们总是同时存在并对测量结果产生影响。许多情况下，我们很难把它们严格区分开来，有时不得不把并没有完全掌握或者分析起来过于复杂的系统误差当作随机误差来处理。

精度是反映检测仪器的综合指标，精度高必须做到准确度高、精密度也高，也就是说必须使系统误差和随机误差都小。

2. 按被测参量与时间的关系分类

按被测参量与时间的关系，测量误差可分为静态误差和动态误差两大类。习惯上将被测参量不随时间变化时所测得的误差称为静态误差，在被参测量随时间变化过程中进行测量时所产生的附加误差称为动态误差。动态误差是由于检测系统对输入信号变化响应上的滞后或输入信号中不同频率成分通过检测系统时受到不同的衰减和延迟而造成的误差。

按产生误差的原因，把误差分为原理性误差、构造误差等。由于测量原理、方法的不完善，或对理论特性方程中的某些参数作了近似或略去了高次项而引起的误差叫原理性误差(也叫方法误差)；因检测仪器(系统)在结构上，在制造、调试工艺上不尽合理而引起的误差叫构造误差(也叫工具误差)。

4.2 系统误差的分析

在检测过程中，系统误差和随机误差总是同时存在的，测量结果的精确度不仅取决于随机误差，而更重要的是取决于系统误差，因为系统误差有时会比随机误差大一个数量级，而且不易发现，因此系统误差对测量精度的影响更大。

本节讨论系统误差，假设随机误差、粗大误差都很小，相对系统误差来说可忽略不计。

4.2.1 系统误差的性质及分类

系统误差是一种恒定不变的或按一定规律变化的误差。从数学角度看，测量误差是一个随机变量或随机函数，则系统误差是测量误差的数学期望。它可以是一个常数，也可以是时间的函数。一般而言，系统误差具有以下几个特点：

(1)确定性。系统误差是固定不变的，或是一个确定性的(非随机性质)时间函数，它的出现服从确定的函数规律。

(2)重现性。在测量条件完全相同时,重复测量时系统误差可以重复出现。

(3)可修正性。由于系统误差的重现性,就决定了它的可修正性。

总之,系统误差反映了测量结果与真值之间固定存在的差值,故它反映了测量结果的准确度,而且它不易被发现,因此,对它的研究就显得更重要了。

系统误差的分类。按系统误差出现的规律分类,常见的有下面4种:

(1)固定不变的系统误差。在重复测量中符号和大小都固定不变的误差。

(2)线性变化的系统误差。随测量次数或随测量时间的增加而增加(或减少)的系统误差。这种误差主要是误差积累而产生的,常与测量时间 t 成线性关系。例如,工作电池的电压或电流随使用时间的加长而缓慢降低而引起的误差。

(3)周期性变化的系统误差。在测量过程中误差大小和符号均按一定周期发生变化的误差。例如,仪表指针的回转中心与刻度盘中心不重合,则指针在任一转角引起的误差为周期性系统误差。

(4)变化规律复杂的系统误差。变化规律无法用简单的数学解析式表示的误差。

4.2.2　系统误差的判别

系统误差的存在,将严重影响测量结果。首先要判别是否存在系统误差,然后设法消除。在测量过程中产生系统误差的原因是复杂的,发现它和判断它的方法也有多种,下面介绍几种常用方法。

1. 实验对比法

这种方法是通过改变产生系统误差的条件进行同条件的测量,以便发现误差,它适用于发现固定不变的系统误差。例如,一台存在固定系统误差的测量仪表,即使进行多次测量,也不能发现误差,只有用更高一级精度的测量仪表进行同样的测试,才能检验出它的系统误差。

2. 残余误差观察法

对被测量 x_0 进行多次测量后得测量序列 x_1, x_2, $\cdots$, x_n,便可算出相应的残余误差序列 U_1, U_2, $\cdots$, U_n,通过对残余误差序列大小和符号的变化分析,可以判断该测量序列有无系统误差,这种方法主要适用于发现有规律变化的系统误差。

设对残余误差序列 U_1, U_2, $\cdots$, U_n 列表或作图进行观察,如图4-1所示。若残余误差大体上是正负相同,且无显著变化规律,可以认为不存在系统误差,如图4-1(a)所示;若残余误差数值有规律地递增或递减,且在测量开始和结束时误差符号相反,则可以认为存在线性的系统误差,如图4-1(b)所示;

若残余误差数值有规律地由正变负，再由负变正，且循环交替重复变化，则可以认为存在周期性变化的系统误差，如图 4 - 1（c）所示；若残余误差变化规律如图 4 - 1（d）所示，则可能同时存在线性系统误差和周期性系统误差。

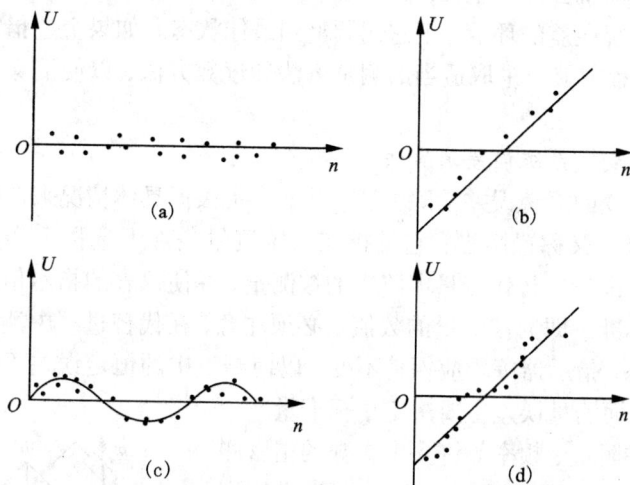

图 4 - 1　残余误差散点图

3. 马利科夫判据

当测量次数较多时，将测量序列前 k 个的残余误差之和，减去测量序列后 $(n - k)$ 个残余误差之和，若其差值接近于零，说明不存在变化的系统误差。若其差值显著不为零，则认为测量序列存在着变化的系统误差。变化的系统误差 e 为：

$$e = \sum_{i=1}^{k} U_i - \sum_{i=k+1}^{n} U_i$$

式中：n——测量次数；若 n 为偶数，$k = \dfrac{n}{2}$；若 n 为奇数，$k = \dfrac{n+1}{2}$。

4. 阿贝 — 赫梅特准则

该方法是把残余误差按测量先后顺序排列，并依次两两相乘，然后取和的绝对值，若有：

$$e = \left| \sum_{i=1}^{k} U_i U_{i+1} \right| > \sigma^2 \sqrt{n - 1} \qquad (4 - 7)$$

则可以认为存在周期性系统误差，式中 σ^2 为本测量数据序列的方差。显然利用该准则能有效发现周期性系统误差。

4.2.3　系统误差的消除与削弱

如何消除或削弱系统误差是测量技术的重要课题。消除系统误差最根本的方法是在测量前就去掉产生误差的根源,这就要求测量人员详细检查测量过程中可能产生系统误差的环节,把它们调整到最佳状态。如果上述措施仍不能奏效,在测量过程中就要采取适当的测量方法和读数方法,以便消除或削弱系统误差。

1. 固定不变的系统误差消除法

对固定不变的系统误差消除方法有多种,可根据具体情况来选择。

(1)代替法,又称置换法。它是指在一定测量条件下选择一个大小适当并可调的已知标准量去替代测量电路中的被测量,并使仪表的指示值保持原值不变。此时该标准量即为被测量的数值。必须注意,在代替过程中测量电路及仪表的工作状态、指示器等均应保持不变,以使测量中的恒定误差不会对测量结果产生影响,而测量误差主要决定于标准量。

代替法在阻抗、频率等许多电参数的精密测量中获得广泛的应用。图 4 - 2 为代替法的实例。被测量电阻 R_x 接入电桥 a、b 两端,人为调节电阻 R_2,使电桥处于平衡状态后,再用标准电阻 R_N 代替 R_x,然后调节 R_N 的值,使电桥恢复平衡状态,则所得的 R_N 值便为被测电阻 R_x,即 $R_N = R_x$。

(2)交换法。在测量中将引起系统误差的某些条件(如被测物的位置等)相互交换,而保持其他条件不变,使产生系统误差的因素对测量结

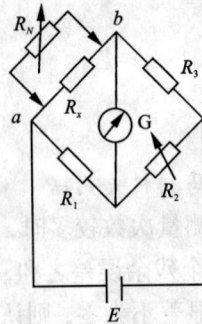

图 4 - 2　代替法的应用

果起相反的作用,取两次测量的平均值作为测量结果,以消除系统误差。例如,用等臂天平称量时,被称物与砝码在天平的左右称盘上交换,称量两次,再取平均值,则可消除由于天平两臂不等而引起的固定系统误差。

2. 线性系统误差消除法

消除线性系统误差的较好方法是对称测量法,亦称等距读数法。

线性变化的系统误差,是指误差数值随测量时间或测量次数成线性规律变化,如电位差计中工作电流的稳定下降,检测时被测量的缓慢变化等均会造成近似线性系统误差。图 4 - 3 所示采用补偿法测量电阻,若标准电阻 R、附加电阻 R_N 均为已知,待测量电阻为 R_x。

设随着时间的推移,由于电池 E 下降等因素,使电流也随时间下降,其规

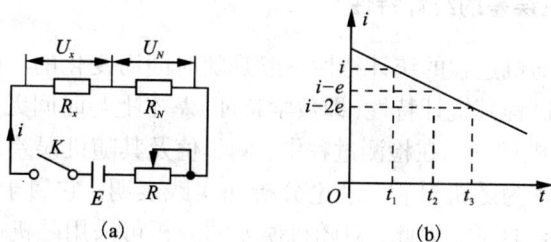

图 4-3　对称测量法的应用

律如图 4-3(b)所示。若电流 i 恒定，则分别测出 U_x 及 U_N 后，按下式求电阻 R_x 的精确值：

$$R_x = \frac{U_x}{U_N} R_N \qquad\qquad (4-8)$$

当电流缓慢下降，由于 U_x 和 U_N 是在不同时刻测得的，若仍用上式计算就会产生误差。下面按对称观测法进行测量及处理。取等距的时间间隔 $\Delta t = t_2 - t_1 = t_3 - t_2$，而相应的电流变化量为 e。在 t_1，t_2，t_3 时刻，按下面顺序进行测量：

在 t_1 时刻测得 R_x 上的压降为 $U_1 = iR_x$

在 t_2 时刻测得 R_N 上的压降为 $U_2 = (i-e)R_N$ $\qquad\qquad (4-9)$

在 t_3 时刻测得 R_x 上的压降为 $U_3 = (i-2e)R_x$

对测量结果进行处理，即解此方程组可得：

$$R_x = \frac{U_1 + U_3}{2U_2} R_N \qquad\qquad (4-10)$$

式(4-10)中 R_x 的值已不受测量过程中电流变化量 e 的影响，从而消除了由它所引起的线性系统误差。由此可见，采用对称测量法可以精确得到 R_x 值。

3. 周期性变化的系统误差消除法

消除周期性变化的系统误差，可用半周期读数法。设误差是周期性变化，因此经过 180° 后，误差就变号，利用此特点，每相隔半个周期进行一次测量，取两次读数的平均值作为测量值，则可消除周期性误差。在测量之前，需要准确确定误差的周期，否则效果变差。

4.3　随机误差的分析

本节只讨论随机误差，假设检测过程中的系统误差和疏失误差比随机误差小得多，可以忽略不计。

4.3.1 随机误差的统计特性

众所周知,随机过程的统计特性一般是随时间而变化的。但是,在工程实践中,很多随机过程其统计特性(即数学特征)基本上与时间无关,这样的随机过程称为平稳随机过程。在检测过程中,测量值及其随机误差都可作为随机的变量,相应的过程为随机过程,理论分析和实践表明,它属于平稳随机过程,并且具有各态历经性质,因此,对随机误差的分析可采用随机过程的一般理论和算法。

就随机误差的个体而言,其大小和方向都无法预测,而就随机误差的总体而言,都具有统计规律性。在误差理论中,正态分布规律占有重要地位,绝大多数随机变量(检测过程)是服从正态分布的。这是因为随机误差由大量相互独立的随机因素的综合影响造成,而每一个别因素对总体误差的影响是很小的。根据概率论中的中心极限定理,这类随机误差近似服从正态分布。当然,也有些误差并不服从正态分布,而按其他规律分布。例如,计算中的舍入误差,数字式仪表末位的读数误差等是按均匀分布的。

1. 正态分布

(1)正态分布的一般表示形式。高斯在 1795 年导出连续型正态分布随机变量 x 的概率密度函数的数学表达式为:

$$p(x) = \frac{1}{\sqrt{2\pi}\sigma} \mathrm{e}^{-\frac{(x-\mu)^2}{2\sigma^2}} \tag{4-11}$$

简记为 $X \sim N(\mu, \sigma^2)$。

式中: μ——均值或数学期望值;

σ——均方根差或标准差;

σ^2——方差。

$p(x)$ 的图形如图 4-4 所示,不同的 σ 值,$p(x)$ 的图形亦不同,但其变化规律不改变。σ 和 μ 是正态分布的重要特征量,它们的大小决定后,概率密度 $p(x)$ 就是变量 x 的单值函数,而且概率密度分布曲线也就完全确定了。该分布曲线的特点是:

①对称于直线方程式。

$$x = \mu$$

并在 $x = \mu$ 处有最大值。

②当 $x \to \pm \infty$ 时,曲线以 x 轴为其渐近线。

(2)正态分布规律在随机误差分析中的应用。若以 x 表示测量值,μ 代表真值 x_0,则有:

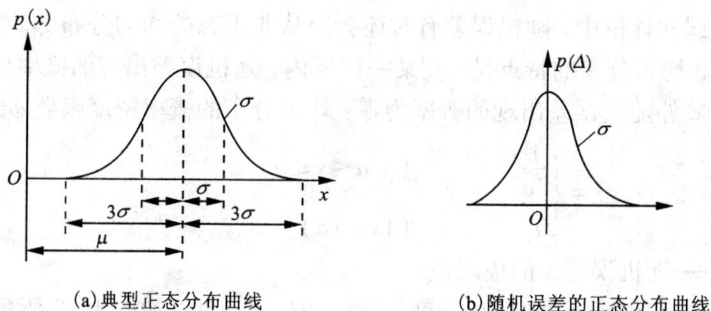

(a)典型正态分布曲线　　　　　(b)随机误差的正态分布曲线

图 4 - 4　正态分布

$$x - \mu = x - x_0 = \Delta$$

式中：　Δ——随机误差。

对应式(4 - 11)，于是有：

$$p(x) = \frac{1}{\sqrt{2\pi}\sigma} e^{\frac{-\Delta^2}{2\sigma^2}} \qquad (4 - 12)$$

相应的图形如图 4 - 4(b)所示。不同的 σ 值，$p(\Delta)$ 改变了形状，但变化规律不变。可见，σ 参数对研究随机误差的重要意义。

(3)正态分布的随机误差的统计特性。

①集中性。在实用中，常常用算术平均值 $\bar{x}$ 来估计被测量的真值。

$$\bar{x} = \frac{1}{n} \sum_{i=1}^{n} x_i \qquad (4 - 13)$$

式中：　n——测量次数；

　　　　x_i——第 i 次的测量值。

重复多次测量，所得的结果表明，全部测量数值均集中分布在 $\bar{x}$ 的附近，故 $\bar{x}$ 亦称为分布中心，此特性亦称为随机误差的单峰性，即绝对值小的误差出现的概率比绝对值大的误差出现的概率大，而在 $\Delta = 0(x = x_0 = \bar{x})$ 处，概率最大。

②对称性。绝对值相等的正误差与负误差出现的概率相等。

③有界性。绝对值很大的误差几乎不出现，故可以认为随机误差有一定的界限。由概率积分得知，误差不超过 $\pm 3dB$ 的概率为 99.73%。

④抵偿性。当测量次数 $n \rightarrow \infty$ 时，全体误差的算术平均值趋向于零，即：

$$\lim_{n \rightarrow \infty} \frac{1}{n} \sum_{i=1}^{n} \Delta_i = 0 \qquad (4 - 14)$$

或者说，正误差与负误差是相互抵消的。

2. 均匀分布

在测试和计量中,随机误差有时还会服从非正态的均匀分布等。从误差分布图上看,均匀分布的特点是:在某一区域内,随机误差出现的概率处处相等,而在该区域外随机误差出现的概率为零:均匀分布的概率密度函数 $\phi(x)$ 为:

$$\phi(x) = \begin{cases} \dfrac{1}{2a} & (-a \leqslant x \leqslant a) \\ 0 & (|x| > a) \end{cases} \tag{4-15}$$

式中:a——随机误差 x 的极限位。

均匀分布的随机误差概率密度函数的图形呈直线,如图 4-5 所示。

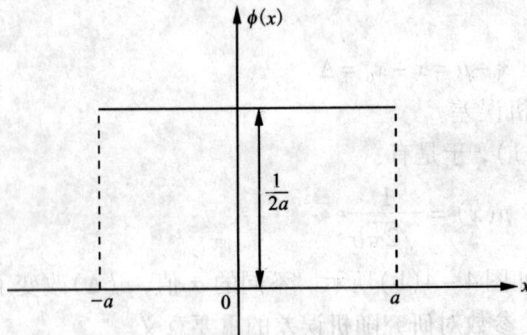

图 4-5 均匀分布曲线

较常见的均匀分布随机误差通常是因指示式仪器刻度盘、标尺刻度误差造成的误差,检测仪器最小分辨率限制引起的误差,数字仪表或屏幕显示测量系统产生的量化(±1)误差,智能化检测仪表在数字信号处理中存在的舍入误差等。此外,对于一些只知道误差出现的大致范围,而难以确切知道其分布规律的误差,在处理时亦经常按均匀分布误差对待。

4.3.2 测量真值的估计

在实际工程测量中,测量次数 n 不可能无穷大,而测量其值 x_0 通常也不可能已知。通常在同样条件下,对被测量 x_0 作多次测量,由于各种随机因素的影响,各次测量值均不相同,设测量序列为 $x_1, x_2, \cdots, x_n$,则随机误差列 Δ_i 为:

$$\Delta_i = x_i - x_0 \qquad i = 1, 2, \cdots, n \tag{4-16}$$

将上式两边求和得:

$$\sum_{i=1}^{n} \Delta_i = \sum_{i=1}^{n} x_i - n x_0$$

或
$$\frac{\sum\limits_{i=1}^{n} \Delta_i}{n} = \frac{\sum\limits_{i=1}^{n} x_i}{n} - x_0$$

由误差正态分布的特性(抵偿性),有:

$$\frac{\sum\limits_{i=1}^{n} \Delta_i}{n} \rightarrow 0 \qquad (当 n \rightarrow \infty)$$

故
$$\frac{\sum\limits_{i=1}^{n} x_i}{n} \rightarrow x_0 \qquad (当 n \rightarrow \infty) \qquad (4-17)$$

式(4-17)表明,当测量次数 n 无限增大时,测量值的算术平均值与真值 x_0 无限接近。而当 $n = \infty$ 且无系统误差存在时,平均值 $\bar{x} = x_0$。即在一组等精度测量中,算术平均值是被测量真值最可信赖的值。

对于有限测量序列,把其算术平均值:

$$\bar{x} = \frac{\sum\limits_{i=1}^{n} x_i}{n} \qquad (4-18)$$

作为该测量序列的最佳值(即把 $\bar{x}$ 代替真值 x_0),这就是算术平均值原理。

$n \neq \infty$,用 $\bar{x}$ 代替真值 x_0,则真值与测量值之差和平均值与测量值之差是不相同的,因此,相应的测量误差 $\Delta_i = x_i - x_0$ 就应用残余误差 U_i 来代替:

$$U_i \triangleq x_i - \bar{x} \qquad (4-19)$$

残余误差 U_i 有两个性质:

(1)残余误差的代数和为零。即:

$$\sum\limits_{i=1}^{n} U_i = \sum\limits_{i=1}^{n} x_i - \sum\limits_{i=1}^{n} \bar{x}_i = n\bar{x} - n\bar{x} = 0 \qquad (4-20)$$

利用残余误差的这一性质,可以检验算术平均值和残余误差的计算是否准确。

(2)仅有随机误差时,根据分析可知,残余误差的平方和为最小,即:

$$\sum\limits_{i=1}^{n} U_i^2 = \min$$

这表明,若用别的值 A(非算术平均值)代替 x_0,则残余误差:

$$U_{iA} = x_i - A$$

则必存在:

$$\sum\limits_{i=1}^{n} U_i^2 < \sum\limits_{i=1}^{n} U_{iA}^2$$

这条性质可以利用最小二乘法证明之。

4.3.3　测量值的均方根误差估计

对一系列测量数据进行处理,通常有两方面的要求,一方面是得到被测量真值的近似值,根据算术平均值原理,用算术平均值$\bar{x}$作为真值x_0的近似值;另一方面还要对所得的近似值的精确程度进行估计,即用$\bar{x}$代替x_0产生的误差有多大呢?由概率论可知,对随机误差的评价准则有平均误差、均方根误差等数字特征。应用最为广泛的是均方根估计,它能更好表征测量值相对于其中心位置数学期望的离散程度,所以下面应用它对随机误差进行估计。在估计算术平均值$\bar{x}$代替真值x_0的均方根误差之前,先讨论测量序列的均方根误差。

对已消除系统误差的一组n个(有限次)等精度测量数据$x_1,x_2,\cdots,x_n$,采用其算术平均值$\bar{x}$近似代替测量真值x_0后,总会有偏差,偏差的大小,目前常使用贝塞尔(Besel)公式来计算:

$$\hat{\sigma} = \sqrt{\frac{1}{n-1}\sum_{i=1}^{n}U_i^2} = \sqrt{\frac{1}{n-1}\sum_{i=1}^{n}(x_i - x_0)^2} \qquad (4-21)$$

式中:　x_i——第i次测量值;

　　　　n——测量次数,这里为一有限值;

　　　　$\bar{x}$——全部n次测量的算术平均值,简称测量均值;

　　　　U_i——第i次测量的残差;

　　　　$\hat{\sigma}$——标准偏差σ的估计值,亦称为实验标准偏差。

4.3.4　算术平均值代替真值的均方根误差

当用算术平均值代替真值x_0时,计算所产生的均方根误差,并用符号$\sigma_{\bar{x}}$表示。可以证明:

$$\sigma_{\bar{x}} = \sqrt{\frac{1}{n(n-1)}\sum_{i=1}^{n}U_i^2} \qquad (4-22)$$

式(4-22)表明:

(1)当$n=1$时,则$\sigma_{\bar{x}} = \sigma$,说明测量一次的算术平均值均方根误差等于测量列的均方根误差。

当$n \to \infty$,$\sigma_{\bar{x}} \to 0$,则$\bar{x} \to x_0$,即算术平均值无限地趋近于真值。这就进一步证明了式(4-17)。

当n很大时,偶然误差的平均值为零。

(2)算术平均值的均方根误差是测量序列的均方根误差的$\frac{1}{\sqrt{n}}$倍。说明测量

值的准确度能影响 $\bar{x}$ 代替 x_0 的准确度。

（3）若 $\sigma = 1$，则 $\sigma_{\bar{x}} = \sqrt{\dfrac{1}{n}}$。此时 $\sigma_{\bar{x}}$ 随 n 的变化规律如表 4 - 2 所示。可见，

测量次数 n 增加时，$\sigma_{\bar{x}}$ 值降低，表明 $\bar{x}$ 越接近真值 x_0。但由于 $\sigma_{\bar{x}}$ 按 $\sigma_{\bar{x}} = \sqrt{\dfrac{1}{n}}$ 的

规律减少，故 $\sigma_{\bar{x}}$ 的降低速度比 n 增加的速度慢，当 $n > 10$ 以后，$\sigma_{\bar{x}}$ 降低的效果不明显了，故一般取 $n = 5 \sim 10$。此外，n 增加，计算工作量也增加，既提高了成本，又延长了时间。因此，单靠增加测量次数来减小误差的做法有一定的局限性。

表 4 - 2 $\sigma_{\bar{x}}$ 随 n 的变化规律

n	1	2	3	4	5	6	8	10	20	50	100
$\sigma_{\bar{x}}$	1.0	0.71	0.58	0.5	0.45	0.41	0.35	0.32	0.22	0.14	0.1

4.3.5 测量结果的置信度

由上述讨论可知，可用测量值 x_i 的算术平均值 $\bar{x}$ 作为数学期望 μ 的估计值，即真值 x_0 的近似值。$\bar{x}$ 的分布离散程度可用贝塞尔公式等方法求出的重复性标准差 $\hat{\sigma}$（标准偏差的估计值）来表征，但仅知道这些还是不够的，还需要知道真值 x_0 落在某一数值区间的"肯定程度"，即估计真值 x_0 能以多大的概率落在某一数值区间。

以上就是数理统计学中数值区间估计问题。该数值区间称为置信区间。其界限称为置信限。该置信区间包含真值的概率称为置信概率 P，将随机变量（误差）在置信区间以外的概率用置信水平 S 表示。这里置信限和置信概率综合体现测量结果的可靠程度，称为测量结果的置信度。显然，对同一测量结果而言，置信限愈大，置信概率就愈大；反之亦然。

对于正态分布，由于测量值在某一区间出现的概率与标准差 σ 的大小密切相关，故一般把测量值 x_i 与真值 x_0（或数学期望 μ）偏差 Δ 的置信区间取为 σ 的若干倍，即：

$$\Delta = \pm k_p \sigma \qquad\qquad (4 - 23)$$

式中，k_p 为置信系数（或称置信因子），可被看做是描述在某一个置信概率情况下，标准偏差 σ 与误差限之间的一个系数。它的大小不但与概率有关，而且与概率分布有关。

对于正态分布，测量误差 Δ 落在某区间的概率表达式：

$$P = \int_{-\Delta_{max}}^{+\Delta_{max}} P(\Delta)\,d\Delta = \int_{-\Delta_{max}}^{+\Delta_{max}} \frac{1}{\sqrt{2\pi}\sigma} e^{-\frac{\Delta^2}{2\sigma^2}}\,d\Delta \qquad (4-24)$$

置信系数 k_p 值确定之后，则置信概率便可确定。由公式(4-24)计算出表 4-3 所示的在正态分布的条件下，k_p、P、S 三者之间关系(结果以数字表示)。从表中首先可以看出，若 $\Delta_{max} = \pm\sigma$，即 $k_p = 1$，查表得 $P = 68.27\%$，表明曲线所包的面积为 68.27%。这个事实说明，当对某一参数进行了 n 次(无穷次)测量之后，偶然误差的数值在 $-\sigma \sim +\sigma$ 范围的测量值有 68.27%，而剩下的 31.73% 的测量值，它们与真实值之差均超过 $\pm\sigma$，这就是均方根误差的物理意义。同样也可见，$\Delta_{max} = \pm3\sigma$ 时，$P = 99.73\%$，即随机误差落在 $\pm3\sigma$ 范围内的概率达 99.7% 以上，落在 $\pm3\sigma$ 范围以外的机会相当小，仅在 0.3% 以内，即随机误差的可能取值几乎全部落在 $\pm3\sigma$ 范围内。因此，工程测量常用 $\pm3\sigma$ 估计随机误差的范围，超过 3σ 者作为疏失误差处理。即取 3σ 为极限误差，它的置信概率为 0.9973。不同置信区间的概率分布示意图，如图 4-6 所示。

表 4-3　k_p、P、S 三者之间关系

k_p	P	S
0.6745	0.5 = 50%	0.5 = 50%
1.0000	0.6827 = 68.27%	0.3173 = 31.73%
1.9600	0.95 = 95%	0.05 = 5%
2.0000	0.9545 = 95.45%	0.0455 = 4.55%
3.0000	0.9973 = 99.73%	0.0027 = 0.27%

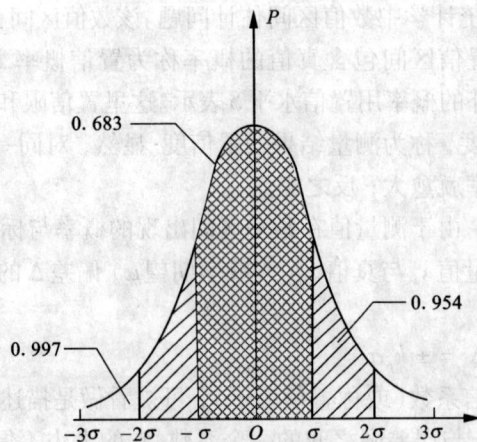

图 4-6　不同置信区间的概率分布示意图

4.4　粗大误差的处理

　　上节有关随机误差的讨论是假设等精度测量已消除系统误差的情况下进行的，但是没有排除测量数据中存在粗大误差的可能性。当在测量数据中发现某个数据可能是异常数据时，一般不要不加分析就轻易将该数据直接从测量记录中删除，最好能分析出该数据出现的主客观原因。判断粗大误差可从定性分析和定量判断两方面来考虑。

　　定性分析就是对测量环境、测量条件、测量设备、测量步骤进行分析，看是否有某种外部条件或测量设备本身存在突变而瞬时破坏；测量操作是否有差错或等精度测量过程中是否存在其他可能引发粗大误差的因素；也可由同一操作者或另换有经验操作者再次重复进行前面的（等精度）测量，然后再将两组测量数据进行分析比较，或再与由不同测量仪器在同等条件下获得的结果进行对比，以分析该异常数据出现是否"异常"，进而判定该数据是否为粗大误差。这种判断属于定性判断，无严格的规则，应细致和谨慎地实施。

　　定量判断，就是以统计学原理和误差理论等相关专业知识为依据，对测量数据中的异常值的"异常程度"进行定量计算，以确定该异常值是否为应剔除的坏值。这里所谓的定量计算是相对上面的定性分析而言，它是建立在等精度测量符合一定的分布规律和置信概率基础上的，因此并不是绝对的。

　　下面介绍两种工程上常用的粗大误差判断准则。

　　1. 莱特准则

　　莱特准则也称为 3σ 准则，对于某一测量值序列，若只含有随机误差，则根据随机误差的正态分布规律，其残差落在 3σ 以外的概率不到 0.3%，据此莱特准则认为凡剩余误差大于 3 倍标准偏差的可以认为是粗大误差，它所对应的测量值就是坏值，应予以舍弃，可以表示为：

$$|x_i - \bar{x}| > 3\sigma \tag{4-25}$$

式中：　x_i——第 i 次测量值；

　　　　$\bar{x}$——包括坏值在内的全部测量的平均值。

　　需要注意的是在舍弃坏值后，剩下的测量值应该重新计算算术平均值和标准偏差，再用莱特准则鉴别各个测量值，判断是否有新的坏值出现。直到无新的坏值为止，此时所有测量值的残差均在 3σ 范围之内。

　　莱特准则是最简单常用的判别粗大误差的准则，是建立在重复测量次数趋于无穷大的前提下的。因此当测量次数较小时，此准则不是很可靠。

2. 格拉布斯准则

格拉布斯准则也是根据随机变量正态分布理论建立的,但它考虑了测量次数 n 以及标准差本身有误差的影响等。理论上比较严谨,使用也比较方便。

格拉布斯准则为: 凡剩余误差大于格拉布斯鉴别值的误差被认为是粗大误差,应予以舍弃, 可表示为:

$$|\Delta| = |x_i - \bar{x}| > g(n,a)\sigma \qquad (4-26)$$

其中, $g(n,a)$ 为格拉布斯准则判别系数, 它与测量次数 n 及显著性水平 a(一般取 0.05 或 0.01) 有关, 格拉布斯准则的判别系数见表 4-4。

表 4-4　　$g(n,a)$ 数值表

n ＼ a	0.01	0.05	n ＼ a	0.01	0.05	n ＼ a	0.01	0.05
3	1.16	1.15	12	2.55	2.29	21	2.91	2.58
4	1.49	1.46	13	2.61	2.33	22	2.94	2.60
5	1.75	1.67	14	2.66	2.37	23	2.96	2.62
6	1.91	1.82	15	2.70	2.41	24	2.99	2.64
7	2.10	1.94	16	2.74	2.44	25	3.01	2.66
8	2.22	2.03	17	2.78	2.47	30	3.10	2.74
9	2.32	2.11	18	2.82	2.50	35	3.18	2.81
10	2.41	2.18	19	2.85	2.53	40	3.24	2.87
11	2.48	2.23	20	2.88	2.56	50	3.34	2.93

4.5　误差的合成

前面分析随机误差时, 总是假定不存在系统误差, 或者反之。这是为了叙述上的方便, 事实上系统误差一般不能彻底消除, 它和随机误差往往是同时存在的。另一方面, 随机误差和系统误差本身也往往包括若干项。因此, 误差的合成问题既包括系统误差的合成, 随机误差的合成, 也包括整机误差的合成。

所谓误差的合成, 就是按一定的法则将各个单项误差综合起来, 求出测量的总误差。

4.5.1　随机误差的合成

1. 彼此独立随机误差的合成

设测量中有 q 个彼此独立的随机误差。它们的均方根误差分别为 σ_1, σ_2, $\cdots$, σ_q, 则按方和根法, 求它们合成后的均方根误差为:

$$\sigma = \sqrt{\sigma_1^2 + \sigma_2^2 + \cdots + \sigma_q^2} = \sqrt{\sum_{i=1}^{q} \sigma_i^2} \qquad (4-27)$$

如果 q 个彼此独立的随机误差亦为正态分布,而且它们的极限误差为 Δ_1,Δ_2,$\cdots$,Δ_q,考虑到均方根误差 σ 与极限误差 Δ 的线性关系,也可按方和根法合成,综合后总极限误差:

$$\Delta = \sqrt{\Delta_1^2 + \Delta_2^2 + \cdots + \Delta_q^2} = \sqrt{\sum_{i=1}^{q} \Delta_i^2} \qquad (4-28)$$

2. 彼此相关随机误差的合成

若 q 个随机误差是相关的,则综合后总随机误差的均方根误差为:

$$\sigma = \sqrt{\sum_{i=1}^{q} \sigma_i^2 + 2 \sum_{1 < i < j < q} \rho_{ij} \sigma_i \sigma_j} \qquad (4-29)$$

若 q 个相关的随机误差亦为正态分布,则综合后总随机误差的极限误差为:

$$\Delta = \sqrt{\sum_{i=1}^{q} \Delta_i^2 + 2 \sum_{1 < i < j < q} \rho_{ij} \Delta_i \Delta_j} \qquad (4-30)$$

上述两公式中,ρ_{ij} 为第 i 个和第 j 个随机误差间的相关系数,其取值介于正负 1 之间,即:

$$-1 \leqslant \rho_{ij} \leqslant 1$$

4.5.2　系统误差的合成

根据对系统误差的掌握程度,可以将它分成已定系统误差和未定系统误差两类,从而采用不同的误差合成方法。

1. 已定系统误差的合成

对于大小和方向均已确定的系统误差,称为已定系统误差。总的已定系统误差可按代数和法求出。

设被测量有 r 个已定系统误差,分别为 ε_1,ε_2,$\cdots$,ε_r,则总的系统误差为:

$$\varepsilon = \varepsilon_1 + \varepsilon_2 + \cdots + \varepsilon_r = \sum_{i=1}^{r} \varepsilon_i \qquad (4-31)$$

若误差个数 r 较大时,仍按方和根法合成较合适:

$$\varepsilon = \sqrt{\varepsilon_1^2 + \varepsilon_2^2 + \cdots + \varepsilon_r^2} = \sqrt{\sum_{i=1}^{r} \varepsilon_i^2} \qquad (4-32)$$

2. 未定系统误差的合成

误差的大小和方向未知的系统误差,称为未定系统误差。

通过对测量结果的分析,可以大致估计出单个未定系统误差的最大范围 $\pm e$,然后便可进行综合。

设有 s 个未定系统误差，它们的极限误差分别为 e_1，e_2，$\cdots$，e_s，则总的未定系统误差可按下述方法进行综合。

(1)绝对值和法。

$$e = e_1 + e_2 + \cdots + e_s = \sum_{i=1}^{s} e_i \qquad (4-33)$$

此方法优点是计算简单方便，合成后总的极限误差的可靠性高，能保证误差不超此范围。缺点是把所有的误差看成是同方向叠加，相互不能抵消，致使误差的估值是偏大的，特别是误差项数 s 大时，偏大的程度更突出，因此，它宜在 s 较小时使用。

(2)方和根法。

$$e = \sqrt{e_1^2 + e_1^2 + \cdots + e_s^2} = \sqrt{\sum_{i=1}^{s} e_i^2} \qquad (4-34)$$

此方法优点是各分项误差均为正态分布时较符合实际情况，计算也较方便。缺点也是分项误差可能同方向叠加而不抵消，因此，估计值也偏大。

4.5.3　综合误差

所有系统误差和随机误差的测量极限误差的合成称为综合极限误差。

设测量结果有 q 个单项随机误差，r 个单项已定系统误差和 s 个单项未定系统误差，它们的极限值分别为：

$$\Delta_1，\Delta_2，\cdots，\Delta_q$$
$$\varepsilon_1，\varepsilon_2，\cdots，\varepsilon_r$$
$$e_1，e_2，\cdots，e_s$$

则测量结果的综合极限误差：

$$\Delta_{\Sigma} = (\sum_{i=1}^{r} \varepsilon_i + \sum_{i=1}^{s} e_i) = \pm \sqrt{\sum_{i=1}^{q} \Delta_i^2 + 2 \sum_{1 < i < j < q} \rho_{ij} \Delta_i \Delta_j} \qquad (4-35)$$

复习思考题

1. 什么是测量误差?测量误差有几种表示方法?各有什么用途?

2. 误差按其出现规律可分为几种?它们与准确度和精密度有什么关系?

3. 从使用仪器的角度出发,把误差分为几种,各自产生的原因是什么?

4. 产生系统误差的常见原因有哪些?常用的减少系统误差的方法有哪些?

5. 什么是剩余误差?它与随机误差有何异同?

6. 已知某差压变送器,其理想特性为:

$$U = 8x \quad (U 为输出, x 为位移)$$

它的实测数据如表 4 - 5 所示。

表 4 - 5　差压变送器实测数据

x(mm)	0	1	2	3	4	5
U(mV)	0.1	8.0	16.3	24.1	31.6	39.7

求：(1) 最大绝对误差、相对误差；

　　(2) 若指示仪表量程为 50 mV，指出仪表精度等级。

7. 对某一电压进行多次精密测量，测量结果如表 4 - 6 所示。
试写出测量结果的表达式。

表 4 - 6　电压测量结果

测量次序	读数(mV)	测量次序	读数(mV)
1	85.30	9	84.86
2	85.71	10	85.21
3	84.70	11	84.97
4	84.94	12	85.19
5	85.63	13	85.35
6	85.65	14	85.21
7	85.24	15	85.16
8	85.36	16	85.32

8. 仪表的精度等级是如何定义的？

9. 阐述均方根误差 σ 和方差 D 的定义、计算方法和作用。

第 2 篇　传感器技术

第 5 章　传感器概述

5.1　传感器的定义与组成

5.1.1　传感器的定义

根据我国对传感器的标准规定，传感器定义为能够感受规定的被测量，并按一定规律转换成可用输出信号的器件或装置。这里传感器的定义包含着 3 层含义：传感器是一个测量装置，能完成检测任务；在规定的条件下感受被测量，如物理量、化学量或生物量等；按一定规律转换成易于传输处理的电信号。

关于传感器，在不同的学科领域曾出现过多种名称，如发送器、变送器、发信器、探头等，这些提法只是在不同的技术领域中根据器件的用途使用不同术语而已，它们的内涵是相同或相近的。

5.1.2　传感器的组成

传感器一般由敏感元件、转换元件、转换电路 3 部分组成，其组成框图如图 5 - 1 所示。

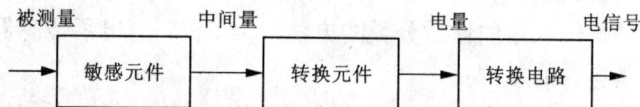

图 5 - 1　传感器组成框图

1. 敏感元件

敏感元件能直接感觉被测量，并将被测非电量信号按一定对应关系，转换为易于转换为电信号的另一种非电量的元件。如应变式压力传感器的弹性元件、电感式压力传感器的膜盒就是敏感元件。

2. 转换元件

转换元件能将敏感元件输出的非电信号或直接将被测非电量信号转换成电量信号(包括电参量和电能量转换)的元件。如应变式压力传感器中的应变片是转换元件,它的作用是将弹性元件的输出应变转换为电阻的变化。

3. 转换电路

转换电路将转换元件输出的电量信号转换为便于显示、处理、传输的电信号的电路。它的作用主要是信号的转换,常用的转换电路有电桥、放大器、振荡器等。转换电路输出的电信号有电压、电流或频率等。

不同类型的传感器组成也不同,最简单的传感器由一个转换元件(兼敏感元件)组成,它将感受的被测量直接转换为电量输出,如热电偶、光电池等。有些传感器由敏感元件和转换元件组成,不需要转换电路就有较大信号输出,如压电传感器、磁电式传感器。有些传感器由敏感元件、转换元件及转换电路组成,如电阻应变式传感器、电感传感器、电容传感器等。

5.2　传感器的分类

用于测量和控制的传感器种类繁多。一个被测量可以用不同种类的传感器测量,如温度既可以用热电偶测量,又可以用热电阻测量,还可以用光纤传感器测量;而同一原理的传感器,通常又可以测量多种非电量,如电阻应变传感器既可测量压力,又可测量加速度等。因此传感器的分类方法很多,主要可按以下几种方法分类。

1. 按输入被测量分类

这是一种按输入量的性质分类的方法。表5-1给出了传感器按输入被测量的分类及其包含的被测量。

这种分类方法的优点是明确了传感器的用途,便于使读者有针对性地查阅所需的传感器。一般工程书籍及参考书、手册按此类方法分类。

表5-1　传感器按输入被测量分类

基本被测量	包含被测量
热工量	温度、压力、压差、流量、流速、热量、比热、真空度等
机械量	位移、尺寸、形状、力、应力、力矩、加速度、振动等
化学物理量	液体、气体的化学成分、浓度、黏度、酸碱度、湿度、密度等
生物医学量	血压、体温、心电图、脑电波、气流量、血流量等

2. 按工作原理分类

这是一种按传感器的工作原理分类的方法，见表 5-2。

表 5-2 按传感器的工作原理分类

传感器分类 转换形式	中间结果参量	转换原理	传感器名称	典型应用
电参数	电阻	金属的应变效应或半导体半导体的压阻效应	电阻应变传感器压阻传感器	微应变、力、负荷
		电阻的温度效应	热电阻传感器	温度、温差
		电阻的光电效应	光敏电阻	光强
		电阻磁敏效应	磁敏电阻	磁场强度
		电阻湿敏效应	湿敏电阻	湿度
		电阻的气体吸附效应	气敏电阻	气体浓度
	电感	被测量引起线圈自感变化	自感传感器	位移
		被测量引起线圈互感变化	互感传感器	位移
		涡流的去磁效应	涡流传感器	位移、厚度
		压磁效应	压磁传感器	力、压力
	电容	改变电容的间隙改变电容的极板面积	电容传感器	位移、力
		改变电容的介电常数		料位、湿度
	计数	利用莫尔条纹	光栅传感器	线位移、角位移
		互感	感应同步器	
		利用拾磁信号	磁栅	
	数字	数字编码	角度编码器	角位移
电能量	电动势	热电效应	热电偶	温度、热流
		电磁效应	磁电传感器	速度、加速度
		霍尔效应	霍尔传感器	磁通、电流
		光电效应	光电池	光强
	电荷	压电效应	压电传感器	动态力、加速度
		光生电子空穴对	CCD 传感器	图像传感器

3. 按输出信号的性质分类

按输出信号的性质,传感器可分为模拟式传感器和数字式传感器。

4. 按传感器的能量转换情况分类

按能量转换情况,传感器可分为能量控制型传感器和能量转换型传感器。

能量控制型传感器在信息转换过程中其能量需要外电源供给。如电阻、电感、电容等电参量传感器属于这一类传感器。

能量转换型传感器又称发电型传感器,其输出端的能量是由被测对象取出的能量转换而来。它无须外加电源就能将测非电量转换成电量输出。热电偶、光电池、压电传感器、磁电传感器等都属于能量转换型传感器。

5.3　传感器的数学模型及特性

传感器为测量装置提供可靠信息,因此必须对它进行充分的研究。从传感器的设计和制造者来说,既要研究它们的工作原理与结构,还要实现小型化和高性能等目标。而从控制系统设计和应用来说,需要研究传感器的共性内容,即它们的数学模型,它是描述传感器输入量和输出量之间的动态、静态函数关系。

众所周知,元件或环节数学模型的确定方法有2类。

第一,用分析方法,即依据支配元件内部规律推导出来的数学模型,如微分方程、差分方程、传递函数等。由于传感器的类型多,品种广,原理具有多样性,有些传感器的理论研究还不深入,而且大部分传感器特性均为非线性,因此很难确定它们的数学表达式。

第二,系统辨识方法,依据实验数据,并加以分析后确定。

此外,大部分传感器的时间常数较小,常常可以忽略它,这样传感器的数学模型主要表现为它的静态关系。传感器静态情况下的输入量和输出量之间的关系,可以直接由实验方法确定。

综上所述,传感器的数学模型可有3种形式:

(1)微分方程、差分方程、传递函数等公式表达。

(2)实验曲线,包括阶跃响应、脉冲响应、频率特性等。

(3)静态情况下的表格,直接由实验数据确定输入量和输出量之间的关系。

此外,传感器还应该具有良好的性能,主要性能如下:

(1)输出量与输入量之间应成比例关系,要求其线性度好、灵敏度高、分辨力强、测量范围宽;

(2)滞后及漂移误差小,复现性好,有互换性;

(3)动态性能良好;

(4)功耗小;

(5)时间老化特性优良,抗腐蚀性能强,抗干扰能力强;

(6)与被测体匹配良好,不因接入传感器而使被测对象受到影响;

(7)体积小、重量轻、价格低廉;

(8)故障率低,易于校准和维修。

必须指出,稳定性是传感器研究的一个重要方面,对这一问题重要性的认识已引起了各方面的重视。随着计算机技术与传感器技术的结合,传感器稳定性的研究已成为研究工作的重点,是传感器研究中最重要的方面。

5.4 传感器的发展趋势

随着科学技术的发展,人们要求获得的信息不断增加,因而对传感器提出越来越高的要求。数字化检测信息便于传输、存储、处理、显示、记录等,有助于提高检测的可靠性、稳定性。因此,研究和发展数字化、智能化、集成化、非接触化的传感技术和传感器,有助于提高检测质量,方便大系统的工程设计与制造。由于传感器处于仪表和检测系统的入口处,其性能直接影响到整个仪表系统的性能,因此,需要研究新型、品质优良的传感器。

至今,传感器技术已发展为一门综合性很强的边缘科学技术,它与数学、物理学、化学、材料学以及加工、装配等许多新技术有着密切的关系。特别是微型计算机及集成电子技术、激光及光导纤维等新技术的出现,对传感器技术产生了很大影响,它正在大大地改变其原来的状况。新型传感器技术,除了采用新原理、新材料及新工艺之外,由于微电子技术与微处理器技术进入传感器领域,传感器出现了新的突破,出现了一种对环境具有自适应能力(例如,信息的辨识,判断和逻辑处理)的传感器,叫做智能传感器。在智能传感器里,转换元件、信号调理电路与微处理器的"硬件"和"软件"集合一体,特别是与"软件"的有机结合,可以把获得的信息进行存储、数据处理、控制及打印,从而能扩展传感器的功能,提高精度。对于智能传感器只要改变软件,即可实现功能扩展,这样可进一步使传感器具有视、嗅、触、味、听觉功能及思维等智能功能。目前,人们为不断满足测试技术的各种需要而努力开拓新型传感器。近年来,传感器技术发展特点综述如下:

(1)传感器固态化。目前发展最快的固态物性型传感器,主要是半导体、电介质和磁性体 3 类。其中以半导体最引人注目,它不仅容易使外界信息的作用转换为电量,而且响应速度快,便于实现传感器的集成化。例如,目前最先进的一种新型固态传感器,在一块半导体芯片上同时扩散了差压、静压、温度 3 个传感器,使差压传感器具有温度、压力补偿功能。

(2)小型化与集成化。以前大多数传感器都采用分立型,即传感元件与检测分开。随着物理型传感器的发展,现在已经把传感元件与信号处理电路及电源部分集成在同一硅基片上,从而使检测和信号处理一体化。这类传感器,便于成批生产,尺寸可以做得很小。集成化的另一方面的意义是把不同功能的传感器集成化,例如,将温度和湿度传感器集成在一起,便可同时实现温度和湿度的测量。

(3)开拓新领域。目前开发的新型传感器以物理型传感器居多,化学型和生物型传感器还极不成熟,有待开发。采用新原理往往给传感器的发展带来质的飞跃。

(4)多功能化与智能化。当微型计算机正朝着高速度、高性能、低成本发展的同时,传感器也向着集成化、多功能化方向发展,这两者有机结合的趋势,促使了智能传感器的问世,它既具备传感器的基本功能,又具有微处理器的智能。

(5)微处理器的应用,促进了传感器和测试的标准化。而传感器标准化也将推进智能仪表的规范化,智能仪表可根据测试对象的不同要求,设计成模块结构,并按需要进行组合,这样可减少设计工作量,提高可靠性,降低成本。

还必须指出,除了继续寻找新的测试原理以外,将传感器技术和微电子技术集成于一只外壳,甚至一片芯片上的一体化技术,将成为研究和开发的重点。今后"传感器"一词不单是单独的传感器部件,凡是用外壳组装完成的传感器产品都被视为传感器。显然,信号适配元件之类的电子器件、模/数转换器和微处理器也可能装于同一外壳中,使传感器智能化。

此外,传感器输出数据的数字化已明显地成为下一步的研究目标,其中一个重要因素是,传感器信号的数字化,使得在向控制监测系统以及管理计算机传输数据的过程中获得最佳抗干扰性能。多传感器信息融合技术面向复杂应用背景应运而生,成为新的研究热点。

复习思考题

1. 传感器的分类方法有哪些?
2. 确定传感器数学模型的方法有哪些?

第 6 章　电参数型传感器

6.1　电阻式传感器

电阻式传感器是一种把被测参数转换为电阻变化的传感器。常用的电阻式传感器有电位器式、电阻应变式、热敏效应式等类型。本节主要介绍电阻应变式传感器。

电阻应变式传感器是一种利用电阻应变效应，由电阻应变片和弹性敏感元件组合起来的传感器。将应变片粘贴在各种弹性敏感元件上，当弹性敏感元件感受到外力、位移、加速度等参数的作用时，弹性敏感元件产生应变，再通过粘贴在上面的电阻应变片将其转换成电阻的变化。根据敏感元件材料与结构的不同，应变片可分为金属电阻应变片和半导体式应变片。

6.1.1　金属电阻应变片的应变效应

1. 电阻丝的应变效应

电阻丝应变片是用直径为 0.025mm 左右的具有高电阻率的电阻丝制成。它是基于金属的应变效应工作。金属丝的电阻随着它所受的机械变形（拉伸或压缩）的大小发生相应变化的现象为金属的电阻应变效应。

图 6-1 所示为截面为圆形的单根金属电阻丝，其阻值为 R，电阻率为 ρ，截面积为 S，长度为 l，则其电阻值为：

$$R = \rho \frac{l}{S} \tag{6-1}$$

当电阻丝受到拉力 F 作用时，将伸长 Δl，横截面积相应减少 ΔS，电阻率将因晶格发生变形等因素而改变 $\Delta \rho$，引起电阻 R 的变化，得：

$$\frac{dR}{R} = \frac{dl}{l} - \frac{dS}{S} + \frac{d\rho}{\rho} \quad \text{或} \quad \frac{\Delta R}{R} = \frac{\Delta l}{l} - \frac{\Delta S}{S} + \frac{\Delta \rho}{\rho} \tag{6-2}$$

式（6-2）中，$\Delta l / l$ 是应变片应变，用公式表示为 $\varepsilon = \frac{\Delta l}{l}$。

对于半径为 r 的圆导体，有：

$$\frac{\Delta S}{S} = \frac{2\Delta r}{r} \tag{6-3}$$

由材料力学可知,在弹性范围内,轴内应变与径向应变关系为:

$$\frac{\Delta r}{r} = -\mu \frac{\Delta l}{l} = -\mu \varepsilon \qquad (6-4)$$

其中,μ 为材料的泊松比,一般金属材料的 μ 为 0.3 ~ 0.5。

$$\frac{\Delta R}{R} = (1 + 2\mu)\varepsilon + \frac{\Delta \rho}{\rho} = \left[(1 + 2\mu) + \frac{\Delta \rho / \rho}{\varepsilon} \right] \varepsilon \qquad (6-5)$$

单位应变所引起的电阻的相对变化称为电阻丝的灵敏系数,用 K_0 表示,即:

$$K_0 = (1 + 2\mu) + \frac{\Delta \rho / \rho}{\varepsilon} \qquad (6-6)$$

灵敏系数一方面受材料几何尺寸变化的影响,即 $1 + 2\mu$;另一方面受电阻率变化的影响,即 $\frac{\Delta \rho / \rho}{\varepsilon}$。对于金属电阻应变片,材料的电阻率随应变产生的变化很小,可忽略,即:

$$\frac{\Delta R}{R} \approx (1 + 2\mu)\varepsilon = K_0 \varepsilon \qquad (6-7)$$

实验表明,在电阻丝拉伸极限范围内,同一电阻丝材料的灵敏系数为常数。

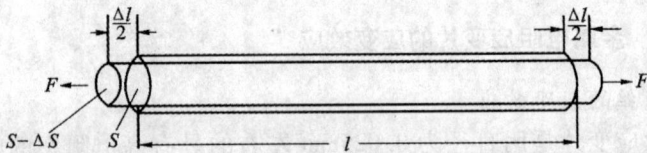

图 6-1　金属电阻应变片应变效应

2. 应变片的结构与类型

金属应变片的基本结构如图 6-2 所示。应变片的结构主要由电阻丝、基片、覆盖层、引出线及黏合剂 5 个部分组成。电阻丝即敏感栅,它以直径为0.02mm 左右的合金电阻丝绕成栅栏形状。电阻丝是应变片的转换元件,将应变转换为电阻的变化。基片用0.05mm 左右的薄纸(纸基),或用黏结剂和有机树脂基膜(胶基)制成。它是将传感器弹性体的应变传递到敏感栅的中间介质,并起到电阻丝与弹性体之间的绝缘作用。覆盖层起着保护电阻丝的作用,防蚀防潮。黏合剂将电阻丝与基片粘贴在一起。引出线为 0.13 ~ 0.30mm 直径的镀锡铜线,与敏感栅相连,将应变片与测量电路相连。l 为应变片的工作基长,b 为应变片的基宽,lb 称为应变片的使用面积。应变片的规格以使用面积和电阻值表示,如 3mm × 10mm,120Ω。

金属应变片可分为丝式、箔式及薄膜式 3 种。

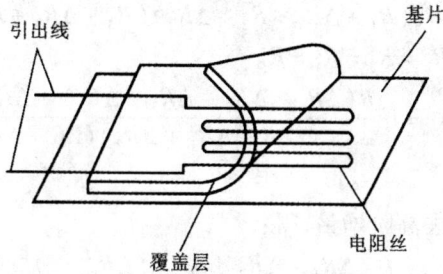

图6-2 金属应变片的结构

箔式应变片是利用照相制版或光刻腐蚀技术,将电阻箔材($1\sim10\mu m$)制作在绝缘基底上,制成各种形状。它具有传递应变性能好,横向效应小,散热性能好,允许通过电流大,易于批量生产等优点,应用广泛。

薄膜应变片采用真空蒸镀、沉积或溅射的方法,将金属材料在绝缘基底上制成一定形状的厚度在$0.1\mu m$以下的薄膜而形成的敏感栅。它具有灵敏系数高,允许电流大,易实现工业化生产等特点。

6.1.2 电阻应变片的测量电路

应变片将应变转换为电阻的变化,为了测量与显示应变的大小,还要将电阻的变化再转换为电压或电流的变化,通常采用直流电桥或交流电桥电路。电路如图6-3所示。

(1)直流电桥平衡条件。由于应变片电桥输出信号较微弱,其输出需接差动放大器,放大器输入电阻远远大于电桥电阻,因此可将电桥输出端看成开路,即输出空载。

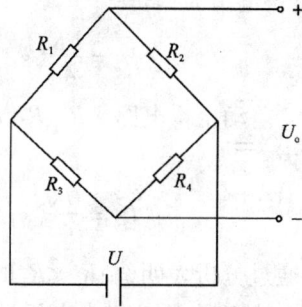

图6-3 空载输出的
直流电桥电路

$$U_o = U\left(\frac{R_1}{R_1+R_2} - \frac{R_3}{R_3+R_4}\right) = \frac{R_1R_4 - R_2R_3}{(R_1+R_2)(R_3+R_4)}U \qquad (6-8)$$

当$R_1R_4 = R_2R_3$或$\dfrac{R_1}{R_2} = \dfrac{R_3}{R_4}$时,电桥处于平衡状态,$U_o = 0$。

(2)不平衡直流电桥的工作原理及输出电压。电桥接入电阻应变片时,即为应变桥。当一个桥臂、两个桥臂乃至4个桥臂接入应变片时,相应的电桥为单臂桥、半桥和全臂桥。设电桥各臂电阻均有增量。

不平衡输出电压为:

$$U_o = U \frac{(R_1 + \Delta R_1)(R_4 + \Delta R_4) - (R_2 + \Delta R_2)(R_3 + \Delta R_3)}{(R_1 + \Delta R_1 + R_2 + \Delta R_2)(R_3 + \Delta R_3 + R_4 + \Delta R_4)} \qquad (6-9)$$

等臂电桥 $R_1 = R_2 = R_3 = R_4 = R$。

$$U_o = U \frac{R(\Delta R_1 - \Delta R_2 - \Delta R_3 + \Delta R_4) + \Delta R_1 \Delta R_4 - \Delta R_2 \Delta R_3}{(2R + \Delta R_1 + \Delta R_2)(2R + \Delta R_3 + \Delta R_4)}$$

$$(6-10)$$

当 $\Delta R_i \ll R_i$,略去高阶增量,得:

$$U_o = \frac{U}{4}\left(\frac{\Delta R_1}{R_1} - \frac{\Delta R_2}{R_2} - \frac{\Delta R_3}{R_3} + \frac{\Delta R_4}{R_4}\right) = \frac{UK}{4}(\varepsilon_1 - \varepsilon_2 - \varepsilon_3 + \varepsilon_4)$$

$$(6-11)$$

式中: k——电阻丝的灵敏系数。

①单臂电桥。R_1 为应变片,R_2、R_3、R_4 均为固定电阻,电桥输出为:

$$U_o = \frac{UK}{4}\varepsilon \qquad (6-12)$$

②差动半桥电路。R_1、R_2 为应变片,R_3、R_4 均为固定电阻,R_1 受拉,R_2 受压,电桥输出为:

$$U_o = \frac{UK}{4}(\varepsilon_1 - \varepsilon_2) \approx \frac{UK}{2}\varepsilon \qquad (6-13)$$

③差动全桥电路。R_1、R_2、R_3、R_4 均为应变片,R_1、R_4 受拉,R_2、R_3 受压,电桥输出为:

$$U_o = \frac{UK}{4}(\varepsilon_1 - \varepsilon_2 - \varepsilon_3 + \varepsilon_4) \approx UK\varepsilon \qquad (6-14)$$

通过分析表明,$\Delta R_i \ll R_i$ 时,电桥的输出电压与应变成正比关系。

● 提高电桥的供电电压,增大应变片的灵敏系数,可提高电桥的输出电压。

● 差动电桥灵敏度为单臂电桥的一倍,全等臂电桥灵敏度为单臂电桥的4倍。

● 相对两桥臂应变极性一致,输出电压为两者之和,反之为两者之差。

● 相邻两桥臂应变极性一致,输出电压为两者之差,反之为两者之和。

为增大电压输出,ε_1,ε_4 与 ε_2,ε_3 的符号相反。

6.1.3　电阻应变片的温度误差与补偿

1. 温度误差

金属丝栅有一定的温度系数,温度改变使其阻值发生变化,由此产生的附加误差称为应变片的温度误差。产生温度误差的主要原因有两点。

①电阻温度系数的影响。

敏感栅的电阻丝电阻随温度变化的关系为：

$$R_T = R_o(1 + \alpha\Delta T) \tag{6-15}$$

其阻值变化为：

$$\Delta R_{oT} = R_T - R_0 = R_o\alpha\Delta T \tag{6-16}$$

②试件材料与电阻丝材料的线膨胀系数的影响。

应变片贴在试件上，当试件与电阻丝材料的线膨胀系数不同时，由于环境温度的变化，电阻丝会产生附加变形，形成附加电阻。

2. 温度补偿

应变片温度补偿分为自补偿和电桥补偿两种。

①应变片自补偿。采用特殊应变片可使温度变化时产生的附加应变为零或相互抵消，这种应变片为自补偿应变片。利用这种应变片实现温度补偿方法为应变片自补偿。

②电桥补偿法。电桥补偿电路如图 6-4 所示。电桥输出电压为：

$$U_o = \left(\frac{R_1}{R_1 + R_B} - \frac{R_3}{R_3 + R_4}\right)U = \frac{R_1R_4 - R_BR_3}{(R_1 + R_B)(R_3 + R_4)}U \tag{6-17}$$

$$U_o = A(R_1R_4 - R_BR_3) \tag{6-18}$$

式中：　A——桥臂电阻和电源电压决定的常数；

　　　　R_1——工作应变片；

　　　　R_B——补偿应变片。

R_1 与 R_B 为特性一致的应变片，它们处于同一温度场，且仅由工作应变片 R_1 承受应变。

当温度升高或降低 ΔT 时，两个应变片因温度变化而引起的阻值变化相同，电桥仍处于平衡状态，即：

$$U_o = A\left[(R_1 + \Delta R_{1T})R_4 - (R_B + \Delta R_{BT})R_3\right] = 0 \tag{6-19}$$

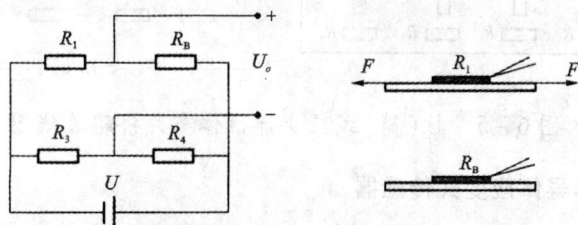

图 6-4　电桥补偿法

6.1.4 电阻应变片式传感器的应用

电阻应变片式传感器是一种结构型传感器,能测量力、位移、加速度、扭矩等。它由弹性元件和粘贴在其表面的应变片组成。结构形式有柱(筒)式、悬臂梁式、环式及轮辐式等。

柱(筒)式力传感器,贴片在圆柱面上的位置及在桥路中的连接如图6-5所示。纵向和横向各贴4片应变片,纵向对称的 R_1 和 R_3 串接,R_2 和 R_4 串接,横向的 R_5 和 R_7 串接,R_6 和 R_8 串接,并置于桥路对臂上。纵向对称两两串接是为了减小偏心载荷及弯矩的影响,横向贴片作温度补偿用。

纵向应变片的应变为:

$$\varepsilon_1 = \frac{\sigma}{E} = \frac{F}{SE} \tag{6-20}$$

式中: E——弹性模量(N/m^2);

　　　 S——圆柱的横截面积;

　　　 σ——应力。

横向应变片的应变为:

$$\varepsilon_2 = -\mu\varepsilon_1 \tag{6-21}$$

接成差动全等臂电桥,总的应变为:

$$\varepsilon_m = 2(1+\mu)\varepsilon_1 \tag{6-22}$$

电桥输出为:

$$U_o = \frac{U_i}{4}K\varepsilon_m = \frac{U_i}{2}K(1+\mu)\varepsilon_1 \tag{6-23}$$

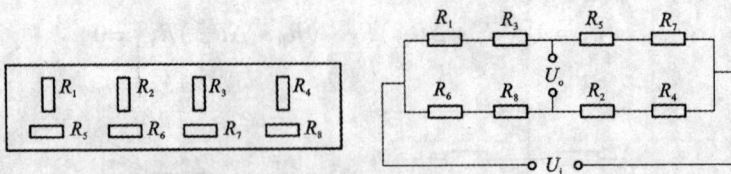

图6-5　柱(筒)式应变弹性体布片桥路连线图

6.1.5 半导体应变式传感器

金属电阻应变片性能稳定,测量精度高,但其灵敏度低。半导体应变片热敏系数是金属应变片的几十倍,在微应变测量中有着广泛的应用。半导体应变片有体型半导体应变片和扩散型半导体应变片两种,其工作原理是基于半导体的压阻效应。

1. 半导体应变片的压阻效应

半导体压阻效应是指单晶半导体材料沿某一轴向受到作用力时,其电阻率发生变化的现象。

长度为 L,截面积为 S,电阻率为 ρ 的均匀条形半导体,受到沿纵向的应力时,其电阻变化为:

$$\frac{\Delta R}{R} = (1 + 2\mu)\varepsilon + \frac{\Delta\rho}{\rho} \qquad (6-24)$$

电阻率的相对变化为:

$$\frac{\Delta\rho}{\rho} = \pi_L\sigma = \pi_L E\varepsilon \qquad (6-25)$$

式中: π_L——半导体的压阻系数,它与半导体材料种类及应力与晶轴方向的夹角有关, 即:

$$\frac{\Delta R}{R} = (1 + 2\mu + \pi_L E)\varepsilon \approx \pi_L E\varepsilon = \pi_L\sigma \qquad (6-26)$$

半导体材料的 $\pi_L E \gg 1 + 2\mu$。

2. 半导体应变片的结构

体型半导体应变片是从单晶硅或锗上切下薄片制作而成。其优点是灵敏度系数大,横向效应和机械滞后小,缺点是温度稳定性较差,非线性较大。

扩散型半导体应变片是在 N 型单晶硅(弹性元件)上蒸镀半导体电阻应变薄膜制作而成的。制作成的扩散型压阻式传感器工作原理与弹性半导体应变片相同。它们的不同之处在于前者是采用扩散工艺制作, 而后者采用粘贴方法制作。

扩散型压阻式压力传感器结构如图 6-6(a)所示,其核心部分是一块圆形硅膜片。在膜片上利用集成电路的工艺方法设置 4 个阻值相等的电阻,用低阻导线连接成平衡电桥。膜片四围用一圆环(硅杯)固定。膜片两边有两个压力腔。一个是与被测系统相连接的高压腔,另一个是与大气相通的低压腔。

当膜片两边存在压力差时,膜片产生变形,膜片上各点产生应力。

4 个电阻的配置的位置按膜片上的径向应力和切向应力的分布情况确定。

设计时,根据应力分布情况,合理安排电阻位置,组成差动电桥,输出较高的电压。

如图 6-6(b)所示,沿径向对称于 $0.635r$。两侧采用扩散工艺制作 4 个电阻,其中 R_1、R_4 接于电桥对角线上,R_2、R_3 接于电桥另外一个对角线上。当膜片两边存在压力差时,膜片上各点产生应力,4 个电阻在应力的作用下,阻值发生变化,电桥失去平衡,输出相应的电压。此电压与膜片两边的压力差成正比。测

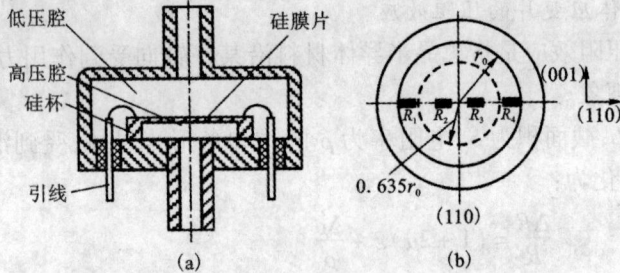

图 6-6　扩散型压阻式压力传感器结构

得不平衡电桥的输出电压，即能求得膜片所受的压力差大小。

6.2　电容式传感器

电容式传感器是一种将被测非电量的变化转换为电容量变化的传感器。它具有结构简单，体积小，分辨力高，具有平均效应，测量精度高，可实现非接触测量，并能够在高温、辐射和振动等恶劣条件下工作等一系列优点。广泛应用于压力、位移、加速度、液位、振动及湿度等参数的测量。

6.2.1　电容式传感器的结构与工作原理

两块平行平板组成一个电容器，忽略其边缘效应，其电容量为：

$$C = \frac{\varepsilon S}{d} = \frac{\varepsilon_r \varepsilon_0 S}{d} \tag{6-27}$$

式中：　ε——电容极板间介质的介电常数；

　　　　ε_0——真空介电常数，$\varepsilon_0 = 8.83 \times 10^{-12} \text{F/m}$；

　　　　ε_r——极板间的相对介电常数；

　　　　S——两平行极板覆盖的面积；

　　　　d——两极板之间的距离。

当 S、d、ε 中任意一个参数变化时，电容 C 变化。电容传感器可分为变间隙式、变面积式和变介电常数式。

1. 变极距电容传感器

简单变极距电容传感器结构如图 6-7 所示。由定极板和动极板组成的电容器初始电容为 $C_0 = \frac{\varepsilon S}{d}$。若电容器动极板因被测量变化上移 Δd，极板间距离

由初始值 d 缩小 Δd，电容量增大 ΔC，则有：

$$C = \frac{\varepsilon S}{d - \Delta d} = \frac{\varepsilon S}{d} \frac{1}{1 - \Delta d/d} = C_0 \frac{1 + \Delta d/d}{1 - (\Delta d/d)^2} \qquad (6-28)$$

在实际使用中，为了减少非线性，提高灵敏度，减少外界干扰，常将电容传感器做成差动式。

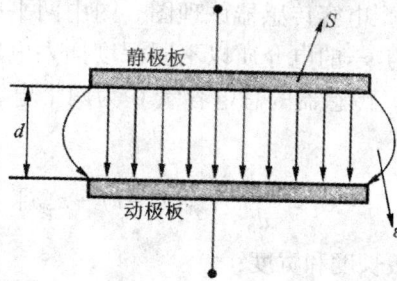

图 6-7　简单变极距型电容传感器结构

2. 变面积型电容传感器

变面积型电容传感器原理结构如图 6-8 所示。它与变极距型不同的是，被测量通过动极板移动，引起两极板有效覆盖面积 S 改变，从而得到电容的变化。

设动极板相对定极板沿长度 l_0 方向平移 Δl，则电容为：

$$C = C_0 - \Delta C = \frac{\varepsilon_o \varepsilon_r (l_0 - \Delta l) b_0}{d_0} \qquad (6-29)$$

式中 $C_0 = \varepsilon_0 \varepsilon_r l_0 b_0 / d_0$ 为初始电容。

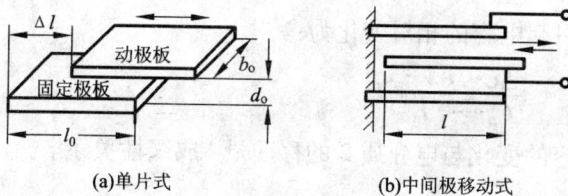

(a)单片式　　　　　　(b)中间极移动式

图 6-8　变面积型电容传感器结构

电容的相对变化量为：

$$\frac{\Delta C}{C_0} = \frac{\Delta l}{l_0} \qquad (6-30)$$

很明显，这种传感器的输出特性呈线性。因而其量程不受线性范围的限制，适合于测量较大的直线位移和角位移。它的灵敏度 S 为：

$$S = \frac{\varepsilon_0 \varepsilon_r b_0}{d_0} \qquad\qquad (6-31)$$

必须指出,上述讨论只在初始极距 d_0 精确保持不变时成立,否则将导致测量误差。为减小这种影响,可以使用图 6-8(b)所示中间极移动的结构。

3. 变介质型电容传感器

图 6-9 为变介质型电容传感器原理图。图中两平行极板固定不动,极距为 d_0,相对介电常数为 ε_{r2} 的电介质以不同深度插入电容器中,从而改变两种介质的极板覆盖面积。传感器的总电容量 C 为两个电容 C_1 和 C_2 的并联结果。由式(6-27)可得:

$$C = C_1 + C_2 = \frac{\varepsilon_0 b_0}{d_0}[\varepsilon_{r1}(l_0 - l) + \varepsilon_{r2}l] \qquad (6-32)$$

式中: l_0、b_0——极板长度和宽度;

l——第 2 种电介质进入极间的长度。

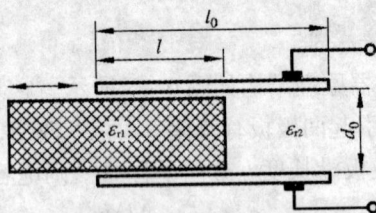

图 6-9   变介质型电容传感器原理图

若电介质 1 为空气($\varepsilon_{r1} = 1$),当 $l = 0$ 时传感器的初始电容为 C_0;当介质 2 进入极间 l 后引起电容的相对变化为:

$$\frac{\Delta C}{C_0} = \frac{\varepsilon_{r2} - 1}{l_0}l \qquad\qquad (6-33)$$

可见,电容的变化与电介质 2 的移动量 l 成线性关系。

6.2.2   电容式传感器的等效电路

在大多数情况下,电容传感器使用环境温度不高、湿度不大,可用一个纯电容代表。

如果考虑温度、湿度和电源频率等外界影响,电容传感器就不是一个纯电容,有引线电感和分布电容等,极板间的等效电路如图 6-10 所示,其中 C 为传感器电容,包括寄生电容;R 包括引线电阻、极板电阻和金属支架电阻;L 为引线电感和电容器电感之和; R_P 为极板间的等效损耗电阻。

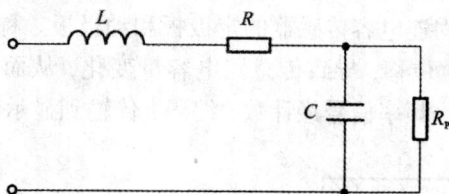

图 6 - 10　　电容式传感器等效电路

在外加高频激励的作用下, 可分析传感器的等效灵敏度为:

$$K_e = \frac{\Delta C_e}{\Delta d} = \frac{K_c}{(1 - \omega^2 LC)^2} \tag{6-34}$$

K_e 与传感器的固有电感(包括电缆电感)有关, 且随 ω 变化而变化。使用电容传感器时, 不宜随便改变引线电缆的长度。改变激励频率或改变电缆长度都要重新校正传感器的灵敏度。

电容传感器输出电容值十分微小(十几皮法), 需借助于测量电路检测出这一微小的电容变化量, 并将其转换为与之有确定关系的电压、电流或频率值, 才能进一步显示、传输和处理。测量电路种类较多, 常用的有调频电路、运算放大器电路、双 T 形电桥电路及差动脉宽调制电路。

6.2.3　电容式传感器的应用

随着电容式传感器应用问题的完善解决, 它的应用优点十分明显:

(1)分辨力高, 能测量低达 10^{-7} 的电容值和高达 100% ~ 200% 的相对变化量, 因此适合微信号的测量;

(2)动态变量小, 可实现非接触测量;

(3)自身功耗、发热及迟滞较小, 可获得高静态精度和良好的动态特性;

(4)结构简单, 不含有机材料和磁性材料, 对环境的适应性强;

(5)过载能力强。

1. 电容式位移传感器

图 6 - 11 所示为一种变面积型电容式位移传感器。它采用差动式结构、圆柱形电极, 与测杆相连的动电极随被测位移而轴向移动, 从而改变活动电极与两个固定电极之间的覆盖面积, 使电容发生变化。它用于接触式测量, 电容与位移呈线性关系。

2. 电容式称重传感器

图 6-12 所示为大吨位电子吊秤用电容式称重传感器。扁形环弹性元件内腔上下平面上分别固连电容传感器的定极板和动极板。称重时,弹性元件受力变形,使动极板产生位移,导致传感器电容量变化,从而引起由该电容组成电路的振荡频率变化。频率信号经计数、编码、传输到显示部分。

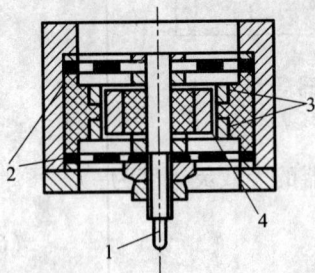

图 6-11　电容式位移传感器

1—测杆；2—开槽簧片；

3—固定电极；4—活动电极

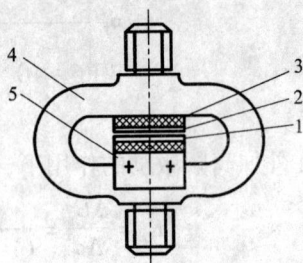

图 6-12　电容式称重传感器

1—动极板；2—定极板；

3—绝缘材料；4—弹性体；5—极板支架

6.3　电感式传感器

电感式传感器是利用电磁感应的原理将被测非电量转换为线圈的自感系数 L 或互感系数 M 变化的装置。由于电感式传感器是将被测量的变化转化成电感量的变化,所以根据电感的类型不同,电感传感器可分为自感系数变化型和互感系数变化型两类。

6.3.1　自感式传感器

当匝数为 N 的线圈通以电流 I 产生磁链为 φ。磁链与线圈电流之比称为自感系数,简称电感 L。

$$L = \frac{\varphi}{I} = \frac{N\Phi}{I} \qquad (6-35)$$

式中：　Φ——穿过每匝线圈的磁通。

根据磁路的欧姆定律得：

$$\Phi = \frac{NI}{R_m} \qquad (6-36)$$

式中：　R_m——磁路的总磁阻。

由式(6-35)、式(6-36)得：

$$L = \frac{N^2}{R_m} \qquad\qquad (6-37)$$

由此可知,要将被测非电量的变化转化为自感的变化,在线圈形状不变的情况下可以通过改变线圈匝数 N 使得线圈的自感系数产生改变,相应地就可制成线圈匝数变化型自感式传感器。要将被测量的变化转变为线圈匝数的变化是很不方便的,实践中极少采用。当线圈匝数一定时,被测量可以通过改变磁路磁阻的变化来改变自感系数。因此这类传感器又称为可变磁阻型自感式传感器。根据结构形式不同,可变磁阻型自感式传感器又分为气隙厚度变化型、气隙面积变化型和螺管型 3 种类型。

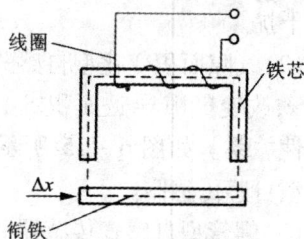

图 6 – 13　气隙厚度变化型自感传感器

(1)气隙厚度变化型自感式传感器。典型的气隙变化的自感式传感器主要由线圈、铁芯和活动衔铁组成,如图 6 – 13 所示。活动衔铁与被测物相连,并与铁芯保持一定距离 x。当被测物移动时,气隙 x 发生变化,引起磁阻变化,从而使线圈的电感值发生变化。设铁芯导磁长度为 $l(\mathrm{m})$,导磁率为 $\mu(\mathrm{H/m})$,导磁面积为 $S(\mathrm{m}^2)$,气隙长度为 $x(\mathrm{m})$,导磁率 $\mu_0(\mathrm{H/m})$,导磁面积 $S_0(\mathrm{m}^2)$,$\mu_0 = 2\pi \times 10^{-7}(\mathrm{H/m})$。如果不考虑磁路的损失,则总的磁阻为:

$$R_m = \frac{l}{\mu S} + \frac{2x}{\mu_0 S_0} \qquad\qquad (6-38)$$

因为气隙的磁阻比铁芯的磁阻大得多,铁芯磁阻可忽略不计,故,

$$R_m \approx \frac{2x}{\mu_0 S_0} \qquad\qquad (6-39)$$

式(6 – 39)代入式(6 – 37)得:

$$L = \frac{N^2 \mu_0 S_0}{2x} \qquad\qquad (6-40)$$

由此可知,电感 L 与气隙 x 的大小成反比,与气隙导磁面积 S_0 成正比。如固定 S_0,改变 x,传感器的灵敏度为:

$$k_L = \frac{\mathrm{d}L}{\mathrm{d}x} = -\frac{N^2 \mu_0 S_0}{2x^2} \qquad\qquad (6-41)$$

由于灵敏度 k_L 不是常数,故会出现非线性误差,为了减小非线性误差,在实际应用中,一般规定传感器在较小间隙的变化范围内工作采用差动接法,如图 6 – 14所示。

由图可知,由两个传感器构成差动工作方式,衔铁最初居中,两侧初始电感

为 L_0。当衔铁有位移 Δx 时,两个线圈的间隙分别为 $\dfrac{x}{2} - \Delta x$ 和 $\dfrac{x}{2} + \Delta x$,表明一个线圈自感增加,另一个线圈自感减小,把两线圈接入电桥的相邻臂时,输出灵敏度比单个的提高一倍,并且可以降低非线性误差,消除外界干扰。

(2)气隙面积变化型自感式传感器。当固定 x,改变气隙导磁面积 S_0,自感 L 与 S_0 成线性关系。如图 6 - 15 所示为气隙面积变化型自感传感器。

图 6 - 14　气隙厚度变化型差动式传感器

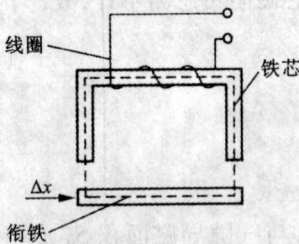

(3)螺管型自感式传感器。螺管型自感式传感器是在螺管线圈中插入一个活动衔铁,活动衔铁在线圈中运动时,磁阻发生变化,从而使自感 L 变化。在实际应用中,该类传感器通常也采用差动的结构如图 6 - 16 所示。将铁芯置于两个线圈的中间,当铁芯移动时,两个线圈的电感产生相反方向的增减,然后利用电桥将两个电感接入电桥的相邻桥,以获得比单个工作方式更高的灵敏度和更好的线性度。

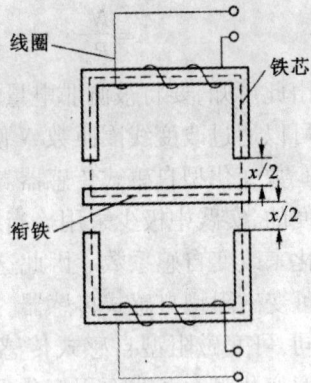

图 6 - 15　气隙面积变化型自感式传感器

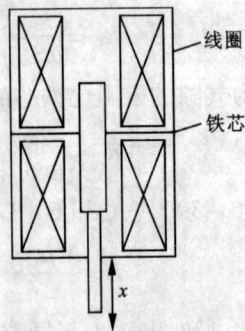

图 6 - 16　差动螺管型自感式传感器

(4)测量电路。电感传感器所采用的测量电路一般为交流电桥,其原理已在前面介绍过。

6.3.2　互感型变压器式电感传感器

1. 工作原理

互感型变压器式电感传感器是利用被测量变化改变互感系数 M 来实现的。其实质上是一个输出电压可变的变压器,因常采用差动的形式,故又称为差动变压器。其结构形式有多种应用,较为普通的是螺管型,如图 6 - 17(a) 所示。传感器主要由线圈(包括一个一次线圈和两个二次反接接圈)、铁芯、活动衔铁 3 部分组成。理想情况下,差动变压器的电路如图 6 - 17(b) 所示。差动变压器一次线圈加励磁电压 $\dot{E}_1$ 的角频率为 ω;R_1 为一次线圈有效电阻;L_1 为一次线圈电感;M_1 为一次线圈与二次线圈 I 之间的互感;M_2 为一次线圈与二次线圈 II 之间的互感;$\dot{E}_{21}$ 为二次线圈 I 中的感应电动势;$\dot{E}_{22}$ 为二次线圈 II 中的感应电动势;$\dot{I}_1$ 为一次线圈励磁电流;L_{21} 为二次线圈 I 的电感;R_{21} 为二次线圈 I 的有效电阻;L_{22} 为二次线圈 II 的电感;R_{22} 为二次线圈 II 的有效电阻;$\dot{U}_o$ 为空载时差动变压器输出电压。由等效电路可知:

$$\dot{U}_o = -j\omega(M_1 - M_2)\frac{\dot{E}_1}{R_1 + j\omega L_1} \qquad (6-42)$$

测量前,可动衔铁处于中间位置,由于二次线圈的参数相同,则 $M_1 = M_2$,此时 $\dot{U}_o = 0$,变压器无输出。测量时,可动衔铁偏移,两线圈互感量发生变化,设 $M_1 = M + \Delta M$,$M_2 = M - \Delta M_2$,由于两者为差动,衔铁在一定范围内有 $\Delta M_1 = \Delta M_2 = \Delta M$,故在输出端开始情况下,输出为:

$$\dot{U}_o = -2j\omega\Delta M\frac{\dot{E}_1}{R_1 + j\omega L_1} \qquad (6-43)$$

此式表明:当线圈参数和 $\dot{E}_1$ 确定后,变压器的输出电压由二次线圈与一次线圈互感量的差值 ΔM 决定。而 ΔM 与螺管内磁场变化有关,而磁场的变化取决于可移动衔铁的位移量。因此,在衔铁位移的一定范围内,ΔM 与衔铁位移 x 有近似线性关系,输出特性如图 6 - 17(c) 所示。

2. 测量电路

差动变压器的输出电压是调幅波,为辨别衔铁的移动方向,要进行解调。常用解调电路有差动相敏检波电路与差动整流电路。采用解调电路还可消除零位电压。

① 差动相敏检波电路。差动相敏检波的形式较多,如图 6 - 18(a) 所示是两例。相敏检波电路要求参考电压与差动变压器次级输出电压频率相同、相位相同或相反,因此常接入移相电路。为提高检波效率,参考电压幅值取为信号的 3 ~5 倍。图中 R_P 是调零电位器。对测量小位移的差动变压器,若输出信号过小,电路中可接入放大器。

(a)结构原理图　　　　　　(b)等效电路图

(c)输出特性图

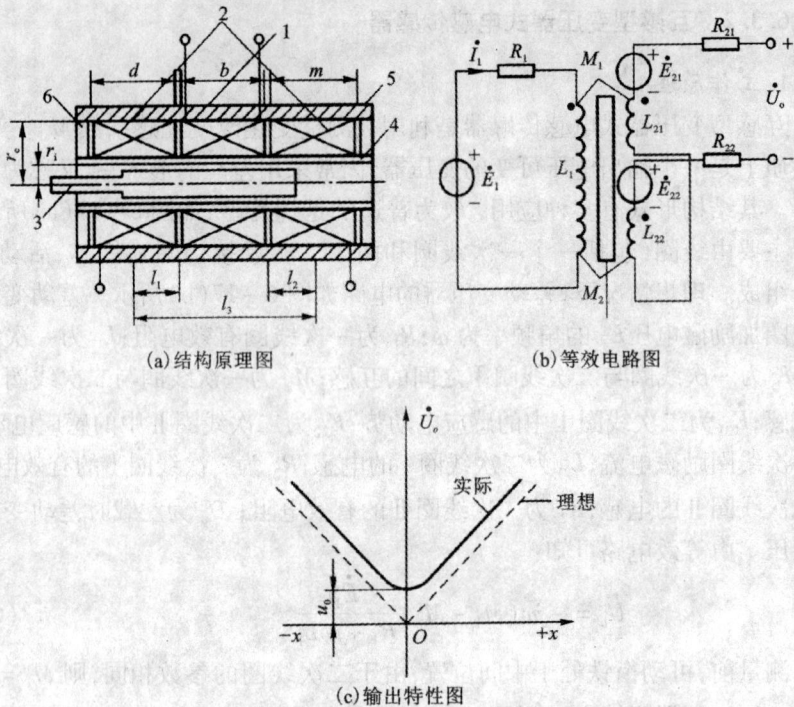

图 6 - 17　差动变压器工作原理、等效电路及输出特性图
1——次线圈；　2—二次线圈；　3—可移动衔铁；　4—线圈骨架；　5—导磁外壳；　6—端盖

②差动整流电路。如图 6 - 18(b)所示,这种电路简单,不需要参考电压,不需考虑相位调整和零位电压影响,对感应和分布电容的影响不敏感。此外经差动整流后变成直流输出可实现远距离输送。需注意的是,经相敏检波和差动整流输出的信号还需经低通滤波消除高频分量,才能获得与衔铁运动一致的有用信号。

6.3.3　电感式传感器的应用

给电感传感器配用不同的敏感元件,可以测量位移、压力、振动等多种参数,应用的较为普通的是差动变压器式传感器。例如液位测量,其原理如图 6 - 19 所示。当液位不变时,铁芯处于中间位置,无输出电压;当液位增加或降低时,铁芯上移或下移,其输出电压经交流放大、相敏检波及相关测量电路处理后,得到液面的高度值。

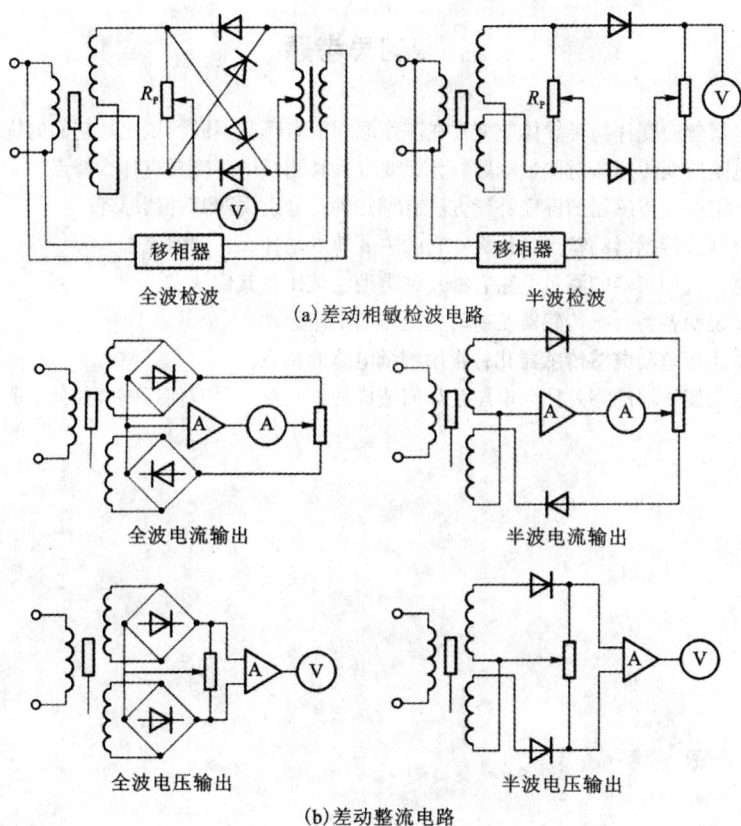

全波检波　　　　　　　　　　　　半波检波

(a)差动相敏检波电路

全波电流输出　　　　　　　　　　半波电流输出

全波电压输出　　　　　　　　　　半波电压输出

(b)差动整流电路

图 6-18　差动变压器测量电路

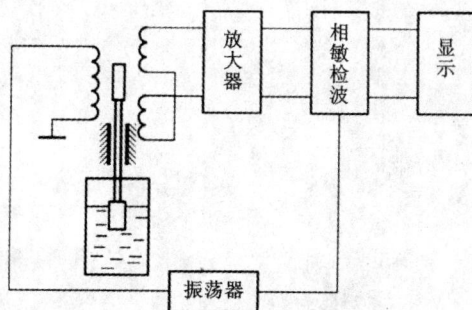

图 6-19　液位测量原理框图

复习思考题

1. 电阻丝应变片与半导体应变片在工作原理上有哪些不同？试比较它们的优缺点。

2. 电阻应变传感器对测量电路有什么要求？其测量电路应具有什么特点？

3. 电阻应变传感器的温度补偿方法有哪几种？分别说明其补偿原理。

4. 电容式传感器的特点是什么？它的主要缺点是什么？如何克服？

5. 电容式传感器的测量电路有哪几种类型？试比较其优缺点。

6. 试说明各类自感传感器及差动变压器的工作原理。

7. 试比较差动电感传感器几种常用测量电路的特点。

8. 差动变压器的零点残余电压是如何造成的？它对测量有何影响？如何克服？

第 7 章　电能量型传感器

7.1　压电式传感器

压电式传感器是利用压电效应实现力与电荷的双向转换。压电传感器具有体积小、质量小、结构简单、动态性能好等特点。可用于测量与力有关的物理量，如各种动态力、机械冲击与振动，在声学、医学、力学、宇航等方面都得到了广泛的应用。

7.1.1　压电式传感器的工作原理

压电式传感器的工作原理是基于某些晶体的压电效应。当某些电介质在受到一定方向的压力或拉力而产生变形时，其内部将发生极化现象，在其表面产生电荷，若外力去掉时，它们又重新回到不带电状态，这种能将机械能转换为电能的现象称为正压电效应。反过来，在电介质两个电极面上，加以交流电压，压电元件会产生机械振动，当去掉交流电压，振动消失，这种能将电能转换为机械能的现象称为逆压电效应，亦可称为电致伸缩效应。常见的压电材料有石英晶体和压电陶瓷。利用正压电效应可制成引爆器、防盗装置、声控装置、超声波接收器等，利用逆压电效应可制成晶体振荡器、超声波发送器等。

石英晶体是一种天然晶体，它的介电常数和压电常数的温度稳定性好，固有频率高，多用在校准用的标准传感器或精度很高的传感器中，也用于钟表及微机中的晶振。

压电陶瓷是人工制造的多晶体压电材料。材料内部的晶粒有许多自发极化的电畴，它有一定的极化方向，从而存在电场。在无外电场作用时，电畴在晶体中杂乱分布，它们极化效应被互相抵消，压电陶瓷内极化强度为零。因此原始的压电陶瓷呈中性，不具有压电性质。

为了使压电陶瓷具有压电效应，必须进行极化处理。即在一定的温度下对压电陶瓷施加强电场，经过一定时间后，电畴的极化方向转向，基本与电场方向一致。当去掉外电场时，其内部仍存在很强的剩余极化强度。这时的材料具备压电性能。在陶瓷极化的两端出现了束缚电荷，一端为正电荷，一端为负电荷。由于束缚电荷的作用，在陶瓷片的电极表面吸附一层外界的自由电荷，如

图 7 - 1 所示。这些电荷与陶瓷片内的束缚电荷方向相反,数值相等,它起到屏蔽和抵消陶瓷片内极化强度对外的作用,因此陶瓷片对外不表现极性。当压电陶瓷受到外力作用时,电畴的界限发生移动,剩余极化强度将发生变化,吸附在其表面的部分自由电荷被释放。释放的电荷量大小与外力成正比关系。

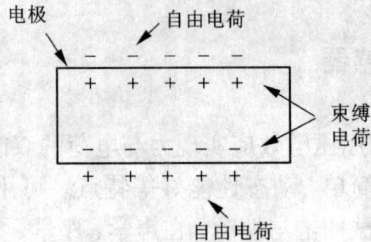

图 7 - 1　压电陶瓷束缚电荷与自由电荷关系示意图

这种将机械能转变为电能的现象,就是压电陶瓷的正压电效应。压电陶瓷具有压电常数高、制作简单、耐高温等特点,在电子检测技术、超声波等领域有广泛应用。

7.1.2　压电式传感器的等效电路和连接方式

1. 压电传感器的等效电路

压电元件两电极之间的压电陶瓷或石英晶体为绝缘体,构成一个电容器,其电容量 C_a 为:

$$C_a = \frac{\varepsilon_0 \varepsilon_r S}{h} \tag{7-1}$$

压电传感器可等效成一个电压源和一个电容相串联的电路,如图 7 - 2(b)所示;也可等效成一个电荷源与一个电容相并联的电路,如图 7 - 2(a)所示。

产生的电压 U 与电荷 Q 的关系为:

$$U = \frac{Q}{C_a} \tag{7-2}$$

在测量变化频率较低参数时,必须保证负载 R_L 具有很大的数值,保证有很大的时间常数 $R_L C_a$,不至于造成较大误差。R_L 达到数百兆以上,一般其后接前置放大器。

2. 压电传感器的连接电路

压电器件既然是一个自源电容器,就存在着与电容传感器一样的高内阻、小功率问题。压电器件输出的能量微弱,电缆的分布电容及噪声等干扰将严重

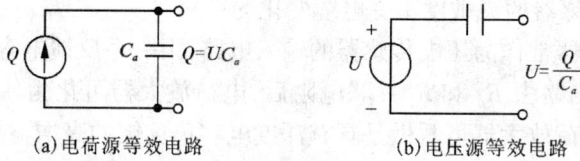

(a)电荷源等效电路　　　　　　(b)电压源等效电路

图 7－2　压电传感器的等效电路

影响输出特性，因此必须进行前置放大；而且高内阻使得压电器件难以直接使用一般的放大器，而必须进行前置阻抗变换。压电传感器的前置放大器，对应于电压源与电荷源，也有两种形式：电压放大器和电荷放大器。其必须具备两种功能：信号放大和阻抗匹配。

（1）电压放大器。电压放大器又称阻抗变换器。它的主要作用是把压电器件的高输出阻抗变换为传感器的低输出阻抗，并保持输出电压与输入电压成正比。

电压放大器电路原理及其输入端简化等效电路图如 7－3 所示。

图 7－3(a) 中 R_i、C_i 为放大器输入电阻、电容，C_c 为导线电容，R_a、C_a 为传感器电阻、电容。图 7－3(b) 中等效电阻 $R = R_a /\!/ R_i$，等效电容 $C = C_i + C_c$。

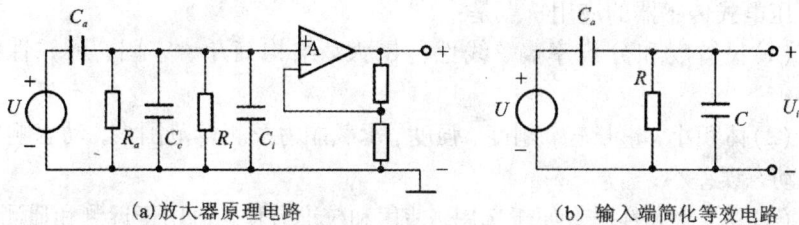

(a)放大器原理电路　　　　　　（b）输入端简化等效电路

图 7－3　电压放大器电路原理及其输入端简化等效电路

压电传感器与电压放大器配合使用时：

第一，电缆不宜过长，否则，C_c 加大，使传感器的电压灵敏度下降；

第二，要使电压灵敏度为常数，应使压电片与前置放大器的连接导线为定长，以保证 C_c 不变。

测量低频信号，应增大前置放大器的输入电阻，使测量回路的时间常数增大，保证有较高的灵敏度。

（2）电荷放大器。电荷放大器的的特点是能把压电器件高内阻的电荷源变换为传感器低内阻的电压源,以实现阻抗匹配,并使其输出电压与输入电荷成正比;而且传感器的灵敏度不受电缆变化的影响。

电荷放大器常作为压电传感器的输入电路,由一个反馈电容 C_f 和高增运算放大器构成,当略去 R_a 和 R_i 并联电阻后,电荷放大器可化为如图 7 - 4 所示的等效电路。电荷放大器可看做是具有深度电容负反馈的高增益放大器。

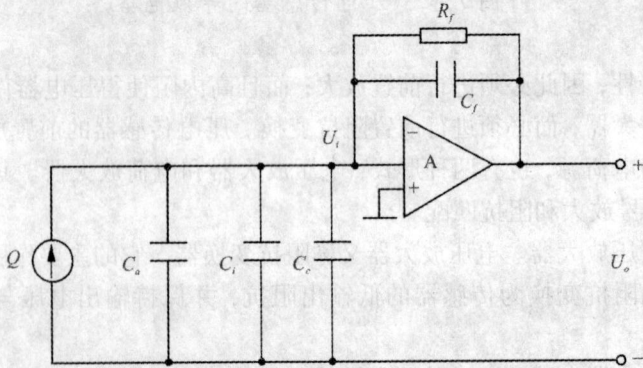

图 7 - 4　电荷放大器等效电路

7.1.3　压电式传感器的应用

压电式传感器的应用特点是:

(1)灵敏度和分辨率高、线性范围大、结构简单、牢固、可靠性高、寿命长;

(2)体积小,重量轻,刚度、强度、承载能力及测量范围大,动态响应频带宽,动态误差小;

(3)易于大量生产,便于选用,使用和校准方便,适用于近测和遥测。

目前压电式传感器应用最多的仍是测力,尤其是对冲击、振动加速度的测量。

压电式压力传感器的结构类型很多,它们都是通过弹性膜(盒)等,把压力转换成力,再传递给压电元件。为保证静态特性及其稳定性,通常多采用石英晶体做压电元件。在结构设计时,须满足:

(1)确保弹性膜片与后接传力件间有良好的面接触,否则接触不良会造成滞后或线性恶化,影响静、动态特性;

(2)传感器基体和壳体有足够的刚度,以保证被测力尽可能传递到压电元件上;

(3)压电元件的振动模式选择要考虑到频率覆盖;

（4）涉及传力的元件尽量采用扁薄结构，以利于快速、无损地传递弹性元件的弹性波，提高动态性能；

（5）考虑加速度、温度等环境干扰的补偿。

压电式压力传感器结构如图 7 - 5 所示。压缩式石英晶片组通过薄壁厚底的弹性套筒施加预载，其厚底起着传力件的作用。被测压力通过膜片和预紧筒传递给压电组件。在压电组件和膜片间垫有温度补偿片。在压电组件上方安装有高密度合金质量块用以消减环境加速度干扰。此类传感器量程大（$0 \sim 2.5 \times 10^7$ Pa）、工作温度范围宽（$-150 \sim +240$℃）、加速度误差小。

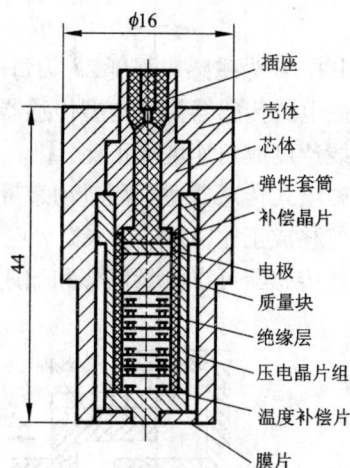

图 7 - 5　压电式压力传感器

7.2　磁电式传感器

7.2.1　磁电式传感器的工作原理与结构形式

磁电式传感器是利用电磁感应定律，将输入运动速度变换成感应电势输出的装置。它不需要辅助电源，能将被测对象的机械能转换为易于测量的电信号。由于它有较大的输出功率，故配用电路简单、性能稳定，可应用于转速、振动、扭矩等被测量的测量。

不同类型的磁电式传感器，实现磁通变化的方法不同，有恒磁通的动圈式与动铁式磁电式传感器，有变磁通（变磁阻）的开磁路式或闭磁式的磁电式传感器。

1. 恒磁通磁电式传感器

根据电磁感应定律，当 N 匝线圈在均恒磁场内运动时，设穿过线圈的磁通量为 ϕ。则线圈内的感应电势 e 与磁通变化率 $\dfrac{\mathrm{d}\phi}{\mathrm{d}t}$ 有如下关系：

$$e = -N\frac{\mathrm{d}\phi}{\mathrm{d}t} \qquad\qquad (7-3)$$

图 7 - 6（a）与 7 - 6（b）分别为磁电式传感器测量线速度和角速度原理图。当线圈垂直于磁场方向运动时，线圈相对于磁场的运动速度为 v 或 ω，可得：

$$e = -NBl_a v \ 或 \ e = -NBS\omega \tag{7-4}$$

其中 B 为磁感应强度，l_a 为每匝线圈的平均长度，S 为线圈的截面积。

磁电式传感器为结构型传感器，当结构参数 N、B、l_a、S 为定值时，感应电动势与线速度或角速度成正比。

磁电式传感器适于测量动态量。如果在电路中接入积分电路，输出感应电势与位移成正比；如果接入微分电路，输出的感应电势与加速度成正比。因此磁电式传感器可以测量位移和加速度。

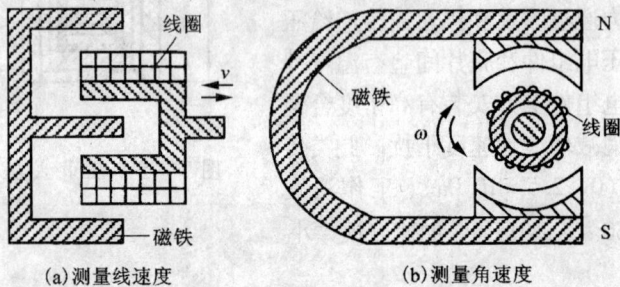

(a)测量线速度　　　　　(b)测量角速度

图 7-6　恒磁通磁电式传感器

恒磁通磁电式传感器有两个基本系统：

①产生恒定直流磁场的磁路系统，包括工作气隙和永久磁铁；

②线圈，由它与磁场中的磁通交链产生感应电动势。应合理地选择它们的结构形式、材料和结构尺寸，以满足传感器的基本性能要求。

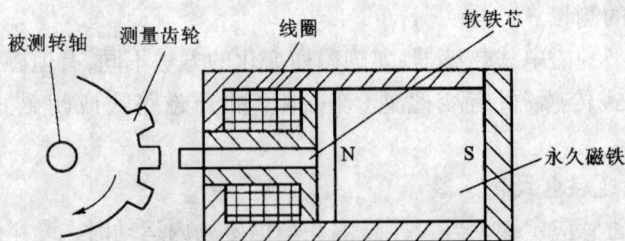

图 7-7　开磁路磁阻式转速传感器

2. 变磁通磁电式传感器

(1)开磁路式磁电传感器。图 7-7 所示为开磁路磁阻式转速传感器原理图。传感器的线圈和磁铁部分静止不动，测量齿轮(导磁材料制成)安装在被测转轴上,随之一起转动。安装时将永久磁铁产生的磁力线通过软铁芯端部对准齿轮的齿顶,当齿轮旋转时,齿的凹凸引起磁阻的变化,使磁通变化,在线圈中感应出交变电势,其频率等于齿轮的齿数 z 与转速的乘积,即:

$$f = \frac{zn}{60} \tag{7-5}$$

当齿数 z 已知,测得感应电势的频率 f 就可以得到被测轴的转速 n:

$$n = \frac{60f}{z}(\text{r/min}) \tag{7-6}$$

开磁路转速传感器结构简单,但输出信号较小,当被测轴振动较大,转速较高时,输出波形失真大。

(2)闭磁路式磁电传感器。图 7-8 所示为闭磁路磁阻式转速传感器结构原理图。转子与转轴固紧,传感器转轴与被测物相连,转子与定子都是用工业纯铁制成,它们和永久磁铁构成磁路系统。转子和定子的环形端部都均匀铣出等间距的一些齿和槽。测量时,被测物转轴带动转子转动,当定子与转子齿凸凸相对时,气隙最小,磁阻最小,磁通最大;当定子与转子的齿凸凹相对时,气隙最大,磁阻最大,磁通最小。随着转子的转动,磁通周期性地变化,在线圈中感应出近似正弦波的电动势信号,经施密特电路整形变为矩形脉冲信号,送计数器或频率计。由测得的频率可计算转速。

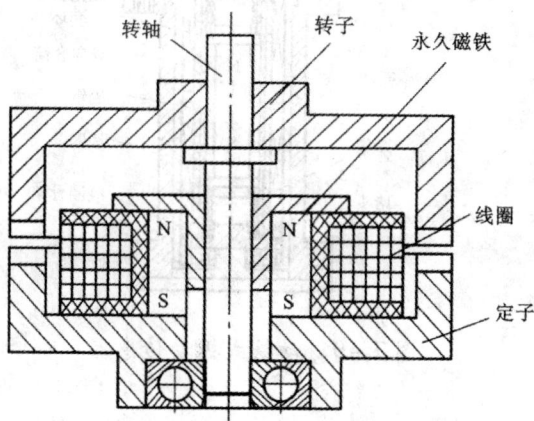

图 7-8　闭磁路磁阻式转速传感器

7.2.2　磁电式传感器的应用

磁电式传感器主要用于振动测量。它可直接安装在振动体上进行测量,因而在地面振动测量及机载振动监视系统中获得了广泛的应用。如航空发动机,各种大型电机,空气压缩机,机床,车辆,轨枕振动台,化工设备,各种水、气管道,桥梁,高层建筑等,其振动监测与研究都可使用磁电式传感器。此外,磁电式传感器还可用作扭矩、转速等测量。

1. 动铁式振动速度传感器

图7-9所示为动铁式振动速度传感器的结构图。它是一种惯性式传感器。其活动部件是一个由上下两个圆柱形弹簧支承的活动磁钢,磁钢在一内壁经镀铬所制成的不锈钢导向套筒中活动。磁钢大多选用铸造铝镍钴永磁合金。磁钢两端各压入一个越磨越光的金钯合金套环。因此当磁钢在套筒中滑动时,摩擦极小,有利于传感器测量小的振动。磁钢套筒的两端用两个堵头焊封,使磁钢、弹簧和堵头成为不可拆的整体。

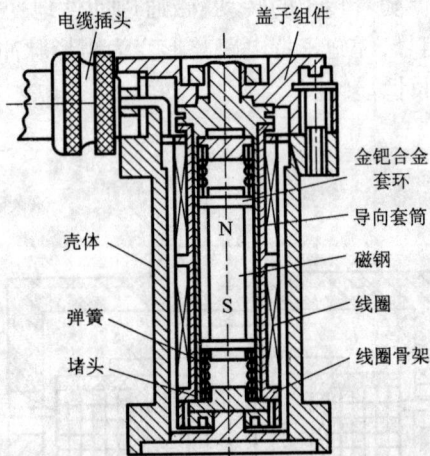

图7-9　动铁式振动传感器

两个线圈绕在非导磁性金属骨架上,并与壳体固连。骨架内壁固定着导向套筒,套筒与线圈骨架都起电磁阻尼作用。线圈用高强度漆包线绕制,两个线圈的连接应保证其产生的电动势为相加。为提高耐温绝缘强度,线圈上浸渍一层无机绝缘材料。

在传感器壳盖上焊有一插座。插座上引有两根合金导电丝。插座与合金丝均选用膨胀合金。并用与热膨胀系数相近的玻璃粉在高温下烧结，使之相互熔封在一起，起着良好的密封和绝缘作用。

　　传感器壳体用磁性材料铬钢制成，它既可作为导磁体，又能起磁屏蔽的作用。磁力线穿过导向套筒、骨架和线圈后，经壳体构成闭合磁路。测量振动时，线圈与永久磁铁之间有相对运动，传感器输出正比于振动速度的电压信号。

　　2. 动圈式振动速度传感器

　　图7－10所示为接触型动圈式振动速度传感器结构。磁钢的磁力线通过导磁的壳体支架、工作气隙构成磁回路。磁钢中孔内的芯轴与其一端固定的线圈构成测量系统。这种传感器的弹簧片弹性系数不能太小。使用时传感器固定在被测物上，顶杆顶在固定不动的参考面，或传感器固定不动，顶杆顶在振动体上。但都必须给弹簧片一定的顶压力，以保证顶杆在弹簧恢复力的作用下跟随振动体一起振动。因此，线圈和磁钢之间的相对运动速度等于振动体的振动速度，传感器输出正比于振动速度的电压信号。

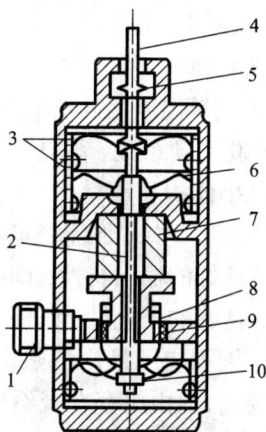

图7－10　动圈式振动传感器

1—插座；　2—芯轴；　3、10—弹簧片；
4—顶杆；　5—限幅块；　6—球铰链；
7—永久磁铁；　8—线圈；　9—气隙

　　该传感器的使用频率上限取决于弹簧片弹性系数 k 的大小。k 值大，则可测频率范围就高；反之，可测频率范围就低。而其频率下限可从零开始，故它适用于低频振动速度的测量。

　　磁电式传感器输出阻抗低（几十欧至几千欧），可降低对绝缘和后接测量仪器的要求。电缆的噪声干扰也大为减小，这是它突出的优点。

　　磁电式传感器也有明显的缺点。例如，传感器中有易磨损的活动部件，磨损导致性能变化，为此需定期检修。在强冲击振动、高温、干扰磁场大等恶劣环境下工作的传感器可能要随时检修，检修后需重新标定灵敏度、线性度等主要技术指标，从而增加使用成本。

7.3　热电式传感器

　　热电式传感器是利用转换元件电磁参量随温度变化的特性，对温度和与温度有关的参量进行检测的装置。其中将温度变化转换为电阻变化的称为热电阻传感器；将温度变化转换为热电势变化的称为热电偶传感器。这两种热电式传感器在工业生产和科学研究工作中已得到广泛使用，并有相应的定型仪表可供选用，以实现温度检测的显示和记录。

7.3.1　热电阻传感器

热电阻传感器可分为金属热电阻式(热电阻)和半导体热电阻式(热敏电阻)两大类。

1. 热电阻

作为测量温度用的热电阻材料，必须具有以下特点：

(1)高温度系数、高电阻率。保证在同样条件下可加快反应速度，提高灵敏度，减小体积和重量；

(2)化学、物理性能稳定。保证在使用温度范围内热电阻的测量准确性；

(3)良好的输出特性，即必须有线性的或者接近线性的输出；

(4)良好的工艺性，以便于批量生产、降低成本。

铂、铜为应用最广的热电阻材料。虽然铁、镍的温度系数和电阻率都比铂、铜要高，但由于存在着不易提纯和非线性严重等缺点，因而使用不多。

铂容易提纯，在高温和氧化性介质中化学、物理性能稳定，制成的铂电阻输出—输入特性接近线性，并且测量精度高。由于铜电阻的电阻率仅为铂电阻的1/6左右，当温度高于100℃时易被氧化，因此适用于温度较低和没有浸蚀性的介质中工作。

铂、铜热电阻不适宜作低温和超低温的测量。近年来，一些新型的热电阻材料相继被采用，例如：

铟电阻适宜在-269～-258℃温度范围内使用，测温精度高，灵敏度是铂电阻的10倍，但是复现性差。

锰电阻适宜在-271～-210℃温度范围内使用，灵敏度高，但是质脆易损坏。

碳电阻适宜在-273～-268.5℃温度范围内使用，热容量小、灵敏度高、价格低廉、操作简单，但是热稳定性较差。

2. 热敏电阻

热敏电阻是用半导体材料制成的热敏器件，按物理特性可分为3类：

(1)负温度系数热敏电阻(NTC)；

(2)正温度系数热敏电阻(PTC)；

(3)临界温度系数热敏电阻(CTR)。

由于负温度系数热敏电阻应用较为普遍，此节只介绍这种热敏电阻。

负温度系数热敏电阻是一种氧化物的复合烧结体，通常用它测量 -100 ~
+300℃范围内的温度。与热电阻相比，其特点是：

（1）电阻温度系数大、灵敏度高，约为热电阻的 10 倍；

（2）结构简单、体积小，可以测量点温度；

（3）电阻率高、热惯性小，适宜动态测量；

（4）易于维护和进行远距离控制；

（5）制造简单、使用寿命长。

热敏电阻特性曲线如图 7 - 11 所示，它的
不足之处是互换性差且非线性严重。

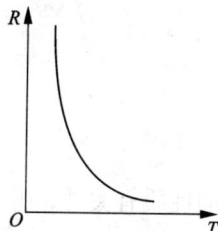

热敏电阻特性的非线性，是扩大测温范围
和提高精度必须解决的关键问题。

图 7 - 11　热敏电阻特性曲线

有效的解决办法是，利用温度系数很小的金属电阻与热敏电阻串联或并
联，使热敏电阻阻值在一定范围内呈线性关系。

图 7 - 12 为柱形热敏电阻的结构组成。

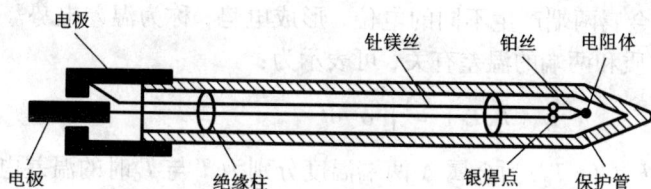

图 7 - 12　柱形热敏电阻结构图

7.3.2　热电偶传感器

热电偶传感器是目前接触式测温中应用最广的热电式传感器，具有结构简
单、制造方便、测温范围宽、热惯性小、准确度高、输出信号便于远传等优点。

1. 热电偶测温原理

热电偶的工作机理是建立在导体的热电效应上的。将两种不同的金属 A
和 B 构成一个闭合回路，当两个接点温度不同时（$T > T_0$），回路中会产生热电势
$E_{AB}(T, T_0)$，这种现象称为热电效应，如图 7 - 13 所示。其中，T 端称为热端（工
作端），T_0 端称为冷端（自由端），A、B 称为热电极，热电势 $E_{AB}(T, T_0)$ 的大小由
两种材料的接触电势和单一材料的温差电势决定。

当两种金属接触在一起时，由于不同导体的自由电子密度不同，在结点处
就会发生电子迁移扩散。失去自由电子的金属呈正电位，得到自由电子的金属
呈负电位。当扩散达到平衡时，在两种金属的接触处形成电势。其大小除与两

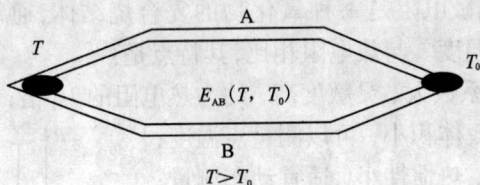

图 7 – 13　热电偶热电效应

种金属的性质有关外, 还与结点温度有关, 可表示为:

$$E_{AB}(T) = \frac{kT}{e}\ln\frac{N_A}{N_B} \tag{7-7}$$

式中, $E_{AB}(T)$ 为 A、B 两种金属在温度 T 时的接触电势; k 为波尔兹曼常数; e 为电子电荷; N_A、N_B 为金属 A、B 的自由电子密度; T 为结点处的绝对温度。

对于单一金属, 如果两端的温度不同, 则温度高端的自由电子向低端迁移, 使单一金属两端产生不同的电位, 形成电势, 称为温差电势。其大小与金属材料的性质和两端的温差有关, 可表示为:

$$E_A(T,T_0) = \int_{T_0}^{T}\sigma_A \mathrm{d}t \tag{7-8}$$

式中, $E_A(T, T_0)$ 为金属 A 两端温度分别为 T 与 T_0 时的温差电势; σ_A 为金属 A 的温差系数; T、T_0 为高低温端的绝对温度。

对于图 7 – 13 所示 A、B 两种导体构成的闭合回路, 总的温差电势为:

$$E_A(T,T_0) - E_B(T,T_0) = \int_{T_0}^{T}(\sigma_A - \sigma_B)\mathrm{d}t \tag{7-9}$$

回路的总热电势为:

$$E_{AB}(T,T_0) = E_{AB}(T) - E_{AB}(T_0) + \int_{T_0}^{T}(\sigma_A - \sigma_B)\mathrm{d}t \tag{7-10}$$

2. 热电偶基本定律

(1) 中间温度定律。热电偶的热电势仅取决于热电偶的材料和两个接点的温度, 与温度沿热电极的分布及热电极的形状无关, 这就是中间温度定律, 如图 7 – 14 所示。

在热电偶回路中, 如果存在一个中间温度 T_n, 则热电偶回路产生的总热电势等于热电偶在 T、T_n 时的热电势 $E_{AB}(T, T_n)$ 与同一热电偶在 T_n、T_0 所产生的热电势 $E_{AB}(T_n, T_0)$ 的代数和。用公式表示为:

$$E_{AB}(T,T_0) = E_{AB}(T,T_n) + E_{AB}(T_n,T_0) \tag{7-11}$$

中间温度定律为制定热电偶分度表奠定了基础。根据中间温度定律,只需列出冷端温度为0℃时各工作端温度与热电势的关系表(分度表),当冷端温度不是 0℃时,所产生的热电势按式(7-11)计算。

(2)中间导体定律。中间导体定律表明,在热电偶回路中,只要接入的第三导体两端的温度相同,对回路总的热电势没有影响,如图 7-15所示。回路中总热电势等于各接点电势之和。

$$E_{ABC}(T,T_0) = E_{AB}(T) + E_{BC}(T_0) + E_{CA}(T_0)$$
$$(7-12)$$

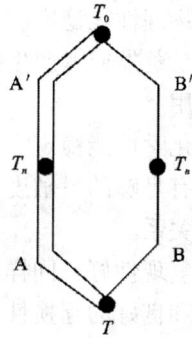

图 7-14　中间温度定律

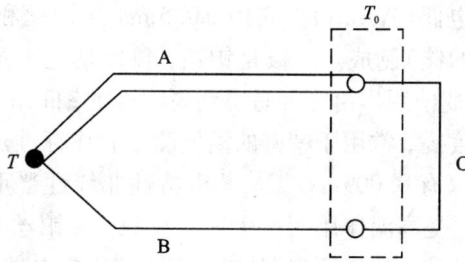

图 7-15　中间导体定律

当 $T = T_0$ 时,有:

$$E_{BC}(T_0) + E_{CA}(T_0) = -E_{AB}(T_0) \qquad (7-13)$$

$$E_{ABC}(T,T_0) = E_{AB}(T) - E_{AB}(T_0) = E_{AB}(T,T_0) \qquad (7-14)$$

(3)标准电极定律。当两个接点温度为 T, T_0 时,用导体 A、B 组成的热电偶的热电势等于用 A、C 组成热电偶与用 C、B 组成热电偶的热电势的代数和,即:

$$E_{AB}(T,T_0) = E_{AC}(T,T_0) + E_{CB}(T,T_0) \qquad (7-15)$$

标准电极 C 用化学性能稳定的纯铂丝制成。求出各种热电极对铂电极的热电势,可以用标准电极定律算出任选两种材料配成热电偶后的热电势值,可大大简化热电偶的选配工作。

3.热电偶材料与结构

(1)常用热电偶。根据热电势形成理论可知,任何不同材料的导体都可以组成热电偶,但为了准确可靠地测量温度,热电偶的材料选择有严格的要求:

①物理性能稳定。在所测温度范围内材料的热电特性应稳定。对于一些高温时容易蒸发或者产生再结晶的金属材料,它们的热电特性是随时间变化的,不宜使用。

②化学性能稳定。在高温下不被氧化也不会被周围的气体所腐蚀而变质。

③有足够的灵敏度。热电偶能产生尽可能大的热电势,且与温度之间是单值函数关系。

④复现性好。同样材料组成的热电偶,其热电特性基本相同,这有利于批量生产和良好的互换性。

⑤电阻温度系小,导电率高。

⑥机械加工性能好。材料质地均匀,有良好的韧性,便于加工成丝。

根据上述要求,目前我国广泛采用 3 种合金材料制作热电偶电极、常用热电偶有下列几种:

①铂铑—铂热电偶(WRLB)。它由 $\phi0.5$mm 纯铂丝和相同直径的铂铑丝(90% 的铂和 10% 的铑)制成。正极是铂铑,负极是纯铂丝,以符号 LB 表示。在 1300℃以下可长期使用。由于容易得到高纯度的铂和铂铑,故 LB 热电偶的复现性和测量准确度高,常用于精密的温度测量和作标准热电偶。其主要缺点是灵敏度低,平均只有 0.009mV/℃;热电特性非线性严重。铂铑丝中的铑分子在长期使用后,因受高温作用而产生挥发现象,使铂丝受到污染而变质,从而引起热电特性的改变,故必须定期进行校准,LB 热电偶的材料属贵重金属,价格昂贵。

②镍铬—镍硅(铝)热电偶(WREU)。由镍铬和镍硅(铝)制成,用符号 EU 表示,正极是镍铬,负极是镍硅(铝)。热电极丝直径一般为 $\phi1.2\sim2.5$mm。材料的主要成分为镍,其化学稳定性较高,长期使用可测 900℃以下的温度。复现性好,灵敏度较高,可达 0.041mV/℃。其缺点是在还原性及硫化物介质中易腐蚀,必须加保护套管,精度不如 LB 热电偶。

③镍铬—考铜热电偶(WREA)。用符号 EA 表示。镍铬为正极,考铜为负极。热电极丝直径一般为 $\phi1.2\sim2$mm。适用于氧化性及中性介质,长期使用温度不超过 600℃;灵敏度高达 0.078mV/℃,且价格便宜。考铜合金丝易受氧化而变质。由于材料的质地坚硬而不易得到均匀的线径。

④铂铑$_{30}$—铂铑$_6$热电偶(WRLL)。用符号 LL 表示。铂铑$_{30}$丝(铂70%,铑30%)为正极,铂铑$_6$丝(铂94%,铑6%)为负极。长期使用可测 1 600℃的高温。其性能稳定,精度高,适用于氧化性和中性介质。但它产生的热电势小,且价格贵。由于 LL 在低温时热电势极小,因此冷端在40℃以下时,对热电势值可不必修正。

（2）热电偶的结构。

①普通热电偶。工业上常用的普通热电偶的结构如图 7 - 16 所示，由热电极、绝缘套管、保护套管、接线盒及接线盒盖组成。

普通热电偶主要用于测量气体、蒸气和液体等介质的温度。这类热电偶已做成标准型。可根据测量范围和环境条件来选择合适的热电极材料和保护套管。

②铠装型热电偶。铠装型热电偶就是在类似铠甲保护作用的铠装套与热电偶之间填充氧化镁和氧化铝等保护物，其结构如图 7 - 17 所示。根据测量端的形式，可分为碰底型如图 7 - 17(a)、不碰底型如图 7 - 17(b)、露头型如图 7 - 17(c)、帽型如图 7 - 17(d)等。

这种类型的热电偶具有良好的抗腐蚀、抗氧化和抗振性能，另外动态响应快、测量端热容量小，因此目前在工业测温和控制系统中已得到广泛应用。

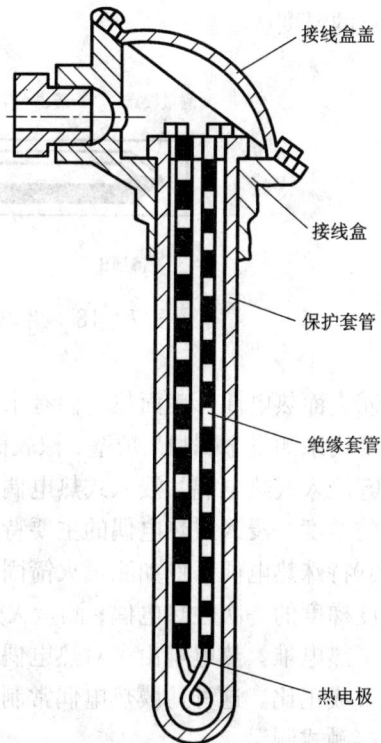

图 7 - 16　普通热电偶结构图

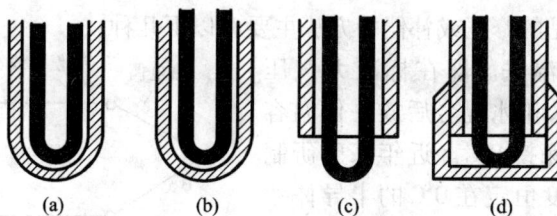

图 7 - 17　铠装热电偶结构示意图

③薄膜热电偶。薄膜热电偶的结构可分为片状、针状等。图 7 - 18 所示为片状薄膜热电偶结构图。

薄膜热电偶的主要特点是热容量小、动态响应快，适于测量微小面积和瞬时变化的温度。

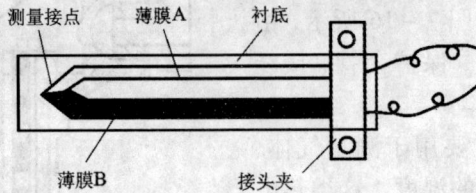

图 7 – 18　片状薄膜热电偶结构图

④表面热电偶。表面热电偶有永久性安装和非永久性安装两种。这种热电偶主要用来测量金属块、炉壁、橡胶筒、涡轮叶片、轧辊等固体的表面温度。

⑤浸入式热电偶。浸入式热电偶主要用来测量钢水、铜水、铝水以及熔融合金的温度。浸入式热电偶的主要特点是可以直接插入液态金属中进行测量。

⑥特殊热电偶。例如测量火箭固态推进剂燃烧波温度分布、燃烧表面温度及温度梯度的一次性热电偶;测量火炮内壁温度的针状热电偶等。

⑦热电堆。热电堆由多对热电偶串联而成,其热电势与被测对象的温度的四次方成正比。这种薄膜热电偶常制成星形及梳形结构,可用于辐射温度计进行非接触式测温。

4. 热电偶的温度补偿

热电偶输出的电势是两结点温度差的函数。为了使输出的电势是被测温度的单一函数,一般将 T 作为被测温度端,T_0 作为固定冷端(参考温度端)。通常要求 T_0 保持为 0℃,但是在实际使用中很难得到保证,因而产生了热电偶冷端温度补偿问题。

工业中常见的修正或补偿的方法主要有以下几种:

(1) 0℃ 恒温法。即在标准大气压下,将清洁的水和冰混合后放在保温容器内,可使 T_0 保持 0℃。近年来已研制出一种能使温度恒定在 0℃ 的半导体致冷器件。

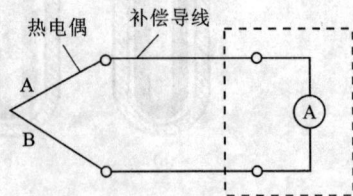

图 7 – 19　延伸热电极法原理图

(2) 延伸热电极法(即补偿导线法)。热电偶长度一般只有 1m 左右,在实际测量时,需要将热电偶输出的电势传输到数十米以外的显示仪表或控制仪表。根据中间导体定律即可实现上述要求。一般选用直径粗、导电系数大的材料制作延伸导线,以减小热电偶回路的电阻、节省电极材料。图 7 – 19 所示为延伸热电极法原理图。具体使用时，延伸导线的型号应与热电偶材料相对应。

（3）补偿电桥法。该法利用不平衡电桥产生的电压来补偿热电偶参考温度端温度变化引起的电势变化。图 7 - 20 为补偿电桥法原理图，电桥四个桥臂与冷端处于同一温度，其中 $R_1 = R_2 = R_3$ 为锰铜线绕制的电阻，R_4 为铜导线绕制的补偿电阻，E 是电桥的电源，R 为限流电阻，阻值取决于热电偶材料。

使用时选择 R_4 的阻值使电桥保持平衡，即电桥输出 $U_{ab} = 0$。

当冷端温度升高时，R_4 阻值随之增大，电桥失去平衡，U_{ab} 相应增大，此时热电偶电势 E_x 由于冷端温度升高而减小。若 U_{ab} 的增量等于热电偶电势 E_x 的减小量，回路总的电势 U_{ab} 就不会随热电偶冷端温度而变化。

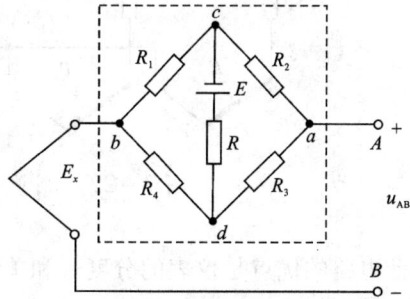

图 7 - 20　补偿电桥法原理图

5. 热电偶的实用测温电路

（1）测量单点温度的基本电路。
由于热电偶产生的热电势很小，一般 1℃ 产生数十微伏电压，所配接的模拟表可为毫伏表。由表读出电势值，查分度表确定被测温度。

采用数字仪表测量温度，必须加输入放大电路将热电偶输出的微弱信号放大以及模/数转换电路将热电势的模拟量转换为数字量。根据热电势与温度的关系，确定被测温度。

（2）测量两点之间的温差。测量两点之间的温差电路如图 7 - 21 所示，用两只相同型号的热电偶，配用相同的补偿导线，反向串联。产生的热电势为：

$$E_T = E_{AB}(T_1, T_0) - E_{AB}(T_2, T_0) \tag{7-16}$$

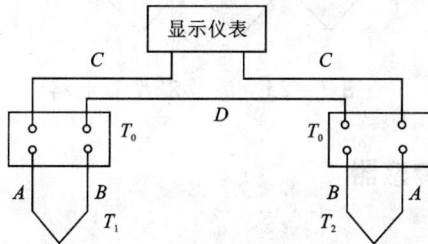

图 7 - 21　测量两点之间的温差电路

（3）测量平均温度。测量平均温度的电路如图 7 – 22 所示，用几只型号特性相同的热电偶并联在一起，测量它们的输出热电势的平均值。

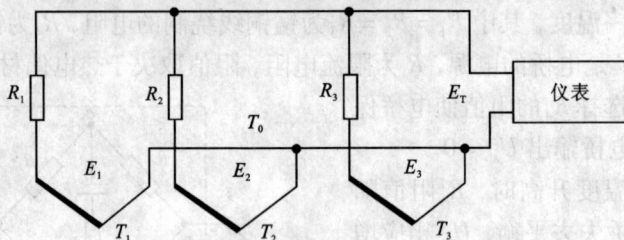

图 7 – 22   测量平均温度的电路

此电路的优点是仪表的分度表和单独配用一个热电偶时一样。缺点是当只有一只热电偶烧毁时不能很快被发现。电路的热电势为：

$$E_T = \frac{(E_1 + E_2 + E_3)}{3} \qquad (7-17)$$

（4）测量温度和电路。测量温度和电路如图 7 – 23 所示，即用同类型的热电偶串联。特点是当有一只热电偶烧断时，总的热电势消失，可以立即判断有热电偶烧断。

总的热电势为：

$$E_T = E_1 + E_2 + E_3 \qquad (7-18)$$

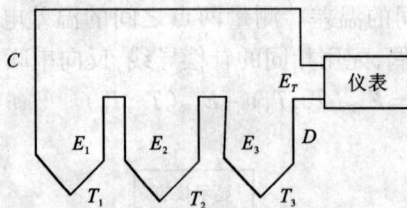

图 7 – 23   测量温度和电路

7.4   光电式传感器

随着现代科学技术的发展，测量的对象显著增加，测量的要求也越来越高；它们都要求迅速、正确地获得多个不同性质的信息参量，对检测技术提出了非接触化、小型化、集成化、数字化、智能化等要求。非接触化正是光电检测技术的特点。

光电式传感器首先把被测参数的变化转换成光信号的变化，然后通过光电传感元件变换成电信号。这种测量方法具有结构简单、隔离性能好、可靠性高、体积小、重量轻、价廉、灵敏度高和反应快等优点，在自动化技术中获得广泛应用。

光电元件的物理基础是光电效应。从物理学角度来说，光可以看做是由一连串具有一定能量的粒子(称为光子)所构成。当光照射某一物体时，该物体就受到一连串光子的轰击，其内部电子获得能量并释放出来的现象，称为光电效应。常用的光电效应可分为 3 类。

(1)如果被释放出来的电子仍留在物体内部，使它的电阻率改变，这种现象称为内光电效应。基于内光电效应的光电元件有光敏电阻、光敏二极管与光敏三极管等。

(2)如果被释放出来的电子，逸出受光物体表面，在空间形成电位，称为外光电效应。基于外光电效应的光电元件有光电管、光电倍增管等。

(3)如果在光线作用下，能使物体产生一定方向的电动势，该现象称为阻挡层光电效应。基于阻挡层光电效应的光电元件有光电池、光电晶体管等。

第 2 类光电元件属于真空光电元件，第 1、3 类属于半导体光电元件。本节主要介绍半导体光电元件及其所组成的光电传感器。

7.4.1　光敏电阻

1. 光敏电阻的结构和工作原理

光敏电阻亦称光导管，是利用内光电效应原理制成的光电元件，其工作原理和结构及表示符号如图 7-24 所示。

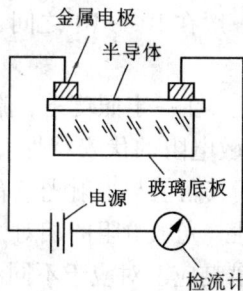

图 7-24　光敏电阻的工作原理

　　光敏电阻的结构很简单，它是涂于玻璃底板上的一层薄半导体物质，如锗、硅等。半导体的两端装有金属电极。金属电极与半导体层保持着可靠的接触，再将涂有半导体物质的玻璃板压入塑料盒内。金属电极与引出线端相连接。半导体吸收光子产生的光导效应，只限于光照的表面薄层，故光电导体一般均做成薄层。光敏电阻没有极性，使用时加直流或交流电源均可，当受到光的照射时，若光子能量大于本征半导体材料的禁带宽带，则价带中的电子吸收一个光子后就足以跃迁到导带，产生一个自由电子和一个自由空穴，从而使其导电能力增加，即电阻值下降。光照停止后，自由电子与空穴逐渐复合，其电阻又恢复原值。显然，当无光照时，光敏电阻的阻值(暗电阻)很大，电路中电流很小。当受到一定波长范围的光照，其阻值(亮电阻)便急剧减小，电路中电流迅速增加，直接从检流计测出电流变化。

　　制造光敏电阻最常见的半导体材料是锗和硅，它们均属于整个可见光区和近红外区的光电元件。此外还有硫化镉、硫化铅、锑化铟、硒化镉、碲化铅和硒化铅等材料。

　　光敏电阻的使用取决于它的一系列特性，如暗电流、亮电流、伏安特性、光照特性、光谱特性、温度特性以及灵敏度、时间常数等。

　　2. 光敏电阻的主要参数和基本特性

　　(1)暗电阻、亮电阻、光电流。光敏电阻在室温条件下，不受光照射时的阻值称为暗电阻，此时流过它的电流，称为暗电流。光敏电阻在某一光照下的阻值，称为该光照下的亮电阻，此时流过的电流称为亮电流。亮电流和暗电流之差，称为光电流。

　　若光敏电阻的暗电阻越大，亮电阻越小，则性能越好。也就是说，暗电流小的光敏电阻具有高的灵敏度。实际上，大多数光敏电阻的暗电阻均超过 $1M\Omega$，甚至可达 $100M\Omega$；而亮电阻即使在正常白昼条件下，也可降到 $1k\Omega$ 以下。暗电阻与亮电阻之比，一般在 $10^2 \sim 10^4$ 之间，可见光敏电阻的灵敏度是相当高的。

　　(2)光敏电阻的伏安特性。在一定照度下，流过光敏电阻的电流与光敏电阻两端的电压的关系称为光敏电阻的伏安特性。光敏电阻在一定的电压范围内，其伏安曲线为直线，说明其阻值与入射光量有关，而与电压、电流无关。

　　(3)光敏电阻的光谱特性。光敏电阻的相对光敏灵敏度与入射光波长的关系称为光谱特性，亦称为光谱响应。对应于不同波长，光敏电阻的灵敏度是不同的。

　　图 7-25 所示为几种光敏电阻的光谱特性。从图中可看出，硫化镉光敏电阻的光谱特性曲线的峰值在可见光区域，而硫化铅的峰值在红外线区域。因

此,在选用光敏电阻时,应当把元件和光源结合起来考虑。

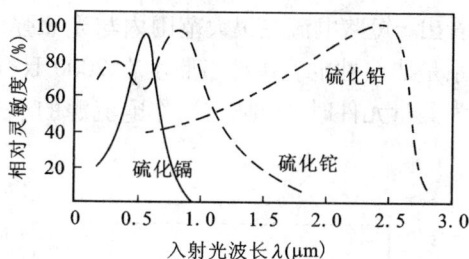

图7-25 光敏电阻的光谱特性

(4)光敏电阻的温度特性。光敏电阻和其他半导体元件一样,受温度的影响较大。温度变化影响光敏电阻的光谱响应,同时,光敏电阻的灵敏度和暗电阻都要改变,尤其是响应于红外线区域的光敏电阻受温度影响更大。对于可见光的光敏电阻,其温度影响要小一些。

7.4.2 光电池

1. 光电池的结构和工作原理

光电池是一种有源光电元件,当受到光照时就产生一定方向的电动势。用可见光作光源的光电池是最常见的光电元件。锗、硒和硅是光电池最常用的材料,其中硅光电池应用最广,也称其为硅太阳能电池。

光电池用单晶硅制成的,在一块N型硅片上用扩散的方法掺入一些P型杂质而形成一个大面积的PN结,其中P层做得很薄,便于光线能穿透到PN结上。P层具有过剩的空穴,N层具有过剩的电子,自由扩散的结果,在过渡区PN结形成一个电场,该电场阻止空穴和电子进一步自由扩散。

当光照射到结区时,若光子能量足够大,能使电子从价带跳到导带,即从束缚状态变成自由状态,结果在结区附近激发出电子—空穴对,这种由光生成的电子空穴称为光生载流子。它们在结电场的作用下,使P区一侧集结大量的过剩空穴,N型一侧集结大量的电子,即P区带正电,N区带负电,两者间形成光生电动势。

2. 光电池的基本特性

(1)光电池的光谱特性。光电池对不同波长的光的灵敏度是不同的。不同材料的光电池,光谱响应峰值所对应的入射光波长不同。

(2)光电池的光照特性。光电池在不同光照度下,光电流和光生电动势是不同的，它们之间的关系就是光照特性。图7-26所示为硅光电池的光照特性曲线。

从图7-26中看出，短路电流在很大范围内与光照强度成线性关系，开路电压与光照度的关系是非线性的，并且当照度在2000 lx(勒克斯)时就趋于饱和。因此光电池作为测量元件时，应把它当作电流源的形式来使用，不能用作电压源。

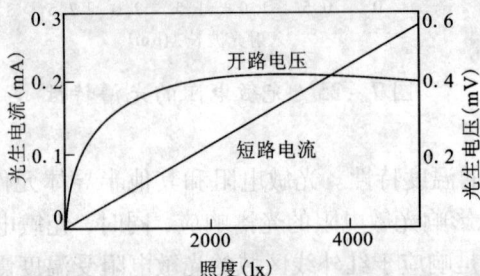

图7-26 光电池的光照特性

(3)光电池的温度特性。光电池的温度特性是描述光电池的开路电压和短路电流随温度变化的情况。由于它关系到应用光电池的仪器或设备的温度漂移，影响到测量精度或控制精度等重要指标，因此温度特性是光电池的重要特性之一。

光电池的开路电压随温度升高而下降的速度较快，而短路电流随温度升高而缓慢增加。由于温度对光电池的工作有很大影响，因此把它作为测量器件应用时，需要保证温度恒定或采取温度补偿措施。

7.4.3 光敏晶体管

1.光敏二极管

光敏二极管的结构与一般二极管相似，它装在透明玻璃外壳中，其PN结装在管顶，可直接受到光照射。它的结构简化图及基本线路如图7-27所示。

光敏二极管在电路中一般处于反向工作状态，当没有光照射时，其反向电阻很大，PN结流过的反向电流很小。当光照在PN结上时，就在PN结及其附近产生电子—空穴对，它们在PN结处的内电场作用下作定向运动，形成光电流。如果光的照度改变，光生电子—空穴对的浓度也相应变动，光电流强度也随之变动。可见光敏二极管能将光信号转变为电信号输出。

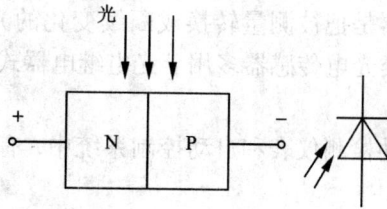

图 7 - 27　光敏二极管的简化结构图

2. 光敏三极管

光敏三极管的结构与一般三极管很相似，仅它的基极—集电极结面积大，以扩大光的照射面积，而且基极往往不接引线。它也有两个 PN 结，在把光信号转换为电信号的时候，也将信号电流加以放大。

光敏三极管有 PNP 型和 NPN 型两种，图 7 - 28 为 NPN 型光敏三极管的简化结构图及基本线路。

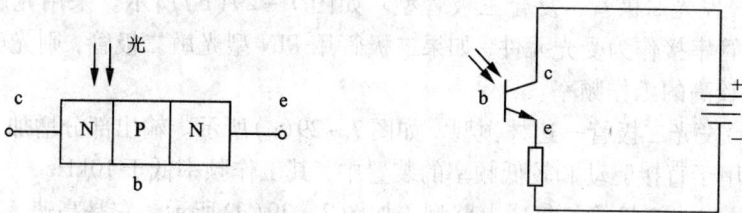

图 7 - 28　光敏三极管的简化结构图及基本线路

集电极 C 加上相对于发射极为正的电压，不接基极，则基极—集电极结就是反向偏压。若光照射到基极—集电极结上时，就会在结区附近产生电子—空穴对，从而形成光电流，此电流成为三极管的集电极电流。因为集电极的电流是光电流的 β 倍，所以光敏三极管比光敏二极管具有更高的灵敏度。

7.4.4　光电式传感器的应用

由光电元件组成的光电式传感器，按其接收状态可分为模拟式和开关式光电传感器两类。

模拟式传感器的作用原理是基于光电元件的光电流随光通量呈函数关系的变化，即对应光通量的任一定值，就存在一个对应的光电流，而光通量是随被测量而变，因此光电流与被测量间呈单值对应关系。这类光电传感器常用来做混浊度计、光洁度测试仪等。

开关式光电传感器是把被测量转换成断续变化的光电流,其输出仅有通、断两种稳定状态。这类光电传感器多用于光电继电器式的检测装置中,如光电式转速表等。

光电传感器在自动检测仪表和自动控制系统中,有着广泛的应用,下面介绍几种典型应用。

1. 光电耦合器

光电耦合器是把发光器件和光敏元件封装在一起的组件,其作用和功能类似变压器,但它与变压器相比具有许多优点,如频率特性比较,光电耦合器较宽(从直流至几百千赫兹),而变压器较窄。此外,它具有强抗干扰性能和单向信号传输功能,可广泛应用在电路隔离、电平转换、噪声抑制、无触点开关及固态继电器等场合。

光电耦合器有4种基本组合形式,如图7-29所示。

(1)发光二极管—三极管型。如图7-29(a)所示。结构简单、成本低、适用于低于50Hz的工作频率。

(2)发光二极管—复合三极管型。如图7-29(b)所示。采用光敏二极管和三极管串接作为受光元件,如果二极管用PIN型光敏二极管,则光电耦合器适用于较高的工作频率。

(3)发光二极管—达林顿型。如图7-29(c)所示。输出部分增加一个放大器,适用于直接驱动和较低频率的装置中,其工作频率低于10kHz。

(4)发光二极管—集成电路型。如图7-29(d)所示。它是高速、高传输效率的光电耦合器。近年来也将发光元件、光敏元件和集成片组合同一半导体基片上,构成放大和逻辑电路为一体的各种集成功能块,是很有前途的一种光电耦合器件。

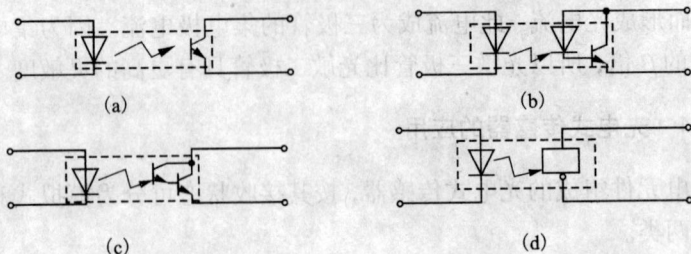

(a)　　　　　　　　　　(b)

(c)　　　　　　　　　　(d)

图7-29　光电耦合器的组合形式

2. 光电式数字转速传感器

转速是指旋转轴每分钟的旋转圈数。古典的机械式转速表和电子模拟式测速仪量测精度不高,而且不便于与计算机连接。因此,无法满足自动化程度日益提高的需要,于是非接触式的光电数字转速表便得到越来越广泛的应用。

光电式转速传感器是将轴的转速变换成相应频率的脉冲。通过对脉冲频率的测量可得转速的数值。脉冲频率的测量方法有 FVC(频率—电压变换器)、数字频率计、单片机计数器等。这些测速方法具有结构简单、可靠、测量精度高等优点。

图 7-30 为光电式数字转速表原理结构图。图 7-30(a)是在电机的转轴上涂上黑白两种颜色,当电机轴转动时,反光与不反光交替出现,使光电元件间断地接收光的反射信号,并输出相应的脉冲频率。经过放大整形电路,输入频率电压转换器 FVC(或数字频率计)。其输出电压的大小,便对应于转轴的转速。用这种方法,60s 的计数值能直接读出每分钟的转速。

图 7-30(b)是在电机轴上固定一个调制盘,将发光二极管发出的恒定光调制成随时间变化的调制光,并与转速相对应。如在调制盘上以一定的角度留 6 个遮光齿,这种装置在 10s 的计数值上就可直接读出每分钟的转数。如在调制盘上开 60 个小孔,这种结构可在 1s 的计数值上直接读出转速大小。

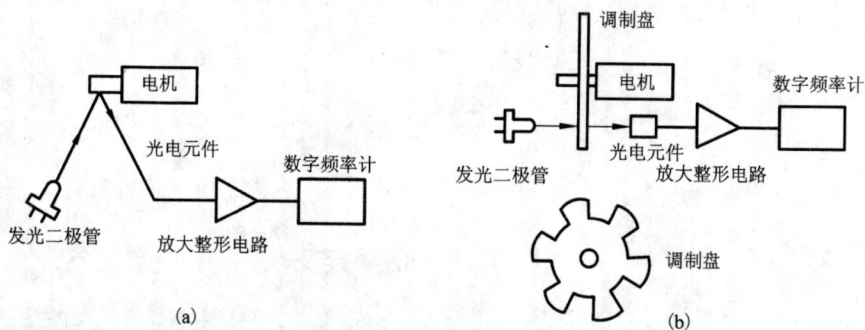

图 7-30　光电式数字转速表原理图

复习思考题

1. 在测量高频动态力时,电压输出型压电传感器连接电缆长度为何要定长,而电荷输出型压电传感器连接电缆长度无此要求?

2. 简述磁电式振动速度传感器的工作原理,并说明引起其输出特性非线性的原因。

3. 试述图 7-10 动圈式振动传感器的工作原理和工作频率范围。

4. 试用热电偶的基本原理证明热电偶的应用定则,并说明它们的作用。

5. 说明热电偶冷端温度恒定的重要性,工程上常用的冷端温度恒定与补偿的方法有哪几种?

6. 用铂铑—铂热电偶测温,当冷端温度 $T_0 = 20℃$ 时,在热端温度为 T 时测得热电势 $E(T,20) = 5.351mV$,求被测对象的真实温度 $[$已知 $E(20,0) = 0.113mV]$。

7. 将灵敏度为 $0.08mV/℃$ 的热电偶与毫伏表相连,已知接线端温度为 $60℃$,毫伏表读数是 $60mV$,试问热电偶温度是多少?

8. 试比较热电阻、热敏电阻及热电偶 3 种测温传感器的特点及对测量电路的要求。

9. 光电效应分哪几类? 光敏电阻、光电池、光敏三极管分别是基于哪一类光电效应进行工作的?

10. 试说明光电传感器的特点和采用它可能测量的物理量。

第 8 章　数字式传感器

随着计算机技术，尤其是微处理器和嵌入式系统的迅速发展，各种具有微处理器或嵌入式系统的智能测试仪器及测量控制系统大量涌现。人们越来越重视数字式传感器技术的发展。所谓数字式传感器，是指能把被测（模拟）量转换成数字量输出的传感器。

数字式传感器具有测量精度和分辨率高，测量范围大，信号易于处理、传输，抗干扰能力强，稳定性好，便于动态及多路测量，读数直观，安装方便，维护简单，工作可靠性高等优点，但同时也存在成本高、结构复杂等缺点。因此它适于要求高稳定性、高精确度的检测系统。本章主要介绍常用的编码式数字传感器、光栅式数字传感器及感应同步器等。

8.1　编码式数字传感器

8.1.1　编码式数字传感器概述

编码式数字传感器以其高精度、高分辨率和高可靠性被广泛应用于各种位移测量。编码器按结构可分为直线式编码器和旋转式编码器。

旋转式光电编码器是用于角位移测量最有效、最直接的数字式传感器，并已有各种系列化产品。旋转式编码器又可分为增量式编码器和绝对式编码器。增量式编码器的输出是一系列的脉冲，需要计数系统对脉冲进行累积计数，一般还需要一个基准数据即零位基准才能完成角位移测量；绝对式编码器不需要基准数据及计数系统，它在任意位置都可给出与位置相对应的固定的数字码输出。

编码器按检测原理，可分为电磁式、接触式和光电式等。接触式编码器的实际应用受到电刷的限制。目前应用最广的是利用光电转换原理构成的非接触式光电编码器。由于其精度高、可靠性好、性能稳定、体积小和使用方便，在自动测量和自动控制技术上得到广泛的应用。目前大多数关节式工业机器人都用它作为角度传感器。国内已有 16 位绝对编码器和每转大于 10000 脉冲数输出的小型增量编码器产品，并形成各种系列。

本节着重讨论旋转式光电编码器。

8.1.2　旋转式光电编码器

光电式编码器主要由安装在旋转轴上的编码圆盘(码盘)、狭缝以及安装在圆盘两侧的光源和光敏元件等组成。其基本结构如图 8 - 1 所示。

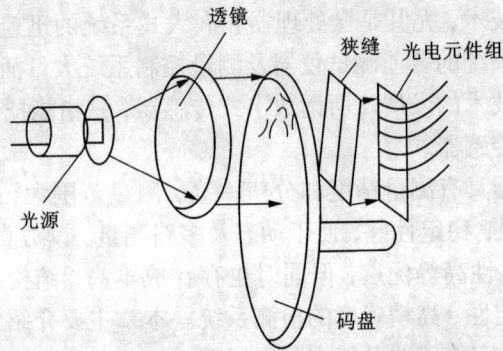

图 8 - 1　光电式编码器的结构示意图

光电编码器的码盘通常由一块光学玻璃制成。玻璃上刻有透光和不透光的条形,即亮区和暗区。如图 8 - 2 所示码盘结构是一个 4 位的二进制码盘。最内圈码盘为一半透光,一半不透光;最外圈一共分成 $2^4 = 16$ 个黑白间隔。

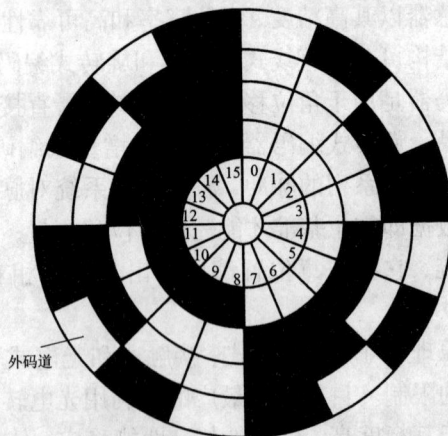

图 8 - 2　4 位二进制码盘

编码器光源产生的光经光学系统形成一束平行光投射在码盘上并与位于码盘另一面成径向排列的光敏元件相耦合。码盘上的码道数就是该码盘的数码位数，对应每一码道有一个光敏元件。当码盘处于不同位置时，各光敏元件根据受光照与否转换输出相应的数字信号，它代表了码盘轴的角位移的大小。

　　例如，零位对应于 0000，第 7 个方位对应于 0111。在测量时，只要根据码盘起始与终止位置，就可以确定角位移大小，而与转动的中间过程无关。一个 n 位二进制码盘的最小分辨率，即能分辨的最小角度为 $\alpha = 360°/2^n$。若 $n = 4$，则 $\alpha = 22.5°$。如果要达到 $1''$ 左右的分辨率，则至少需要 20 位的码盘，这对于码盘的制作工艺有很高的要求。

　　光学码盘通常用照相腐蚀法制作。现已生产出径向线宽为 6.7×10^{-8} rad 的码盘，其精度高达 $1/10^8$。光学码盘的精度决定了光电编码器的精度。为此，不仅要求码盘分度精确，而且要求它在阴暗交替处有陡峭的边缘，以便减少逻辑"0"和"1"相互转换时引起的噪声。这要求光学投影精确，并采用材质精细的码盘材料。

　　实际应用中，较少采用二进制编码器，因为这种传感器的任何微小的制作误差都可能引起读数的误差。如果当二进制的某一高位数码改变时，所有比它低的各位数据需要同时改变，即造成编码在一些位置变化时，光电接受器件输出信号发生陡变。

　　如果由于刻划误差的原因，使得某一较高位提前或延后改变，即造成粗误差。为了消除粗误差，可采用相邻位置的编码无陡变的形式，常用循环码代替二进制码。循环码的特点是相邻两个数的代码只有一位码是不同，四位二进制与循环码对照表如表 8 - 1 所示。用循环码（格雷码）来代替直接二进制码，就可消除多位错码现象。

　　从表 8 - 1 中可看出，从任何数变到相邻数时，仅有一位编码发生变化。如果任意一个码道刻划有误差，只要误差不太大，只可能有一个码道出现读数误差。所以只要适当限制各码道的制造误差和安装误差，就不会产生粗误差。

　　循环码是一种无权码，这给译码造成一定困难。通常先将它转换成二进制码，然后再进行译码。按表 8 - 1 所示，可知循环码和二进制码之间的转换关系为：

$$C_i = R_i \oplus C_{i+1} \qquad\qquad (8-1)$$

式中：R——循环码；C——二进制码。

　　实现循环码转换成二进制码的电路有并行和串行两种。并行转换速度快，所用元件较多；串行转换所用元件少，但速度慢，只能用于速度要求不高的场合。

表8-1　四位二进制码与循环码对照表

十进制数	二进制码	循环码	十进制数	二进制码	循环码
0	0000	0000	8	1000	1100
1	0001	0001	9	1001	1101
2	0010	0011	10	1010	1111
3	0011	0010	11	1011	1110
4	0100	0110	12	1100	1010
5	0101	0111	13	1101	1011
6	0110	0101	14	1110	1001
7	0111	0100	15	1111	1000

大多数编码器都是单盘的，全部码道在一个圆盘上。但如果需要有高分辨率时，码盘制作困难，码盘直径大，而且精度难以达到要求。这时可采用双盘编码器，它的特点是由两个分辨率较低的码盘组合成为高分辨率的编码器。

8.2　光栅式数字传感器

光栅是由许多等节距的透光缝隙和不透光的刻线均匀相间排列构成的光学器件。

按工作原理的不同，光栅可分为物理光栅和计量光栅。前者的刻线比后者细密。物理光栅主要利用光的衍射现象；计量光栅主要利用光栅的莫尔条纹现象。它们都可应用于位移的精密测量与控制，但前者的精度更高，而后者的应用更广泛。

按应用需要的不同，计量光栅又可分为透射光栅和反射光栅。而且根据用途不同，可制成用于测量线位移的长光栅和测量角位移的圆光栅。

按光栅表面结构的不同，又可分为幅值(黑白)光栅和相位(闪耀)光栅两种形式。前者特点是栅线与缝隙是黑白相间的，多用照相复制法进行加工；后者的横断面呈锯齿状，常用刻划法加工。另外，目前还发展了偏振光栅、全息光栅等新型光栅。

本节主要讨论黑白透射式计量光栅。

8.2.1　光栅式数字传感器的工作原理

光栅式数字传感器测量位移的原理主要是利用光栅莫尔条纹现象，将被测几何量转换为莫尔条纹的变化，再将莫尔条纹的变化经过光电转换系统转换成电信号，从而实现对几何量的精密测量。

　1. 莫尔条纹形成的原理

　　形成莫尔条纹必须有两块光栅：主光栅(作为标准器)和指示光栅(作为取信号)。

　　莫尔条纹形成的原理如图 8-3 所示。当主光栅与指示光栅的刻线以一个微小夹角互相重叠时，由于遮光效应(刻线密度小于 50 线/mm 的光栅)，或衍射效应(刻线密度大于 100 线/mm 的光栅)，在与光栅刻线大致垂直的方向上产生明暗相间的条纹，这些条纹称为"莫尔条纹"。

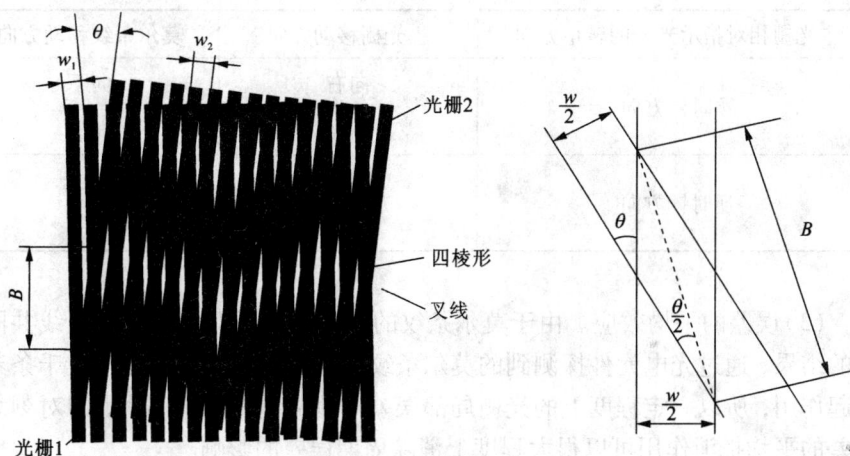

图 8-3　莫尔条纹形成原理

长光栅莫尔条纹间距 B 为：

$$B = \frac{w_1 w_2}{\sqrt{w_1^2 + w_2^2 - 2w_1 w_2 \cos\theta}} \tag{8-2}$$

若 $w_1 = w_2 = w$，且 θ 很小，则有：

$$B = \frac{w}{2\sin\dfrac{\theta}{2}} = \frac{w}{\theta} = Kw \tag{8-3}$$

式中：K——放大倍数，$K = 1/\theta$。

　2. 莫尔条纹的性质

　　(1) 位移的放大作用。当光栅相对移动一个光栅栅距 w 时，莫尔条纹移动一个间距 B。

　　由式(8-3)可知：夹角 θ 越小，莫尔条纹的间距 B 越大，其放大倍数越大。

这种放大作用很好地提高了传感器的灵敏度。

(2)莫尔条纹的运动与光栅条纹运动的对应关系。主光栅与指示光栅互相移动时,莫尔条纹也会移动。莫尔条纹除了垂直与光栅刻划线夹角的平分线外,在移动方向上也存在对应关系,即两光栅相对移动一个栅距,莫尔条纹也在与刻划线几乎垂直的方向上移动一个间距,且光栅是移动方向与莫尔条纹的移动方向对应。莫尔条纹与光栅移动方向对应关系如表8-2所示。

根据莫尔条纹的移动,不仅可以测量光栅移动量的大小,而且可以辨别光栅的移动方向。

表8-2 莫尔条纹与主光栅尺移动方向关系

主光栅相对指示光栅的转角方向	主光栅移动方向	莫尔条纹移动方向
顺时针方向	向右	向下
	向左	向上
逆时针方向	向右	向上
	向左	向下

(3)误差的平均效应。由于莫尔条纹的形成是光栅上大量的刻划线共同作用的结果,通过光电元件探测到的莫尔条纹明暗变化也是几十甚至上千条刻划线起作用,所以一定程度上的光栅局部误差对测量精度影响不大,即对刻划线误差的平均抵消作用可以很大程度上消除周期误差的影响。

8.2.2 光栅传感器的组成与工作原理

光栅传感器又称为光栅读数头,组成结构图如图8-4所示。主要由主光栅、指示光栅、光路系统和光电元件组成。主光栅的有效长度决定了传感器的有效测量长度或范围。指示光栅比主光栅要短得多,但两块光栅刻划线的间距是一样的,且两块光栅在使用时以微小的空隙相互重叠,其中一块固定,另一块随着被测物体移动。当主光栅相对于指示光栅移动时,形成的莫尔条纹明暗变化的光信号转换成电信号,从而实现位移的测量。

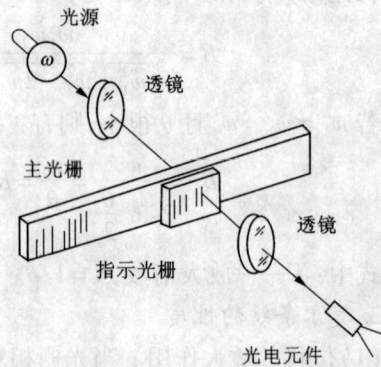

图8-4 光栅传感器结构图

　　光栅位移与光强、输出电压的关系如图 8 – 5 所示。光信号的输出电压可以用光栅位移量 x 的正弦函数表示：

$$u = U_0 + U_M \sin(\frac{\pi}{2} + \frac{2\pi x}{w}) \tag{8-4}$$

式中：　u——光电元件的输出电压；

　　　　　U_0——输出信号中的平均直流分量；

　　　　　U_M——输出信号中正弦交流分量的最大值。

　　当光栅移动一个栅距 w 时，输出信号波形就变化一周，此时对应的莫尔条纹移动一个条纹宽度 B。因此只要记录波形的变化周期或条纹移动数 n，就可以知道光栅的位移 x，即 $x = nB$。

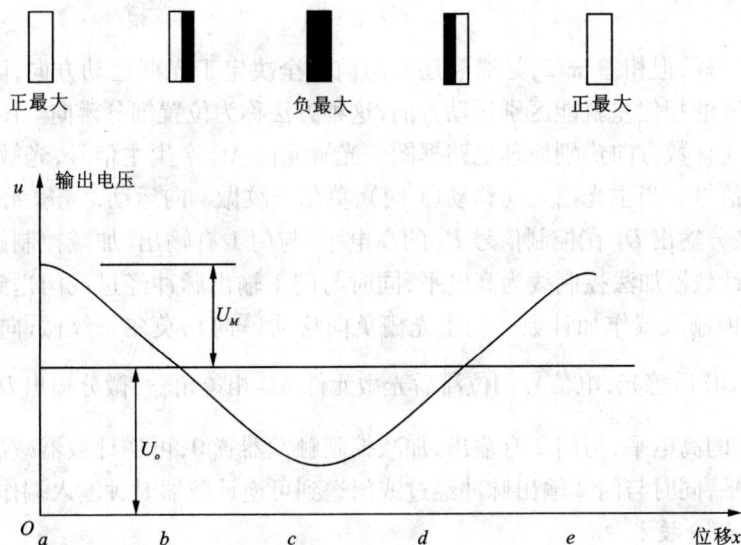

图 8 – 5　光栅位移与光强、输出电压的关系

8.2.3　光栅传感器的辨向原理与细分技术

1. 辨向原理

　　位移是矢量，所以位移的测量除了要确定大小，还要确定其方向。而光栅在相对运动时，利用单一的光电元件可以确定条纹的移动个数，却无法辨别其移动的方向，所以在实际的测量电路中必须加入辨向电路。

　　为了解决辨向的问题，需要有两个具有相位差的莫尔条纹信号同时输入，通常在 1/4 条纹间距位置放置两个光电元件，如图 8 – 6 所示。

　　光栅 x 向运动，莫尔条纹 y 向运动。当条纹移动时两个狭缝的亮度变化规

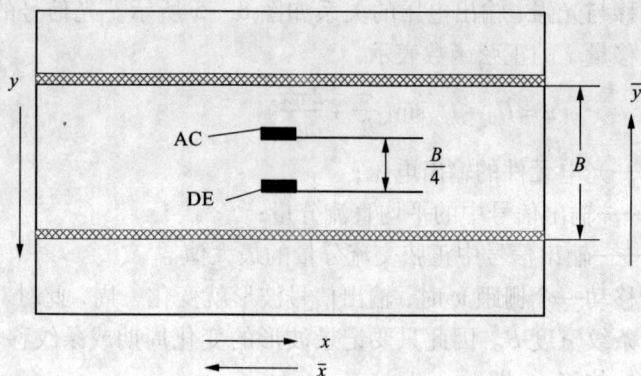

图 8 - 6　辨向原理

律完全一样,但相差 $\pi/2$,是滞后还是超前完全决定于光栅运动方向,因此利用两个狭缝的相位差就能区别运动方向,这种方法称为位置细分辨向。图 8 - 7 所示为可逆计数方向辨别原理电路框图。光敏元件 AC 产生主信号,光敏元件 DE 产生控信号。当主光栅正向移动(x 向),莫尔条纹做 y 向运动,光敏元件 DE 先感光,微分输出 D_1 在控制信号 P_2 的高电平,与门 1 有输出,加减控制触发器置 1,可逆计数器加法控制线为高电平,同时与门 1 输出脉冲经过或门送到可逆计数器时钟输入端作加计数。当主光栅负向移动($\bar{x}$ 向),莫尔条纹做 $\bar{y}$ 向运动,光敏元件 DE 后感光,电信号相位滞后光敏元件 AC 相位角 $\dfrac{\pi}{2}$,微分输出 D_2 在控制信号 P_2 的高电平,与门 2 有输出,加减控制触发器置 0,可逆计数器减法控制线为高电平,同时与门 2 输出脉冲经过或门送到可逆计数器时钟输入端作减计数。

　　2. 细分技术

　　由莫尔条纹工作原理可知,光栅数字传感器的测量分辨率等于一个栅距 w。但是在精密测量中常常需要测量比栅距更小的位移量。为了提高分辨率可以采用细分技术。所谓细分技术就是在莫尔条纹变化的一个周期内插 n 个脉冲,每个计数脉冲代表 w/n 位移量,提高分辨率。目前使用的细分方法有:

　　①增加光栅刻线密度,但受工艺和技术水平的限制,而且从经济的角来看,采用密度太大的光栅作为标准器也不合适;

　　②用电信号进行电子插值,也就是把一个周期变化的莫尔条纹信号再细分,即增大一个周期的脉冲数,称为倍频法,在电子细分中又可分为直接细分、电桥细分、示波管细分及锁相细分等;

　　③机械和光学细分。

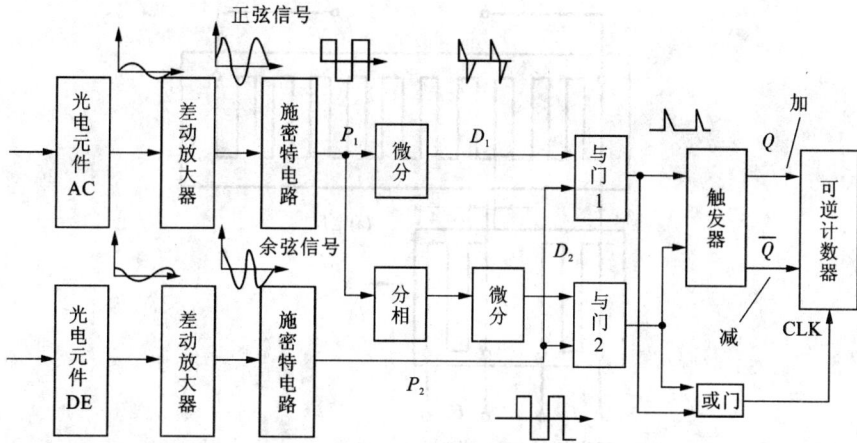

图 8 - 7 可逆计数辨向电路原理框图

8.3 感应同步器

感应同步器是应用电磁感应原理把位移量转换成数字量的传感器。它具有两个平面形的印刷绕组，相当于变压器的初级和次级绕组。通过两个绕组的互感变化来检测其相互的位移。

感应同步器可分为两大类，测量直线位移的直线式感应同步器和测量角位移的旋转式感应同步器。前者由定尺和滑尺组成，后者由转子和定子组成。感应同步器是一种多极感应元件，由于多极结构对误差起补偿作用，所以用感应同步器来测量位移具有精度高、工作可靠、抗干扰能力强、寿命长、接长便利等优点。它被广泛应用于大型机床和中型机床的定位和数控，也可用于雷达天线定位跟踪和仪表的分度装置。

8.3.1 感应同步器的结构

感应同步器结构包括固定和运动两部分。这两部分对于直线式感应传感器分别称为定尺和滑尺；对于旋转式感应同步器分别称为定子和转子；其工作原理相同。直线式感应传感器的结构如图 8 - 8 所示，旋转式感应传感器的结构如图 8 - 9 所示。

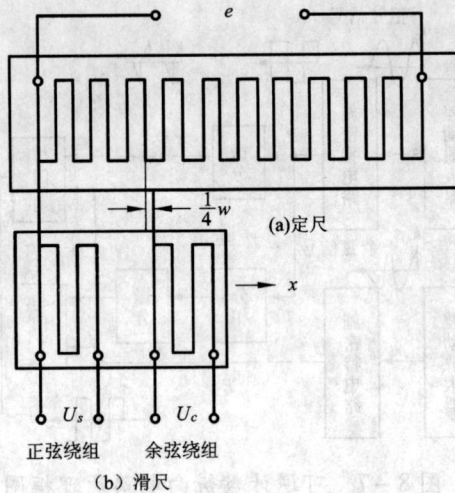

图 8-8 直线式感应同步器的结构

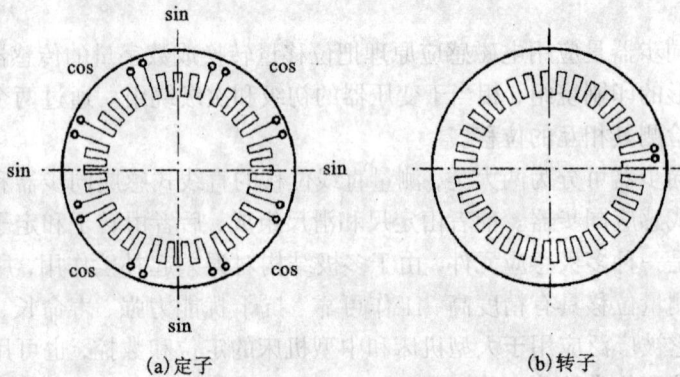

图 8-9 旋转式感应同步器的结构

对于直线式感应同步器定尺和滑尺的材料、结构和制造工艺相同，都是由基板、绝缘黏合剂、平面绕组和屏蔽层等组成。定尺和滑尺的绕组均为周期性的矩形绕组，定尺绕组的周期定义为定尺的节距 w_1，滑尺绕组的周期定义为滑尺的节距 w_2。通常情况下，定尺和滑尺的节距相等，即 $w_1 = w_2 = w$。

通常，旋转式感应同步器在极数相同时，直径越大精度越高。由于旋转式感应同步器的转子是绕转轴旋转的，所以必须特别注意其引出线。目前较多采用的方法，一是通过耦合变压器，将转子初级感应的电信号经空气间隙耦合到定子次级上输出；二是用导电环直接耦合输出。

8.3.2 感应同步器的工作原理

图 8-10 为感应同步器的工作原理图。当滑尺绕组用正弦电压激磁时，将产生同频率的交变磁通，它与定尺绕组耦合，在定尺绕组上感应出同频率的感应电势。感应电势的幅值除与激磁频率、耦合长度、激磁电流和两绕组的间隙等有关外，还与两绕组的相对位置有关。滑尺绕组位置与定尺感应电势变化如图 8-11 所示。

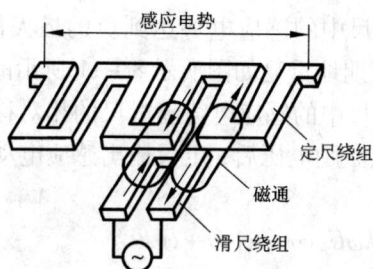

图 8-10 感应同步器工作原理示意图

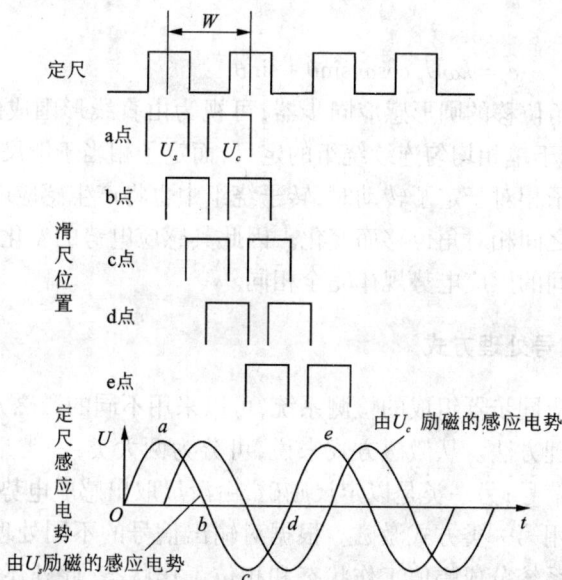

图 8-11 滑尺线圈位置与定尺感应电势变化

当滑尺位于 a 点时,余弦绕组左右侧的两根导片中的电流在定尺绕组导片中产生的感应电势之和为零。

当滑尺向右移,余弦绕组左侧导片对定尺绕组导片的感应要比右侧导片所感应的大,定尺绕组中的感应电势之和就不为零。

当滑尺移到1/4节距位置 b 点时,感应电势达到最大值。

若滑尺继续右移,定尺绕组中的感应电势逐渐减少。到1/2节距位置 c 时,感应电势变为零。

再右移滑尺,定尺中的感应电势开始增大,但电流方向改变。当滑尺右移至3/4节距 d 点时,定尺中的感应电势达到负的最大值。在移动一个节距后,两绕组的耦合状态又周期地重复如图所示8-11所示的状态。

以上分析可见,定尺中的感应电势随滑尺的相对移动呈周期性变化。当正弦滑尺绕组上加上正弦激励电压后,定尺输出感应电动势是滑尺和定尺相对位置的余弦函数。

$$e_s = k\omega U_m \cos\omega t \cos\theta + \cos\theta \tag{8-5}$$

其中,k 为耦合系数; ω 为激磁频率; θ 为与位移 x 等值的电角,即 $\theta = \dfrac{2\pi x}{\omega}$, ω 为绕组的节距。

同理,

$$e_c = k\omega U_m \cos\omega t \sin\theta + \sin\theta \tag{8-6}$$

对于测量角位移的圆形感应同步器,可视为由直线形围成的辐射状而形成的,其转子相当于单相均匀连续绕组的定尺,而定子相当于滑尺,也有两个正、余弦绕组。当转子相对于定子转动时,转子绕组中也将产生感应电势,此感应电势随转子与定子之间相对角位移而变化。因此其感应电势的变化规律与直线位移的定尺与滑尺间的感应电势规律完全相同。

8.3.3 信号处理方式

对于由感应同步器组成的检测系统,可以采用不同的激磁方式,并对输出信号有不同的处理方法。从激磁方式来说,可分为两大类:一类是以滑尺励磁,由定尺取出感应信号;另一类是以定尺励磁,由滑尺取出感应电势信号。目前在实际应用中多采用第一类方式激磁。根据对输出信号的不同处理方法,可把感应同步器的检测系统分成幅值工作状态和相位工作状态,此外还有使用方波进行励磁,用数字正、余弦函数发生器进行数/模转换的脉冲调宽系统。下面以直线感应同步器组成的检测系统,介绍鉴幅型、鉴相型两种系统的工作原理及信号检测方法。

1. 鉴幅型系统

所谓鉴幅型是根据感应电势的幅值来检测机械位移的工作方式。这种工作方式是滑尺的正、余弦绕组上同时供给出同频率、同相位但幅值不等的正弦电压进行励磁，其励磁电压为 $u_s = -U_m\sin\phi\sin\omega t$ 和 $u_c = U_m\cos\phi\sin\omega t$，则在定尺上的感应电势为：

$$
\begin{aligned}
e_o = e_s + e_c &= -k\omega U_m\sin\phi\cos\frac{2\pi x}{\cos\omega t} + k\omega U_m\cos\phi\sin\cos\omega t\frac{2\pi x}{\omega} \\
&= -kwU_m\cos\omega t(\sin\phi\cos\theta - \cos\phi\sin\theta) \\
&= kwU_m\cos\omega t\sin(\theta - \phi)
\end{aligned}
\tag{8-7}
$$

其中，$\theta = \dfrac{2\pi x}{\omega}$。设当定、滑尺的原始状态 $\phi = \theta$，定尺上的感应电动势为零，当滑尺相对定尺有一位移使 θ 有一增量 $\Delta\theta$，则感应电动势的增量为：

$$
\Delta e = kwU_m\cos\omega t\sin\Delta\theta = kwU_m\sin\frac{2\pi}{\omega}x\cos\omega t
\tag{8-8}
$$

由此可见，在位移 x 较小的情况下，感应电动势 Δe 的幅值与 x 成正比，感应同步器相当于一个调幅器，通过鉴别感应电动势的幅值就可以测出位移量 x 的大小，这就是感应同步器输出电动势鉴幅处理的基本原理。

2. 鉴相型系统

所谓鉴相型系统是根据感应电势的相位来控测位移量的工作方式。这种工作方式的特点是在滑尺的正、余弦绕组上供给频率相同、振幅相等，但相位差 90°的交流电压作励磁电压。励磁电压表示为 $u_s = U_m\sin\omega t$ 和 $u_c = U_m\cos\omega t$。由前述可知，这时在定尺上感应电势为：

$$
\begin{aligned}
e = e_s + e_c &= k\omega U_m\left(\sin\frac{2\pi x}{\omega}\cos\omega t + \cos\frac{2\pi x}{\omega}\sin\omega t\right) \\
&= kwU_m\sin\left(\omega t + \frac{2\pi x}{\omega}\right) \\
&= k\omega U_m\sin(\omega t + \theta)
\end{aligned}
\tag{8-9}
$$

由式(8-9)可知，感应电动势的相位角 θ 是定尺与滑尺的相对位移角，它正比于定尺与滑尺的相对位移 x，所以当 θ 变化时，感应电动势随之变化。

8.3.4　感应同步器的应用

感应同步器能实现线位移和角位移的测量。在进行位移测量时，水平直线感应同步器精度可达 ±0.0001mm；灵敏度为 0.00005mm；重复精度为0.00002mm。下面主要介绍感应同步器鉴幅位移测量系统，如图 8-12 所示。

工作原理：由 10000 周正弦波振荡器产生的正弦电压，经过函数发生器产生

感应同步器

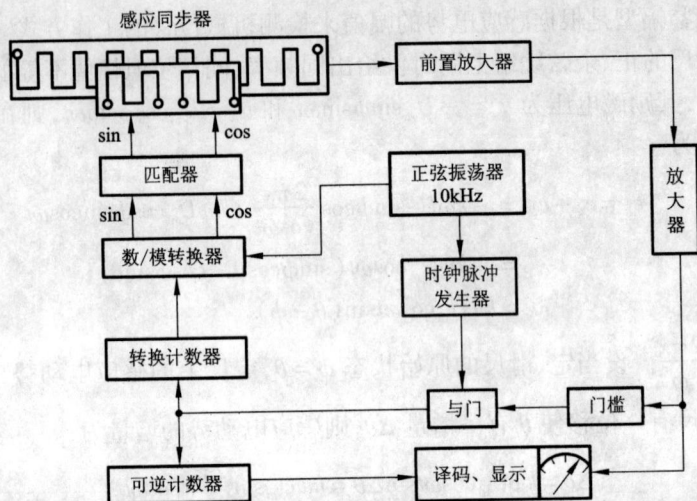

图 8 – 12　鉴幅位移测量系统框图

幅度为 $U_m\sin\phi$ 和 $U_m\cos\phi$ 变化的激磁电压作为滑尺的正、余弦绕组的激磁电压。设工作前系统处于平衡状态,即 $\theta=\phi$,定尺感应电势 $e=0$。当滑尺相对定尺产生位移 x 时,则 $\theta=\dfrac{2\pi x}{W}$ 也随之发生变化,因为此时 $\theta\neq\phi$,则有输出电势产生,经前置放大后,电压信号作用到门槛电路上。令滑尺相对定尺每移动一步的位移为 $\Delta x=0.01\mathrm{mm}$,即空间角改变了 $\Delta\theta=\dfrac{2\pi x}{W}\Delta x=\dfrac{360°}{2}\times0.01=1.8°$,使定尺输出达到了预先给定的门槛值,门槛电路产生一个脉冲信号,作用到与门电路使与门打开,并使时钟脉冲通过此"与门",一方面作用到可逆计数器上,实现位移量的计数,并经过译码器将此位移显示出来;另一方面该时钟脉冲又作用到转换计数器控制相应的电子开关,使函数发生器改变 ϕ,当 $\theta=\phi=1.8°$ 时,则此时输出电势为:

$$e=kwU_m\cos\omega t\sin(\theta-\phi)=0 \tag{8-10}$$

这样,就完成了 0.01mm 的位移,以后重复上述过程即可实现 $x=\dfrac{T}{2\pi}\Sigma\phi$ 的位移测量。

复习思考题

1. 编码器中二进制码和循环码各有何特点？它们互相转换的原理是什么？

2. 试说明图 8 – 13 中光电式编码器(6 位二进制码盘)的工作原理。若编码输出为"001100",问码盘转过了多少角度？

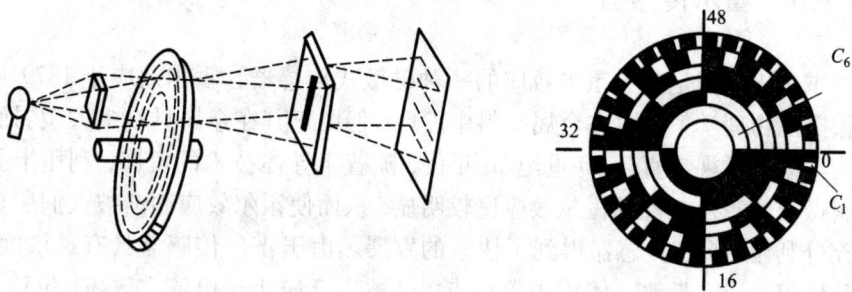

图 8 – 13

3. 光栅莫尔条纹是怎么产生的？它具有什么特点？

4. 简述光栅利用莫尔条纹进行位移测量的基本原理。

5. 简述光栅传感器的辨向原理。

6. 直线式感应同步器在接长使用时应注意哪些问题？

第 9 章　其他传感器

9.1　霍尔传感器

霍尔传感器是基于霍尔效应的一种磁敏式传感器。霍尔效应于 1879 年首次被美国物理学家霍尔在金属材料中发现,但由于其在金属材料中太微弱而没有为人们所重视。直到 20 世纪 50 年代,随着半导体技术的发展,利用半导体材料做成的霍尔元件的霍尔效应比较明显,从而使霍尔效应逐渐被人们所重视和充分利用,霍尔传感器得到了快速的发展。由于霍尔传感器具有灵敏度高、线性度好、稳定性高、体积小等特点,已被广泛应用于电流、磁场、位移、压力、转速等物理量的测量。

9.1.1　霍尔效应

把一块载流子导体置于静止的磁场中,当载流子导体中有电流通过时,在垂直于电流方向和磁场的方向上就会产生电动势,这种现象称为霍尔效应,所产生的电动势称为霍尔电势,此载流子导体称为霍尔元件或霍尔片。

图 9-1 所示为 N 型半导体霍尔效应原理图。将一片 N 型半导体薄片置于磁感应强度为 B 的磁场中,使磁场方向垂直于薄片,在薄片左右两端通过电流 I(控制电流),则半导体载流子(电子)沿着与电流 I 相反的方向运动。电子受到外磁场力 F_L(洛仑兹力)的作用而发生偏转,结果在半导体的后端面上形成电子的积累而带负电荷,前端面因失去电子而带正电荷。在前后端面形成电场,该电场产生的电场力 F_E 阻止电子的继续偏转。当 F_L 与 F_E 相等时,电子积累达到动态平衡。此时,在半导体的前后端之间建立电场,形成的电动势称为霍尔电势。霍尔电势的大小与激励电流 I 和磁场的磁感应强度 B 成正比,与半导体薄片厚度 d 成反比,即:

$$U_H = \frac{R_H}{d}IB = K_H IB \tag{9-1}$$

式中:　R_H——霍尔常数;

　　　　K_H——霍尔灵敏系数。

若电子都以速度 v 运动,在磁场 B 的作用下,每个载流子受到的洛仑兹力

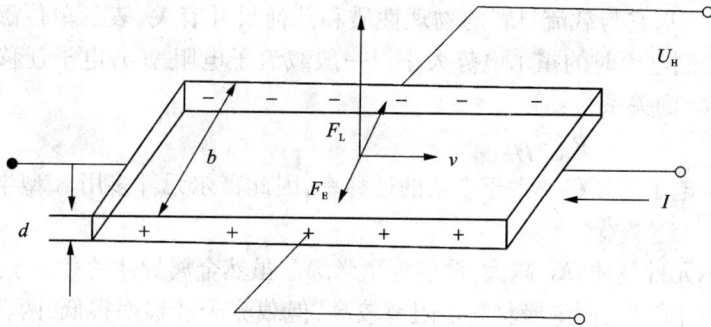

图 9 - 1　N 型半导体霍尔效应原理图

F_L 大小为：

$$F_L = evB \qquad (9-2)$$

式中：　e——电子的电荷量，$e = 1.602 \times 10^{-19}$C；

　　　　v——电子平均运动速度；

　　　　B——磁感应强度。

电子积累所形成的电场强度为：

$$E_H = \frac{U_H}{b} \qquad (9-3)$$

电场作用与载流子（电子）的力为：

$$F_E = eE_H \qquad (9-4)$$

电场力与洛仑兹力方向相反，阻碍电荷的积累，当 $F_E = F_L$ 时，电子的积累达到动态平衡。此时有：

$$E_H = vB \qquad (9-5)$$

$$U_H = bvB \qquad (9-6)$$

流过霍尔元件的电流为 $I = nevbd$，n 为 N 型半导体的电子浓度，e 为单位体积的电子数，b、d 分别为薄片的宽度和厚度。所以，

$$v = \frac{I}{bdne} \qquad (9-7)$$

将式（9 - 7）代入式（9 - 6）中，得：

$$U_H = \frac{IB}{ned} = \frac{R_H}{d} IB = K_H IB \qquad (9-8)$$

$$R_H = \frac{1}{ne} \qquad K_H = \frac{R_H}{d} \qquad (9-9)$$

其中,R_H 为霍尔常数, $m^2/℃$,由载流材料的性质决定;K_H 为传感器的灵敏度, $V/A·T$,它与载流材料的物理性质和几何尺寸有关,表示单位磁感应强度和单位控制电流时的霍尔电势大小。一般载流子电阻率 ρ、电子迁移率 μ 和霍尔常数 R_H 的关系为:

$$R_H = \rho\mu \qquad\qquad (9-10)$$

由于电子的迁移率大于空穴的迁移率,因此霍尔元件多用 N 型半导体材料制作。

霍尔元件越薄,K_H 越大,厚度为微米级。虽然金属导体的载流子迁移率大,但其电阻率较低;而绝缘材料电阻率较高,但载流子迁移率很低,两者都不适宜于做霍尔元件。只有半导体材料为最佳材料。目前使用较多的材料有锗、硅、锑化铟、砷化铟、砷化镓等。

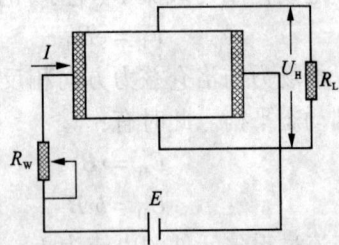

9.1.2　霍尔元件与基本测量电路

霍尔元件为一四端型器件,一对控制电极和一对输出电极焊接在霍尔基片上。在基片外用金属或陶瓷、环氧树脂等封装作为外壳,图 9-2 所示为霍尔元件的图形符号。霍尔元件的基本测量电路如图 9-3 所示。控制电流 I 由电压源供给,R_w 调节控制电流的大小。R_L 为负载电阻,可以是放大器的内阻或指示器内阻。

霍尔效应建立的时间极短($10^{-12} \sim 10^{-14}$s),频率响应很高。控制电流既可以是直流,也可以是交流。

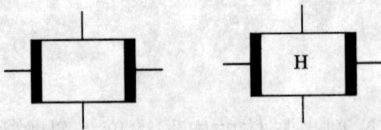

図 9-2　霍尔元件的图形符号　　　图 9-3　霍尔元件的基本测量电路

9.1.3　不等位电势和温度误差的补偿

1. 不等位电势误差及其补偿

在无磁场时,霍尔元件在额定控制电流下,两霍尔电极之间的开路电势称为不等位电势 U_0。它是由于工艺设备限制,使两个霍尔电极位置不能精确在一等位面上造成的输出误差。另外,由于霍尔元件的电阻率不均匀、厚薄不均匀及电流的端面接触不良等也会产生不等位电势。

在制造过程中要完全消除霍尔元件的不等位电势是很困难的,因此有必要利用外电路来进行补偿。

在直流控制电流的情况下不等位电势的大小和极性与控制电流的大小和方向有关。在交流控制电流的情况下,不等位电势的大小和相位随交流控制电流而变。另外,不等位电势与控制电流之间并非线性关系,而且U_0还随温度而变。

为了分析不等位电势,可将霍尔元件等效为一电阻电桥,不等位电势U_0就相当于电桥的不平衡输出。因此,所有能使电桥平衡的外电路都可以用来补偿不等位电势。但应指出,因U_0随温度变化,在一定温度下进行补偿以后,当温度变化时,原来的补偿效果会变差。

图9-4所示为不等位电势补偿电路原理图,为了消除不等位电势,一般在阻值较大的桥臂上并联电阻。

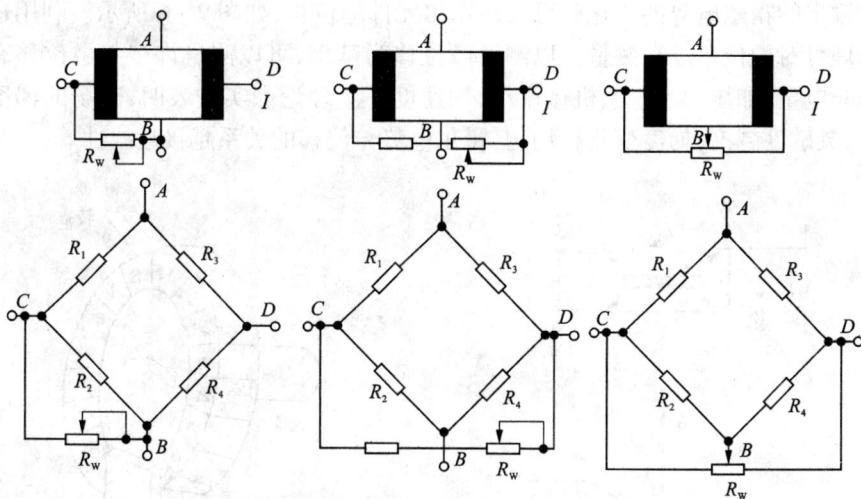

图9-4 不等位电势补偿电路原理

2. 温度误差及补偿

霍尔元件的霍尔系数R_H、电阻率ρ和载流子迁移率μ都是温度的函数,因此霍尔电势U_H、输入电阻R_i和输出电阻R_o也都是温度的函数,在使用中会产生温度误差。所以,一方面要采用温度系数小的元件,另一方面应根据精度要求进行温度误差补偿。

图9-5所示为一桥路温度补偿电路原理图。霍尔元件H的不等位电势用调节电阻R_w的方法进行补偿。在霍尔输出电极上串入一温度补偿电桥,电桥的4个臂均为等值锰铜电阻,其中一桥臂并联热敏电阻R_t。当温度改变时,由于R_t的灵敏变化,使补偿电桥的输出电压相应改变。只要仔细调整补偿电桥的

温度系数,可以达到在 ±40℃温度
范围内,由 C、D 所得的霍尔电势
与温度基本无关。

9.1.4　霍尔元件的应用

1. 霍尔位移传感器

由公式 $U_H = K_H IB$ 可知,当控
制电流 I 恒定时,霍尔电势与磁感
应强度 B 成正比,若将霍尔元件放
在一个均匀梯度的磁场中移动,磁
感应强度 B 与位移呈线性关系,则

图 9-5　温度误差补偿电路原理图

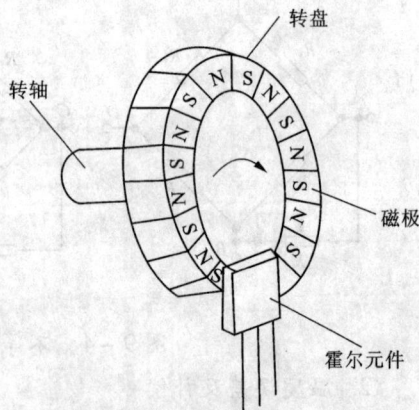

其输出的霍尔电势的变化就可反映霍尔元件的位移,如图 9-6 所示。利用这个
原理可对微位移进行测量。以测量微位移为基础,可以测量许多与微位移有关
的非电量,如压力、应变、机械振动、加速度等。理论和实践表明,磁场的梯度越
大,灵敏度越高;梯度变化越均匀,霍尔电势与位移的关系越接近线性。

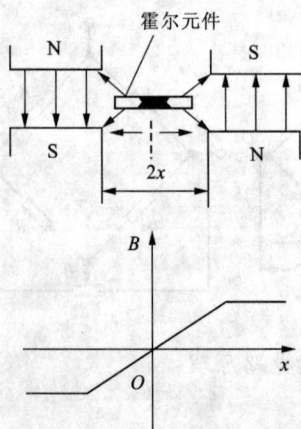

图 9-6　霍尔位移传感器

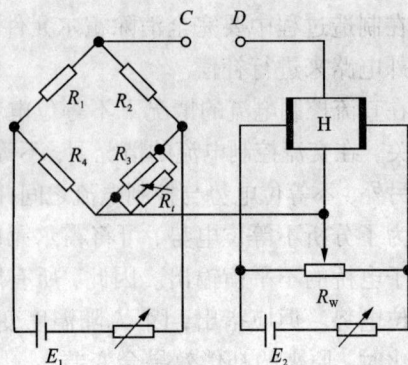

图 9-7　霍尔转速传感器

2. 霍尔转速传感器

图 9-7 所示为霍尔转速传感器。磁性转盘的输入轴与被测转轴相连,当被
测转轴转动时,磁性转盘随之转动,固定在磁性转盘附近的霍尔传感器便可在每
一个小磁极通过时产生一个相应的脉冲,检测出单位时间的脉冲数,便可知被测
转速。磁性转盘上小磁铁数目决定了传感器测量转速的分辨率。

轴的转速为：

$$n = \frac{60f}{z}(\text{r/min}) \tag{9-11}$$

式中：z——转盘的磁极对数。

霍尔转速传感器可在车速测量、电子水表水量计量等应用中作为检测元件。

9.2 超声波传感器

9.2.1 超声波及其物理性质

振动在弹性介质内的传播称为波动，简称波。如图9-8所示，频率在 $16 \sim 2 \times 10^4 \text{Hz}$ 之间，能为人耳所闻的机械波，称为声波；低于16Hz的机械波，称为次声波；高于 $2 \times 10^4 \text{Hz}$ 的机械波，称为超声波。

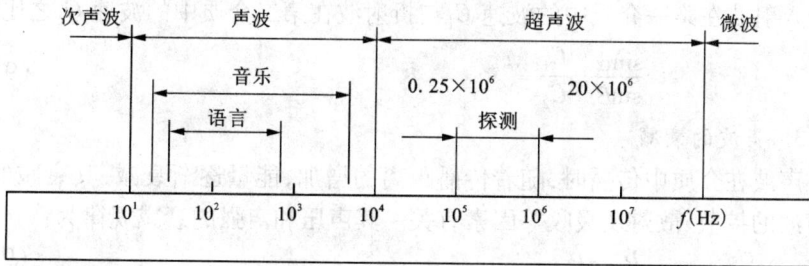

图9-8 声波的频率界限

1. 声波的波形与声速

声源在介质中施力方向与波在介质中传播方向不同，声波的波形也不同。通常有以下几种。

①纵波。质点振动方向与波的传播方向一致的波称为纵波，它能在固体、液体和气体介质中传播。

②横波。质点振动方向垂直于传播方向的波称为横波，它只能在固体介质中传播。

③表面波。表面波是质点的振动介于横波与纵波之间，随着介质表面传播，其振幅随深度增加而迅速衰减的波。表面波只在固体的表面传播。

超声波的传播速度与介质密度和弹性特性有关。超声波在气体和液体中传播时，仅有纵波的传播。在固体中，纵波和横波及其表面波三者的声速有一定的关系，通常可认为横波声速为纵波声速的一半，表面波声速为横波声速的90%。气体中纵波声速为344m/s，液体中纵波声速为900~1900 m/s。

2. 声波的反射与折射

声波从一种介质传播到另一种介质,在两个介质的分界面上一部分声波被反射,另一部分声波透射过界面,在另一种介质内部继续传播。这两种现象分别称为声波的反射与折射,如图9-9所示。

由物理学可知,当波在界面上产生反射时,入射角 α 的正弦与反射角 α' 的正弦之比等于波速之比。当入射波和反射波的波型相同,波速相等时,则入射角 α 等于反射角 α'。

当波在界面外产生折射时,入射角 α 的正弦与折射角 β 的正弦之比,

图 9-9　声波的反射和折射

等于入射波在第一介质中的波速 C_1 与折射波在第二介质中的波速 C_2 之比:

$$\frac{\sin\alpha}{\sin\beta} = \frac{C_1}{C_2} \tag{9-12}$$

3. 声波的衰减

声波在介质中传播时,随着传播距离的增加,能量逐渐衰减,其衰减的程度与声波的扩散、散射及吸收等因素有关。其声压和声强的衰减规律为:

$$P_x = P_o e^{-\alpha x} \tag{9-13}$$

$$I_x = I_o e^{-2\alpha x} \tag{9-14}$$

式中: P_x、I_x——分别为距声源 x 处的声压和声强;

　　　　x——声波与声源间的距离;

　　　　α——衰减系数,单位为 Np/cm(奈培/厘米)。

声波在介质中传播时,能量的衰减决定于声波的扩散、散射和吸收。在理想介质中,声波的衰减仅来自于声波的扩散,即随声波传输距离增加而引起声能的减弱。散射衰减是指超声波在介质中传播时,固体介质中的颗粒界面或流体介质中的悬浮粒子使声波产生散射,其中一部分声能不再沿原来传播方向运动,而形成散射。散射衰减与散射粒子的形状、尺寸、数量、介质的性质等有关。吸收衰减是由于介质滞性,使超声波在介质中传播时造成质点间的内摩擦,从而使一部分声能转换为热能,通过热传导进行热交换,导致声能的损耗。

9.2.2　超声波传感器原理

利用超声波的物理特性和各种效应关系研制成的探测装置称为超声波换能

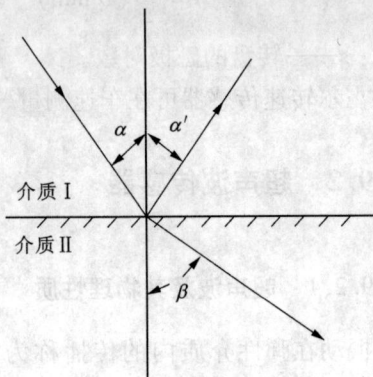

器、探测器或传感器。超声波探头按其工作原理可分为压电式、磁致伸缩式、电磁式等，其中以压电式最为常用。

　　压电式超声波探头常用的材料是压电晶体和压电陶瓷，这种传感器统称为压电式超声波探头。它是利用压电材料的压电效应：逆压电效应是将高频电信号转换成高频机械振动，从而产生超声波，可以作为发射探头；而正压电效应是将超声波振动波转换成电信号，可作为接收探头。

　　压电式超声波传感器结构如图 9 - 10 所示，它主要由压电晶片吸收块（阻尼块）、保护膜、引线等组成。压电晶片多为圆片形，厚度为 δ。超声波频率 f 与其厚度 δ 成反比。压电晶片的两面镀有银层，做导电的极板。阻尼块的作用是降低晶片的机械品质，吸收声能量。如果没有阻尼块，当激励的电脉冲信号停止时，晶片会继续振荡，加长超声波的脉冲宽度，使分辨力变差。

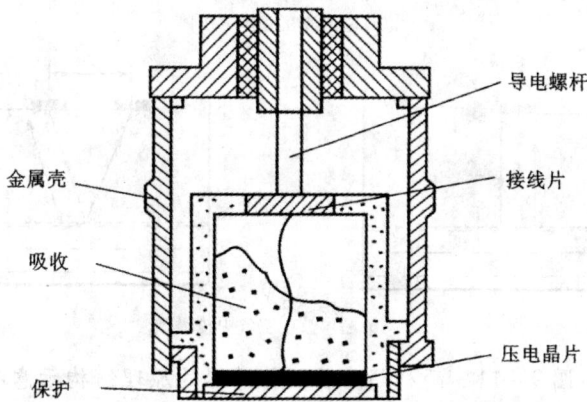

图 9 - 10　压电式超声波传感器结构

9.2.3　超声波传感器的应用

1. 超声波物位传感器

　　超声波物位传感器是利用超声波在两种介质的分界面上的反射特性制成。如果可测量出从发射超声波脉冲开始，到接受换能器收到反射波为止的时间间隔，即可求出分界面的位置，利用此方法可对物位进行测量。

　　根据发射和接收换能器的功能，传感器又分为单换能器和双换能器。单换能器的传感器发射和接收超声波使用同一个换能器；而双换能器的传感器发射和接收各由一个换能器担任。

　　图 9 - 11 中给出了两种超声物位传感器的结构示意图。超声波发射和接收

能器可设置在液体介质中,让超声波在液体介质中传播,如图 9－11(a)所示。由于超声波在液体中衰减比较小,所以即使发射的超声波脉冲幅度较小也可以传播。超声波发射和接收换能器也可以安装在液面的上方,让超声波在空气中传播,如图 9－11(b)。这种方式便于安装,但超声波在空气中的衰减比较厉害。

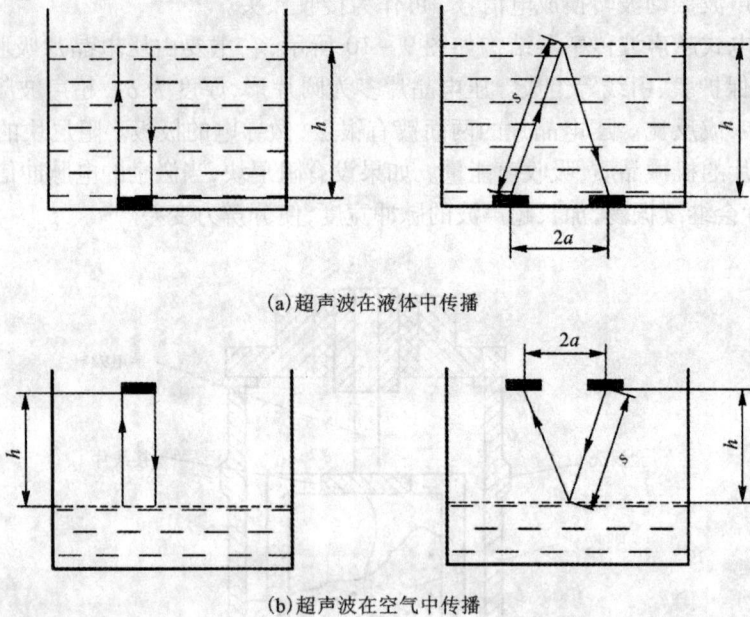

(a)超声波在液体中传播

(b)超声波在空气中传播

图 9－11　两种超声物位传感器的原理结构示意图

超声物位传感器具有精度高和使用寿命长的特点,但若液体中有气泡或液面发生波动,便会产生较大的误差,在一般使用条件下,它的测量误差为±0.1%,检测物位的范围为 $10^{-2} \sim 10^{4}$m。

2. 超声波流量传感器

超声波流量传感器的测定方法有很多,如传播时间差法、传播速度变化法、波速移动法、多普勒效应法、流动听声法等。但目前应用最广泛的主要是超声波传播时间差法。

超声波在流体中传播时,在静止流体和流动流体中的传播速度是不同的,利用这一特点可求出流体的速度,再根据管道流体的截面积,便可得到流体的流量。

如果在流体中设置两个超声波传感器,它们既可以反射超声波又可以接收超声波。其中 B_1 安装在上游，B_2 安装在下游，其间隔距离为 L，如图 9 - 12 所示。如果顺流方向的传播时间为 t_1，逆流方向的传播时间为 t_2，流体静止时的超声波传播速度为 c，流体流动速度为 v，则有：

$$t_1 = \frac{L}{c+v} \tag{9-15}$$

$$t_2 = \frac{L}{c-v} \tag{9-16}$$

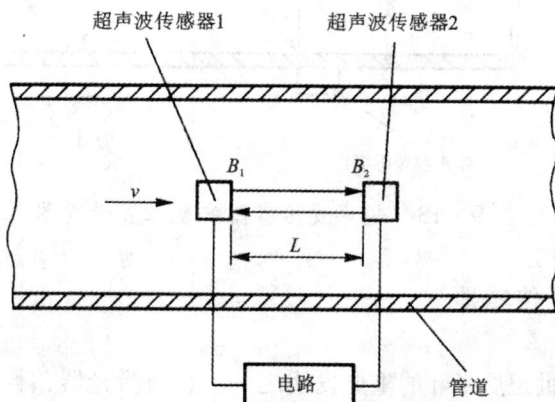

图 9 - 12　超声波测流量原理

一般来说，流体的流速远小于超声波在流体中的传播速度，因此超声波的传播时间差为：

$$\Delta t = t_2 - t_1 = \frac{2Lv}{C^2 - v^2} \tag{9-17}$$

由于 $c \gg v$，从式(9 - 17)可得到流体的流速：

$$v = \frac{c^2}{2L} \Delta t \tag{9-18}$$

在实际应用中，超声波传感器安装在管道的外部，从管道的外面透过管壁发射和接收超声波，而不会给管道内流动的流体带来影响，如图 9 - 13 所示。

超声波流量传感器具有不阻碍流体流动的特点，可测的流体种类很多，不论是非导电的流体、高黏度的流体，还是浆状流体，只要能传输超声波的流体都可以进行测量。超声波流量计可用来对自来水、工业用水、农业用水等进行测量，还适用于下水道、农业灌渠、河流等流速的测量。

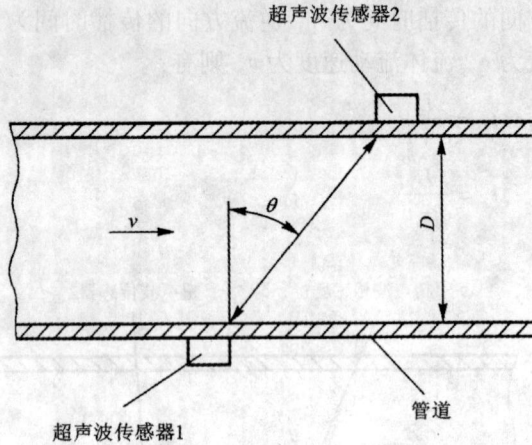

图 9 - 13　超声波传感器安装位置示意图

9.3　光纤传感器

光纤是 20 世纪后半叶的重要发明之一。它与激光器、半导体光电探测器一起构成了新的光学技术，即光电子学新领域。光纤的最初研制是为了通信。由于光纤具有许多新的特性，因此在其他领域也有许多新应用。

光纤传感器以其高灵敏度、抗电磁干扰强、耐腐蚀、可挠曲、体积小、结构简单，以及与光纤传输线路相容等独特优点，受到广泛重视。目前光纤传感器可应用于位移、振动、转动、压力、弯曲、应变、速度、加速度、电流、磁场、电压、湿度、温度、声场、流量、浓度、pH 等多种物理量的测量，且具有广泛的应用潜力和发展前景。

9.3.1　光纤的结构和导光原理

1. 光纤的结构

光纤的基本结构如图 9 - 14 所示。

光纤是一种多层介质结构的对称圆柱体，通常由纤芯、包层和外套组成。纤芯位于光纤的中心部位，是由玻璃、石英或塑料等制成的圆柱体。其材料的主体是二氧化硅，里面掺有极微量的二氧化锗、五氧化二磷等材料，掺杂的目的是为了提高材料的光折射率。纤芯的直径为 $5 \sim 150 \mu m$，光主要通过纤芯传播。

围绕在纤芯外面的那一层叫包层，材料也是玻璃或塑料等，一般为纯二氧化硅，也有的掺入极微量的三氧化二硼，掺杂的目的是为了降低包层对光的折射率。这样纤芯和包层材料的折射率不同,纤芯的折射率 n_1 稍大于包层的折射率 n_2。由于纤芯和包层构成了一个同心圆双层结构,所以光纤具有使光功率封闭在里面传输的功能。

包层外面还涂有一层硅酮或丙烯酸盐等涂料,其作用是保护光纤不受外来的损害,增加光纤的机械强度。光纤的最外层加一层不同颜色的塑料套管,一方面起保护作用,另一方面以颜色区分各种光纤。

通常人们又把较长的或多股的光纤称为光缆。光缆中的光纤少则几根,多则几千根。光缆主要用于通信。

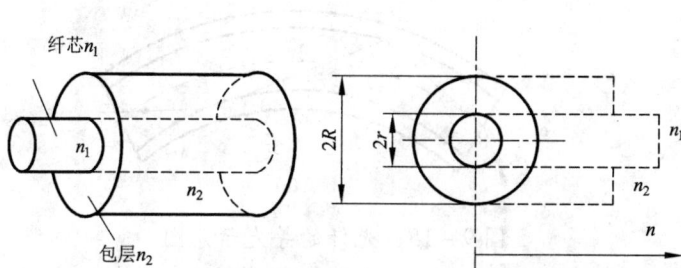

图 9 – 14　光纤的基本结构

2. 光纤的导光原理

根据几何光学理论,当光线以一较小的入射角 θ_1,由折射率较大(n_1)的光密物质射向折射率较小(n_2)的光疏物质时,一部分入射光以折射角 θ_2 折射入光疏物质,其余部分以 θ_1 反射回光密物质。根据折射定律,光折射与反射之间的关系为:

$$\frac{\sin\theta_1}{\sin\theta_2} = \frac{n_2}{n_1} \tag{9-19}$$

当光线的入射角 θ_1 增大到 θ_c 时,透射入光疏物质光线的折射角 $\theta_2 = 90°$,折射光沿界面传播,称此时的入射角 θ_c 为临界角,大于临界角入射的光线在介质交界面全部被反射,即发生全反射现象。临界角 θ_c 仅与介质的折射率之比有关:

$$\sin\theta_c = \frac{n_2}{n_1} \tag{9-20}$$

光纤导光示意图如图 9 – 15 所示。当光线以与轴线的夹角为 θ_0 射入光纤的一个端面,在光纤内折射为 θ_1。然后以 ϕ_1 射至纤芯与包层的界面上。利用光的全反射原理,只要使光线的入射角 ϕ_1 大于临界角 θ_c,使得光纤中的光线发生全反射,则光线射不出光纤的纤芯。光线在纤芯和包层的界面上不断发生

全反射，光线就能从光纤的一端以光速传播到另一端，这是光纤导光的基本
原理。

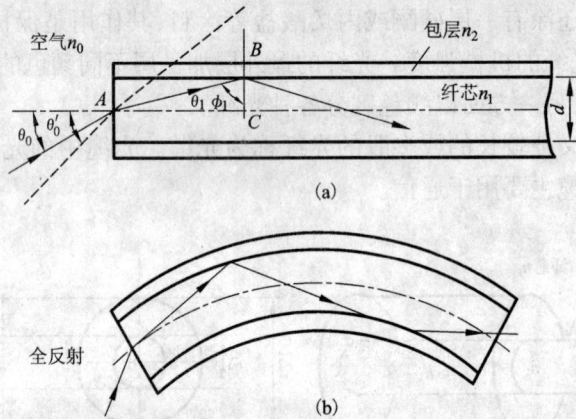

图 9-15　光纤的导光示意图

光纤的集光能力与数值孔径有密切关系。数值孔径 NA 由式(9-21)定义：

$$NA = \sin\theta_c = \frac{\sqrt{n_1^2 - n_2^2}}{n_0} \qquad (9-21)$$

数值孔径只决定于光纤的折射率，与光纤的尺寸无关。因此，光纤可以做
得很细，使之柔软可以弯曲。

光纤端面的临界入射角 θ_c 的两倍 $2\theta_c$ 称为光纤的孔径角。$2\theta_c$ 的大小表示光
纤的集光能力。$2\theta_c$ 越大，光纤入射端的端面上能接收光的范围就越大，进入纤
芯的光线也越多。

当光信号从空气中射入光纤时，数值孔径可表示为：

$$N_A = \sqrt{n_1^2 - n_2^2} \qquad (9-22)$$

从式(9-22)还可知，纤芯和包层介质的折射率差值越大，数值孔径亦
越大。

3. 光纤的分类

光纤的分类方式很多，下面介绍常用的几种。

(1)按折射率在纤芯中的分布规律分类。根据光纤纤芯的折射率的分布，
主要有阶跃型、梯度型。

阶跃型又称为台阶型，如图9-16(a)所示。纤芯的折射率 n_1 分布均匀，包
层内的折射率 n_2 分布也大致均匀，但其纤芯到包层的折射率变化呈台阶状变

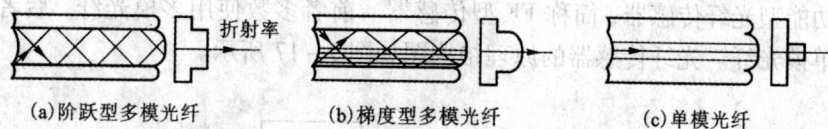

(a)阶跃型多模光纤　　　　(b)梯度型多模光纤　　　　(c)单模光纤

图 9 - 16　光纤的种类和光传播方式

化。在纤芯内中心光线沿光纤轴线传播,通过轴线的子午光线呈锯齿型轨道。

阶梯型又称为渐变型,如图 9 - 16(b)所示。光纤纤芯的折射率不是常数,在横截面中心处折射率最大,从中心轴开始沿径向大致按抛物线形成递减。光线射入纤芯后,会连续不断地折射,自动地从折射率小的界面向中心汇聚,光纤传播的轨迹类似正弦波形,光线能集中在光纤的中心轴附近传递。所以,梯度光纤又称为自聚焦光纤。

(2)按光纤的传递模数分类。根据光纤传输模数可分为单模光纤和多模光纤。

单模光纤如图 9 - 16(c)所示。光纤直径很小,光纤传输模数很少,原则上只能传送一个模(基模)的光纤,常用于光纤传感器。这类光纤传输性能好,频带宽,具有较好的线性。但因纤芯小,难以制造和耦合。

多模光纤通常指阶跃型,光纤型内芯直径较大,传输模数很多的光纤。多模光纤的纤芯直径达几十微米,纤芯直径远大于光的波长。这类光纤性能较差,带宽较窄,但由于纤芯的截面积大,容易制造,连接耦合比较方便。

(3)按光纤纤芯和包层材料性质分类。可分为玻璃光纤和塑料光纤两大类。

9.3.2　光纤传感器的基本原理及类型

1. 光纤传感器的基本原理

光纤传感器的基本原理是将来自光源的光经过光纤送入调制解调器,使待测量参数与进入调制区的光相互作用后,导致光的光学性质(如光的强度、频率、相位、偏振态等)发生变化,成为被调制的信号,再经过光纤送入光探测器,经调制解调后,获得被测参数。

由于光纤既是一种电光材料,又是一种磁光材料,即同电和磁存在某些相互作用的效应,可以说光纤兼有"传"和"感"两种功能。

2. 光纤传感器的类型

按照光纤在传感器中的作用,光纤传感器可以分为两大类:一类是导光型,又称为非功能型光纤传感器,简称 NFF 型传感器;另一类是传感型,又称为功能型光纤传感器，简称 FF 型传感器。前者多数使用多模光纤，后者常使用单模光纤。光纤传感器的原理结构图如图 9－17 所示。

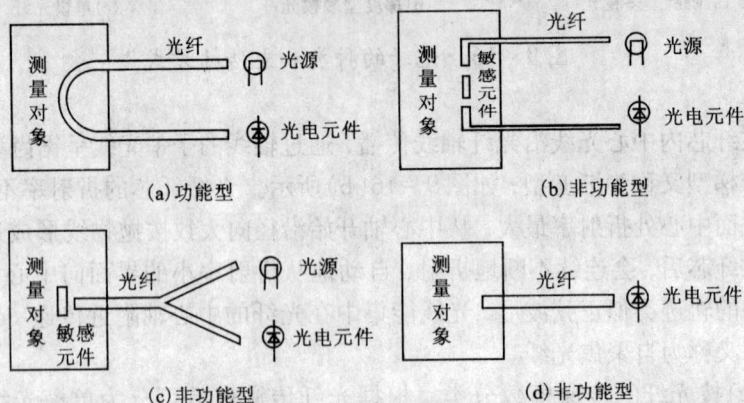

　　　　　　(a)功能型　　　　　　　　　　　　　　　　(b)非功能型

　　　　　　(c)非功能型　　　　　　　　　　　　　　　　(d)非功能型

图 9－17　光纤传感器的原理结构图

　　(1)非功能型。在非功能型光纤传感器中，光纤仅作为传播光的介质，对外界信息的"感觉"功能是依靠其他物理性质的功能元件来完成的。传感器中的光纤是不连续的，其间有中断，中断部分要接上其他介质的敏感元件。调制器可能是光谱变化的敏感元件或其他敏感元件，光纤在传感器中仅起传光作用。

　　非功能型光纤传感器主要利用已有的其他敏感材料作为其敏感元件，这样可以利用现有的优质敏感元件来提高光纤传感器的灵敏度。传光介质是光纤，所以采用通信光纤甚至普通的多模光纤就能满足要求。这类光纤传感器无须特殊光纤及其他特殊技术，比较容易实现。成本低，但灵敏度也低，适用于灵敏度要求不高的场合。传光型光纤传感器占据了光纤传感器的大多数。

　　(2)功能型。功能型光纤传感器是利用对外界信息具有敏感能力和检测功能的光纤(或特殊光纤)作传感元件，将"传"和"感"合为一体的传感器，在这类传感器中，光纤不仅起传光作用，而且还要利用光纤在外界因素(如弯曲、相变)的作用下，其光学特性(如光强、相位、偏振等)的变化来实现传和感的功能。因此，传感器中的光纤是连续的。

　　功能型光纤传感器在结构上比非功能型光纤传感器简单。因为光纤是连续的，可以少用一些光耦合器件。但为了光纤能接收外界物理量的变化，往往需要采用特殊光纤做探头，这样就增加了传感器制造的困难。随着对光纤传感器基本原理的深入研究和各种特殊光纤的问世，高灵敏度的功能型传感器必将得到广泛的应用。

9.3.3　光纤传感器的应用

1. 微弯光纤传感器

微弯光纤传感器原理图如图 9 - 18 所示，它属于光强调制型光纤传感器。光强调制型传感器的原理是利用外界因素改变光纤中光的强度，通过检测光纤中光强的变化来测量被测参数。

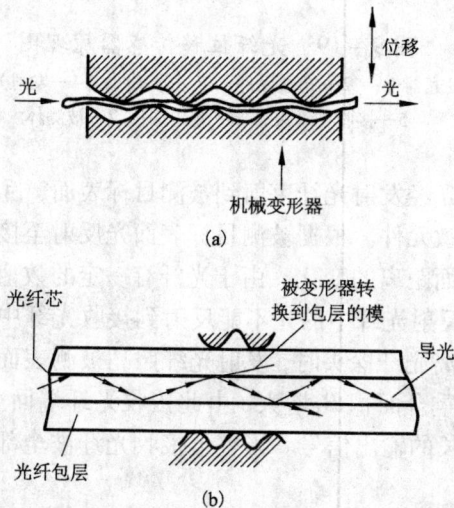

图 9 - 18　微弯光纤传感器原理图

微弯光纤传感器由两块波形板(机械变形器)构成，如图 9 - 18(a)所示。波形板一般采用尼龙、有机玻璃等非金属材料制成。一根阶跃型多模光纤从波形板中通过。

微弯光纤传感器原理图如图 9 - 18(b)所示。变形器没有受外力时，对光纤无挤压作用，纤芯中的光束以大于临界角在光纤中全反射传播；当变形器受到位移或压力作用时，光纤会发生微弯曲，在弯曲处使光束以小于临界角入射到界面，这样会有部分光散射入包层，引起传播光的散射损耗。光纤芯模的输出光强度将减少，这样光强度受到了调制。弯曲较小时，光纤中光强的变化与位移量是呈线性关系。通过检测光纤透射光强度，就能测出位移或压力的大小。

2. 光纤位移传感器

光纤位移传感器原理如图 9 - 19 所示，它属于外调制技术光纤传感器。外调制技术的调制环节通常在光纤的外部，光纤本身只起传光的作用，这里光纤分为两部分：发射光纤和接收光纤。

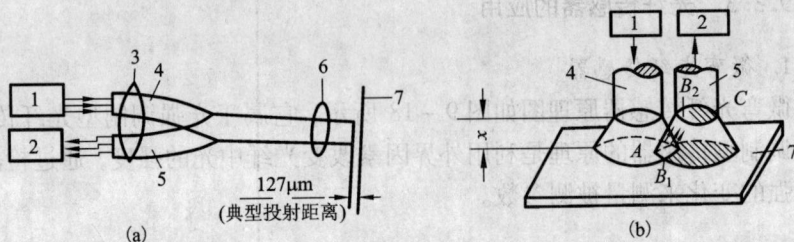

图 9 – 19　光纤位移传感器原理图

1—发光器件；　2—光敏元件；　3—分叉端；　4—发射光纤束；

5—接收光纤束；　6—测量端；　7—被测体

由光源发出的光经发射光纤束射到被测目标表面，目标表面的反射光由接收光纤束传输至光敏元件。根据被测目标表面光反射至接收光纤束的光强度的变化可测量被测表面距离的变化。由于光纤有一定的数值孔径，当光纤探头端部紧贴被测件时，反射光纤中的光不能反射到接收光纤中，接收光纤中无光信号。当被测表面远离光纤探头时，发射光纤照亮被测表面的面积增大，于是发射光锥和接收光锥重合面积 B_1 增大，由此接收光纤端面上被照亮的 B_2 区也增大，有一个线性增长的输出信号。当整个接收光纤被全部照亮时，输出信号就达到"光峰点"。

当被测表面继续远离时，由于 B_2 面积小于 C，即有部分反射光没有反射进接收光纤，接收的光强逐渐减小，光敏元件的输出信号逐渐减弱，进入曲线的后坡区。

位移与输出信号关系如图 9 – 20 所示。在前坡区，输出信号的强度增加得非常快，这一区域可进行微米级的位移测量。在后坡区，信号的减弱与距离平方成反比，可用于距离较远而灵敏度、线性度和精度要求不高的测量。在光峰区，信号达到最大值，其大小取决于被测表面的状态，这一区域可用于对表面状态进行光学测量。

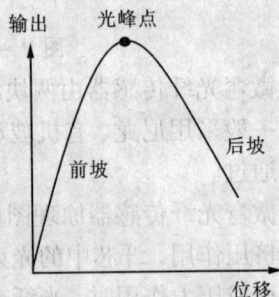

图 9 – 20　光纤位移传感器
位移与输出信号关系

3. 光纤流速传感器

光纤流速传感器原理图如图 9 – 21 所示，它属于频率调制型光纤传感器。频率调制并不改变光的特性，这里的光纤并不是敏感元件，而只起传输光信号的作用。目前频率调制主要是利用光学多普勒效应实现。

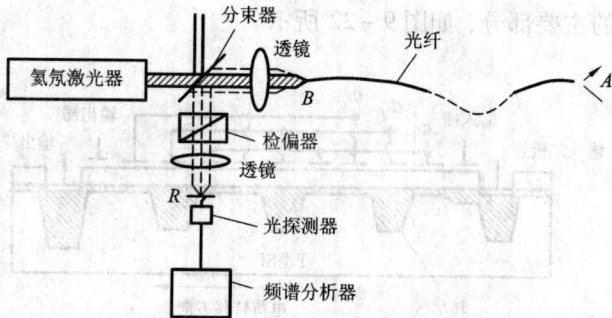

图 9 - 21 光纤流速传感器原理图

光学多普勒效应原理是：当单色光射到被测物体上，反射回来光的频率发生变化。当频率为f_0的光射到相对速度为v的运动物体上，则反射光的频率为：

$$f = f_0(1 + \frac{v}{c}) \quad (9-23)$$

图 9 - 21 所示多普勒光纤测速系统中，激光沿着光纤投射到测速点 A 上，然后被测物的散射光与光纤端面的反射光（作为参考光）一起沿着光纤返回。为消除从发射透镜和光纤前端面 B 反射回来的光，在光电探测器前面装一块偏振片 R，使光探测器只能检测出与原光束偏振方向相垂直的偏振光。这样，频率不同的信号光与参考光共同作用在光电探测器上并产生差拍。光电流经频谱分析器处理，求出频率的变化，即可推知流速。

9.4 CCD 图像传感器

图像传感器是电荷转移器件与光敏阵列元件集成为一体构成的具有自扫描功能的摄像器件。它与传统的电子束扫描真空摄像管相比，具有体积小、重量轻、使用电压低(<20 V)、可靠性高和不需要强光照明等优点。因此，在军用、工业控制等民用电器中均有广泛使用。

图像传感器的核心是电荷转移器件，其中最常用的是电荷耦合器件（CCD）。

9.4.1 CCD 的结构与工作原理

CCD 的最小单元是在 P 型（或 N 型）硅衬底上生长一层厚度约 120 nm 的 SiO_2 层，再在 SiO_2 层上依次沉积金属（Al）电极，而构成金属—氧化物—半导体

(MOS)的电容式转移器件。这种排列规则的 MOS 阵列再加上输入与输出端,即组成 CCD 的主要部分,如图 9－22 所示。

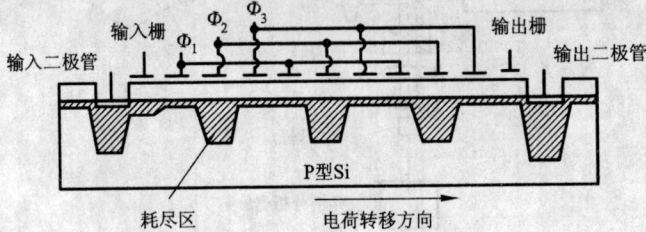

图 9－22　组成 CCD 的 MOS 结构

当向 SiO₂ 上表面的电极加一正偏压时,P 型衬底中形成耗尽区,较高的正偏压形成较深的耗尽区。其中的少数载流子—电子被吸收到最高正偏压电极下的区域内(如图中 ϕ_2 电极下),形成电荷包。人们把加偏压后在金属电极下形成的深耗尽层称之"势阱"。阱内存储少子(少数载流子)。对于 P 型硅衬底的 CCD 器件,电极加正偏压,少子为电子;对于 N 型硅衬底的 CCD 器件,电极加负偏压,少子为空穴。

实现电极下电荷有控制的定向转移,有二相、三相等多种控制方式。图 9－23 为三相时钟控制方式。所谓"三相",是指在线阵列的每一级(即像素)有 3 个金属电极 P_1、P_2 和 P_3,在其上依次施加三个相位不同的时钟脉冲电压 ϕ_1、ϕ_2 和 ϕ_3。CCD 电荷注入的方法有光注入法(对摄像器件)、电注入法(对移位寄存器)和热注入法(对热像器件)等。

如图 9－23 所示,采用输入二极管电注入法,可在高电位电极 P_1 下产生一电荷包($t=t_0$);当电极 P_2 加上同样的高电位时,由于两电极下势阱间的耦合,原来在 P_1 下的电荷包将在这两个电极下分布($t=t_1$);而当 P_1 回到低电平时,电荷包就全部流入 P_2 下的势阱中($t=t_2$);然后 P_3 的电位升高而 P_2 的电位回到低电平,电荷包又转移到 P_3 下的势阱中($t=t_3$)。

可见,经过一个时钟脉冲周期,电荷将从前一级的一个电极下转移到下一级的同号电极下。这样,随着时钟脉冲有规则的变化,少子将从器件的一端转移到另一端;然后通过反向偏置的 PN 结对少子进行收集,并送入前置放大器。由于上述信号输出的过程中没有借助扫描电子束,故称之为自扫描器件。

9.4.2　电荷耦合(CCD)图像传感器

利用电荷耦合技术组成的图像传感器称为电荷耦合图像传感器。它由成排

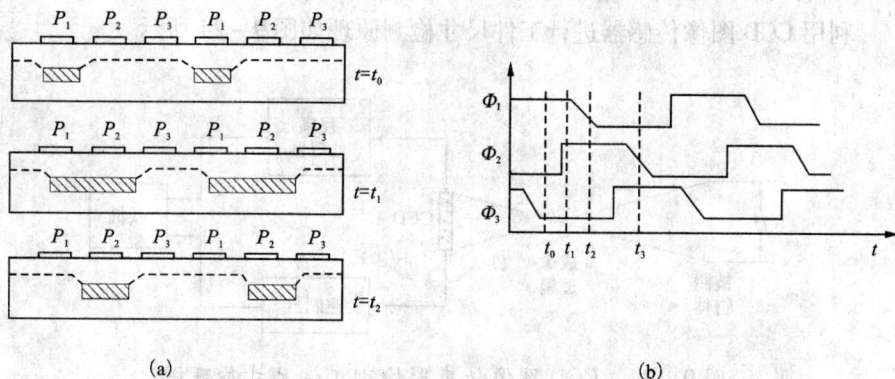

图 9-23 电荷在三相 CCD 中的转移

的感光元件与电荷耦合移位寄存器等构成。感光元件是指在同一半导体衬底上布设的若干光敏单元组成的阵列元件,光敏单元简称"像素"。电荷耦合图像传感器利用光敏单元的光电转换功能将投射到光敏单元上的光学图像转换成电信号"图像",即将光强的空间分布转换为与光强成比例的、大小不等的电荷包空间分布,然后利用移位寄存器的移位功能将电信号"图像"转送,经输出放大器输出。

电荷耦合图像传感器从结构上讲可以分为两类:一类是用于获取线图像的,称为线阵 CCD;另一类用于获取面图像,称为面阵 CCD。线阵 CCD 目前主要用于产品外部尺寸非接触检测、产品质量评定、传真和光学文字识别技术等方面;面阵 CCD 主要应用于摄像领域。目前,在绝大多数领域里,面阵 CCD 已取代了普通的光导摄像管。对于线阵 CCD,它可以直接接收一维光信息,为了得到二维图像,就必须用扫描的方法来实现。面阵 CCD 图像传感器的感光单元为二维矩阵排列,能直接检测二维平面图像。

9.4.3　CCD 图像传感器的应用

CCD 图像传感器在许多领域获得广泛的应用。它取代了摄像装置中的光学扫描系统或电子束扫描系统。

CCD 图像传感器具有高分辨率和高灵敏度,具有较宽的动态范围。这些特点决定了它可以广泛用于自动控制和自动测量,尤其适用于图像识别技术。因此 CCD 图像传感器在检测物体的位置、工件尺寸的精确测量及工件缺陷的检测方面有独到之处。

1. 利用 CCD 图像传感器进行工件尺寸检测

利用 CCD 图像传感器进行工件尺寸检测原理如图 9 - 24 所示。

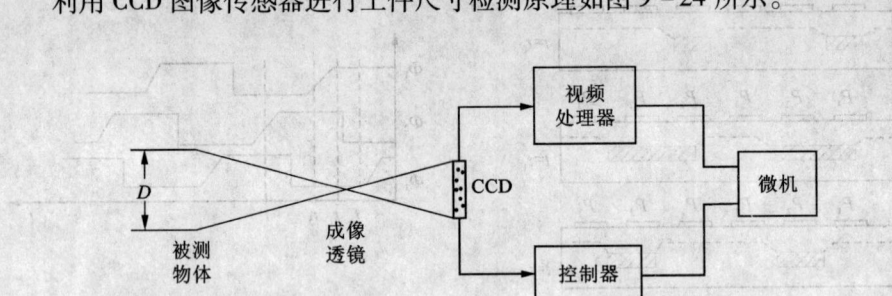

图 9 - 24　CCD 图像传感器检测工件尺寸原理图

物体成像聚焦在图像传感器的光敏面上,视频处理器对输出的视频信号进行存储和数据处理,整个过程由微机控制完成。根据几何光学原理,可以推导被测物体尺寸计算公式,即:

$$D = \frac{np}{M} \tag{9-24}$$

式中 n 为覆盖的光敏像素数; p 为像素间距; M 为倍率。

利用微机可对多次测量求平均值,精确得到被测物体的尺寸。任何能够用光学成像的零件都可以用这种方法,实现不接触的在线自动检测。

2. 利用 CCD 图像传感器进行工件伤痕及表面污垢的检测

利用 CCD 图像传感器进行工件伤痕及表面污垢的检测原理如图 9 - 25 所示。

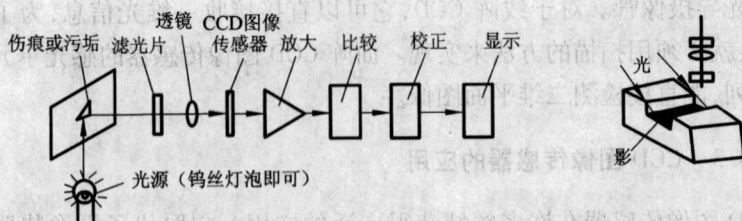

图 9 - 25　CCD 图像传感器检测工件伤痕原理图

工件伤痕或表面污秽用肉眼往往难以发现。因此,光照射到工件表面后的输出与合格工件的输出之间的差异极其微小,加上 CCD 传感器诸像素输出的不均匀性,给测量造成特殊的困难。通常解决的方法是预先将传感器的"输出均匀度特性"输入微处理器,然后将实测值与其相比较而修正。

上述方法也可用于检测工件表面粗糙度。利用光线照射到工件表面产生漫反射形成散斑。用线型或面型 CCD 图像传感器检测散斑情况,并与标准样板比较,可确定工件表面粗糙度等级。

9.5　智能传感器

9.5.1　智能传感器概述

1. 背景

20 世纪 70 年代以来,微处理器对仪器仪表业的发展起了巨大推动作用。随着系统自动化程度和复杂性的增加,对传感器的精度、稳定性、可靠性和动态响应要求越来越高。传统传感器的性能和工作容量不能适应以微处理器为基础构成的测控系统的要求。

制造高性能传感器,仅靠改进材料工艺很困难。计算机和微电子技术使传感器技术发生了巨大变革,微计算机和传感器结合把传感器的发展推到了一个更高层次上。人们把与专用微处理器相结合而成、具有许多新功能的传感器称为智能传感器(smart sensor)或智能传感器系统(lntelligent sensor system)。

智能传感器于 20 世纪 80 年代初问世。近年来,随着微处理器技术的发展,DSP、FPGA、蓝牙技术等在测控技术领域都获得了成功应用,为智能传感器不断赋予新的内涵与功能。

智能传感器是传感器与微处理器结合,兼有信息检测与信息处理功能。传统的传感器与仪器的界限正在消失。智能传感器与传统传感器不同,传统传感器仅在物理层次上进行分析和设计,而智能化传感器不仅是一个简单的传感器,还具有诊断和数字双向通信等新功能。

2. 智能传感器的功能

智能传感器虽无统一、确切的定义,但普遍认为它是由传感器与计算机结合构成,应具有如下主要功能:

①自补偿功能。如非线性、温度误差、响应时间、交叉耦合干扰以及缓慢的时漂等补偿。

②自校准功能。操作者输入零值或某一标准量后,自校准软件能自动对传感器进行在线校准。

③自诊断功能。如在接通电源时进行自检,在工作中实现运行检查、诊断测试,以确定哪一组件有故障等。

④数值处理功能。能根据内部程序自动处理数据,如进行统计处理、剔除异常值等。

⑤双向通信功能。微处理器和基本传感器之间具有双向通信功能,构成闭环工作模式。这是智能化传感器关键的标志之一。

⑥信息存储和记忆功能。

⑦数字量输出或总线式输出功能。

3. 智能传感器的特点

与传统传感器比较,智能传感器具有如下特点:

①精度高。智能传感器有多项功能来保证它的高精度,如:自校准功能等。

②有多项功能保证其高可靠性与高稳定性,如:漂移自补偿、自动量程变换、自诊断等。

③高信噪比与高分辨率。通过数字滤波、相关分析等处理,可将有用信号提取出来,通过数据融合、神经网络技术,可消除多参数状态下交叉灵敏度的影响。

④强自适应性能。按系统工作情况决策系统参数和状态。

⑤高性能价格比。不像传统传感器技术追求传感器本身的完善,而是通过与微处理器的结合和软件来提高性能。

⑥传感器又可称为现场传感器(或现场仪表),具有双向通信能力,在控制室就可对基本传感器实施软件控制;而传感器又可通过数据总线把信息反馈给控制室。

4. 实现传感器智能化的途径和方式

目前实现传感器智能化主要有3种途径:利用计算机合成即智能合成、利用特殊功能材料即智能材料和利用功能化几何结构即智能结构。

目前传感技术的发展主要沿着3种方式实现智能传感器。

① 非集成化实现(微机化方式)。非集成化智能传感器是将传统的经典传感器(采用非集成化工艺制作的传感器,仅有获取信号的功能)、信号调理电路、带数字总线接口的微处理器组合为一整体而构成的一个智能传感器系统。

② 集成化实现。智能传感器系统集成化是采用微机械加工技术和大规模集成电路工艺技术,利用硅作为基本材料来制作敏感元件、信号调理电路、微处理器单元,并集成在一块芯片上而构成,故又可称为集成智能传感器。它的特点是:微型化、结构一体化、高精度、多功能、阵列式、数字化、易操作。

微电子技术和微机械加工技术的发展为集成化的实现提供了可能。

通过集成化实现的智能传感器,为达到高自适应性、高精度、高可靠性与

高稳定性,其发展主要有以下两种趋势:

其一,多功能化与阵列化,加上强大的软件信息处理功能;

其二,发展谐振式传感器,加软件信息处理功能。

③ 混合实现。(由于并不总是需要在一块芯片上实现智能传感器,所以更实际的途径是混合实现)根据需要与可能,将系统各个集成化环节,如:敏感单元、信号调理电路、微处理器单元、数字总线接口,以不同的组合方式集成在两块或三块芯片上,并装在一个外壳里。

图 9 – 26 所示为实现智能传感器的结构图。图 9 – 26(a)中,是三块集成化芯片封装在一个外壳里;图 9 – 26(b)、(c)、(d)中,是两块集成化芯片封装在一个外壳里。图 9 – 26(a)、(c)中的(智能)信号调理电路,具有部分智能化功能,如自校零、温度自补偿。

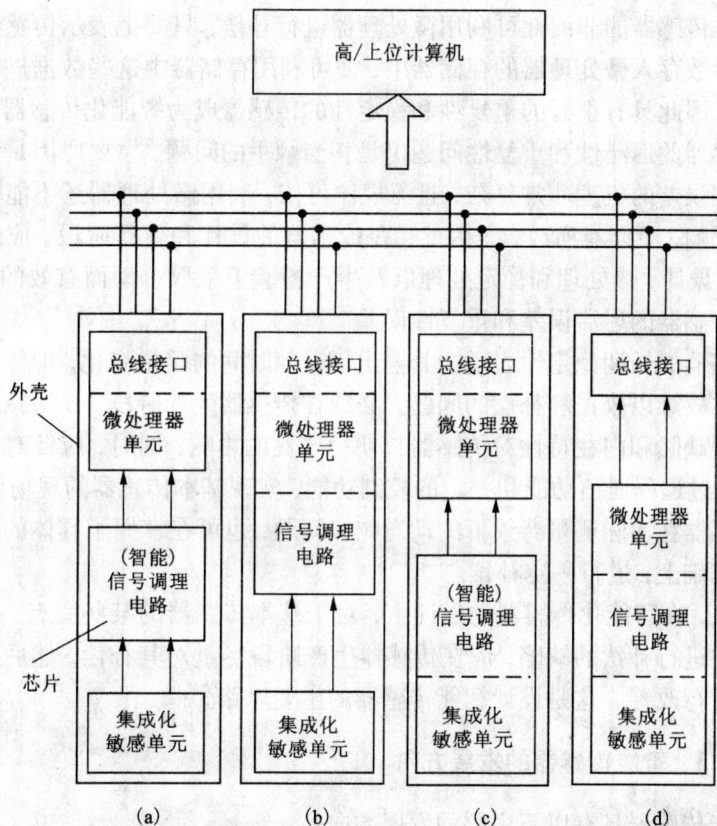

图 9 – 26　实现智能传感器的结构图

9.5.2 智能传感器中对基本传感器的要求

基本传感器是构成智能化传感器的基础。它在很大程度上决定着智能化传感器的性能,因此,基本传感器的选用、设计至关重要。

目前微结构传感器特别是其中的硅传感器、光纤传感器以及石英、陶瓷等材料制作的先进传感器,因为它们优良的物理性质,或与硅集成电路工艺良好的相容性,或易构成阵列式等为设计智能传感器提供了基础。为省去 A/D 和 D/A 变换,应进一步提高智能化传感器的精度,发展直接输出数字或准数字式的传感器,并与微处理器控制系统配套。

以往在传感器设计和生产中,传感器输入/输出的线性是最希望的;而智能传感器的设计思想中,基本传感器不必是线性的,只要求其特性有好的重复性和稳定性。

基本传感器的非线性可利用微处理器进行补偿,只要把表示传感器特性的数据及参数存入微处理器的存储器中,便可利用存储器中这些数据进行非线性度补偿。因此具有很好的重复性和稳定性的传感器成为智能化传感器的首选。

传感器的迟滞性和重复性问题仍是相当棘手的问题,主要原因是引起迟滞和重复性误差的机理非常复杂,且无规律可依,利用微处理器还不能彻底消除它们的影响,只能有所改善。因此,在传感器的设计和生产阶段,应从材料选用、结构设计、热处理和稳定处理以及生产检验上采取合理而有效的措施,力求减小传感器的迟滞误差和重复性误差。

传感器的长期稳定性表现为其输出信号随时间的缓慢变化,即漂移。这是另一个比较难以校正和补偿的问题。必须在传感器生产阶段,设法减小加工材料的物理缺陷和内在特性对传感器长期稳定性的影响;同时,应针对实际使用过程,通过远程通信功能和一定的控制功能,实现基本传感器的现场校验。

传感器在实际测量背景下的动态响应问题,也可在掌握了具体的动态特性规律的基础上,进行一定补偿。

总之,在智能化传感器的设计中,对于基本传感器的某些固有、而又不易在系统中进行补偿的缺陷,应在传感器生产阶段尽量对其补偿,然后在系统中再对其进行改善。这是设计智能传感器的主要思路。

9.5.3 智能传感器的发展方向

智能传感器具有以下主要的发展方向:

①利用微电子学,将传感器和微处理器结合在一起实现各种功能的单片智能传感器;

②智能结构是今后智能传感器的重要发展方向；

③利用生物工艺和纳米技术研制传感器功能材料，以此技术为基础研制分子和原子生物传感器；

④完善智能传感器的原理和智能的设计方法；

⑤使智能传感器的处理单元实现网络通信协议，从而构成一个分布式"智能传感器网络"。

9.5.4　智能传感器实例

1. 多路光谱分析传感器

多路光谱分析传感器是目前已投入使用的典型的智能传感器。这种传感器采用硅 CCD（电荷耦合器件）二元阵列作摄像仪，结合光学系统和微处理器共同构成一个不可分割的整体。其结构如图 9 - 27 所示。它可以装在人造卫星上对地面进行多路光谱分析。测量获得的数据直接由 CPU 进行分析和统计处理，然后输送出有关地质、气象等各种情报。

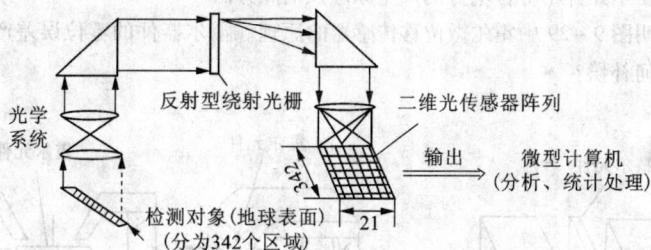

光学系统　反射型绕射光栅　二维光传感器阵列　输出　微型计算机（分析、统计处理）

检测对象（地球表面）（分为342个区域）

图 9 - 27　多路光谱分析传感器结构示意图

2. 三维多功能单片智能传感器

以硅为基础的超大规模集成电路技术正在加速发展并日臻成熟，三维集成电路已成为现实。在不久的将来，具有上述功能的传感器系统将全部集成在同一芯片上，构成一个由微传感器、微处理器和微执行器集成一体化的闭环工作微系统。目前已开发出三维多功能的单片智能传感器。它已将平面集成发展为三维集成，实现了多层结构，如图 9 - 28 所示。它将传感器功能、逻辑功能和记忆功能等集成在一块半导体芯片上，反映了智能传感器的一个发展方向。

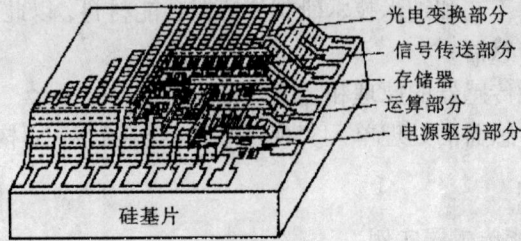

图 9 - 28　三维多功能单片智能传感器

复习思考题

1. 什么是霍尔效应？霍尔电势的大小和方向与哪些因素有关？

2. 什么是霍尔元件的不等位电势？如何进行补偿？

3. 对霍尔元件温度补偿的各种方法进行分析和比较，指出它们的优缺点。

4. 简述霍尔元件不等位电势的产生原理及消除方法。

5. 试说明图 9 - 29 中霍尔微位移传感器的原理。霍尔器件的零位误差产生的决定因素是什么？如何补偿？

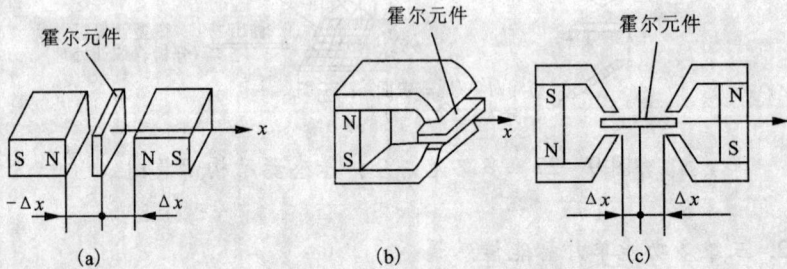

图 9 - 29

6. 简述超声波传感器测量流量的工作原理。

7. 说明光纤的结构特点。试以阶跃型多模光纤为例，说明光纤的传光原理。

8. 光纤传感器测量压力和位移的工作原理是什么？它们有哪些区别？

9. 光纤的数值孔径 N_A 的物理意义是什么？N_A 取值大小有什么作用？用微弯光纤传感器说明光纤微弯后是如何改变光强的？

10. 简述 CCD 的结构与工作原理。

11. 智能传感器在结构和性能上各有何特点？

12. 智能结构主要包括哪些单元？各有何作用？

第 10 章　传感器新技术

10.1　多传感器信息融合技术

信息融合概念是 20 世纪 70 年代提出的,并于 20 世纪 80 年代发展成为一项专门技术,它是人类模仿自身信息处理能力的结果。信息融合最早用于军事,现在在工业测量、机器人、空中交通管制、海洋监视和管理等领域也朝着多传感器信息融合方向发展。近几年来,多传感器信息融合技术在理论方面、方法方面、性能方面都获得了很大的提高,各种面向复杂应用背景的多传感器系统大量涌现。在多传感器系统中,由于信息表现形式的多样性,信息数量的巨大性,信息关系的复杂性,以及要求信息处理的及时性,都已大大超出了人脑的信息综合处理能力。

信息融合本身并不是一门单一的技术学科,而是一门跨领域的综合理论与方法。信息融合的另一种常用说法是数据融合。但就信息和数据的内涵而论,用信息融合一词更广泛、更确切,更具有概括性。一般认为,信息不仅包含数据还包含信息和知识,故本书称为信息融合。信息融合是针对使用多个或多类传感器的一个系统这一特定问题而开展的一种信息处理的新方法,要给出信息融合的准确定义是非常困难的,这种困难是由所研究内容的广泛性和多样性带来的。目前,信息融合还没有统一的定义,具有代表性的一个定义为:利用计算机技术对按时序获得若干传感器的观测信息,在一定准则下加以自动分析、优化综合,为完成所需要的决策和估计任务而进行的信息处理过程。按照这一定义,各种传感器是信息融合的基础,多源信息是信息融合的加工对象,协调优化和综合处理是信息融合的核心。另一个是美国国防部从军事角度将信息融合定义为:将来自多传感器和信息源的数据和信息加以联合、相关和组合,以获得精确的位置估计和身份估计,以及对战场情况和威胁及其重要程度进行实时的完整评价。

运用多传感器信息融合技术进行信息综合处理,解决探测、跟踪和目标识别等方面问题具有如下优点:

(1)系统的生存能力强。在有若干传感器不能利用或受到干扰,或某个目标不在覆盖范围时,总还会有一部分传感器可以提供信息,使系统能够不受干扰连续运行,弱化故障,并增加检测概率。

(2)扩展了空间覆盖范围。通过多个交叠覆盖的传感器作用区域,扩大了空间覆盖范围,一些传感器可以控测其他传感器无法探测的地方,进而增加了系统的监视能力和检测概率。

(3)扩展了时间覆盖范围。多个传感器的协同作用可提高系统的时间监视范围和检测概率,即当某些传感器不能探测时,另一些传感器可以检测、测量目标或事件。

(4)提高了可信度。一种或多种传感器能对同一目标或事件加以确认。

(5)降低了信息的模糊性。多传感器的联合信息降低了目标或事件的不确定性。

(6)改善了探测性能。对目标或事件多种测量的有效融合,提高了探测的有效性。

(7)提高了空间分辨率。多传感器可以获得比任何单一传感器更高的分辨率。

(8)增加了测量空间的维数。使用不同的传感器测量电磁频谱的各个频段的系统,不易受到敌方行动或自然现象的破坏。

与单传感器相比,多传感器系统的复杂性大大增加,由此会产生一些不利因素,如提高成本,降低系统可靠性,增加设备物理因素(尺寸、重量、功耗),以及因辐射而增大系统被敌方探测的概率等。在执行每项具体任务时,必须将多传感器的性能裨益与由此带来的不利因素进行权衡。

10.1.1 基本原理、融合过程及关键技术

1. 基本原理

多传感器信息融合就像人脑综合处理信息一样,其基本原理就是充分利用多传感器资源,通过对这些传感器及观测信息的合理支配和使用,把多传感器在空间或时间上的冗余或互补信息,依据某种准则进行组合,以获得被测对象的一致性解释或描述。该传感器系统比由它的各组成部分的子集所构成的系统更有优越性。信息融合的目的是通过数据信息组合而不是出现在输入数据中的任何个别信息,推导出更多的信息,得到最佳协同作用的结果。也就是利用多个传感器共同或联合操作的优势,提高传感器系统的有效性,消除单个或少量传感器的局限性。

在多传感器信息融合系统中,各种传感器的数据可以具有不同的特征,可能是实时的或非实时的、模糊的或确定的、互相支持的或互补的,也可能是互相矛盾或竞争的。它与单传感器数据处理或低层次的多传感器数据处理方式相比,能更有效地利用多传感器资源。单传感器数据处理或低层次的多传感器数据处理只是人脑信息处理的一种低水平模仿,不能像多传感器信息融合系统那样可

以更大程度地获得被测目标和环境的信息。多传感器信息融合与经典的信号处理方法也存在本质的区别,信息融合系统所处理的多传感器数据具有更复杂的形式,而且可以在不同的信息层次上出现,包括数据层(像素层)、特征层和决策层(证据层)。

2. 融合过程

信息融合过程主要包括多传感器(信号获取)、数据预处理、数据融合中心(特征提取、数据融合计算)和结果输出等环节,其过程如图 10 - 1 所示。由于被测对象多半为具有不同特征的非电量,如压力、温度、色彩和灰度等,因此首

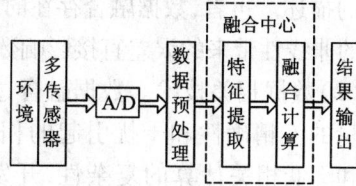

图 10 - 1　多传感器数据融合过程

先要将它们转换成电信号,然后经过 A/D 转换将它们转换为能由计算机处理的数字量。数字化后的电信号由于环境等随机因素的影响,不可避免地存在一些干扰和噪音信号,通过预处理滤除数据采集过程中的干扰和噪音,以便得到有用信号。预处理后的有用信号经过特征提取,并对某一特征量进行数据融合计算,最后输出融合结果。

(1)信号的获取。多传感器信号获取的方法很多,可根据具体情况采取不同的传感器获取被测对象的信号。图形景物信号的获取一般可利用电视摄像系统或电荷耦合器件(CCD),将外界的图形景物信息进入电视摄像系统或电荷耦合器件变化的光通量转换成变化的电信号,再经 A/D 转换后进入计算机系统。工程信号的获取一般采用工程上的专用传感器,将非电量信号或电信号转换成 A/D 转换器或计算机 I/O 口能接收的电信号,在计算机中进行处理。

(2)信号预处理。在信号获取过程中,一方面由于各种客观因素的影响,在检测到的信号中常常混合有噪音;另一方面经过 A/D 转换后的离散时间信号除含有原来的噪音外,又增加了 A/D 转换噪音。因此,在对多传感器信号融合处理前,有必要对传感器输出信号进行预处理,尽可能地去除这些噪音,提高信息的信噪比。信号预处理的方法主要有均值、滤波、消除趋势项、坏点剔除等。

(3)特征提取。对来自传感器的原始信息进行特征提取,特征可以是被测对象的各种物理量。

(4)融合计算。数据融合计算方法较多,主要有数据相关技术、估计理论和识别技术等。

3. 关键技术

信息融合的关键技术主要是数据转换、数据相关、数据库和融合计算等,其中融合计算是多传感器信息融合系统的核心技术。

（1）数据转换。由于多传感器输出的数据形式、环境描述不一样,数据融合中心处理这些不同来源的信息时,首先需要把这些数据转换成相同的形式和描述,然后再进行相关处理。数据转换时,不仅要转换不同层次的信息,而且需要转换对环境或目标描述的不同之处与相似之处。即使同一层次的信息,也存在不同的描述。再者,数据融合存在时间性与空间性,因此要用到坐标变换。坐标变换的非线性带来的误差直接影响数据的质量和时空校准,影响融合处理的质量。

（2）数据相关技术。数据融合过程中,与数据相关的核心问题是克服传感器测量的不精确性和干扰引起的相关两义性,以便保持数据的一致性。这包括控制和降低相关计算的复杂性,开发相关处理、融合处理和系统模拟算法与模型等。

（3）态势数据库。态势数据库分为实时数据库和非实时数据库。实时数据库的作用是把当前各传感器的观测结果及时提供给融合中心,提供融合计算所需各种数据。同时也存储融合处理的最终态势/决策分析结果和中间结果。非实时数据库存储各传感器的历史数据、有关目标和环境的辅助信息以及融合计算的历史信息。态势数据库要求容量大、搜索快、开放互联性好,且具有良好的用户接口。

（4）融合计算。

①对多传感器的相关观测结果进行验证、分析、补充、取舍、修改和状态跟踪估计。

②对新发现的不相关观测结果进行分析和综合。

③生成综合态势,并实时地根据多传感器观测结果通过数据融合计算,对综合态势进行修改。

④态势决策分析等。

10.1.2 信息融合系统的结构及功能模型

1. 结构

信息融合可以提高拥有多个传感器智能检测系统的性能,减少全体或单个传感器检测信息的损失。在多传感器信息融合系统中,从传感器和融合中心信息流的关系来看,融合的结构可分串行、并行、串并行混合和网络型4种形式。串行和并行的结构如图10-2所示。

串联型多传感器信息融合是指先将两个传感器数据进行一次融合,再把融合的结果与下一个传感器数据进行融合,依次进行下去,直至所有的传感器数据都融合完为止。串联融合时,每个传感器既具有接收数据、处理数据的功能,又具有信息融合的功能,各传感器的处理同前一级传感器输出的信息形式有很大关系,最后一个传感器综合了所有前级传感器输出的信息,得到的输出将作为串联融合系统的结论。因此，串联融合时，前级传感器的输出对后级传感器输出的影响较大。

并联型多传感器信息融合是指所有传感器输出数据都同时输入给信息融合中心，传感器之间没有影响，融合中心对各种类型的数据按适当的方法进行综合处理，最后输出结果。因此并联融合时，各传感器的输出之间不会相互影响。

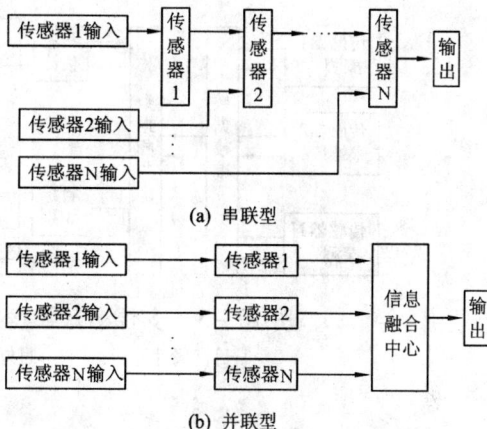

图 10 - 2　数据融合系统的结构

串并联混合型多传感器信息融合是串联和并联两种形式的综合，可以先串联后并联，也可以先并联后串联。

网络型多传感器信息融合的结构比较复杂，各子数据融合中心作为网络的一个节点，其输入既有其他节点的输出信息，又可能有传感器的数据流，最终的输出可以是一个信息融合中心的输出，也可以是几个信息融合中心的输出，最后的结论是所有输出的组合。

2. 功能模型

信息融合系统的功能主要有校准、相关、识别和估计，其功能模型如图10 - 3所示。探测就是信息融合系统中的多传感器不断扫描观测目标，实现信号检测。数据校准单元的作用是为了统一各传感器的时间和空间参考点。如果各传感器在时间和空间上是独立异步工作的，则必须事先进行时间和空间校准，实现时间搬移和空间坐标变换，以形成融合所需的统一时间和空间参考点。数据相关单元的作用是用于判别不同的时间和空间的数据是否来自同一目标。估计包括状态估计和行动估计：状态估计（目标跟踪）是根据传感器的观测值估计目标参数，并利用这些估计值预测下一次观测目标的状态；行动估计是将所有目标的数据集（目标状态和类型）与先前确定的可能态势的行为模式相比较，以确定哪种行为模式与监视区域内所有目标的状态最匹配。目标识别（属性分类或身份估计）是根据不同传感器测得的目标特征形成一个 N 维的特征向量，每个维代表目标的一个独立特征。如果预先知道目标有 M 个类型以及每类目标的特征，则可将实测特征向量与已知类别的特征进行比较，以便确定目标的类别。

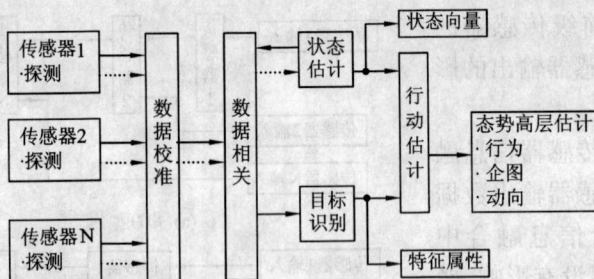

图 10-3 多传感器数据融合功能图

→目标属性测量；……→目标状态测量

10.1.3 二传感器信息融合方法及应用

本节将以二传感器为例,介绍信息融合处理方法,主要介绍多维回归分析法。在众多的回归分析方法中,最简单、最直观的是线性回归分析方法。其基本思想是:由多维回归方程来建立被测目标参量与传感器输出量之间的对应关系。而经典传感器的输入与输出关系是由一维回归方程来描述的。与经典传感器一维实验标定/校准不同的是要进行多维标定/标准实验,然后,按最小二乘法原理由实验标定/校准数据计算出均方误差最小条件下的回归系数。这样,当测得了传感器的输出值时,就可由已知系数的多维回归方程来计算出相应的输入被测目标参数。

1. 二传感器信息融合方法

二传感器可测量两个参量,得到两个参量的信息。两个信息的融合算法可以有多种,曲面拟合算法(也就是二维回归分析法)是其中之一。

(1)曲面拟合法基本原理。例如,已知射频电容传感器输出是电压 U,且存在温度灵敏度。因此只对射频电容传感进行一维标定实验,并由获得的输入(水分 λ)—输出(电压 U)特性曲线来求取被测水分值会有较大误差,因为被测量 λ 不是输出值 U 的一元函数。现在由另一温度传感器输出电压 U_t 代表温度信息 t,则水分参量 λ 可以用 U 及 U_t 的二元函数来表示才较完备,即:

$$\lambda = f(U, U_t) \tag{10-1}$$

同理,我们也可以将水分传感器输出电压 U 描述为水分含量 λ 和温度传感器输出 U_t 的二元函数,即:

$$U = g(\lambda, U_t) \tag{10-2}$$

由二维坐标 (U_i, U_{ij}) 决定的 λ_i 在一曲面上,可利用二次曲面拟合方程,即二维回归方程来描述：

$$\lambda = a_0 + a_1 U + a_2 U_t + a_3 U^2 + a_4 U U_t + a_5 U_t^2 + o_1 \qquad (10-3)$$

同样，

$$U = a'_0 + a'_1 \lambda + a'_2 U_t + a'_3 \lambda^2 + a'_4 \lambda U_t + a'_5 U_t^2 + o_2 \qquad (10-4)$$

式中：　$a_0 \sim a_5$、$a'_0 \sim a'_5$——常系数；

　　　　o_1、o_2——高阶无穷小。

如果式(10-1)、式(10-2)中的各个常系数已知，那么用于检测水分 λ 和输出 U 的二元输入—输出特性，即曲面拟合方程式(10-3)、式(10-4)就确定了。当采集到二传感器的输出值 U 及 U_t 时，代入式(10-3)中就可以计算得到传感器的被测参量 λ。为此，首先要进行二维标定实验，然后根据标定的输入、输出值由最小二乘法原理确定常系数 $a_0 \sim a_5$。

(2)实验标定。在水分传感器的量程范围内确定 n 个水分标定点，在工作温度范围内确定 m 个温度标定点，于是由水分 λ 与温度 t 标准值发生器产生在各个标定点的标准输入值为：

λ_i：　$\lambda_1, \lambda_2, \lambda_3 \cdots, \lambda_n$

t_j：　$t_1, t_2, t_3, \cdots, t_m$

对应于上述各个标定点的标准输入值读取相应的输出值 U_i 及 U_{ij}，这样，我们在 m 个不同温度状态对水分传感器进行静态标定，获得了对应 m 个不同温度状态的 m 条输入—输出特性，即 λ—U 特性簇，如图 10-4(a)所示。同时我们也获得对应于不同水分状态的温度传感器的 n 条输入-输出特性$(t-U_t)$，即 t-U_t 特性簇，如图 10-4(b)所示。

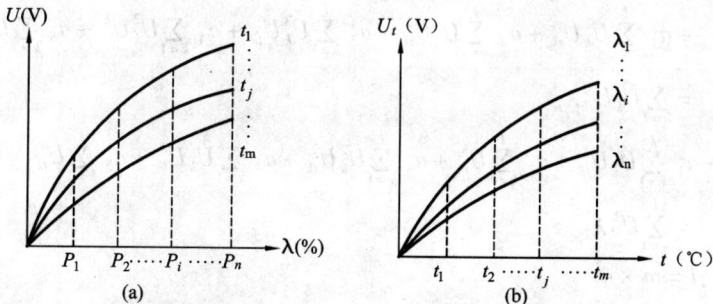

图 10-4　不同状态下的静态特性

(3)二次曲面拟合方程待定常数的确定。为确定式(10-3)和式(10-4)所表征的二次曲面拟合方程式的常系数，通常根据最小二乘法原理，求得的系数值满足均方误差最小条件。系数 $a_0 \sim a_5$ 与 $a'_0 \sim a'_5$ 的求法相同。下面以 $a_0 \sim a_5$ 为例说明求取步骤。

由二次曲面拟合方程计算得出的 $\lambda(U_k, U_{tk})$ 与标定值 λ_k 之间存在误差 Δ_k，其方差 Δ_k^2 为：

$$\Delta_k^2 = \left[\lambda_k - \lambda(U_k, U_{tk}) \right]^2 \qquad k = 1, 2, \cdots, m \times n \qquad (10-5)$$

总计有 $m \times n$ 个标定点，其均方误差 R_l 应最小：

$$R_l = \frac{1}{m \times n} \sum_{k=1}^{m \times n} \left[\lambda_k - (a_0 + a_1 U_k + a_2 U_{tk} + a_3 U_k^2 + a_4 U_k U_{tk} + a_5 U_{tk}^2) \right]^2$$

$$= R_l(a_0, a_1, a_2, a_3, a_4, a_5) = 最小值 \qquad (10-6)$$

由上式可见，均方误差 R_l 是常系数 $a_0 \sim a_5$ 的函数。根据多元函数求极值条件，令下列各偏导数为零，即：

$$\frac{\partial R_l}{\partial a_0} = 0; \qquad \frac{\partial R_l}{\partial a_1} = 0; \qquad \frac{\partial R_l}{\partial a_2} = 0;$$

$$\frac{\partial R_l}{\partial a_3} = 0; \qquad \frac{\partial R_l}{\partial a_4} = 0; \qquad \frac{\partial R_l}{\partial a_5} = 0;$$

则可得如下 6 个方程：

$$a_0 l + a_1 \sum_{k=1}^{l} U_k + a_2 \sum_{k=1}^{l} U_{tk} + a_3 \sum_{k=1}^{l} U_k^2 + a_4 \sum_{k=1}^{l} U_k U_{tk} + a_5 \sum_{k=1}^{l} U_{tk}^2 = \sum_{k=1}^{l} \lambda_k$$

$$a_0 \sum_{k=1}^{l} U_k + a_1 \sum_{k=1}^{l} U_k^2 + a_2 \sum_{k=1}^{l} U_{tk} U_k + a_3 \sum_{k=1}^{l} U_k^3 + a_4 \sum_{k=1}^{l} U_k^2 U_{tk} + a_5 \sum_{k=1}^{l} U_k U_{tk}^2 = \sum_{k=1}^{l} U_k \lambda_k$$

$$a_0 \sum_{k=1}^{l} U_{tk} + a_1 \sum_{k=1}^{l} U_k U_{tk} + a_2 \sum_{k=1}^{l} U_{tk}^2 + a_3 \sum_{k=1}^{l} U_k^2 U_{tk} + a_4 \sum_{k=1}^{l} U_k U_{tk}^2 + a_5 \sum_{k=1}^{l} U_{tk}^3 = \sum_{k=1}^{l} U_{tk} \lambda_k$$

$$a_0 \sum_{k=1}^{l} U_k^2 + a_1 \sum_{k=1}^{l} U_k^3 + a_2 \sum_{k=1}^{l} U_k^2 U_{tk} + a_3 \sum_{k=1}^{l} U_k^4 + a_4 \sum_{k=1}^{l} U_k^3 U_{tk} + a_5 \sum_{k=1}^{l} U_k^2 U_{tk}^2 = \sum_{k=1}^{l} U_k^2 \lambda_k$$

$$a_0 \sum_{k=1}^{l} U_k U_{tk} + a_1 \sum_{k=1}^{l} U_k^2 U_{tk} + a_2 \sum_{k=1}^{l} U_k U_{tk}^2 + a_3 \sum_{k=1}^{l} U_k^3 U_{tk} + a_4 \sum_{k=1}^{l} U_k^2 U_{tk}^2 + a_5 \sum_{k=1}^{l} U_k U_{tk}^3$$

$$= \sum_{k=1}^{l} U_k U_{tk} \lambda_k$$

$$a_0 \sum_{k=1}^{l} U_{tk}^2 + a_1 \sum_{k=1}^{l} U_k U_{tk}^2 + a_2 \sum_{k=1}^{l} U_{tk}^3 + a_3 \sum_{k=1}^{l} U_k^2 U_{tk}^2 + a_4 \sum_{k=1}^{l} U_k U_{tk}^3 + a_5 \sum_{k=1}^{l} U_{tk}^4$$

$$= \sum_{k=1}^{l} U_{tk}^2 \lambda_k \qquad (10-7)$$

式中：$l = m \times n$。

整理后可得：

$$a_0 l + a_1 E + a_2 F + a_3 G + a_4 H + a_5 I = A$$
$$a_0 E + a_1 G + a_2 H + a_3 J + a_4 K + a_5 L = B$$
$$a_0 F + a_1 H + a_2 I + a_3 K + a_4 L + a_5 M = C$$
$$a_0 G + a_1 J + a_2 K + a_3 N + a_4 O + a_5 P = D \qquad (10-8)$$
$$a_0 H + a_1 K + a_2 L + a_3 O + a_4 P + a_5 Q = T$$
$$a_0 I + a_1 L + a_2 M + a_3 P + a_4 Q + a_5 R = S$$

式中:$l = m \times n$——标定的总数;

$E = \sum_{k=1}^{l} U_k$——水分传感器在标定点输出值 U_k 之和;

$F = \sum_{k=1}^{l} U_{tk}$——温度传感器在标定点输出值 U_{tk} 之和;

$G = \sum_{k=1}^{l} U_k^2$;　　　　$H = \sum_{k=1}^{l} U_k U_{tk}$;　　　　$I = \sum_{k=1}^{l} U_{tk}^2$;

$J = \sum_{k=1}^{l} U_k^3$;　　　　$K = \sum_{k=1}^{l} U_k^2 U_{tk}$;　　　　$L = \sum_{k=1}^{l} U_k U_{tk}^2$;

$M = \sum_{k=1}^{l} U_{tk}^3$;　　　　$N = \sum_{k=1}^{l} U_k^4$;　　　　$O = \sum_{k=1}^{l} U_k^3 U_{tk}$;

$P = \sum_{k=1}^{l} U_k^2 U_{tk}^2$;　　　　$Q = \sum_{k=1}^{l} U_k U_{tk}^3$;　　　　$R = \sum_{k=1}^{l} U_{tk}^4$;

$S = \sum_{k=1}^{l} U_{tk}^2 \lambda_k$;　　　　$A = \sum_{k=1}^{l} \lambda_k$;　　　　$B = \sum_{k=1}^{l} U_k \lambda_k$;

$C = \sum_{k=1}^{l} U_{tk} \lambda_k$;　　　　$D = \sum_{k=1}^{l} U_k^2 \lambda_k$;　　　　$T = \sum_{k=1}^{l} U_k U_{tk} \lambda_k$

根据实验标定的输入标准值 λ_k 及 t_k,二传感器相应的输出值 U_k 及 U_{tk},可以计算得到 $A \sim D$、$E \sim T$ 诸值,从而可联立求解矩阵方程式(10-8),也即矩阵方程式(10-7)。于是常系数 $a_0 \sim a_5$ 得以确定。

至此,二次曲面拟合方程式(10-3)就完全确定了。

2. 二传感器信息融合的应用

(1)用于单一功能的传感器。通过监测一个干扰量,可以消除该干扰参量的影响,提高该单功能传感器被测目标参量的测量精度。监测干扰量的传感器可以选用能够测量该干扰参量的任何形式的传感器,只需把它放置在同一干扰场中,与测量目标参量的传感器经受同样强度干扰量的影响。

(2)用于两功能的传感器。该两功能传感器可测量两个目标参量,但相互存在交叉灵敏度。两个输出信息进行融合处理后可提高两个目标参量的测量精度,减小相互交叉灵敏度。若目标参量 λ 的输出值为 U,另一目标参量 t 的输出值为 U_t,则可用两个二次曲面拟合方程来描述:

$$\lambda = a_0 + a_1 U + a_2 U_t + a_3 U^2 + a_4 U U_t + a_5 U_t^2 + o_\lambda \qquad (10-9)$$

$$t = \beta_0 + \beta_1 U + \beta_2 U_t + \beta_3 U^2 + \beta_4 U U_t + \beta_5 U_t^2 + o_t \qquad (10-10)$$

同理,t 的输出值 U_t 也可用二维回归方程来描述:

$$U_t = \beta'_0 + \beta'_1 U + \beta'_2 t + \beta'_3 U^2 + \beta'_4 U t + \beta'_5 t^2 + o'_t \qquad (10-11)$$

式中:o_λ、o_t、o'_t 分别为式(10-9)、式(10-10)、式(10-11)的高阶无穷小量。如果已知式(10-9)、式(10-10)中的各个常系数 $a_0 \sim a_5$、$\beta_0 \sim \beta_5$、$\beta'_0 \sim \beta'_5$,那么曲面拟合方程式(10-9)与(10-11)就确定了。当采集到该两功能传感器的两个输出信号 U、U_t 时,分别代入式(10-9)、式(10-10)后就可通过计算得到该传感器的两个被测输入量 λ 及 t。所需进行的标定实验如前所述。确定常系数 $a_0 \sim a_5$ 与 $\beta_0 \sim \beta_5$ 的方法完全相同。求解 $a_0 \sim a_5$ 的矩阵方程组就是式(10-8),求 $\beta_0 \sim \beta_5$ 的矩阵方程组为:

$$\left.\begin{aligned}
\beta_0 l + \beta_1 E + \beta_2 F + \beta_3 G + \beta_4 H + \beta_5 I &= A' \\
\beta_0 E + \beta_1 G + \beta_2 H + \beta_3 J + \beta_4 K + \beta_5 L &= B' \\
\beta_0 F + \beta_1 H + \beta_2 I + \beta_3 K + \beta_4 L + \beta_5 M &= C' \\
\beta_0 G + \beta_1 J + \beta_2 K + \beta_3 N + \beta_4 O + \beta_5 P &= D' \\
\beta_0 H + \beta_1 K + \beta_2 L + \beta_3 O + \beta_4 P + \beta_5 Q &= T' \\
\beta_0 I + \beta_1 L + \beta_2 M + \beta_3 P + \beta_4 Q + \beta_5 R &= S'
\end{aligned}\right\} \qquad (10-12)$$

式中:$A' = \sum_{k=1}^{l} t_k$;　　　$B' = \sum_{k=1}^{l} U_k t_k$;　　　$C' = \sum_{k=1}^{l} U_{tk} t_k$

$T' = \sum_{k=1}^{l} U_k U_{tk} t_k$;　　$S' = \sum_{k=1}^{l} U_{tk}^2 t_k$;　　$D' = \sum_{k=1}^{l} U_k^2 t_k$

3. 二传感器信息融合实例

(1)重油含水率测量系统中的信息融合方法。在利用电容式水分传感器进行水分检测过程中,传感器的输出除与油中水分含量有关以外还受温度的影响,导致传感器性能不稳定,测量精度较低。但通过对水分、温度 2 个参数同时监测,并采用一定的信息处理的方法即多传感器信息融合技术,可以提高被测参量测量精度,并且能消除干扰量的影响。

①系统的测量原理。测量重油含水率的方法有很多,在此采用射频电容法,即测量时将电容传感器置于含水重油中。当电容传感器的结构和外形尺寸一定时,电容传感器的电容量取决于介质的介电常数。重油的介电常数约为 2.2,而水的介电常数为 80,两者相差很大,因此,它们所呈现的射频阻抗特性不相同,从而可以对重油含水率进行检测。

由射频电容传感器组成的重油水分测量系统框图如图 10-5 所示。测量时将传感器探头插入样品油中,同时检测水分电压值 U_1 和温度电压值 U_2,2 路电压信号经滤波电路和高精度仪用放大器 AD620 放大处理后,送入 PCI 6024E 数据采集板进行 A/D 转换，再由计算机进行数据处理、显示和打印等。

从图 10 - 5 可以看出，利用反映含水率的测量信号电压 U_1 便可推算出重油的含水率 λ。但是，λ 与 U_1

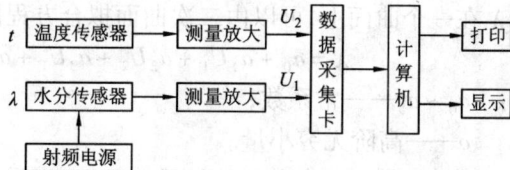

图 10 - 5　重油水分测量系统原理框图

之间的关系是非线性的，更重要的是，介质温度的变化将影响介质的介电常数和射频信号源的频率、幅值。为了提高被测目标参量的测量精度，减少相互交叉灵敏度，对水分、温度 2 个参量同时进行监测，然后对数据信息进行融合处理。

②传感器信息融合处理方法。在重油含水率测量系统中，传感器可测量温度 t 和含水率 λ 2 个参量，得到 2 个参量的信息。2 个参量信息融合的算法可以有多种，曲面拟合算法（即二维回归分析法）便是其中之一。其基本思想是：由二维回归方程来建立被测目标参量与传感器输出量之间的对应关系；然后，按最小二乘法原理，由实验标定/校准数据计算出当均方误差最小时的回归方程中的系数。这样，测得了传感器的输出值时，就可由已知系数的二维回归方程来计算相应的输入目标参数。其具体做法如下：

〈1〉实验标定。在射频电容传感器的量程范围内确定 n 个水分标定点，在工作温度范围内确定 m 个温度标定点。

对应于上述各标定点的输入值读取相应的输出值 U_{1i} 及 U_{2i}，这样，在 m 个不同温度状态下对传感器进行静态标定，可得到如表 10 - 1 所示的二维实验标定数据。

表 10 - 1　传感器的二维实验标定数据

温度	电压	样品含水率				
		λ_1	λ_2	λ_3	...	λ_n
t_1	U_1	U_{111}	U_{112}	...	...	U_{11n}
	U_2	U_{211}	U_{212}			U_{21n}
t_2	U_1	U_{121}	U_{122}	U_{123}		U_{13n}
	U_2	U_{221}	U_{222}	U_{223}	...	U_{22n}
t_3	U_1	U_{131}	U_{132}	U_{133}		U_{12n}
	U_2	U_{231}	U_{232}	U_{233}	...	U_{23n}
⋮	⋮	⋮	⋮	⋮		⋮
t_m	U_1	U_{1m1}	U_{1m2}	U_{1m3}	...	U_{1mn}
	U_2	U_{2m1}	U_{2m2}	U_{2m3}	...	U_{2mn}

〈2〉二次曲面拟合方程待定常数的确定。由二维坐标(U_{1i},U_{2i})决定的水分含量λ在一个曲面上,可以由二次曲面拟合方程即二维回归方程描述:

$$\lambda = a_0 + a_1 U_1 + a_2 U_2 + a_3 U_1^2 + a_4 U_1 U_2 + a_5 u_2^2 + o \qquad (10-13)$$

式中: $a_0 \sim a_5$——常系数;

o——高阶无穷小量。

如果上述曲面拟合方程的常系数已知,当采集到水分和温度传感器的输出电压U_1和U_2时,就可以计算传感器的被测量λ。

为确定式(10-13)所表征的曲面拟合方程的系数,利用最小二乘法原理,求得的系数值均满足均方误差最小条件,即由二次曲面拟合方程计算得到的λ (U_{1k},U_{2k})与标定值λ_k之间存在误差,其方差为$\Delta_k = [\lambda_k - \lambda(U_{1k},U_{2k})]^2$,$k=1$, $2,\cdots,m\times n$。总计有$m\times n$个标定点,其均方误差R_l应最小,即:

$$
\begin{aligned}
R_l &= \frac{1}{m\times n}\sum_{k=1}^{m\times n}\left[\lambda_k - (a_0 + a_1 U_{1k} + a_2 U_{2k} + a_3 U_{1k}^2 + a_4 U_{1k} U_{2k} + a_5 U_{2k}^2)\right]^2 \\
&= R_l(a_0,a_1,a_2,a_3,a_4,a_5) \qquad (10-14)
\end{aligned}
$$

由式(10-14)可知,均方误差R_l是常系数的函数,根据多元函数求极值条件:

$$\frac{\partial R_l}{\partial a_i}=0, \qquad i=0,1,\cdots,5$$

可得如下6个方程:

$$
\begin{cases}
a_0 l + a_1 A + a_2 B + a_3 C + a_4 D + a_5 E = O \\
a_0 A + a_1 C + a_2 D + a_3 F + a_4 G + a_5 H = P \\
a_0 B + a_1 D + a_2 E + a_3 G + a_4 H + a_5 I = Q \\
a_0 C + a_1 E + a_2 G + a_3 J + a_4 K + a_5 L = R \\
a_0 D + a_1 G + a_2 H + a_3 K + a_4 L + a_5 M = S \\
a_0 E + a_1 H + a_2 I + a_3 L + a_4 M + a_5 N = T
\end{cases}
\qquad (10-15)
$$

式中:$l = m\times n$;$A = \sum\limits_{k=1}^{l} U_{1k}^2$;$B = \sum\limits_{k=1}^{l} U_{2k}$;$C = \sum\limits_{k=1}^{l} U_{1k}^2$;

$D = \sum\limits_{k=1}^{l} U_{1k}U_{2k}$;$E = \sum\limits_{k=1}^{l} U_{2k}^2$;$F = \sum\limits_{k=1}^{l} U_{1k}^3$;$G = \sum\limits_{k=1}^{l} U_{1k}^2 U_{2k}$;

$H = \sum\limits_{k=1}^{l} U_{1k}U_{2k}^2$;$I = \sum\limits_{k=1}^{l} U_{2k}^3$;$J = \sum\limits_{k=1}^{l} U_{1k}^4$;$K = \sum\limits_{k=1}^{l} U_{1k}^3 U^{2k}$;

$L = \sum\limits_{k=1}^{l} U_{1k}^2 U_{2k}^2$;$M = \sum\limits_{k=1}^{l} U_{1k}U_{2k}^3$;$N = \sum\limits_{k=1}^{l} U_{1k}^4$;$O = \sum\limits_{k=1}^{l} \lambda_k$;

$P = \sum\limits_{k=1}^{l} U_{1k}\lambda_k$;$Q = \sum\limits_{k=1}^{l} U_{2k}\lambda_k$;$R = \sum\limits_{k=1}^{l} U_{1k}^2\lambda_k$;

$S = \sum\limits_{k=1}^{l} U_{1k}U_{2k}\lambda_k$;$T = \sum\limits_{k=1}^{l} U_{2k}^2\lambda_k$。

根据实验标定点的输入值 λ_k, t_k 及相应的输出值可以计算得到 $A, B, \cdots, T$ 的值，从而可联立求解方程式(10 - 15)，于是常系数 $a_i(i = 0, 1, \cdots, 5)$ 得到确定。

〈3〉数据融合处理的效果。该系统信息融合处理的框图如图 10 - 6 所示，系统的输入为水分 λ 和温度 t，它们的相应电压输出为 U_1 和 U_2。数据融合后的输出可以是水分 λ、温度 t，或者是它们相应的电压值 U'_1, U'_2。这有利于研究不同温度下的水分输入—输出特性、不同水分下的温度输入—输出特性

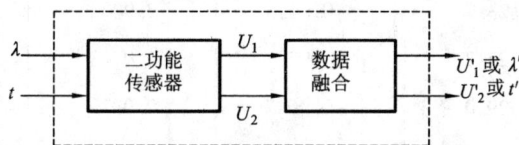

图 10 - 6　传感器信息融合系统框图

及温度相同而样品水分不同时的水分电压随温度电压变化的特性，为进一步克服温度对系统的影响提供依据。

在实验中，按照表 10 - 1 所标定的数据，用机油对电容传感器进行实验标定，得到如表 10 - 2 所示的二维实验标定数据，为此可以计算该传感器的灵敏度。根据温度灵敏度系数的定义可知，传感器的零位温度系数为 $a_{s0} = 4.01 \times 10^{-3}/℃$；当水分标定值为 3%，8% 和 10% 时，传感器的温度灵敏度系数分别为 $a_{s3} = 3.56 \times 10^{-3}/℃, a_{s8} = 3.63 \times 10^{-3}/℃, a_{s10} = 3.30 \times 10^{-3}/℃$。

按照曲面拟合法进行数据融合处理，得到常系数：
$$a_0 = 22.716; a_1 = -1.721; a_2 = 6.143;$$
$$a_3 = -4.786; a_4 = 3.237; a_5 = -0.712.$$

于是，曲面拟合方程为：
$$\lambda = 22.716 - 1.721 U_1 + 6.143 U_2 - 4.786 U_1^2$$
$$+ 3.237 U_1 U_2 - 0.712 U_2^2 \qquad (10 - 16)$$

表 10 - 2　传感器的二维实验标定数据

$\lambda(\%)$	$U(V)$	$t(℃)$					
		23.7	25.7	29.0	31.0	35.0	39.0
0	U_1	- 2.236	- 2.216	- 2.196	2.174	- 2.14	- 2.099
	U_2	1.308	1.431	1.635	1.748	2.007	2.237
3	U_1	- 2.111	- 2.094	- 2.069	- 2.053	- 2.034	- 1.996
	U_2	1.306	1.428	1.633	1.757	2.005	2.24
8	U_1	- 1.868	- 1.858	- 1.84	- 1.826	- 1.799	- 1.767
	U_2	1.305	1.428	1.637	1.759	2.004	2.241
10	U_1	- 1.781	- 1.77	- 1.75	1.738	- 1.711	- 1.691
	U_2	1.309	1.43	1.633	1.757	2.006	2.24

数据融合后的输出水分计算值与水分标定值比较如表 10-3 所示。

表 10-3　　数据融合后的输出水分计算值与水分标定值

$t(\degree\mathrm{C})$	$\lambda(\%)$			
	0.0	3.0	8.0	10.0
23.7	-0.0125	2.9075	8.1452	9.8763
25.7	0.0973	2.9768	8.1249	9.9049
29.0	-0.0647	2.9879	8.0785	9.9542
31.0	0.0667	2.9977	8.1074	9.9619
35.0	0.0406	2.6708	8.1047	9.9978
39.0	0.0223	2.7996	8.1870	9.8677

10.1.4　多传感器信息融合方法及应用

半导体气敏元件是一种非选择性元件。虽然可以通过选择不同的气敏材料、催化剂、制造工艺与工作温度来提高对某一种气体的响应,但是仍然存在严重的交叉灵敏度,也就是说其他种类气体总是或多或少地影响该元件的输出。本节通过 2 个例子说明采用多个气敏元件组成阵列,并应用多传感器信息融合技术提高对气体种类的判别与混合气体组分分析的精度。

1. 识别气体种类的最近邻域法

最近邻域法是模式识别中最常用的方法。模式识别是对某些事物(统称模式)的特征、特性,进行分析、分类及判别的过程。

进行模式识别时,首先要进行特征提取,即从所研究的模式中提取能反映模式最基本情况的特征,建立标准样本和标准样本库。如果某个模式选定了 n 个特征,就是说由 n 个有序的数 $x_1, x_2, \cdots, x_n$ 来描述这个模式,则该 n 个数构成一个 n 维特征矢量。当未知模式与标准样本库中某一标准样本模式的特征矢量相距最近时,就可认为这一未知模式就是该类标准样本所代表的模式。这就是模式识别中最常用的最近邻域法,简称 Knn 法。

由 n 个气敏元件组成一个 n 单元的传感器阵列,当处于某种气体(也就是模式)作用下,这 n 个气敏元件都会产生相应的输出信号。信号数值化处理后成为一个 n 维数组,这 n 维数组即构成该种气体(模式)的特征矢量。

下面以 8 种有不同气敏特性的金属氧化物气敏元件组成八单元气敏传感器阵列为例来说明这种方法的处理过程。

（1）特征提取。对金属氧化物半导体气敏元件来说，其电阻变化与气体浓度的关系可用下式表示：

$$\frac{R_{ij}}{R_{i0}} = K_{ij}(C_j)^{r_j} \qquad (10-17)$$

式中：　i——气敏元件阵列中气敏元件序号，$i=1,2,\cdots,n(n=8)$；

　　　　j——气体种类（模式）的序号，$j=1,2,\cdots,m$；

　　　　R_{ij}——阵列气敏元件 i 在浓度为 C_j 的气体 j 中的电阻值；

　　　　R_{i0}——阵列气敏元件 i 在纯净空气中的电阻值；

　　　　K_{ij}——在气体 j 中呈现的与元件 i 特性有关的系数；

　　　　r_j——与气体 j 特性有关的参数。

为了排除气体浓度的影响，提取判别气体种类的特征，可作如下比值运算数值处理：

$$A_{ij} = \frac{R_{ij}/R_{i0}}{\sum\limits_{i=1}^{n} R_{ij}/R_{i0}} \qquad (10-18)$$

将式（10-17）代入上式，得：

$$A_{ij} = \frac{K_{ij}(C_j)^{r_j}}{\sum\limits_{i=1}^{n} K_{ij}(C_j)^{r_j}} = \frac{K_{ij}}{\sum\limits_{i=1}^{n} K_{ij}} \qquad (10-19)$$

由上式可见，比值 A_{ij} 无量纲，它只与气体种类 j 和器件 i 本身特性有关，与气体的浓度 C_j 无关，故比值 A_{ij} 可作为排除气体浓度影响后判别气体种类的特征值。

（2）标准样本库的建立。建立标准样本库的具体步骤如下：

①首先测试阵列中各元件在纯净空气中的电阻值，得一 8 维数组：

$$R_{10}, R_{20}, R_{30}, \cdots, R_{80}$$

②在配气箱中发生样气 $j=1,2,\cdots,m$，分别测量阵列中每个元件 $i=1,2,\cdots,n$ 在每种样气 j 中的阻值，其得 $n \times m$ 个数据：

$$R_{11}, R_{12}, R_{13}, \cdots, R_{1m}$$
$$R_{21}, R_{22}, R_{23}, \cdots, R_{2m}$$
$$\vdots \qquad \vdots$$
$$R_{n1}, R_{n2}, R_{n3}, \cdots, R_{nm}$$

③求比值 A_{ij}，也称归一化处理。构成气体（模式）$j=1$，即样本 1，特征矢量的 $n=8$ 维数组是：

$$A_{11} = \frac{R_{11}/R_{10}}{A_1}; \quad A_{21} = \frac{R_{21}/R_{20}}{A_1}; \quad A_{31} = \frac{R_{31}/R_{30}}{A_1}; \quad A_{41} = \frac{R_{41}/R_{40}}{A_1};$$

$$A_{51} = \frac{R_{51}/R_{50}}{A_1}; \quad A_{61} = \frac{R_{61}/R_{60}}{A_1}; \quad A_{71} = \frac{R_{71}/R_{70}}{A_1}; \quad A_{81} = \frac{R_{81}/R_{80}}{A_1};$$

式中,

$$A_1 = \frac{R_{11}}{R_{10}} + \frac{R_{21}}{R_{20}} + \frac{R_{31}}{R_{30}} + \frac{R_{41}}{R_{40}} + \cdots + \frac{R_{81}}{R_{80}} = \sum_{i=1}^{8} \frac{R_{i1}}{R_{i0}}$$

构成气体(模式)$j = 2$,即样本 2,特征矢量的 $n = 8$ 维数组是:

$$A_{12} = \frac{R_{12}/R_{10}}{A_2}; \quad A_{22} = \frac{R_{22}/R_{20}}{A_2}; \quad A_{32} = \frac{R_{32}/R_{30}}{A_2}; \quad \cdots; \quad A_8 = \frac{R_8/R_8}{A_2}$$

式中:

$$A_2 = \sum_{i=1}^{8} \frac{R_{i2}}{R_{i0}} = \frac{R_{12}}{R_{10}} + \frac{R_{22}}{R_{20}} + \cdots + \frac{R_{82}}{R_{80}}$$

若要识别 m 种气体,则由 $j = m$ 个样本构成标准样本库,如表 10-4 所示。

表 10-4　特征值 A_{ij} 构成的标准样本库

i 气敏零件序号	j(样本序号)				
	1	2	3	$\cdots$	m
1	A_{11}	A_{12}	A_{13}	$\cdots$	A_{1m}
2	A_{21}	A_{22}	A_{23}	$\cdots$	A_{2m}
$\vdots$	$\vdots$	$\vdots$	$\vdots$	$\vdots$	$\vdots$
n	A_{n1}	A_{n2}	A_{n3}	$\cdots$	A_{nm}

(3)确立未知模式的判别准则。根据最近邻域法未知模式的判别式为:

$$d_j = \min\left[\sum_{i=1}^{n=8} (A_{ix} - A_{ij})^2 \right]^{\frac{1}{2}} \tag{10-20}$$

式中:i——阵列中气敏元件序号,也是气体模式特征矢量的维数;

　　j——气体种类,也即样本的序号;

　　A_{ij}——在标准样本序的样本 j 中气敏元件 i 的特征值,也即气敏元件 i 在气体 j 中的特征值;

　　A_{ix}——气敏元件 i 在未知气体(模式)x 中的特征值。

(4)未知气体种类(模式)的判别。

①首先分别测量阵列中每个气敏元件,$i = 1,2,\cdots,8$,在未知气体 x 中的电阻值:

$$R_{1x}, R_{2x}, R_{3x}, \cdots, R_{8x}$$

②求取未知气体(模式)特征矢量的 $n = 8$ 维数组,即求取 $A_{ix}, i = 1,2,\cdots,$ $n = 8$。按公式(10-19)进行归一化处理计算比值,得:

$$A_{1x} = \frac{R_{1x}/R_{10}}{A_x}, \quad A_{2x} = \frac{R_{2x}/R_{20}}{A_x}, \quad \cdots, \quad A_{8x} = \frac{R_{8x}/R_{80}}{A_x}$$

③求取最小距离,即按式(10-20)计算 $d_j, j = 1,2,\cdots,m$ 在 $d_1, d_2, \cdots, d_m$ 中数值最小者所代表的气体种类就是未知气体的种类。

　　下面通过数值计算进一步加以说明。为计算简便起见,假设气敏元件阵列中仅有 $n=3$ 个气敏元件,样本库中有 $m=3$ 种气体样本。标准样本库特征值数据如表 10 - 5 所示。

表 10 - 5　标准样本库特征值数据

元件序号	j		
i	1	2	3
1	$A_{11}=0.241$	$A_{12}=0.275$	$A_{13}=0.307$
2	$A_{21}=0.250$	$A_{22}=0.244$	$A_{23}=0.233$
3	$A_{31}=0.278$	$A_{32}=0.222$	$A_{33}=0.268$

　　又设未知气体(模式)特征矢量 $n=3$ 维数组为:

$$A_{1x}=0.250,\qquad A_{2x}=0.241,\qquad A_{3x}=0.245$$

按判别式(10 - 20)计算 $d_j(j=1,2,3)$ 如下:

$$d_1 = \left[\sum_{i=1}^{3}(A_{ix}-A_{i1})^2\right]^{\frac{1}{2}}$$

$$= \left[(A_{1x}-A_{11})^2+(A_{2x}-A_{21})^2+(A_{3x}-A_{31})^2\right]^{\frac{1}{2}}$$

$$\left[(0.250-0.241)^2+(0.241-0.250)^2+(0.245-0.278)^2\right]^{\frac{1}{2}}$$

$$= 3.54\times10^{-2}$$

$$d_2 = \left[\sum_{i=1}^{3}(A_{ix}-A_{i2})^2\right]^{\frac{1}{2}}$$

$$= \left[(A_{1x}-A_{12})^2+(A_{2x}-A_{22})^2+(A_{3x}-A_{32})^2\right]^{\frac{1}{2}}$$

$$\left[(0.250-0.275)^2+(0.241-0.244)^2+(0.245-0.222)^2\right]^{\frac{1}{2}}$$

$$= 3.41\times10^{-2}$$

$$d_3 = \left[\sum_{i=1}^{3}(A_{ix}-A_{i3})^2\right]^{\frac{1}{2}}$$

$$= \left[(A_{1x}-A_{13})^2+(A_{2x}-A_{23})^2+(A_{3x}-A_{33})^2\right]^{\frac{1}{2}}$$

$$\left[(0.250-0.307)^2+(0.241-0.233)^2+(0.245-0.268)^2\right]^{\frac{1}{2}}$$

$$= 6.20\times10^{-2}$$

　　比较 d_1、d_2、d_3 可知,最小值为 d_2,故未知气体为样本库中序号 $j=2$ 所代表的气体种类。

　　采用上述邻域法已成功进行了对单一气体:甲醇、乙醇、丙醇、苯、烟、汽油等的识别,其成功率达 100%;对混合气体:甲醇 + 乙醇、甲醇 + 丙酮、甲醇 + 乙醇 + 丙酮等识别的成功率达 70% 以上。

　　(5)提高判别成功率的几个方面。

①阵列中的气敏元件 $i(i=1,2,\cdots)$ 应对不同种类气体有较大的灵敏度差异。

②采用其他更为有效的模式识别算法和判别方法。如为了减小气敏元件稳定性差对同一种气体响应值具有分散性的影响,可采用多次重复测量的平均值: $\overline{R_{ij}}, \overline{A_{ij}}, \overline{A_{ix}}$。同时还可根据标准偏差(反映多次重复测量值的分散程度)大小给予不同权值 W_{ij},这样,未知模式判别式可定为:

$$d_j = \min\Big[\sum_{i=1}^{n}(\overline{A}_{ix} - \overline{A}_{ij})^2 \cdot W_{ij}\Big]^2 \qquad (10-21)$$

式中: W_{ij} 为阵列中第 i 个气敏元件,在气体 j 中的特征 $\overline{A}_{ij}$ 被赋予的权值,权值的大小可根据实验结果任定。

英国的 H. V. Shurmer 等人用 12 个气敏元件阵列能成功识别甲醇、乙醇、丙二醇、丁醇,成功率为 100%;对有机混合物甲基二醇判别的成功率只有 75.0%,但若采用加权判别,成功率可提高到 87.5%,使用的权值 $W=0\sim5$。

采用人工神经网络可以大大提高识别的准确率。有关内容我们将在下面例子中给予介绍。

2. 神经网络识别法

下面通过一种阵列式智能气体传感器系统来介绍神经网络识别法。它由气敏器件阵列、调理电路和微处理器系统组成。采用软件实现的神经网络对采集的信号进行多信息融合处理后,可以获得具有自动识别未知气体的类别和混合气体浓度。

(1)结构简介。

①气敏传感器/气敏元件阵列。该阵列由 4 个单元组成,每个单元中集成了一个气敏电阻、一个加热电阻和一个测温电阻,如图 10-7 所示。阵列中的 4 个

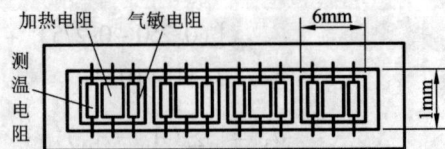

图 10-7 气敏元件阵列示意图

气敏电阻分别对氢气、一氧化碳、乙炔、乙烯具有高的灵敏度,但本身特性将随时间而变化,存在交叉灵敏度。

②信号调理电路。这主要由温度检测和加热控制电路组成。通过对阵列中每个单元测温电阻所反映的温度的测量,调节控制每个单元加热电阻中的加热电流,使每个单元中不同的气敏电阻都在各自最佳温度状态下工作。

③微处理器系统。这是全系统的核心,除了完成对信号自动采集的控制、工作温度的控制外,更重要的是由软件实现神经网络。通过神经网络对四个单元中的四个气敏传感器的输出信息进行数据融合,自动排除相互交叉灵敏度的影

响,实现对上述四种气体类别的识别和气体浓度的分析。

系统的结构框图如图 10-8 所示。

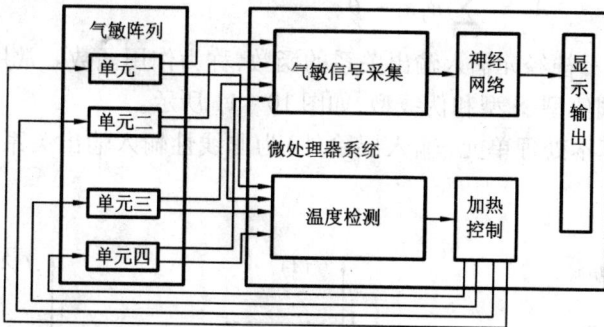

图 10-8   阵列式智能气体传感器系统框图

(2)人工神经网络。人工神经网络采用较为成熟的误差反向传播前馈网络,即 Back P 网络(简称 BP 网络)。一个 3 层 BP 神经网络如图 10-9所示。

神经网络输入层包括 4 个输入单元,它们分别与 4 个气敏元件相对应,输出层包括四个输出单元,它们的输出值分别为 4 种气体的浓度。中间层包含 8 个隐单元。

下面简单介绍一下神经元模型。

通常,神经元基本模型如图 10-10所示,它是一个多输入单输出的非线性阈值器件。假定 $x_1, x_2, \cdots, x_n$ 表示某一神经元的 n 个输入,W_{ij} 表示第 j 个神经元与第 i 个神经元之间的连接强度,其值称为权值;A_i 表示第 i 个神经元的输入总和,称激活函数;y_i 表示第 i 个神经元的输出;θ_i 表示第 i 个神经元的阈值。这样,第 i 个神

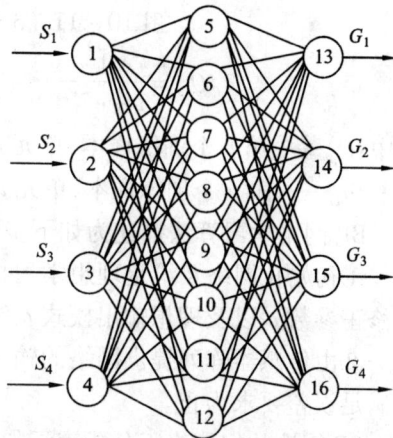

图 10-9   3 层 BP 神经网络结构图

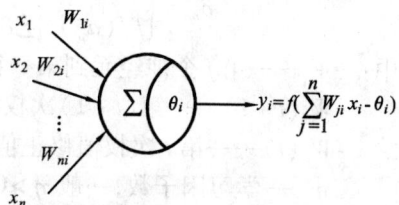

$$y_i = f(\sum_{j=1}^{n} W_{ji} x_i - \theta_i)$$

图 10-10   神经网络模型

经元的输出可描述为：

$$y_i = f(A_i)$$

$$A_i = \sum_{i=1}^{n} w_{ji}x_j - \theta_i \qquad (10-22)$$

式中：$f(A_i)$ 表示神经元输入输出关系的函数，称为作用函数。常用函数可归结为三种形式：阈值型、S 型和伪线型，如图 10-11 所示。

BP 网络基本处理单元(输入层除外)为非线性输入输出关系，通常选 S 型作用函数，即：

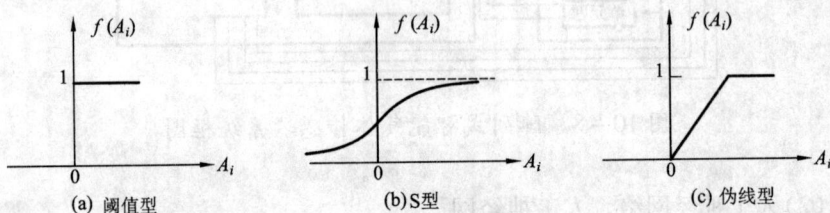

(a) 阈值型　　　　(b)S 型　　　　(c) 伪线型

图 10-11　3 种典型作用函数形式

$$O_{pi} = \frac{1}{1 + e^{-a_{pi}}} \qquad (10-23)$$

式中：O_{pi}——第 p 个训练样本，单元 i 的输出总和；

a_{pi}——第 p 个训练样本，单元 i 的输入总和。

BP 网络学习算法描述为如下步骤：

①初始化网络及给定理想学习样本。如设置网络的初始权值、学习因子 η 和修正参数 a 以及理想输出模式 d 等。

②由传感器阵列提供网络的输入模式。按下列权值修正公式训练网络，直到满足误差要求为止。

BP 算法的权值修正公式表示如下：

$$W_{ji}(t+1) = W_{ji}(t) + \eta \delta_{pi} O_{pj} \qquad (10-24)$$

$$\delta_{pj} = \begin{cases} f'(a_{pj})(d_{pj} - O_{pj}) \\ f'(a_{pj})(\sum \delta_{pk} W_{kj}) \end{cases}$$

式中：　W_{ji}——第 j 个神经元到第 i 个神经元之间的连接强度，称为权值；

$W_{ji}(t+1)$——第 $(t+1)$ 次权值修正值；

$W_{ji}(t)$——第 t 次权值修正值；

η——学习因子数，一般 $\eta > 0$；

d_{pj}——单元 j 的理想输出；

O_{pj}——单元 j 的输出总和；

a_{pj}——单元 j 的输入总和；

δ_{pj}——单元 j 权值修正量；

$f'(a_{pj})$——作用函数 $f(a_{pj})$ 的导数。

③对于给定的训练模式输入,由式(10-22)计算网络的输出模式,并与理想输出比较,即求$(d_{pj} - O_{pj})$。若误差不满足要求,则执行步骤④,否则返回步骤②修正权值。

④后向误差传播过程:

(a)计算同一层单元的误差 δ_{pj};

(b)修正权值 W_{ij} 和阈值 θ_{pj}。

BP 网络的学习是通过对给定的训练样本集进行训练而实现的。那么学习过程进展如何,什么时候认为网络学习好了,训练的效果如何,要回答这些问题必须有定量的指标来衡量。

通常,用网络的均方根(RMS)误差来定量地反映学习的性能。其定义为:

$$E_{RMS} = \sqrt{\frac{\sum\sum(d_{pj} - y_{pj})^2}{mn}} \qquad (10-25)$$

式中:y_{pj}——第 j 个单元的实际输出;

d_{pj}——第 j 个单元的理想输出;

m——表示训练集内模式对的个数;

n——表示网络输出层单元个数。

一般地,当网络的均方根 E_{RMS} 低于 0.1 时,则表明对给定训练集的学习已满足要求了。

如果将未知信号输入该网络,按照以上训练步骤,得到与理想输出最接近的输出模式(学习网络的均方根低于 0.1),从而实现对未知气体的种类识别或对混合气体的组分分析。

(3)识别效果。有关参考文献中给出了多种训练样本:单一气体类型及其标定浓度;混合气体中各类型气体的标定浓度。对上述神经网络进行训练后,其输出模式给出气体类别的相应浓度值的精度列入表 10-6 和表 10-7 中。

表 10-6　判别单一气体相应浓度值的精度

气体	测量浓度范围($\times 10^{-6}$)	标定浓度($\times 10^{-6}$)	实测浓度($\times 10^{-6}$)	实测精度(%)
H	0~3000	0	0	0
		500	428	14.4
		1000	764	23.6
		1500	1254	16.4
		2000	1998	0.1
		2500	2220	11.2
		3000	2613	12.9

续上表

气体	测量浓度范围($\times 10^{-6}$)	标定浓度($\times 10^{-6}$)	实测浓度($\times 10^{-6}$)	实测精度(%)
CO	0 ~ 3000	0	0	0
		500	457	8.6
		1000	1032	3.2
		1500	1794	-19.6
		2000	2289	-14.4
		2500	2803	-12.1
		3000	2850	5.0
C_2H_4	0 ~ 300	0	0	0
		50	40	20
		100	89	11
		150	125	16.7
		200	168	16
		250	237	5.2
		300	254	15.3
C_2H_2	0 ~ 10	0	0	0
		2	1.5	25
		4	2.9	27.5
		6	4.9	18.8
		8	6.8	15
		10	8.5	15

表 10 - 7 判别混合气体相应浓度值的精度

气体充入状态	气体	标定浓度 ($\times 10^{-6}$)	实测浓度 ($\times 10^{-6}$)	实测精度 (%)
按 H_2	H_2	1000	861	13.9
C_2H_2	C_2H_4	100	97	3
C_2H_2	C_2H_2	4	3.6	10
CO 次序	CO	500	415	17
按 C_2H_4	H_2	1000	879	12.1
C_2H_2	C_2H_4	100	90	10
CO	C_2H_2	4	3.6	10
H_2 次序	CO	500	409	18.2
按 C_2H_2	H_2	1000	861	13.9
CO	C_2H_4	100	100	0
H_2	C_2H_2	4	3.6	4.0
C_2H_4 次序	CO	500	434	2.2

续上表

气体充入状态	气体	标定浓度 （×10^{-6}）	实测浓度 （×10^{-6}）	实测精度 （%）
按 C_2H_4	H_2	1000	861	13.9
CO	C_2H_4	100	99	1.0
H_2	C_2H_2	4	3.6	10
C_2H_2 次序	CO	500	415	17
按 $CO \cdot C_2H_4$ 次序 缺 H_2，C_2H_2	CO C_2H_4	100 500	91 460	9 8
按 C_2H_2 H_2 次序， 缺 C_2H_4 CO	C_2H_2 H_2	1000 4	861 3.0	13.9 25

其中对单一气体及其不同浓度的训练样本共有 27 个，对 4 种气体：H_2、CO、C_2H_4、C_2H_2 的混合气体及其各类气体的不同浓度及不同掺入次序的训练样本共有 20 个。对上述神经网络进行训练后，其输出模式给出的气体类别的浓度值与输入模式浓度的标定值之间的差异，其相对误差超过 20% 者共有 4 例，占总算例 47 个的 8.5%，也就是说对样本模式识别精度达到 20% 的算例占 91.5%。

3. 机器人中的传感器信息融合

传感器信息融合技术在机器人特别是移动机器人领域有着广泛的应用，移动机器人对传感器信息的发展起了重大的促进作用。自主移动机器人是一种典型的装备有多种传感器的智能机器人系统。当它在未知和动态的环境中工作时，将多传感器提供的数据进行融合，从而准确快速地感知环境信息。

图 10-12 为 Stanford 大学研制的移动装配机器人系统，它能实现多传感器信息的集成与融合。其中，机器人在未知或动态环境中的自主移动建立在视觉（双摄像头）、激光测距和超声波传感器信息融合的基础上；机械手装配作业的过程则建立在视觉、触觉和力觉传感器信息融合的基础上。该机器上采用的信息融合结构为并行结构。

在机器人自主移动过程中，用多传感器信息建立未卜先知环境的模型，该模型为三维环境模型。它采用分层表示，最低层环境特征（如环境中物体的长度、宽度、高度、距离等）与传感器提供的数据一致；高层是抽象的和符号表示的环境特征（如道路、障碍物、目标等的分类表示）。其中，视觉传感器提取的环境特征是最主要的信息，视觉信息还用于引导激光测距传感器和超声波传感器对准

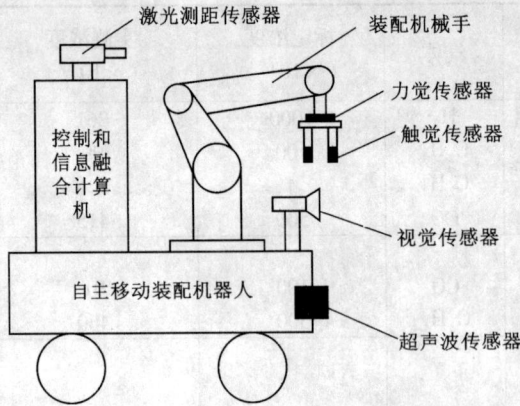

图 10 – 12　多传感器信息融合自主移动装配机器人

被测物体。激光测距传感器在较远距离上获得物体较精确的位置,而超声波传感器用于检测近距离物体。以上3种传感器分别得到环境中同一对象在不同条件下的近似三维表示。当将三者在不同时刻测量的距离数据融合时,每个传感器的坐标框架首先变换到共同的坐标框架中,然后采用以下3种不同的方法得到机器人位置的精确估计:参照机器人本身位置的相对位置定位法;目标运动轨迹记录法;参照环境静坐标的绝对位置定位法。每一种扩展的卡尔曼滤波确定三维物体相对于机器人的准确位置和物体的表面结构形状,并完成对物体的识别。不同传感器产生的信息在经过融合后得到的结果,还用于选择恰当的冗余传感器测量物体,以减少信息计算量以及进一步提高实时性和准确性。

在机器人装配作业过程中,信息融合则是建立在视觉、触觉、力觉传感器基础上的。装配过程表示为由每一步决策确定的一系列阶段。整个过程的每一步决策由传感器信息融合来实现。其中视觉传感器用于识别具有规则几何形状的零件以及零件的定位,即用摄像头识别二维零件并判定位置;力觉传感器检测机械手末端与环境的接触情况以及接触力的大小,从而提供在接触时物体的准确位置;视觉与主动触觉相结合用于识别缺少可识别特征的物体,如无规则几何形状的零件;此外,力觉传感器还用于提供高精度轴孔匹配、零件传送和放取中的信息。上述各种传感器信息通过一定的信息融合算法(主要是 D – S 证据推理法)提供装配作业过程的决策信息。

10.2　传感器网络技术

10.2.1　无线传感器网络的概念与性能评价

1. 无线传感器网络的概念和特点

人类进入 21 世纪以来，微电子机械系统、计算机、通信、自动控制和人工智能等学科的飞速发展孕育了一种新型的测控网络——无线传感器网络（wireless sensor networks，WSNS）。

无线传感器网络 WSNS 是由随机分布的集成微型电源、敏感元件、嵌入式处理器、存储器、通信单元和软件（包括嵌入式操作系统、嵌入式数据库系统等）的一簇同类或异类传感器节点与网关节点构成的网络。每个传感器节点都可以对周围环境数据进行采集、简单计算以及与其他节点及外界进行通信。由大量的这些智能节点组成的传感器网络具有很强的自组织能力。传感器网络的多节点特性使众多的传感器可以通过协同工作进行高质量的测量，并构成一个容错性优良的无线数据采集系统。

无线传感器网络是由大量无处不在的具有通信与计算机能力的微小传感器节点，密集布设在无人值守的监控区域而构成的，能够根据环境自主完成指定的任务的"智能"自治监控网络系统。无线传感器网络是一种超大规模、无人值守、资源严格受限的全分布系统，采用多跳对等的通信方式，其网络拓扑动态变化，具有自组织、自治、自适应等智能属性。

经过近几年的发展，当前已有若干无线传感器网络系统研究平台成功地开发出来。一些无线传感器网络的产品开始走向应用。美国加州大学伯克利分校、麻省理工学院、康奈尔大学、加州大学洛杉矶分校等大学研究了 WSNs 的基础理论和关键技术。加州大学伯克利分校开发了用于 WSNs 的嵌入式操作系统 TinyOS，美国本特利内华达发布 Trendmaster Pro 操作系统，Ttendmaster Pro 操作系统是低成本、创新性的状态监测系统，通过有线或无线网络将几千个传感器连接一起。加州大学洛杉矶分校开发了一个无线传感器网络和一个无线传感器网络模拟环境，用于考察传感器网络各方面的问题。南加州大学提出了在生疏环境部署移动传感器的方法、传感器网络监视结构及其聚集函数计算方法、节省能源的计算、聚集的树构造算法等。麻省理工学院已经着手研究超低功耗无线传感器网络的问题，试图解决超低功耗传感器系统的方法和技术问题。

无线传感器网络除了具有 Ad Hoc 网络的移动件、断接性、电源能力局限等共同特征以外，还具有以下几个鲜明的特点：

(1)通信能力有限;

(2)电源能量有限;

(3)计算能力有限;

(4)高强壮性和容错性;

(5)强网络动态性;

(6)系统实时性要求。

2. 无线传感器网络的性能评价

无线传感器网络的性能评价非常重要。下面介绍几个评价无线传感器网络性能的标准,这些标准还没有达到实用的程度,需要进一步模型化和量化。

(1)能源有效性。无线传感器网络的能源有效性是指该网络在有限的能源条件下能够处理的请求数量。能源有效性是无线传感器网络的重要性能指标。

(2)生命周期。无线传感器网络的生命周期是指从网络启动到不能为观察者提供需要的信息为止所持续的时间。

(3)时间延迟。无线传感器网络的延迟时间是指当观察者发出请求到其接收到回答信息所需要的时间。

(4)感知精度。传感器网络的感知精度是指观察者接收到的感知信息的精度。传感器的精度、信息处理方法、网络通信协议等都对感知精度有所影响。感知精度、时间延迟和能量消耗之间具有密切的关系。

(5)可扩展性。传感器网络可扩展性表现在传感器数量、网络覆盖区域、生命周期、时间延迟、感知精度等方面的可扩展极限。给定可扩展性级别,传感器网络必须提供支持该可扩展性级别的机制和方法。

(6)容错性。由于环境或其他原因,物理的维护或失效传感器常常是十分困难或不可能的。这样,传感器网络的软件必须具有很强的容错性,以保证系统具有高强壮性。

10.2.2　传感器网络的体系结构

1. 无线传感器网络系统结构

无线传感器网络由大量的传感器节点组成,这些节点通常部署在监测区域内部或者监测区域附近,通过自组织方式构成网络。无线传感器网络系统结构如图 10 – 13 所示,它由 3 部分组成;传感器节点 Sensor Node、汇聚节点 Sink Node 和管理器节点。传感器节点监测数据并以多跳的方式通过路由节点把这些数据传送汇聚节点;汇聚节点通过 Internet 或通信卫星与任务管理器节点(如手机、计算机等)进行通信;用户通过管理器节点对传感器网络进行配置和管理,发布监测任务。

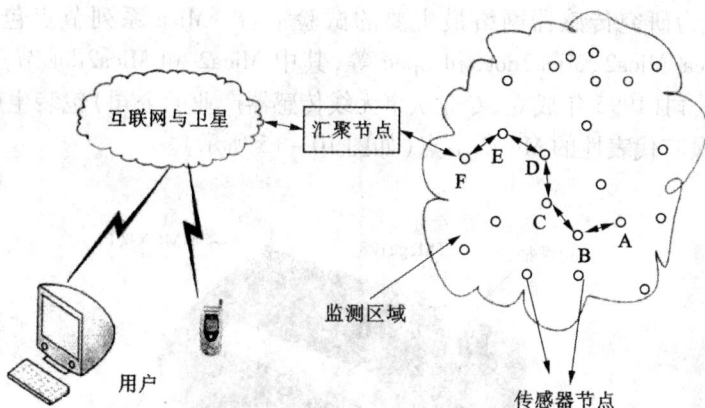

图 10 − 13　无线传感器网络系统结构

2. 无线传感器网络的节点结构

传感器节点通常由传感器模块、处理器模块、无线通信模块和能量供给组成，如图 10 − 14 所示。传感器模块负责监测区域内信息的采集和数据转换；处理器模块负责控制整个传感器节点的操作，存储和处理本身采集的数据以及其他节点发来的数据；无线通信模块负责与其他传感器节点进行无线通信，交换控制信息和收采集数据；能量供给模块为传感器节点提供运行所需的能量，通常采用微型电池。

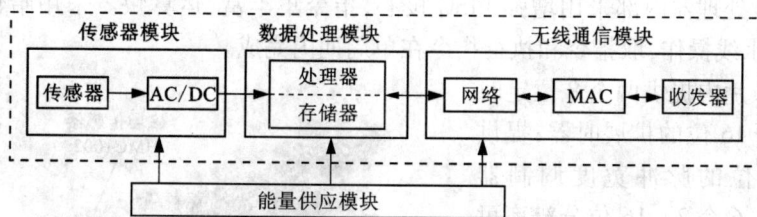

图 10 − 14　传感器节点体系结构

3. 典型传感器网络节点实例

目前，实用化的传感器网络节点并不多，其开发原型往往都是美国国家支持项目的附属产品，国内出现的传感器节点很多也是模仿国外的 Mote 节点开发的。下面简要介绍国外典型的部分传感器节点原型。

（1）节点硬件结构。Mica 系列节点是由美加州大学伯克利分校研制的用于传感器网络研究的演示平台的试验节点。由于该平台的软硬件设计都是公开的,所以成为研究传感器网络最主要的试验平台。Mica 系列节点包括 WeC、Renee、Mica、Mica2、Mica2dot,和 Spec 等,其中 Mica2 和 Mica2dot 节点已经由 Crossbow 公司(1995 年成立,专业从事无线传感器产业的公司)包装生产。下面重点介绍具有代表性的 Mica2 节点(如图 10 – 15 所示)。

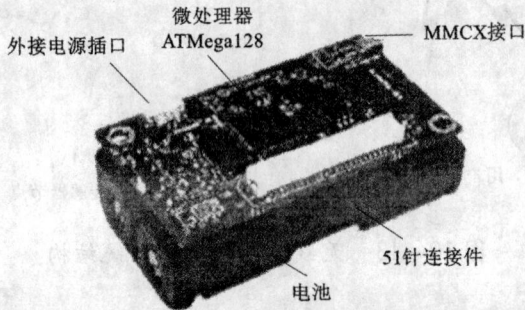

图 10 – 15 Mica2 节点硬件原型

Mica2 使用的微处理器是 Atmel 公司的 Atmega128L,该处理器具有非常丰富的内部资源和接口,其特点如下:

(1)片内含 128kB FLASH,能够编程 10000 次以上,特别适合反复烧写程序的应用环境。

(2)片内含 4kB 的 SRAM 和 4kB 的 EEPROM。

(3)处理器内部采用增强 PISC 核心,指令集丰富,运算快。采用哈佛结构单级流水线操作,取指令和执行指令在单周期内完成。

(4)片内提供两个 8 位定时器、两个 16 位的扩展时器;提供两个 8 位的脉冲宽度调制器(PWM),6 个 2~16 位分辨率可编程的 PWM。

(5)片内提供两个通用异步串行接口控制器(带 2 级缓冲)。

(6)片内提供一个串行外围接口(SPI)控制器。

(7)片内提供硬件 I^2C 串行总线通信方式。

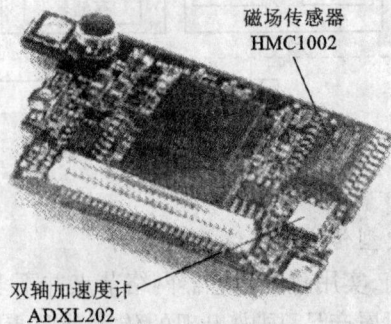

图 10 – 16 MTS310CA 传感器板

（8）含 8 个通道 10 位采样精度的 ADC 控制器。

（9）提供各种在线编程方法。支持 JTAG 编程，支持 SPI 编程，支持自编程。

Crossbow 公司是目前传感器网络研究领域主要的平台提供商，有丰富的与 Mica 兼容的产品。这里我们介绍一款典型的传感器板 MTS310CA，如图 10 - 16 所示。

（1）板内的主要资源如下：

光敏电阻 Clairex CL9P4L；温敏电阻 ERT - J1VR103J（松下）；双轴加速度计 ADI ADXL 202；磁场传感器 Honeywell HMC1002；麦克风；音调探测器；4. 5kHz 扬声器。

（2）操作系统。为了减轻传感器网络的应用开发的难度，提高使用人员的开发效率，传感器网络需要一个专门的操作系统的支持。加州大学伯克利分校的研究人员通过比较、分析与实践，针对传感器网络的特点，设计了 TinyOS 操作系统。

在任务调度管理方面，由于单个传感器节点硬件资源有限，无法采用传统的进程调度管理方式。TinyOS 采用比一般线程更为简单的轻量级线程技术和两层调度（Two-Level Scheduling）方式，可以有效使用传感器节点的有限资源。

在通信协议方面，TinyOS 采用关键协议是主动消息通信协议，主动消息通信是一种基本事件驱动的高性能并行通信方式，以前主要用于计算机并行计算领域。在一个基于事件驱动的操作系统中，单个的执行上下文可以被不同的执行逻辑共享。TinyOS 是一个基于事件驱动的深度嵌入式操作系统，所以 TinyOS 中的系统模块可以快速响应基于主动消息协议的通信层传来的通信事件，有效提高了 CPU 的使用率。

另外，在节能方面，TinyOS 的事件驱动机制作用相对出色。在 TinyOS 的调度下，所有与通信事件相关的任务在事件产生后可以迅速处理，处理完毕后立即进行睡眠状态，等待下一个事件激活 CPU。

10.2.3　传感器网络的应用

传感器网络具有十分广阔的应用前景，在家庭智能、工农业、环境监测、城市管理、生物医疗、抢险救灾、军事国防、危险区域探测以及外层空间探索等许多重要领域都有潜在的实用价值，引起了许多国家学术界和工业界的高度重视。无线传感器网络是继因特网之后，对 21 世纪人类生活方式产生重大影响的 IT 热点技术，可以说无线传感器网络是人类熟知客观世界的一场革命，是 21 世纪最重要的技术之一。

1. 军事应用

传感器网络具有快速部署、可自组织、隐蔽性强和高容错性的特点,因此非常适合军事上的应用。利用传感器网络能够实现对敌军兵力和装备的监控、战场的实时监视、目标的定位、战场评估、核攻击和生物化学攻击的监测和搜索等功能。通过飞机或炮弹直接将传感器节点播撒到敌方阵地内部,或者在公共隔离带部署传感器网络,就能够非常隐蔽且近距离准确收集战场信息。利用生物和化工厂学传感器,可以准确地探测到生化武器的成分,及时提供情报信息,有利于正确防范和实施有效的反击。传感器网络是由大量的随机分布的节点组成,即使一部分节点被敌方破坏,剩下的节点仍然能够自组织地形成网络。

2. 环境观测和预报系统

随着人们对于环境的日益关注,环境科学所涉及的范围越来越广泛。传感器网络在环境研究方面可用于监视农作物灌溉情况、土壤空气的情况、牲畜和家禽的环境状况和大地的地表监测等,可用于行星探测、气象和地理研究、洪水监测等,还可以通过跟踪小鸟和昆虫进行种群复杂度的研究等。

基于传感器网络的 ALERT 系统中就有数种传感器用来监测降雨量、土壤水分,并依此预测爆发山洪的可能性。类似地,传感器网络可实现对森林环境监测和火灾报告,传感器节点被随机密布在森林之中,平常状态下定期报告森林环境数据,当发生火灾时,这些传感器节点通过协同合作能在很短的时间内将火源的具体地点、火势的大小信息传送给相关部门。

3. 智能家居

传感器网络能够应用在智能家居中。在家电和家具中嵌入传感器节点,通过无线网络与 Internet 连接在一起,将会为人们提供更加舒适、方便和更具人性化的智能家居环境。利用远程监控系统,可完成对家电的远程遥控,例如可以在回家之前半小时打开空调,这样回家的时候就可以直接享受合适的室温,也可以遥控电饭锅、微波炉、电冰箱、电话机、电视机、录像机、电脑等家电,按照自己的意愿完成相应的煮饭、烧菜、查收电话留言、选择录制电视和电台节目以及下载网上资料到电脑中等工作,也可以通过图像传感器设备随时监控家庭安全情况。

4. 医疗护理

传感器网络在医疗系统和健康护理方面的应用包括监测人体的各种生理数据,跟踪和监控医院内医生和患者的行动、医院的药物管理等。人工视网膜是一项生物医学的应用项目。在美国"智能感知与集成微系统 SSIM 计划"中,替代视网膜的芯片由 100 多个微型的传感器组成,并置入人眼,目的是使失明者或者视力极差者能够恢复到一个可以接受的视力水平。

5. 其他方面的应用

复杂机械的维护经历了"无维护"、"定时维护"以及"基于情况的维护"3 个阶段。采用"基于情况的维护"方式能够优化机械的使用,保持过程更加有效,并且保证制造成本仍然低廉。其维护开销分为几个部分:设备开销、安装开销和人工收集分析机械状态数据的开销。采用无线传感器网络能够降低这些开销,特别是能够去掉人工开销。

复习思考题

1. 简述信息融合的基本原理、关键技术及融合过程。
2. 简述信息融合系统的结构与特点。
3. 二传感器信息融合的方法有哪些?
4. 无线传感器网络的特点有哪些? 如何评价其性能?
5. 无线传感器网络的传感器节点体系结构是怎样的?

第3篇　智能仪表

第 11 章 智能仪表的组成与特点

随着科学技术的发展，人们面临着越来越复杂和繁重的测试任务，模拟式、数字式的仪表和测试设备已不能适应这种形势的发展，正在计算机技术特别是在大规模集成电路技术飞速发展的推动之下，向智能化方向发展，以智能仪表为基本部件的自动测试技术和自动测试系统也应运而生。

所谓智能仪表就是指含有微处理器的仪表和测试装置，它们不但能进行测量，而且能存储信号和处理数据，同时在自动化系统中接受内部或外部控制指令，有些智能仪表甚至具有辅助专家推断、分析与决策的能力。由此可见，智能仪表主要由硬件和软件(这是其他仪表所没有的)两大部分组成，数据采集技术和各种接口技术是它的硬件基础，数据处理技术为它的软件基础。

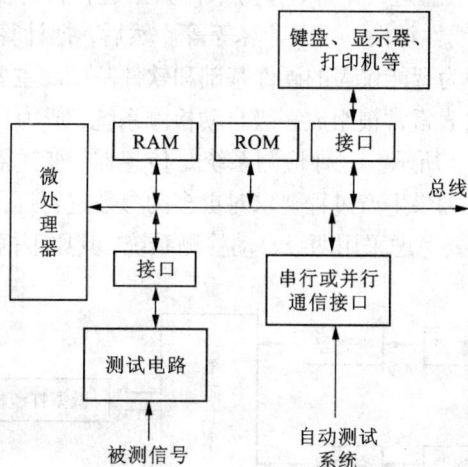

图 11 - 1 总线制智能仪表的结构

11.1 智能仪表的结构

图 11 - 1 为总线制智能仪表的结构框图。从图可看出，智能仪表具有计算机结构，除了包含微处理器以外，还有存储器 ROM、RAM 和键盘、显示器及其他接口装置，与一般计算机的区别在于，它多了一个"专用的外围设备"——测

试电路和与外界通信的通信接口。从仪器仪表的角度看，微处理器及其支持部件是整个测试仪表的组成部分；从计算机的观点看，测试部分(通常包含传感器、测量放大与整形滤波电路、多路开关、采样/保持开关、A/D与D/A转换等)是计算机的一个专用外围设备。这种关系可以归纳如下：

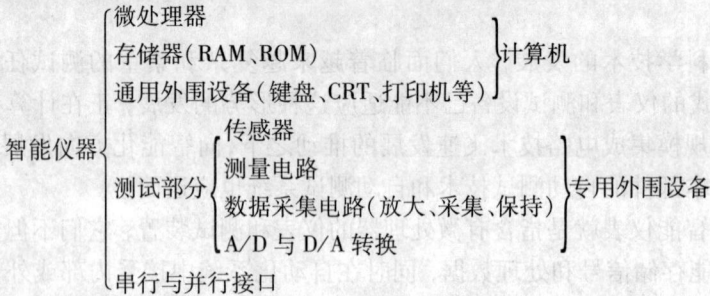

$$
\text{智能仪器}
\begin{cases}
\left.
\begin{array}{l}
\text{微处理器}\\
\text{存储器(RAM、ROM)}\\
\text{通用外围设备(键盘、CRT、打印机等)}
\end{array}
\right\}\text{计算机}\\[2em]
\text{测试部分}
\left.
\begin{array}{l}
\text{传感器}\\
\text{测量电路}\\
\text{数据采集电路(放大、采集、保持)}\\
\text{A/D与D/A转换}
\end{array}
\right\}\text{专用外围设备}\\[2em]
\text{串行与并行接口}
\end{cases}
$$

　　微处理器与专用外围设备有机结合而成的智能仪表，与传统的仪表有明显的区别。智能仪表是用微处理器来代替过去以电子线路为主体的结构，而且用软件技术来代替电子线路的硬件功能。微处理器是智能化仪表的核心，它是作为控制单元，控制数据采集装置进行采样，并对采样数据进行计算及数据处理，如数字滤波、标度变换、非线性补偿、数据计算等等。然后，把计算结果进行显示和打印。以上所介绍的即为智能仪表的硬件基础和软件基础的主要内容。

　　在使用中智能仪表常常被组成一级自动检测系统，成为自动检测系统的基本组成部分，如图11-2所示。这种检测系统是传感器、变送器、微型打印机和智能仪表的有机结合。如果生产过程要求对更多的参数进行巡回检测，或对数据要进行两级处理，则需要考虑采用两级自动检测系统，其原理框图如图11-3所示。

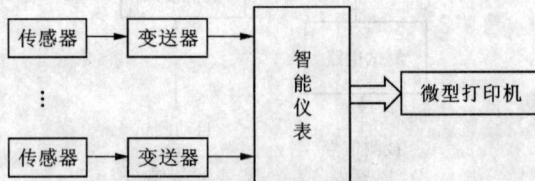

图 11-2　自动检测系统框图

　　对于两级系统，上一级智能仪表(或微型计算机)给下一级的智能仪表以工作指令，并将下级智能仪表初步处理结果调来做进一步处理，最后打印报表。在两级自动检测系统中要解决的关键问题之一是通信问题，目前，各智能仪表之间的通信，或微型机和智能仪表之间的通信有 IEEE488 总线接口和 IEC625 总线接口。

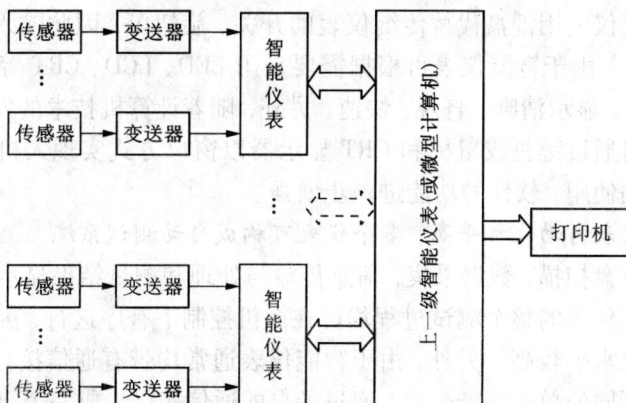

图 11 - 3　两级自动检测系统框图

11.2　智能仪表的结构特点

智能仪表是当代高水平测量仪表的代表，是在常规的测量仪表的基础上发展起来的新一代测量仪表，其结构上的共同特点如下：

1. 微处理器化

现在世界上流行的智能仪表中几乎都带有微处理器及其相应的程序，微处理器在测量仪表中的使用，可以说是检测技术上的一个飞跃，是赋予仪表智能特性的核心。从目前的发展趋势来看，微处理器在测量仪表中所发挥的作用将会越来越突出。这种仪表内部的微处理器部分，实际上是专用微型机，因此，把仪表的其他部分看成微型机的相应部分和外部设备，也未尝不可。微处理器在这里不但要完成某些计算和显示，而且要控制内部操作。智能仪表的微处理器化使得仪表功能不断增强，如：具有自校准、自检和自诊断功能；具有复杂的运算与控制功能等等。

2. 采用总线结构和标准化接口

在智能仪表中，仪表设备需与计算机连接。当仪表设备远离计算机时，采用串行数据传送方式很有效，它节省了传送连线，降低了成本，故是长距离通信最佳方式，串行通信方式接口常用 RS232C。但由于一般仪表与计算机的常用外设不同，它们种类繁多、功能各异、独立性强。而且一个系统又常需要许多不同类型的仪表设备，故应用一般的串行通信接口 RS232C 等不能满足要求，因此，通常还使用 GP - IB 总线。实现将一系列仪表设备和计算机连成一个整体的接口系统。

3.人机对话能力强

由于智能仪表用键盘代替传统仪表的开关、旋钮等，因此输入功能强，操作简单、灵活。由于智能仪表可根据需要采用 LED、LCD、CRT 等方式显示测量结果，因此，显示清晰、直观、快速，另外，随着计算机技术的发展，目前有些智能表还可通过键盘或鼠标和 CRT 显示器以窗口方式实现人机对话。特别是虚拟仪器的使用，软件的功能进一步增强。

4.单个仪表自动化水平高，多个仪表可构成自动测试系统

它包括键盘扫描，数据采集，信息传输与处理和测量结果显示与记录等环节的单个智能仪表的整个测试过程均可在微机控制下有序进行，因此单个智能仪表的自动化水平较高。另外，由于智能仪表通常均带有通信接口，因此可根据需要选用不同的单个智能仪表，通过各自的通信接口组成一个自动测试系统而完成不同的测试任务。

5.智能仪表在结构上向模块化的方式发展，也有采用积木式的方法

复习思考题

1.简述智能化测量仪表的结构与特点。
2.以一种常用仪表为例,简述它的发展过程。

第 12 章　输入通道及接口技术

12.1　概述

输入/输出通道是智能仪表的重要组成部分。测控对象的参数、状态等由输入通道进入仪表，这些信息经智能仪表处理后，得到的测量结果、控制命令等则通过输出通道传递给执行机构。

在计算机内部，信息是以二进制数字量表示的。而在自然界中，物理量大多数是连续变化的模拟量，如温度、流量、压力、速度等。这些模拟量信号经过各种传感器变换成为模拟电压信号。模拟信号无法直接输入数字计算机，必须先转换为计算机能够处理的数字信号。即使外部物理量是以数字信号来描述的，这些信号在电平和逻辑上也不一定能够与计算机内部的数字逻辑电平兼容，还必须进行处理。与输入相对应，计算机内部数字信号输出时，又必须还原为与外部相适应的模拟信号或数字信号。在智能仪表中，微处理器系统与外部的信号转换和传送是由输入/输出通道来完成的。可以说，输入/输出通道是微处理器系统与外部联系的"桥梁"。

表示自然界物理量的信号分为模拟信号和数字信号。这两类信号在输入计算机或从计算机输出时，输入/输出通道结构有所不同，相应地输入/输出通道分为两类：模拟量输入/输出通道和数字量输入/输出通道。

模拟量输入/输出通道基本结构如图 12 – 1 所示。经过传感器变换后输出的模拟电压信号一般很微弱，而且含有噪声，需要经过信号调理电路放大和调节到适合于后级电路转换的电平范围内。采样/保持器在指定的时刻对输入信号进行采样，并由保持电路把采样信号保持下来，变成为时间离散信号。该模拟信号输入到 A/D 转换器，转换成为数字信号，然后由接口电路输入到计算机中。计算机将输入的数字信号经过处理，再经过接口电路输出到 D/A 转换器。D/A 转换器把计算机输出的数字信号再转换成模拟信号，输出到外部。

数字量输入/输出通道基本结构如图 12 – 2 所示。由于微处理器内部和外部信号都是用数字量来表示的。因此，信号经过调理电路和接口即可输入或输出。

采样	输出
1	0001
2	0100
3	0011
4	1000
5	0101

采样	输出
1	0001
2	0010
3	0011
4	0100
5	0101

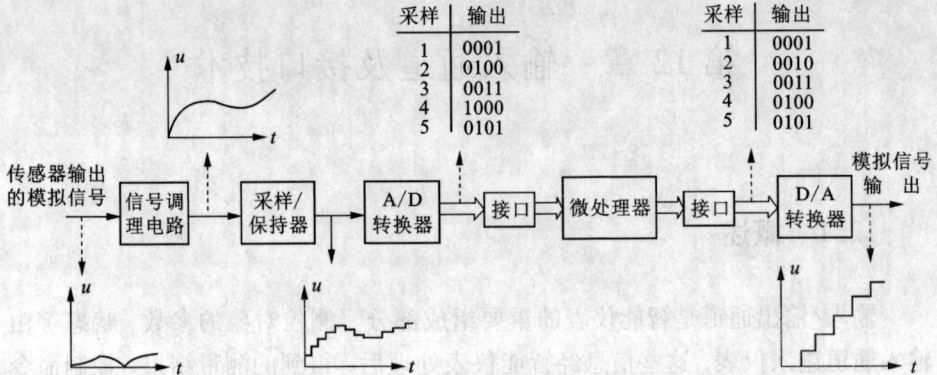

图 12 - 1　模拟量输入/输出通道基本结构和各点信号

图 12 - 2　数字量输入/输出通道基本结构

12.2　模拟信号调理电路

大多数传感器输出信号不适合于 A/D 的转换器的要求,必须对其进行调理。从微处理器输出的数字信号,经 D/A 转换之后,也不一定能满足外部控制或传输的要求,也必须对其进行处理。对模拟信号的处理一般包括信号放大、信号电平偏移、信号变换、信号滤波等。这一过程称为信号调理,相应的电路称为信号调理电路。

12.2.1　信号的放大

在检测系统中,传感器或检测装置的输出信号,都已转换为直流电压或直流电流信号,但一般都是比较小的,且通常混杂有噪声和干扰,不能直接用来显示、记录及进行 A/D 转换。把微弱的信号放大到与 A/D 转换器输入电压相匹配,例如,把 0 ~ 40mV 的信号放大到 0 ~ 5V,是数据采集装置和自动检测系统中首先必须解决的问题。

随着半导体技术的发展,目前放大电路几乎都采用运算放大器,它是集成电路组成的模拟电子器件,其特点是输入阻抗高,增益大,可靠性高,价格低廉，使用方便，因而得到广泛应用。而且，半导体工艺的不断改进和完善，运算放大器的精度越来越高，品种也越来越多，现在已经生产出适合各种专用或通用运算放大器以满足高精度检测系统的需要，如测量放大器（亦称为数据放大器）、可编程放大器、隔离放大器等。信号放大特别是微弱信号放大的技术是电子学的专门研究领域，国内外在这方面的书籍已有不少，所以有关运算放大器的原理等不再赘述。考虑到系统设计者的实际需要，本节将重点讨论测量放大器、隔离放大器、可编程放大器。实际应用中，一次测量仪表的安装环境和输出特性是各种各样的，也是很复杂的，因此，选用哪种类型的放大器直接取决于应用场合和系统要求。

1. 测量放大器（仪用放大器）IA

（1）问题的提出。运算放大器对微弱信号的放大，仅适用于信号回路不受干扰的情况。然而，传感器的工作环境往往是较复杂和恶劣的，在传感器的两条输出线上经常产生较大的干扰信号（噪声），有时是完全相同的干扰，称共模干扰。虽然运算放大器对直接输入到差动端的共模信号也有较强的抑制能力，为此，需要引入另一种形式的放大器，即所谓测量放大器，又称仪用放大器或数据放大器，它广泛用于传感器的信号放大，特别是微弱信号及具有较大共模干扰的场合，如图 12 – 3 所示。

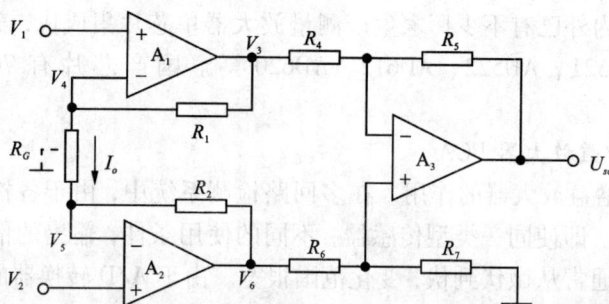

图 12 – 3　测量放大器的原理图

测量放大器除了对低电平信号进行线性放大外，还担负着阻抗匹配和抗共模干扰的任务，对它的基本要求如下。

①高共模抑制比；

②高速度；

③宽频带；

④高精度；

⑤高稳定性；

⑥高输入阻抗；

⑦低输出阻抗；

⑧低噪声。

组成高质量的测量放大器对提高测量系统的精度非常重要，故在使用时应注意影响放大器精度的共模抑制比、失调和漂移、外围电阻的匹配精度等进行分析研究。

(2)测量放大器的组成。测量放大器的基本电路如图 12－3 所示。放大器由二级串联，前级是 2 个同相放大器组成，为对称结构，输入信号加在 A_1、A_2 同相输入端，从而具有高抑制共模干扰的能力和高输入阻抗。后级是差动放大器，它不仅切断共模干扰的传输，还将双端输入方式变换成单端输出方式，适应对地负载的需要。当 $R_1 = R_2$，$R_4 = R_6$，$R_5 = R_7$，测量放大器的放大倍数由下面公式计算：

$$A_f = (1 + \frac{2R_1}{R_G})\frac{R_5}{R_4} \tag{12－1}$$

式中的 R_G 为用于调节放大倍数的外接电阻，通常 R_G 采用多圈电位计，并应靠近组件，若距离较远，应将联线绞合在一起。改变 R_G 的活动触头可使放大倍数在 1～1000 范围内调节。

目前，国内外已有不少厂家生产测量放大器单芯片集成块，美国 AD 公司提供的有 AD521、AD522、AD612、AD620 等。国产芯片有 7650、ZF605、ZF604、ZF606 等。

2. 程控增益放大器 PGA

(1)程控增益放大器的作用。在多回路检测系统中，由于各检测点所采用的传感器不同，即使同一类型传感器，不同的使用条件，输出的信号电平也有较大的差异，通常从微伏到伏，变化范围很宽。由于 A/D 转换器的输入电压通常规定为 0～10V 或者 ±5V，若上述传感器的输出电压的范围直接作为 A/D 转换器的输入电压，就不能充分利用 A/D 转换器的有效位，影响测定范围和测量精度。因此，必须根据输入信号电平的大小，改变测量放大器的增益，使各输入通道均用最佳增益进行放大。为满足此需要，在电动单元组合仪表中，常常使用各种类型变送器，例如，温度变送器、压差变送器、位移变送器等，但是这些变送器造价较贵。在微型机系统中则采用一种新型的可编程增益放大器 PGA，它是通用性很强的放大器，其特点是硬件设备少，放大倍数可根据需要通过编程进行控制使 A/D 转换器满量信号达到均一化。例如，工业中使用的各种类型的热电偶，它们的输出信号范围大致在 0～60mV 之间，而每一个热电偶都有其最佳测温范围，通常可划分为 $0 \sim \pm 10\text{mV}$, $0 \sim \pm 20\text{mV}$, $0 \sim \pm 50\text{mV}$, $0 \sim \pm 890\text{mV}$ 四种量程，便可整个范围都覆盖起来，针对这四种量程，只需相应地把放大器设置为 500, 250, 125, 62.5 四种增益，则可把各种热电偶输出信号都放大到 $0 \sim \pm 5\text{V}$。

（2）程控增益放大器原理结构图。程控增益放大器由通用运算放大器、电阻和开关网络组成。其设计思想是用一个电阻、开关网络代替一般放大器中的固定不变的增益电阻。电阻、开关网络的等效电阻大小与输入程控数字量有关，相应地，放大器的增益也与输入程控数字量有关，即放大器的增益是程控的。

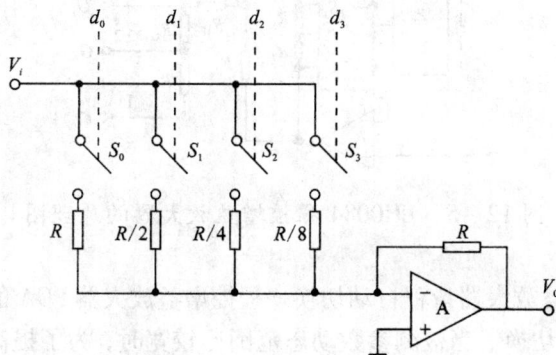

图 12 - 4　反向输入程控增益放大器

图 12 - 4 为反相输入的程控增益运算放大器，各支路开关 S_i 的通断受输入二进制数 (d_3, d_2, d_1, d_0) 的相应位控制。当 $d_i = 1$ 时，开关 S_i 接通；当 $d_i = 0$ 时，开关 S_i 断开。开关的通断状态不同，运算放大器的输入端等效电阻的大小也不同，使得运算放大器的闭环增益随输入二进制数变化。

程控增益运算放大器的特点是增益可以由外部输入数字控制，使用时，可以根据输入模拟信号的大小来改变放大器的增益。它是解决宽范围输入信号放大的有效办法。

目前，已能生产出 PGA 集成电路模块，如美国 AD 公司生产的 LH0084，其原理结构如图 12 - 5 所示。图中开关网络由译码—驱动器和双 4 通道模拟开关组成，开关网络的数字输入由 d_0 和 d_1 二位状态决定，经译码后可有 4 种状态输出，分别控制 $S_1 - S'_1$, $S_2 - S'_2$, $S_3 - S'_3$, $S_4 - S'_4$ 四组双向开关，从而获得不同的输入级增益。为保证线路正常工作，必须满足 $R_2 = R_3$, $R_4 = R_5$, $R_6 = R_7$。此外，该模块也可通过改变输出端的接线方法来改变后一级放大器 A_3 的增益。

当管脚 6 与 10 相连作为输出端, 管脚 13 接地, 则放大器 A_3 的增益为 1。改变连线方式, 即改变 A_3 的输入电阻和反馈电阻, 可分别得到 4 倍和 10 倍的增益。但这种改变不能用程序实现。

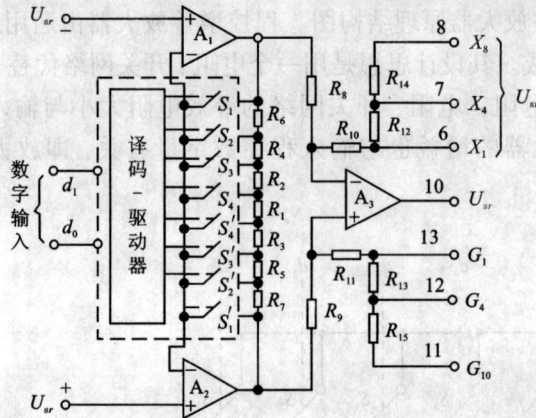

图 12-5　LH0084 程控增益放大器的原理图

(3)程控增益放大器量程自动切换。程控增益放大器 PGA 的优越性之一是能进行量程自动切换。当被测参数动态范围比较宽时, 为了提高测量精度, 必须进行量程切换。例如, 数字电压表, 其测量动态范围可以从几个微伏到几百伏, 过去是用手拨动切换开关进行量程选择, 现在, 在智能化数字电压表中, 采用程控增益放大器和微处理器, 可以很容易实现量程自动切换, 其原理如图 12-6 所示。

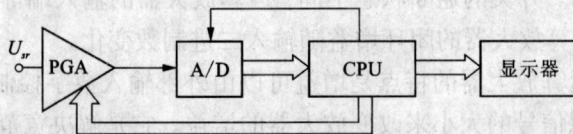

图 12-6　具有量程自动切换的数字电压表原理图

3. 隔离放大器

(1)隔离放大器的原理结构。对于信号的传输, 放大器除了放大作用外, 还应隔离干扰信号, 提高抗共模干扰能力。把安装在工作现场的传感器输出的电信号与 A/D 转换器的输入量之间进行隔离(指无电路联系), 有时非常重要, 它对消除来自大地回路的各种干扰和噪声具有积极的作用。对于数字量的隔离, 广泛采用发光二极管和光敏三极管组成的光电耦合器, 又称光电隔离器,对于模拟量(特别是微弱的模拟信号)的隔离问题,要比数字量的隔离复杂得多、困难得多。目前,对于微弱模拟信号的隔离放大,通常采用磁耦合的办法,使输入端与输出端电压没有电的联系,仅有磁路的联系完成隔离放大的功能,而且可承担很高的共模电压(可达千伏)。

隔离放大器是国外近年来发展的高技术产品,已经生产出许多专用的隔离放大器模块,它们的表示方法如图12-7所示。隔离放大器由4个基本部分组成:(a)输入部分A,其中包括输入运算放大器,调制器;(b)输出部分B,其中包括解调器,输出运算放大器;(c)信号耦合变压器;(4)隔离电源。这4个基本部分装配在一起,组成模块结构,不但用户使用方便,同时提高了

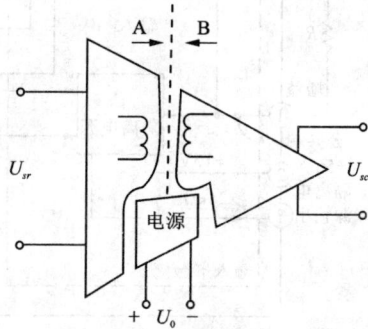

图 12 - 7　隔离放大器示意图

可靠性。此种隔离放大器组件的核心技术是超小型变压器及其精密装配技术。这样一个非常复杂的功能组件如 AD293,其体积只有 $64 \times 12 \times 9 \text{mm}^3$,安装形式为双列直插式,插座用 40 脚插座,但只用 19 个管脚。

目前,在国内应用较广泛的是美国 AD 公司的隔离放大器,如 Model277、278、AD293、AD294 等。

典型的隔离放大器 289 的原理图,如图 12-8 所示。图 12-8(a)为原理方框图,图 12-8(b)为简化的功能图。对它的结构简要说明如下:外加直流电源 Vs,经稳压器后为电源振荡器提供电源,可产生 100kHz 的高频电压,其付方分两路输出。一路到输入部分,其中 c 绕组作为调制器的交流电源,而 b 绕组供给 1#隔离电源产生 ±15V 的浮空电源,可作为前置放大器 A_1 及外附加电路的直流电源。另一路到输出部分,e 绕组作为解调器的交流电源,而 d 绕组供给 2#隔离电源产生 ±15V 直流电源,供给输出放大器 A_2 等。

(2)隔离放大器工作原理。输入部分的作用是将传感器来的信号滤波及放大,并调制成交流信号,通过隔离变压器耦合到输出部分。而在输出部分完成的作用,是把交流信号解调变成直流信号,再经滤波和放大,最后输出 0 ~ ±10V 的直流电压。

由于放大器的两个输入端都是浮空的,所以,它能够有效地作为测量放大器,又因采用变压器耦合,所以输入部分和输出部分是隔离的。

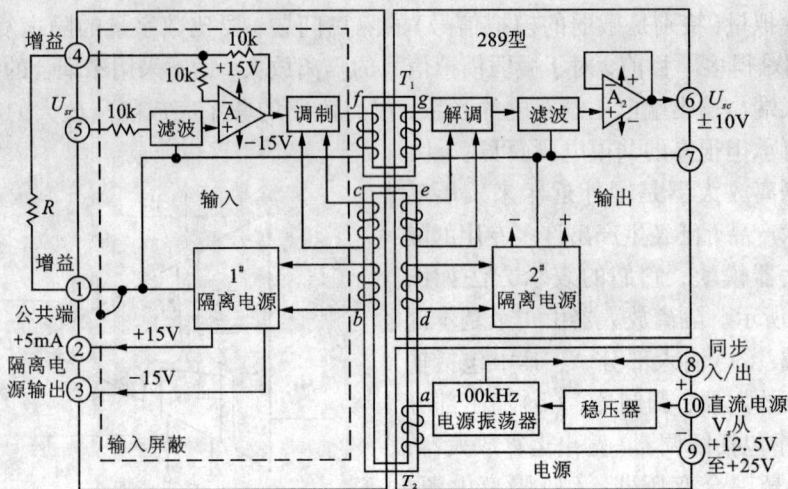

(a)方框图

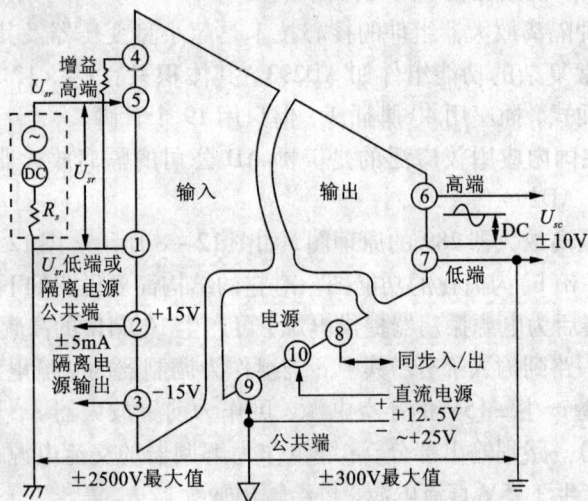

(b)简化的功能图

图 12 - 8　典型隔离放大器的结构

隔离放大器总电压增益:

$$G = G_{IN} \cdot G_{OUT} = 1 \sim 1000 \tag{12-2}$$

式中:　G_{IN}——输入部分电压增益;

　　　　G_{OUT}——输出部分电压增益。

12.2.2 信号的变换

传感器输出信号有电压信号，也有电流传号。在输入通道中，A/D 转换器的输入信号一般要求为电压信号，因此，需要把电流信号变换成电压信号。而输出通道中，D/A 转换器输出信号既有电压信号也有电流信号，在传输到其他设备时，有时需要把电压信号变换成电流信号，有时也需要把电压信号的电平偏移一个数值，例如把 0 ~ 5V 单极性信号变换为 – 5 ~ + 5V 双极性信号。

在成套仪表系统及自动检测系统中，传感器和仪表之间及仪表和仪表之间的信号传送，采用统一标准信号是很有好处的。若将传感器信号转换为统一标准信号，不仅便于使用微型计算机进行巡回检测，同时可以使指示、记录仪表单一化。此外，若通过各转换器，如气—电转换器、电—气转换器等还可将电动仪表和气动仪表联系起来混合使用，从而扩大仪表的使用范围。

统一标准信号采用直流信号比交流信号有如下优点：

（1）在信号传输线中，直流不受交流感应影响，易于解决仪表的抗干扰问题；

（2）直流不受传输线路的电感、电容及负荷性质的影响，不存在相位偏移问题，使接线简化；

（3）直流信号便于 A/D 转换，因而巡回检测系统都是以直流信号作为输入信号。若统一信号采用直流，便于与这些系统配用。

因此，目前世界各国均以直流信号作为统一信号，并将直流电压 0 ~ 5V 及直流电流 0 ~ 10mA 或 4 ~ 20mA 作为统一标准信号。采用直流电流信号传送时，由于它的"恒流性能"，传送导线长度在一定范围内变化仍能保证精度，因而直流标准信号便于远距离传送，而对于要求电压输入的仪表，可在电流回路中串入一个电阻，将电流信号转变成电压信号(I/V 变换)，故电流信号传送应用较灵活。

通常，传感器的输出信号多数为电压信号，为了将电压信号变成电流，需采用信号变送器(V/I)。此外，传感器的原始信号一般不能进行远距传送，故常把传感器和信号变送器装在一起，形成一体(Ⅲ型仪表)。下面重点介绍几种电压—电流变换电路。

1. 0 ~ 10mA 的电压/电流变换(V/I 变换)

V/I 变换器的作用是将电压变换为标准的电流信号，它不仅要求具有恒流性能，而且要求输出电流随负载电阻变化所引起的变化量不超过允许值。变换电路如图 12 - 9 所示。

运算放大器 A 接成同相放大器，此变换电路属于电流串联负反馈电路，具有较好的恒流性能；R_3 为电流反馈电阻，R 为负载电阻，它小于 R_3。三极管 T_1 和 T_2 组成电流输出级，用来扩展电流。

若运算放大器的开环增益和输入阻抗足够大，则可认为运算放大器两输入端 2、3 的电位近似相等，以及运算放大器的输入基极电流近似为零，根据电流串联负反馈关系，有：

$$U_{sr} = U_F = I_{sc}R_3 \qquad\qquad (12-3)$$

可见，输出电流 I_{sc} 仅与输入电压 U_{sr} 和反馈电阻 R_3 有关，与负载电阻 R 无关，说明它具有较好的恒流性能。选择合适的反馈电阻 R_3 之值，便能得到所需的变换关系。

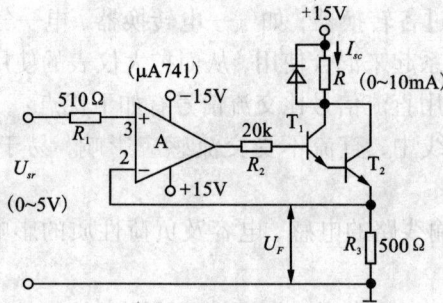

图 12-9　0~10mA 的 V/I 变换

2. 4~20mA 的 V/I 变换器

传感器与微型机之间的远距离传送信号，更可靠的方法是使用具有恒流输出的 V/I 变换器，产生 4~20mA 的统一标准信号，即规定传感器从零到满量程的统一输出信号为 4~20mA 的直流电流，其特性如图 12-10 所示。这种统一标准信号广泛应用于高可靠性的过程仪表中。在过程仪表中使用的压力、流量、温度、液位等传感器的输出几乎全部都采用了直流 4~20mA 的标准统一信号。实现该特性的典型电路如图 12-11 所示。

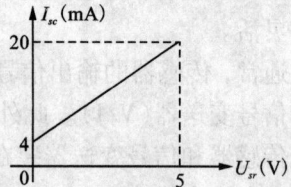

图 12-10　4~20mA 的 V/I
变换特性

V/I 变换电路由运算放大器 A 和三极管 T_1、T_2 组成。运算放大器除了放大作用外，还兼有比较的作用，它将输入电压 U_{sr} 和反馈电压 U_F 进行比较。T_1 为倒相放大级，T_2 为电流输出级。U_b 为偏置电压，加在 A 的同相端，用以进行零点迁移。输出电流 I_0 流经 R_3 得到反馈电压 U_F，此电压

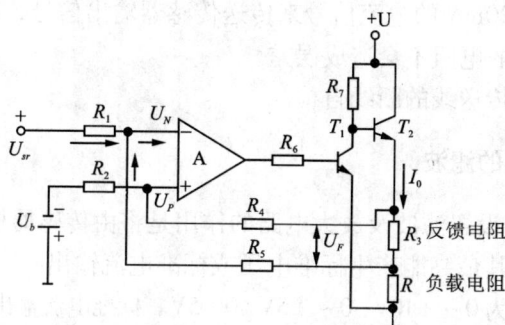

图 12 - 11　4 ~ 20mA 的 V/I 变换电路

经 R_5、R_4 加到 A 的两个输入端，形成 A 的差动输入信号，由于具有深度电流串联负反馈，因此有较好的恒流性能。

下面按理想运算放大器求出输出电流 I_0 与输入电压 U_{sr} 的变换关系。

由于 R_4、$R_5 >> R_3 + R$，则可认为 I_0 全部流过 R_3。利用叠加原理，可求出在 U_{sr}、I_0 和 U_b 作用下，运算放大器 A 的同相及反相端电压 U_P 和 U_N：

反相端
$$U_N = \frac{U_{sr}}{R_1 + R_5} R_5 + \frac{I_0 R}{R_1 + R_5} R_1$$

同相端
$$U_P = \frac{I_0(R_3 + R)}{R_2 + R_4} R_2 - \frac{U_b}{R_2 + R_4} R_4$$

令
$$U_N = U_P$$

当 $R_1 = R_2$，$R_4 = R_5$，

有：
$$I_0 = \frac{R_4}{R_2 R_3}(U_{sr} + U_b) \tag{12 - 4}$$

例如，输入 $U_{sr} = 0 \sim 5V$ 时，要求 $I_0 = 4 \sim 20mA$。若取 $R_1 = R_2 = 100k\Omega$，$R_5 = R_4 = 20k\Omega$，则可求出 U_b 和 R_3 之值。

当 $U_{sr} = 0V$，$I_0 = 4mA$，代入式（12 - 4）得：
$$20R_3 = U_b$$

当 $U_{sr} = 5V$，$I_0 = 20mA$，代入式（12 - 4）得：
$$100R_3 = 5 + U_b$$

联解得：$R_3 = 0.625k\Omega = 62.5\Omega$，$U_b = 1.25V$

在图 12 - 11 电路中，若令 $U_b = 0$，则式（12 - 4）变为：
$$I_0 = \frac{R_4}{R_2 R_3} U_{sr} \tag{12 - 5}$$

式（12 - 5）说明，图 12 - 11 亦能实现 $U_{sr} = 0 \sim 5V$，而输出 $I_0 = 0 \sim 10mA$ 的变换关系。

采用直流 4 ~ 20mA 的电流信号来传送传感器输出信号，具有以下优点：

(1)传送导线的电阻不会造成误差。

(2)能够实现传送线的断线自检。

12.2.3　信号的滤波

在智能仪表中设置滤波及放大电路的作用是将由传感器检测出的信号经滤波、放大之后，使其最终能产生标准电压或标准电流输出。

标准电压输出为 0 ~ ±10V、0 ~ ±5V、0 ~ 5V。标准电流输出为 4 ~ 20mA。

来自传感器的信号千差万别，有模拟连续信号、脉冲信号、逻辑信号等，对所有这些信号的处理方式也将不同。但最终将使它们变成标准信号，供 A/D 采集，然后送入 CPU 内。滤波和放大电路处于采样保持器、A/D 转换器的前方。又处于传感器之后，因此滤波放大电路的设计好坏也将会影响系统的精度、数据采集速度、分辨率等一系列指标。

在采集系统的前端设置硬件的滤波器，目的有两个：其一是为了在前置放大器之前，预先抑制部分信号干扰(输入信号中通常叠加有噪声和不必要的频率分量。在信号采样时，这些噪声分量将会带来误差)，以免和信号一起被放大，可以有效地提高信噪比，其二是压缩频带，限制到小于 $0 \sim f_s$ (f_s 为采样频率)的范围内，以免引起频率折叠的"假象信号"。

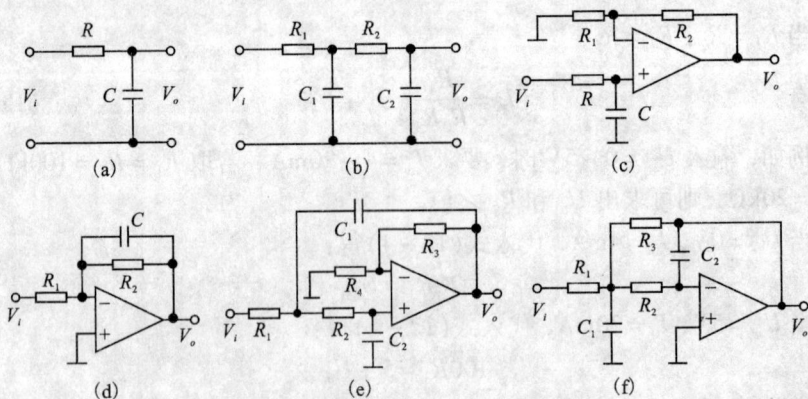

图 12 - 12　常用一阶和二阶低通滤波器

滤波器分为低通滤波器、高通滤波器、带通滤波器和带阻滤波器等。一般地，在仪器仪表中，低通滤波器用得最多。图 12 - 12 给出了几种常用的低通滤波器。

由于智能仪表内含微处理器,因此,为达到滤波目的,除采用上述硬件滤波方法外,还可采用软件滤波的方法。

12.3 A/D 转换器与接口技术

模/数转换器(A/D 转换器)简称 ADC,一般地,它是一种在规定的精度和分辨率之内,把输入的模拟信号转换为成比例的数字输出信号的器件。

12.3.1 A/D 转换的基本原理

由于模拟信号在时间上和量值上是连续的,而数字信号在时间上和量值上都是离散的,所以进行模数转换时,先要按一定的时间间隔对模拟电压值采样,使它变成时间上离散的信号。然后将采样电压值保持一段时间,在这段时间内,对采样值进行量化,使采样值变成离散的量值,最后通过编码,把量化后的离散量值转换成数字量输出。这样,经量化、编码后的信号就成了时间和量值都离散的数字信号了。显然,模数转换一般要分采样与保持和量化与编码两步进行。

1. 采样与保持

采样/保持电路是为了保证模拟信号高精度转换为数字信号的电路。采样/保持电路亦称为采样/保持放大器 SHA,是数据采集装置的基本部件之一。众所周知,A/D 转换器对模拟量进行量化的过程中,需要一定的时间,在此转换时间内应保持采样点的数值不变,才能保证转换的精度。因此,在 A/D 转换之前需要设置采样保持器,其工作原理如图 12 – 13 所示。

从图 12 – 13 看出,采样保持器有两种工作方式:采样方式和保持方式,它们由方式控制端来选择。在采样方式中,采样保持器的输出跟随模拟输入电压变化,增益通常为 +1。在保持方式中,采样保持器的输出保持在保持命令发出时刻的输入值,直到保持命令撤销(即转到采样命令)时为止。

典型的采样保持原理电路如图 12 – 14 所示。它由输入高增益放大器 A_1,工作方式控制开关 S,保持电容 C,输出缓冲器 A_2(相当于一个跟随器)组成。

当开关 S 闭合,只要存在 $U_{sc} \neq U_{sr}$,因 A_1 有高增益,其输出就会处于饱和状态,使 i_c 近似等速向电容 C 充电,充电电压为 U_c,因 A_2 为跟随器,故有 $U_{sc} = U_c$,而直至出现 $U_{sc} = U_{sr}$,这种充电才会停止,故此为采样工作方式。

当开关 S 断开,采样保持器进入保持工作方式,由于缓冲器 A_2 的输入阻抗很高,因此,在理想情况下,电容 C 的放电过程可忽略,故能保持充电时的最终值。

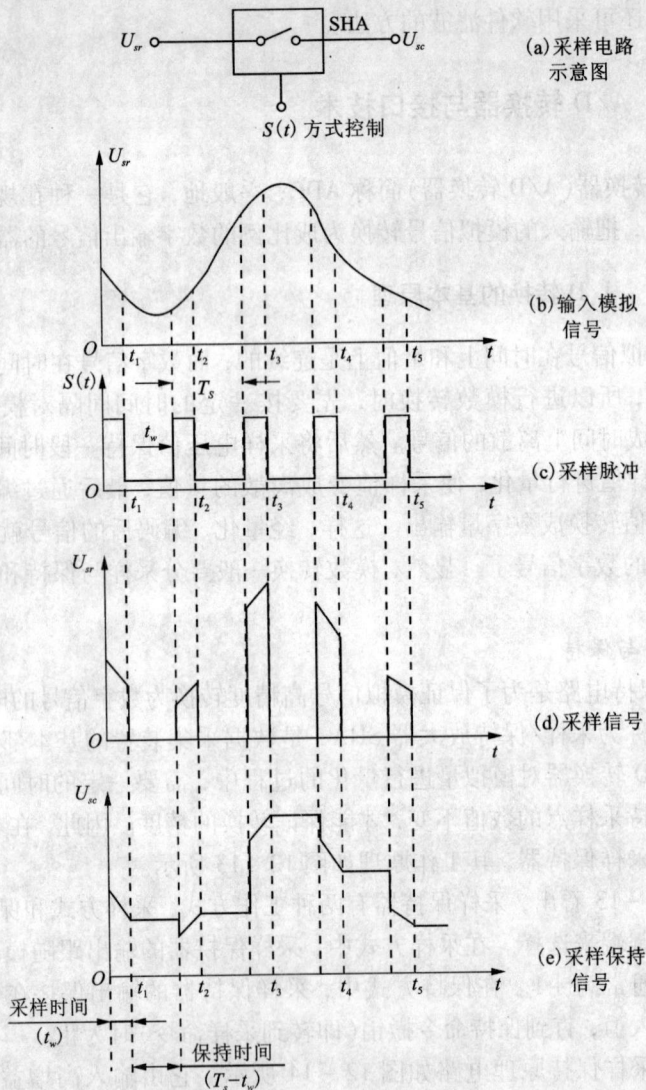

图 12 – 13　采样/保持电路的工作方式

可见采样就是对模拟信号周期性地抽取样值,使模拟信号变成时间上离散的脉冲串,但其采样值仍取决于采样时间内输入模拟信号的大小。

采样脉冲的频率 $f_s(1/T_s)$ 越高,采样越密,采样值就越多,其采样信号 U_{sc} 的包络线也就越接近于输入信号的波形。采样定理指出:当取样频率 f_s 不小于输入模拟信号频谱中最高频率 f_{max} 的两倍,即 $f_s \geqslant 2f_{max}$ 时,采样信号 U_{sc} 才可以

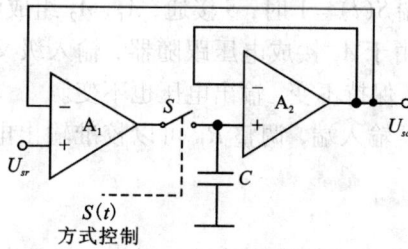

图 12 – 14　采样保持器原理图

正确地反映输入信号，或者说，在满足上式的条件下，将 U_{sc} 通过低通滤波器，就可以使它无失真地还原成输入模拟信号 U_{sr}。

目前，采样保持电路已经集成在单一芯片中，但芯片中不包括保持电容 C，它由用户根据需要选择。电容 C 的大小与采样频率及要求的采样精度有关，通常，采样频率越高(要满足采样定理)，要求电容越小，但此时下降速率也快，所以，精度比较差，反之，若采样频率较低，但要求的精度较高，则可选用较大的电容。一般电容 C 的值为几百皮法到 0.01 微法之间，应该挑选低泄漏的电容器，具有较好特性的聚酯薄膜电容如聚苯乙烯、聚丙烯与聚四氟乙烯电容，而云母和聚碳酸酯电容不如聚酯薄膜电容。

目前采样/保持电路都已集成化，LF198 就是其中之一，见图 12 – 15。图中 S 是模拟电子开关，L 是开关的驱动电路，A_1、A_2 是运算放大器。为提高运算放大器 A_2 的输入阻抗，在其输入级使用了场效应管。

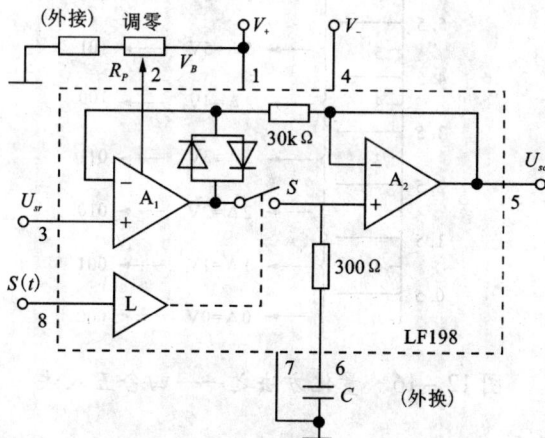

图 12 – 15　LF198 内部电路图

当采样脉冲输入端 $S(t) = 1$ 时，S 接通，A_1、A_2 组成电压跟随器，$U_{sc} = U_{sr}$；$S(t) = 0$ 时，S 断开，由于 A_2 接成电压跟随器，输入级又有场效应管，输入阻抗极高，使 C 上的电压保持不变，输出电压也不变。

另外，V_B 端是偏置输入端，调整 R_P 可以校准输出电压的零点，使 $U_{sr} = 0$ 时，$U_{sc} = 0$。

2. 量化与编码

模拟信号经采样/保持而抽取的采样电压值。就是在 t_1，t_2，$\cdots$，t_n 时刻 U_{sr} 的瞬时值，这些值的大小，仍属模拟量范畴。由于任何一个数字量的大小只能是某个最小数量单位(1LSB)的整数倍，因此用数字量表示采样电压值时，先要把采样电压化为这个最小单位的整数倍。这一转换过程称为量化。所取的最小单位称为量化单位，用 Δ 表示，$\Delta = 1\text{LSB}$，然后把量化的结果再转化为对应的代码，如二进制码、二—十进制码等，称为编码。

下面具体对 $0 \sim 7.5\text{V}$ 的模拟电压 U_{sr} 进行量化编码，将其转换成 3 位二进制数。因 3 位二进制数有 8 个数值，所以应将 $0 \sim 7.5\text{V}$ 的模拟电压分成 8 个量化级，每级规定一个量化值，对应该值编以二进制码。可规定 $0 \leqslant U_{sr} < 0.5\text{V}$ 为第 0 级，量化值为 0V，编码 000；$0.5\text{V} \leqslant U_{sr} < 1.5\text{V}$ 为第 1 级，量化值为 1V，编码 001；最后 $6.5\text{V} \leqslant U_{sr} < 7.5\text{V}$ 为第 7 级，编码 111，见图 12 - 16。

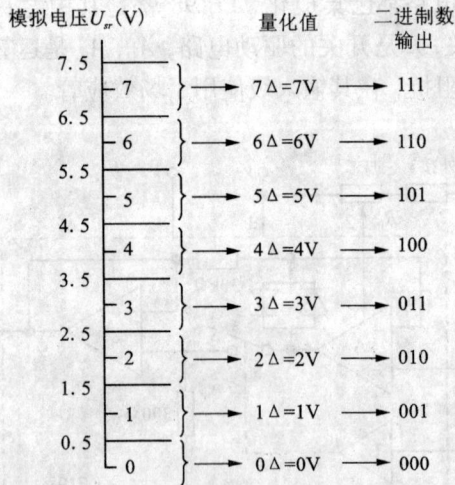

图 12 - 16   量化方法之——四舍五入法

凡落在某一量化级范围内的模拟电压都取整归并到该级量化值上。例如，

4.5V 的输入电压，应量化到量化值 5V 上，而 4.49V 则应量化到量化值 4V 上，即采用四舍五入的方法量化取整。而两个相邻量化值之间的差为量化单位 $\Delta = 1V = 1LSB$，各量化值都为 Δ 的整数倍。然后将这些量化值转换成对应的 3 位二进制数。

U_{sr} 的对应数字量可由下式求出：

$$(N)_{10} = (U_{sr}/\Delta)_{\text{四舍五入}} \tag{12-6}$$

再将 $(N)_{10}$ 换算成二进制数。

由于量化过程中四舍五入的结果，必然造成实际输入电压值与量化值之间的偏差，如输入 4.5V 与其量化值 5V 之间偏差 0.5V；而输入 4.49V 与其量化值 4V 之间偏差 0.49V。这种偏差称为量化误差。按上述四舍五入的量化方法，其最大量化误差为 $\Delta/2$。另一种量化的方法是舍去小数法，用下式计算：

$$(N)_{10} = (U_{sr}/\Delta)_{\text{舍去小数}} \tag{12-7}$$

这种方法的最大量化误差为 Δ。显然这种量化方法的量化误差较前一种要大。例如 $U_{sr} = 0 \sim 8V$，按舍去小数法进行量化，如图 12-17 所示，图中量化单位 $\Delta = 1V$，最大量化误差 $= \Delta = 1V$。

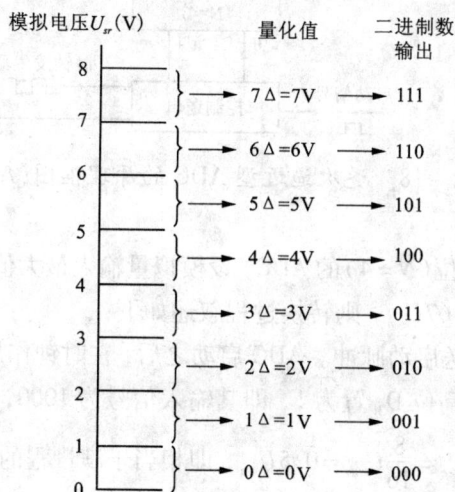

图 12-17　量化方法之二——舍去小数法

12.3.2　几种常见的 A/D 转换器

完成量化编码工作的电路是 ADC。ADC 种类很多，按工作原理的不同，可分成间接 ADC 和直接 ADC。间接 ADC 是先将输入模拟电压转换成时间或频率，然后再把这些中间量转换为数字量，常用的有中间量是时间的双积分型

ADC; 直接 ADC 则直接将输入模拟电压转换成数字量, 常用的有逐次逼近型 ADC。下面分别加以介绍。

1. 逐次逼近型 A/D 转换器

图 12-18 为逐次逼近型 ADC 的原理框图。它由比较器、D/A 转换器、逐次比较寄存器、控制逻辑及时钟组成。

基本工作原理是通过模拟量输入信号 U_x 与 DAC 的模拟量输出 U_c 进行比较, 比较的方法是从高位到低位逐次置 1 进行, 直至最低位为止。在此过程中, 若 $U_c > U_x$, 则该位清零。反之, 若 $U_c < U_x$, 则该位保留置 1 的状态。

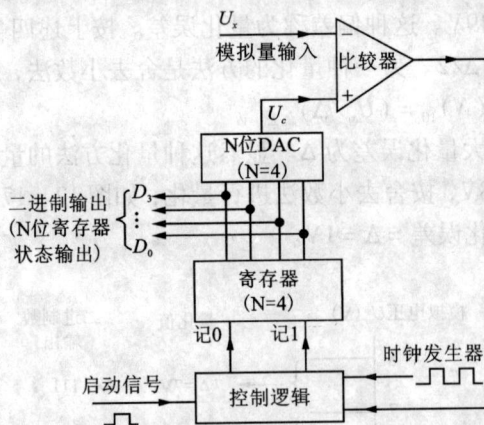

图 12-18　逐次逼近型 ADC 的原理框图($N=4$)

图 12-18 是 4 位($N=4$)的 ADC, 设模拟量输入最大值(ADC 满量程输入) $U_{xm} = 5V$, 而 $U_x = 0.67 U_{xm}$, 则转换过程叙述如下:

(1)向 ADC 发送启动脉冲。ADC 启动之后, 在时钟作用下控制逻辑首先将 4 位 DAC 的输入最高位 D_3 置为 1, 即其输入信号为 1000, 此数码经 D/A 转换后得输出信号 U_c, $U_c = \dfrac{8}{16} U_{xm} = 0.5 U_{xm}$, 即相当于满量程的一半, 由于 $U_c < U_x$, 则保留 $D_3 = 1$ 的状态。

(2)在控制逻辑作用下, 置 $D_2 = 1$, 则形成 DAC 的输入信号为 1100, 它经 D/A 转换后得输出信号 U_c, $U_c = \dfrac{12}{16} U_{xm} = 0.75 U_{xm}$, 由于 $U_c > U_x$, 则将 D_2 位清零, 即 $D_2 = 0$, 因而, DAC 的输入状态变为 1000。

(3)在控制逻辑作用下, 置 $D_1 = 1$, 则形成 DAC 的输入信号为 1010, 它经

D/A 转换后得 U_c，$U_c = \dfrac{10}{16} U_{xm} = 0.625 U_{xm}$，由于 $U_c < U_x$，则保留 $D_1 = 1$ 的状态。

（4）在控制逻辑作用下，置 $D_0 = 1$，则形成 DAC 的输入信号为 1011，它经 D/A 转换后得 U_c，$U_c = \dfrac{11}{16} U_{xm} = 0.687 U_{xm}$，由于 $U_c > U_x$，则将 D_0 位清零，即 $D_0 = 0$，因而，DAC 的输入状态变为 1010，此结果即为 A/D 转换器的二进制输出。

上述比较过程完成后，转换过程结束，DAC 输入端为 4 位二制数 1010，其值（$0.625 U_{xm}$）与输入模拟量 $0.67 U_{xm}$ 相对应，从而实现了 A/D 转换器，其寄存器位数越长，则精度越高，但转换速度相应变慢，价格亦提高。

逐次逼近型 A/D 转换器有如下特点：

（1）逐次逼近型 ADC 采用比较的方法实现 A/D 转换，类似于对分搜索的方法，对于一个 N 位的 ADC 只需比较 N 次，因而转换速度快，转换时间为几微秒至几十微秒，故这类型 ADC 多用于高速数据采集装置。

（2）转换时间与输入模拟电压的大小无关，只取决于转换器的位数 N。

逐次逼近型 A/D 转换器的主要缺点是抗干扰能力较差。

2. 积分型 A/D 转换器

基于积分式的 ADC，有双积分式、三积分式、电荷平衡式等。下面介绍常见的双积分式 ADC，并以典型的 ADCET 系列为代表。它具有较高的精度和线性度，高抗噪声度及低功耗的优点。

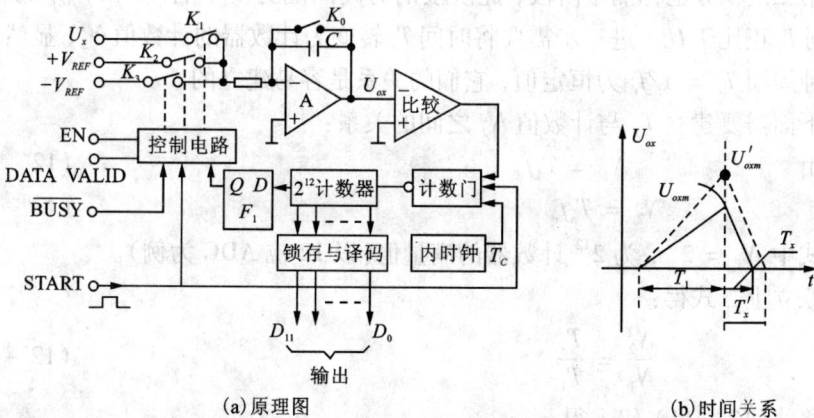

（a）原理图　　　　　　　　　　　（b）时间关系

图 12 - 19　双积分 A/D 转换原理图

图 12 - 19 为双积分式 ADC 原理图。它是由积分器 A、模拟开关、零电压比较器、内时钟、D 触发器、控制逻辑、计数器等组成。

　　双积分 A/D 转换方法是通过两次积分来实现，即从电压到时间积分及由时间到数字量的积分。其转换原理如下：

　　第一步：控制电路控制模拟开关 K_1 闭合，输入信号 U_x 接入积分器 A，并令其在固定时间 T_1 内积分，T_1 为 2^n 计数器从 0 计数达满量限值 $N = 2^n$ 所需的时间，其关系式为：

$$U_{ox} = -\frac{1}{RC}\int_0^{T_1} U_x \mathrm{d}t \qquad (12-8)$$

　　若 U_x 为直流电压或缓慢变化的电压，则有：

$$U_{oxm} = -\frac{T_1}{RC}U_x \qquad (12-9)$$

　　式中 U_{oxm} 为 $t = T_1$ 时，积分器 A 的输出电压 $U_{ox} = U_{oxm}$，第一次积分也称为采样阶段，在 T_1 和 RC 固定的条件下，U_{oxm} 正比于被转换信号 U_x。

　　第二步：在前步基础上，对与 U_x 极性相反的基准电压 V_{REF} 进行反向积分至零，令所需时间为 T_x，积分关系为：

$$0 = -\frac{T_1}{RC}U_x + \frac{1}{RC}\int_0^{T_x} V_{REF}\mathrm{d}t \qquad (12-10)$$

　　由于 V_{REF} 为常数，因此，

$$\frac{T_1}{RC}U_x = \frac{T_x}{RC}V_{REF} \qquad (12-11)$$

　　第二次积分也称测量阶段，此阶段的时间间隔为 T_x，若 T_1 和 V_{REF} 为固定值，则 T_x 正比于 U_x，进一步需要将时间 T_x 转变为计数器的计数值 N_2，显然，若内时钟周期 $T_c = 1/f_c$ 为恒定值，它们的关系是容易建立的。

　　下面需要建立 T_x 与计数值 N_2 之间的关系：

　　由　　　　　　　$N_1 = T_1 f_c \qquad\qquad\qquad (12-12)$

　　　　　　　　　　$N_2 = T_x f_c \qquad\qquad\qquad (12-13)$

　　式中 $N_1 = 2^{12}$，为 2^{12} 计数器的满量值(以 12 位 ADC 为例)。

　　联立上二式得：

$$\frac{N_2}{N_1} = \frac{T_x}{T_1} \qquad (12-14)$$

　　将式(12-11)代入得：

$$N_2 = \frac{N_1}{V_{REF}}U_x \qquad (12-15)$$

　　式(12-15)表明，2^{12} 计数器输出的数值 N_2 正比于被转换信号 U_x，从而实现了 A/D 转换。

图 12 – 19 电路的工作过程如下：

（1）启动转换前。由控制电路的作用，使开关 K_0 闭合、2^{12} 计数器及触发 F_1 等清零，为启动作好准备。

（2）启动。脉冲起动信号送入"START"端后，转换开始，在控制电路作用下，K_0 断开，K_1 闭合，U_x 接入 ADC，进行第一次积分，同时打开计数门，2^{12} 计数器从零开始计数，直至计数器满量程值 $N = 2^{12}$，便自动复零并送出一个溢出脉冲，通过 $F1$ 触发器对控制电路发出命令，使 K_1 断开，K_2 或 K_3 闭合，接入与被转换信号 U_x 极性相反的参考电压 V_{REF}，至此第一次积分结束。

（3）第二次积分。随后，积分器 A 开始对参考电压 V_{REF} 作反向积分，同时，2^{12} 计数器又从零开始再次计数，直至积分器输出电压 U_{ox} 从 U_{oxm} 下降到零。当 $U_{ox} = 0$ 后，比较器输出一个"0"信号，将计数门关闭，使计数器停止计数，此时 2^{12} 计数器之值，即对应积分时间 T_x，从而反映被转换的模拟电压 U_x，实现了 A/D 转换，该计数值存入锁存器，以便输出。

ADCET12BC 的外部引脚，如图 12 – 20 所示。

BUSY/OUTPUT 为转换结束端，在转换期间为高电平，其余时间为低电平。

DATA VALID 为数据有效端，当数据有效时为高电平，若数据正在变化，则为低电平。

双积分 A/D 转换器的特点：

（1）转换精度高。由于两次积分使用同一个积分器，又使用同一个时钟频率 $f_c = 1/T_c$ 去测量 T_1 和 T_x，因此只要 R、C、T_c 在每一次测量时间内保持短时间的稳定，其误差便可相互抵消。这一点从公式（12 – 15）中没有包括 R、C、f_c 参数上，也能够看出。

（2）抗干扰性强。转换过程本质上是积分过程，所以是平均值转换，因此对叠加在信号上的交流干扰有较强的抑制能力，若干扰波形对称，则抑制能力更强，特别是对工频干扰，若取连续两次采样时间 T 与干扰信号周期成整数倍，如 20ms，40ms 等，则抑制能力特别强，理论上具有无穷大的抗工频干扰能力，如图 12 – 21 所示。

（3）有可能获得较高的灵敏度。由式（12 – 9）可求得积分器的动态放大倍数：$K_D = \dfrac{T_1}{RC}$。

（4）转换速度较慢。积分过程是较慢过程，因此，不能获得像逐次逼近式那样高的速度，而且为了提高对工频干扰的抑制能力，还需使 T_1 至少为 20ms。故通常用于毫秒级的低速数据采集装置。

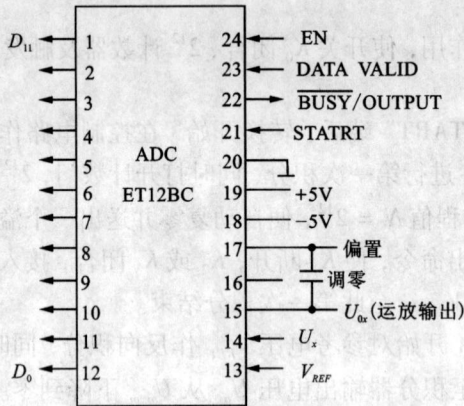

图 12 – 20　ADCET12B 引脚图

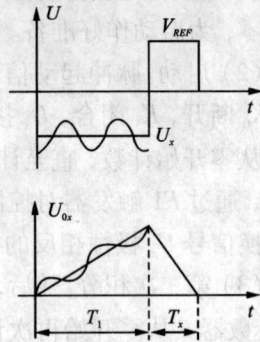

图 12 – 21　　积分型 ADC 对
工频干扰的抑制

3. 电压 — 频率变换器构成 A/D 转换器

(1) 电压 — 频率变换器(VFC)。电压 — 频率变换器(VFC) 是一种将模拟量转换成数字式脉冲量的功能器件，其输出脉冲的频率正比于模拟电压，在数据采集系统中广泛应用，主要用于 A/D 转换、隔离放大器等。与前两种 ADC 相比，它具有较高的线性度和精度，一般在 ± 0.1% 以上，有的可达 ± 0.001%，而且它在抑制噪声、信号的隔离和传输方面还有其特点，适用于高噪声、高共模电压和远距离的检测系统，价格也较低廉。其主要缺点是转换速度较低。

VFC 的输入量为模拟信号，可以是 0 ~ ± 10V，1 ~ ± 10mA 电流，输出一般为方波脉冲，也可以是尖脉冲、锯齿波等形式。

根据 VFC 的定义，输入和输出关系表达式为：

$$f = K \mid U_{sr} \mid \tag{12 – 16}$$

式中：　f——VFC 输出信号的频率；

　　　　U_{sr}——VFC 输入电压(可正、可负)；

　　　　K——VFC 增益系数，单位为 Hz/V。

实现 VFC 的基本电路有 4 种形式：积分复原式、定电定荷复原式、交替积分式和电压反馈式。目前使用最多的是积分复原式和定电荷复原式。下面仅介绍积分复原式。

图 12 – 22 为积分复原式 VFC 原理图。当输入端加入正极性电压 U_{sr} 时，积分器输出 U_{sc} 反向积分即负向斜变，当达到下限电平 U_2 时，比较器翻转，并触发复原电压发生器使产生与 U_{sr} 极性相反的复原电压 U_R，U_R 通过二极管使积分器输出迅速复原，当达到上限电平 U_1 瞬间，比较器又触发翻转，撤去复原电压，积分器又单独对 U_{sr} 积分，如此周而复始。上述充电过程的数学表达式为：

$$U_{sr} = ki_c = Ri_c(k \text{ 为比例系数})$$

$$U_{sc} = \frac{1}{RC}\int U_{sr}\mathrm{d}t \qquad\qquad (12-17)$$

当积分时间从 0 到 T_1，对应积分器的输出幅值为 $U_{sc} = U_{SCP} = U_1 - U_2$，则：

$$U_{SCP} = \frac{1}{RC}\int_0^{T_1} U_{sr}\mathrm{d}t = \frac{T_1}{RC}U_{sr} \qquad (12-18)$$

故 $$T_1 = RC\frac{U_{SCP}}{U_{sr}} \qquad\qquad (12-19)$$

对于复原过程，若设定 $U_R \gg U_{sr}$，并为常数，则在 U_R 作用下的复原积分时间 T_2 也为常数，并且存在 $T_1 \gg T_2$。

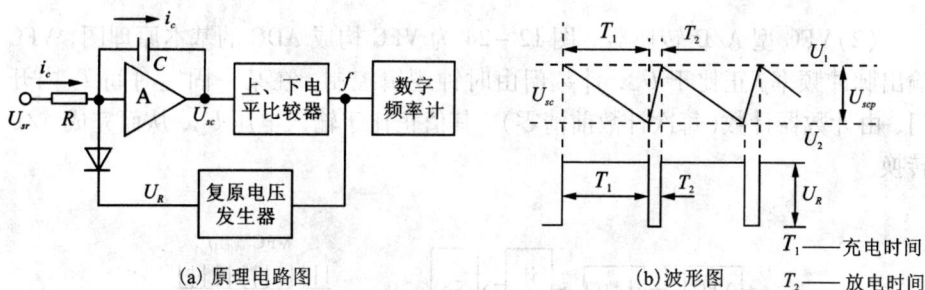

(a) 原理电路图   (b) 波形图

T_1——充电时间

T_2——放电时间

图 12-22 积分复原式 VFC

从图 12-22(b) 看出，锯齿波的频率 f 为：

$$f = \frac{1}{T_1 + T_2} \approx \frac{1}{T_1}$$

将式 (12-19) 代入得：

$$f = \frac{U_{sr}}{RCU_{SCP}}$$

当 R、C、U_{scp} 为常数时，令：

$$K \triangleq \frac{1}{RCU_{SCP}}$$

则 $$f = KU_{sr} \qquad\qquad (12-20)$$

式 (12-20) 即为 VFC 的输入与输出之间关系式。

必须注意，在频率高的情况下，T_1 和 T_2 相比，T_2 是不能忽略的，从而引起非线性误差，并且随频率的增高而加大，非线性误差可近似为：

$$\Delta f = -f^2 T_2 \qquad\qquad (12-21)$$

即非线性误差与频率的平方成正比,而且为负数,其特性曲线如图 12-23 所示。

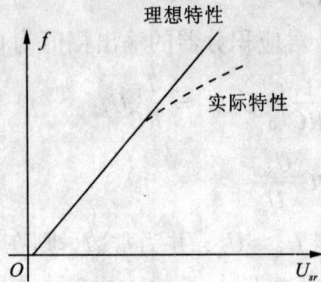

图 12-23　复原型 VFC 由 T_2 引起的误差

(2) VFC 型 A/D 转换器。图 12-24 为 VFC 构成 ADC 的基本原理图,VFC 输出脉冲频率 f 正比于 U_{sr},计数门由时钟逻辑控制,在某一固定时间 T_s 内开门,由计数器计数(每次计数前清零),其值正比于输入电压 U_{sr},从而完成 A/D 转换。

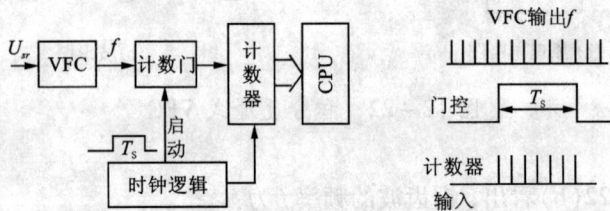

图 12-24　VFC 型 ADC 框图及波形

由数学关系式:

$$N = fT_s = KU_{sr}T_s \tag{12-22}$$

$$\frac{U_{sr}}{U_{max}} = \frac{f}{f_{max}} \tag{12-23}$$

式中:　N——计数器的计数值;

U_{max}——VFC 模块的满量程输入电压(由厂家给出);

f_{max}——VFC 模块的满量程输出频率(由厂家给出);

T_s——设定的开门时间。

联解上两式,得:

$$T_s = \frac{N}{U_{sr}} \cdot \frac{U_{max}}{f_{max}} \tag{12-24}$$

当 $U_{sr} = U_{srm}$，有 $N = 2^n$，即满量程计数值，则：

$$T_s = \frac{2^n}{U_{srm}} \cdot \frac{U_{max}}{f_{max}} \qquad (12-25)$$

式中：　n——计数器的位数（与 A/D 转换的位数对应）；

　　　　U_{srm}——输入电压的最大值。

由式（12-25）即可计算开门时间 T_s。再由式（12-14）得：

$$N = \frac{T f_{max}}{U_{max}} U_{sr} \qquad (12-26)$$

可见，在 T_s、f_{max}、U_{max} 固定的条件下，计数器的计数值 N 正比于 U_{sr}，完成 A/D 转换的任务。

转换时间 T_s 与转换精度的关系。由 A/D 转换器分辨率定义：

$$D = \frac{1}{2^n}$$

代入式（12-26）得：

$$N = \frac{1}{U_{srm}} \cdot \frac{U_{max}}{f_{max}} \cdot \frac{1}{D} \qquad (12-27)$$

式（12-27）表明，VFC 的满程频率 f_{max} 与 A/D 转换的分辨率 D，转换时间 T_s 之间的关系。

增加 n，能使 D 减小，表明 A/D 转换精度愈高，而转换时间愈长。在选定分辨率 D 条件下，为了缩短转换时间 T_s，一方面应使输入电压的最大值 U_{srm} 接近 VFC 满程输入值 U_{max}，甚至可增大 10%，因为 VFC 的超量程为 10% 到 100%；另一途径是选用满程频率 f_{max} 高的模块，目前可供选择的满程频率 f_{max} 有 10kHz，100kHz，1MHz，5MHz，10MHz 等。这里需要注意的问题是满程频率 f_{max} 低的 VFC 较满程频率高的 VFC 有较好的线性度。

用 VFC 构成 ADC 的位数 n，转换时间 T_s，满程频率 f_{max} 三者关系如表12-1所示。

表 12-1

f_{max}(Hz)　T_s(ms)　2^n	2^8	2^{10}	2^{12}	2^{14}	2^{16}	2^{18}
0～10k	25.6	102.4	409.6	1.640	6.550	26200
0～100k	2.56	10.24	40.96	164	655	2620
0～1m	0.256	1.024	4.096	16.4	65.5	262
0～10m	0.0256	0.1024	0.4096	1.64	6.55	26.2

从表 12 - 1 看出,选用满程频率为 1MHz 的 VFC 构成 10 位或 12 位的 ADC 是较佳的。例如,输入信号为 0 ~ 2.5V,要求构成 ADC 的分辨率为 1/1024,即 $n = 10$,设选用 VFC 的型号为 QD4567 其满程输出频率为 10kHz,满程的输入量 U_{max} 为 10V,则由式(12 - 20)得: $T_s = 0.409s$。

从式(12 - 27)看出,用 VFC 构成 ADC,提高位数 n,是很容易实现的,只要改变计数器的位数即可,若采用 14 位的计数器,则得到 $n = 14$ 位的 ADC,不过,此时的转换速度亦必相应地减慢。

(3)用 VFC 器件隔离和远距离传送模拟信号。模拟输入部分经过较长距离传输线后,往往伴随着共模干扰信号,不仅会破坏系统正常工作,对微机的安全也不利。过去所采用的变压器式隔离方法既复杂,价格亦贵。对模拟信号的隔离和远距离传送,用 VFC 器件是容易实现的。图 12 - 25 为光电耦合式模拟隔离器。它由 VFC、光电耦合器、频率电压变换器 FVC 组成。输入模拟信号 U_{sr},通过 VFC 变换成频率 f,进行光电隔离之后,再通过 FVC 进行频率电压变换成模拟电压 U_{sc}。这里用的是光电隔离方式,绝缘性能好,价廉,体积小,通常绝缘耐压在 500 ~ 2000V 之间。

模拟信号远离传送方式如图 12 - 25 所示。一般工业仪表的信号传送是 4 ~ 20mA 的统一信号,容易受到干扰,图 12 - 26 的传送方式是先将模拟信号经 VFC 变换成数字信号,再进行远距离传送,经过光电隔离后再由 FVC 恢复为模拟信号。这种用脉冲列传送的方式是最理想的方式,不仅隔离方便,抗干扰性也强,目前在温度、压力、流量等模拟量的传送方面已广泛使用。

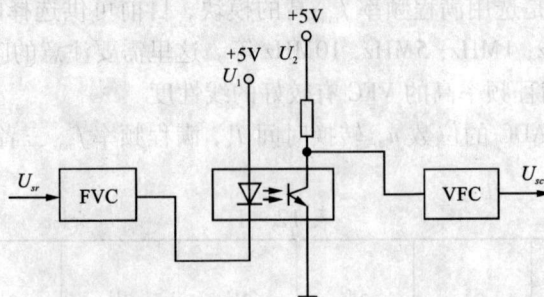

图 12 - 25　光电耦合式模拟隔离器

12.3.3　A/D 转换器的性能指标及选择原则

1. 性能指标

ADC 的性能通常用下面几项主要技术指标来衡量。

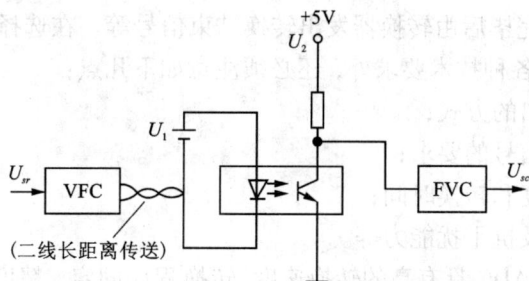

图 12－26　用 VFC 组成模拟信号远距离传送

（1）分辨率。ADC 的分辨率是指输出数字量对输入模拟量变化的分辨能力，利用它可以决定出，使输出数码增加（或减少）一位所需要的输入信号最小变化量。有关它的定义和数学公式表达关系与 DAC 完全相同。

即有：分辨率 $D = \dfrac{1}{2^n}$（有时采用 $D = \dfrac{1}{2^n-1}$）。

式中，n 为 ADC 的位数，n 愈高，测量误差愈小，转换精度高，但是成本也高。国外及国内的 ADC 芯片多为 8 位、10 位、12 位，若再提高位数，不但价格贵，而且也难于实现。美国 INTERSIL 公司生产 ICL8052/ICL710L1 ADC 为 16 位，分辨率达 1mV。

（2）转换时间与转换频率。设 ADC 已处于准备就绪状态，从 A/D 转换的启动信号（start）加入时起，到获得数字输出信号（与输入信号对应之值）为止，所需时间即称为 A/D 的转换时间。

转换频率与转换时间成反比，但是对于 ADC 的最大可能的转换频率，除了考虑前述转换时间外，还必须包括置零信号（reset），把转换器全部恢复到零的时间，上述两项时间之和的倒数才为转换器的最高工作频率。

应该指出，ADC 的转换时间或最高工作频率，一般情况与 ADC 的位数、形式及输入信号大小有关。逐次逼近型 ADC 的转换时间与位数有关，与输入信号大小无关，而双积分型 ADC，其转换时间随输入信号的幅值而异。

（3）精度。ADC 的精度定义为输入模拟信号的实际电压值与被转换成数字信号的理论电压值之间的差值，这一差值亦称绝对误差。当它用百分数表示时，称为相对精度或相对误差。误差的主要来源有量化误差、零位偏差、非线性误差等。

2. ADC 的选择原则

现阶段所生产的 ADC 具有模块化、与微型机总线兼容等特点。使用者不必去深入了解它的结构原理也可使用。因此，掌握 ADC 外部特性、正确选择和检查，对于系统设计者和使用者具有重要意义。从使用的角度看，ADC 的外部特性不外乎包括：模拟信号输入部分；数字量并行输出部分；起动转换的外部控制信号；转换完毕后由转换器发出转换结束信号等。在选择 ADC 芯片时，除需要满足用户的各种技术要求外，还必须注意如下几点：

(1)数字输出的方式；

(2)对启动信号的要求；

(3)转换精度和转换时间；

(4)稳定性及抗干扰能力等。

逐次逼近型 ADC 具有高的转换速度，转换程序固定，精度也高，因为它将 A/D 转换精度转化为 D/A 转换精度，而后者是较高的。适用于快速自动检测系统与多回路的快速数据采集系统，一般是转换速度小于1ms 的场合。

双积分式 ADC 有高的精度和线性度，但转换速度较慢，通常用于毫秒级的低速转换场合。

注意到一般情况下，位数愈多，精度愈高，但转换时间愈长，芯片的价格也愈昂贵，所以非在必要时，不宜采用10 位以上的 ADC。

12.3.4　A/D 转换器与微处理器的接口电路及接口技术

要把微型机用到工程上，首先必须解决微型机与工程设备之间的接口，其中重要的是 D/A 和 A/D 的接口电路。常用的接口元件有：D 触发器、单稳态触发器、译码器、选择器、多路模拟开关、锁存器、三态缓冲器等。

CPU 对 ADC 控制的基本过程为：当模拟信号加到输入端之后，CPU 发一启动信号，ADC 开始工作，转换结束后，经一输出引脚给出转换结束信号，通知 CPU 可以读取转换后数据。为实现此过程，ADC 芯片必须有如下功能引脚：启动转换引脚；转换结束标志引脚；数据输出引脚。ADC 和 CPU 的接口电路就是处理上述 3 种引脚和 CPU 的连接方法。

目前使用的微机大多数是 8 位的，在检测和控制中，为了获得高精度，往往使用10 位、12 位的 ADC。此时，必须把一个数据分成两部分传送，相应地也需要增加必要的接口电路。

当选定某种 ADC 芯片后，不管它与什么型号的微机连接，都必须由 CPU 给出启动该芯片所需的信号，并根据芯片输出电路的特点来确定接口电路。下面通过实例说明各种芯片的接口技术，其目的是熟悉 CPU 与 ADC 的接口电路及其驱动程序的设计方法。

1. 8 位 CPU 与 8 位 ADC 的接口

ADC0809 为 8 位 ADC，它与 8 位 CPU 连接时，其连接电路如何，主要取决于对 ADC 数据的读取方式。

1) 程序查询输入方式。其程序如下：

SAMPL:	MOV	R_0,#40H	；置数据缓冲区地址
CWM:	MOV	R_1,#0AH	；置数据个数
MAIN:	MOV	DPTR,#0FEFFH	；送 A/D 的地址
	MOV	A,#00H	
	MOVX	@DPTR,A	；启动 0809 的 IN_0 通道
	MOV	R_6,#03H	；设置延时时间
DL:	DJNZ	R_6,DL	
WAIT:	JNB	P3.4,WAIT	；测试 T_0 位
	MOV	DPTR,#0FFFFH	
	MOVX	A,@DPTR	
	MOVX	@R_0,A	；读入转换结果
	INC	R_0	
	DJNZ	R_1,MAIN	

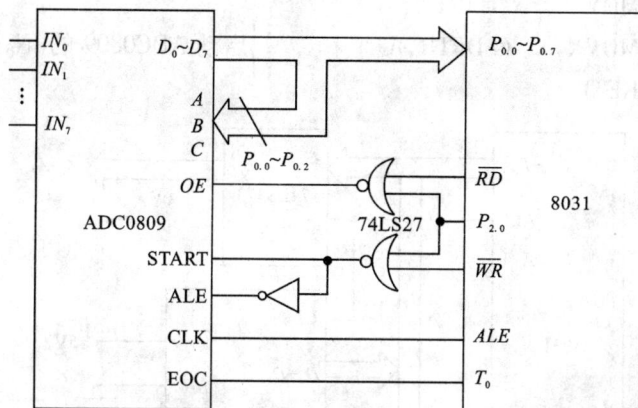

图 12-27 程序查询方式时 ADC0809 与 8031 的连接电路

图 12-27 为程序查询方式时 8031 与 ADC0809 的连接电路。这里通过写信号 $\overline{WR}$ 和片选信号 $\overline{CS}$ 启动 A/D 转换（这两个信号通过输出指令都可以得到）。如何将转换好的数据送给 CPU，要根据 ADC 本身的结构特点而定，若 ADC 转换数据通过锁存器输出，则其数据线可以与 CPU 总线直接相连，如 ADC0809；若 ADC 的数据输出不带锁存器，这种 ADC 不能直接与 CPU 的总线相连，而必须通过 I/O 通道或锁存器才能与 CPU 相连，当然，带有锁存器的 ADC 有时为了增强控制功能，也通过 I/O 通道与 CPU 相连。

（2）中断输入方式时。ADC0809 与 8031 也可以采用中断方式连接，其连接电路如图 12 - 28。图中 ADC0809 作为 8031 的一个扩展 I/O 口，采用线性选址方法，口地址为 FEFFH。输入采用中断方式，由外部中断 1 的中断服务程序读 A/D 转换结果，并启动 ADC0809 的下一次转换，外部中断 1 采用边沿触发方式，其程序如下：

```
INIT:  SETB    IT1             ;置外部中断 1 为边沿触发方式
       SETB    EX1             ;允许外部中断 1
       SETB    EA
       MOV     DPTR,#0FEFFH    ;⎫
       MOV     A,#00H          ;⎬启动 ADC0809 的 IN₀ 转换
       MOVX    @DPTR,A         ;⎭
```

外部中断 1 的中断服务程序

```
       MOV     DPTR,#0FEFFH    ;⎫
PINT1: MOVX    A,@DPTR         ;⎬读 A/D 结果送缓冲单元
       MOV     A,#00H          ;⎭
       MOV     A,#00H          ;⎫
       MOVX    @DPTR,A         ;⎬启动 ADC0809 的 IN₀ 转换
       RETI                    ;⎭
```

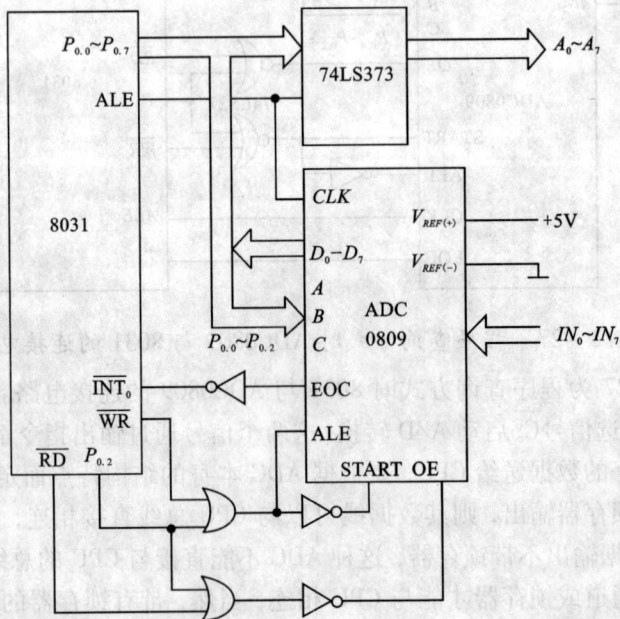

图 12 - 28　中断输入方式时 ADC0809 与 8031 的连接电路

2. 8 位 CPU 与 12 位 ADC 的接口

ADC1210 是 12 位 A/D 转换器，从使用的角度来看，具有以下特点：

①输出寄存器无三态功能；

②用脉冲启动转换，启动转换输入端是$\overline{SC}$；

③转换结束信号是$\overline{CC}$；

④需要外接时钟。

图 12 – 29 是采用查询输入方式的连接电路图。图中 ADC1210 数据输出线经三态门挂到 8031 数据总线上。转换结束信号经三态门与 P_3 口 $P_{3.4}$ 相连接，分配给两个三态门和启动转换控制端的口地址分别为 5100H、5200H 和 5000H，其程序如下：

```
SAMPL:   MOV     R0,#10H        ; 置外部数据缓冲区地址
         MOV     DPTR,#5000H
         MOV     @DPTR,A        ; 启动转换
VAIT:    JNB     P3.4,EAIT      ; 测试 P3.4
         MOV     DPTR,#5100H
         MOVX    A,@DPTR
         ANL     A,#0FH
         MOVX    @R0,A          ; 保存高 4 位
         INC     R0
         MOV     DPTR,#5200H    ; 读入低 8 位
         MOVX    A,#DPTR
         MOVX    @R0,A          ; 保存低 8 位
```

3. 单路双极性模入接口

前面介绍的为单路单极性接口电路，适用于单极性的信号源，如热电偶及其他单极性的传感器。这节介绍单路双极性输入接口，它适用于双极性信号源，接口电路如图 12 – 30 所示。

A/D 转换采用高精度慢速 12 位 ADC – ET12B 芯片，接线与单极性基本相同，差别在于取消 16 脚的调零电路，并在输入端增加双极性的偏置电路，通过运放器 A 引入 $+5\mu A$ 的偏置电流，相应的输入回路电阻 R_1 应为：$1M\Omega$，故令 R_1 为固定的 $900k\Omega$ 电阻和 $200k\Omega$ 电位计串联，以便调整。由于芯片规定输入信号最大电流为 $10\mu A$，因此 R_2 的取值与 R_1 相同。

电路调试方法如下：

（1）令 $U_{sr} = 0$，调节偏置回路 R_1 中的电位计，使 ADC 输出数码为：100000000000B。

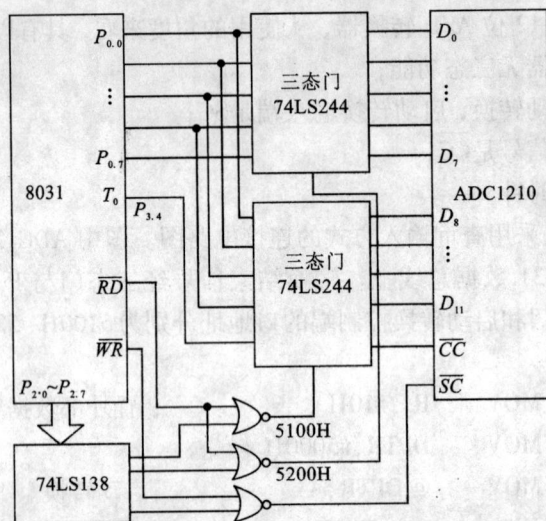

图 12-29   ADC1210 与 8031 的连接电路

(2)令 U_{sr} = +5V，调节输入回路 R_2 中的电位计，使 ADC 输出数码为：111111111111B。

(3)令 U_{sr} = -5V，观测 ADC 输出数码应为：000000000000B，否则，重复上述步骤调节，直至满意为止。

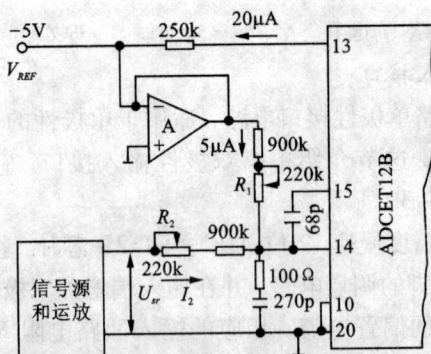

图 12-30   单路双极性模入接口

复习思考题

1. 智能仪表为什么要用测量放大器？它的结构特点及特性如何？
2. 智能仪表为什么要用隔离放大器？它的结构特点如何？
3. 简述程控增益放大器的工作原理。
4. 仪表系统中为什么要用 V/I 和 I/V 变换？
5. 为什么要进行信号滤波？常用滤波器有哪些？
6. A/D 转换器有几种形式？并比较它们的优缺点，说明它们的应用范围。
7. 画出 ADC1210 与 8 位数据总线微机系统接口原理图并说明其工作原理。

第 13 章　输出通道与通信技术

13.1　智能仪表输出通道信号种类

根据智能仪表不同输出对象的具体要求，其信号输出可分为以下几类。

1. 模拟量输出信号

(1)直流电流信号。当仪表的输出模拟信号需要传输较远的距离时，一般采用电流信号而不是电压信号，因为电流信号抗干扰能力强，信号线电阻不会导致信号损失。把智能仪表与常规仪器仪表相配合组成显示或控制系统时，各个单元之间的信号应当规范化。按照我国国家标准直流电流信号分为两种，一种是 4~20mA(负载电阻 250~750Ω)，另一种是 0~10mA(负载电阻 0~30000Ω)。在采用 4~20mA 信号标准时，零毫安值表示信号电路或供电故障。

(2)直流电压信号。当智能仪器的输出模拟信号需要传输给多个其他仪器仪表时，一般采用直流电压信号而不是直流电流信号。这是因为，如果采用直流电流信号，为了保证多个接收信号的设备获得同样的信号，必须将它们的输入端互相串联起来。这就导致一个不可靠因素，当任何一个接收设备发生断路故障时，其他接收设备也会失去信号。而且，互相串联的各个接收设备输入端对地电位不等，也会引起一些麻烦。

采用直流电压信号情况下，多个接收信号的设备的输入端互相并联起来便能获得同样的信号。为了避免导线电阻形成压降而使信号改变，接收设备的输入阻抗必须足够高，但是，太高的输入阻抗很容易引入电场耦合干扰。因此，直流电压信号只适用于传输距离较近的场合。

对于采用 4~20mA 电流信号的系统，只需采用 2500Ω 电阻就可将其变换为 1~5V 直流电压信号。所以 1~5V 直流电压信号也是常用的模拟信号形式之一。在采用 1~5V 信号标准时，1V 以下的电压值表示信号电路或供电故障。

直流 4~20mA 电流信号及 1~5V 电压信号容易判别断线和电源故障，所以受到国际国内的推荐和普遍的采用。

2. 开关量输出信号

智能仪表的开关量输出信号具有下列用处：

(1)越限报警。将被测参数的数值与人为设定的参数值进行比较，比较的结果(大于或小于)以开关量的形式输出，就可以驱动声光报警装置实现越限报警，或者输出给控制设备采取措施。例如，锅炉水位测量值低于设定的低限值时，必须立即报警或启动给水泵。

（2）开关量控制。某些被控对象采用位式执行机构或开关式器件进行自动控制，它们的动作是由开关信号控制的，例如电磁阀、电磁离合器、继电器或接触器、双向晶闸管等，它们只有"开"和"关"两种工作状态，可以表示为二进制的"1"和"0"。因此，利用一位二进制数输出就可以控制这些开关式器件的运行状态。

用于控制开关信号的电气接口形式又分为有源和无源两类。无源是指智能仪表只提供输出电路的通、断状态，负载电源由外电路提供。例如智能仪表控制继电器时，仪表控制继电器线圈的得电或失电，而继电器的触点则由用户安排，触点本身只是一个无源的开关。有源的开关量输出信号往往表示为电平的高低或电流的有无，由智能仪表为负载提供全部或部分电源。有源和无源各有利弊，无源的开关量输出容易实现智能仪表与执行机构之间的电路隔离，两者既不共用电源也不共用接地，这有利于克服地电位差及电磁场干扰的不利影响。而对于有源的开关量输出，根据输出电压或电流的实际数值，智能仪表有可能判断出负载断线故障。

（3）反映智能仪表本身的工作状态。智能仪表的工作状态，例如"投入"或"后备"状态，"自动"或"手动"状态，"正常"或"故障"状态等，都可以用开关量输出信号来表征，使上位计算机或操作人员及时了解。

3. 数字量输出信号

数字量输出信号分为串行和并行两种，串行用于较远距离的数据传输和信息交换，例如智能仪表与上位计算机之间通信多为串行。并行方式传输速度快，但所需导线条数多，只适合于近距离传输，例如智能仪表与周围的其他智能设备之间。

数字量输出与数字量输入共同构成数据通信，这是实现分散型控制系统和计算机管理必不可少的信息传递形式，是发展很快的一门技术，相关的标准也层出不穷，本章只介绍其中的几种常用标准。

13.2　D/A 转换器与接口技术

D/A 转换器(DAC)是模拟量输出通道中的关键器件，它用来将计算机内的数字量转换为连续变化的电流或电压。DAC 芯片种类繁多，其输入数字量的位数多为 8 位、10 位或 12 位，转换时间由 0.5ns 到几十微秒不等。近年来，由于集成电路技术的不断完善，DAC 的性能日益提高，与微型计算机的接口也越来越方便。

13.2.1　D/A 转换的基本原理

DAC 的基本功能是把数字量转换为与其大小成正比的模拟量。一个 n 位的二进制数字量($D_{n-1}\cdots D_2 D_1 D_0$)的大小可以表示为：

$$D = D_0 + D_1 2^1 + D_2 2^2 + \cdots + D_{n-1} 2^{n-1} \qquad (13-1)$$

DAC 就是按照上式将二进制数的每一位转换成与其表示的数值大小成正比的模拟量，然后相加起来，就得到与该数字量大小成正比的模拟量(电压或电流)。

DAC 主要由数字寄存器、模拟电子开关、位权网络、求和运算放大器和基准电压源组成，如图 13-1 所示。

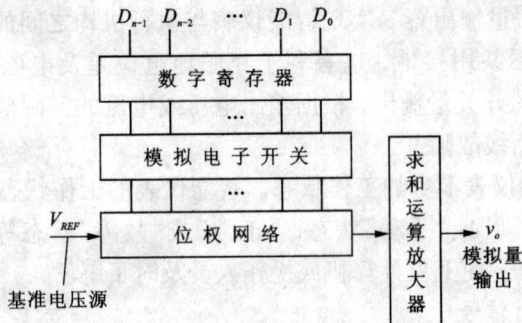

图 13-1　DAC 原理方框图

用存于数字寄存器的数字量的各位数码，分别控制对应位的模拟电子开关，使数码为 1 的位在位权网络上产生与其位权成正比的电流值，再由运算放大器对各电流值求和，并转换成电压值。

根据位权网络的不同，可以构成不同类型的 DAC，如权电阻网络 DAC、R-2R 倒 T 形电阻网络 DAC 和权电流型网络 DAC 等。

13.2.2　几种常见的 D/A 转换器

1. 权电阻网络 DAC

4 位权电阻网络 DAC 电路如图 13-2 所示，由基准电压源提供基准电压 V_{REF}，存于数字寄存器的数码，作为输入数字量 D_3, D_2, D_1, D_0，分别控制 4 个模

拟电子开关 S_3、S_2、S_1、S_0。例如，当 $D_3 = 0$ 时，电子开关 S_3 掷向右边，使电阻接地；$D_3 = 1$ 时，S_3 掷向左边，使电阻与 V_{REF} 接通。构成权电阻网络的 4 个电阻值是 R、$2R$、2^2R、2^3R，称为权电阻。某位权电阻的阻值大小和该位的权值成反比，如 D_2 位的权值是 D_1 位的两倍（$2^2/2^1 = 2$）；而 D_2 位所对应的权电阻值是 D_1 位的 $1/2[2R/(2^2R) = 1/2]$。

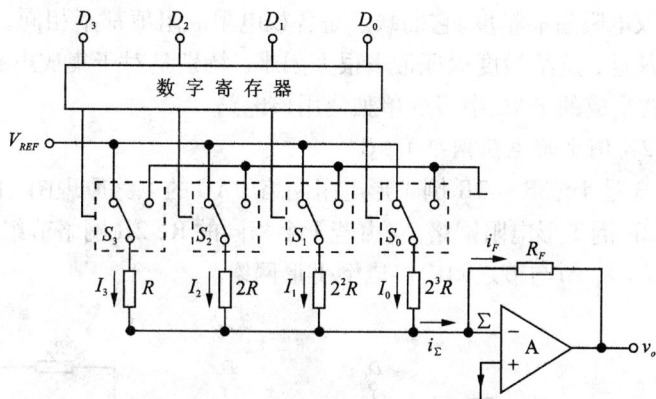

图 13-2　权电阻网络 DAC

通过权电阻的电流由运算放大器求和，并转换成对应的电压值，作为模拟量输出。

运算放大器的 Σ 点是虚地，该点电位总是近似为零。假设输入是 n 位二进制数，因此当任意一位的 $D_i = 0 (i = 0 \sim n-1)$ 经电子开关 S_i 使该位的权电阻 $2^{n-1-i}R$ 接地时，因 $2^{n-1-i}R$ 两端电位相等，故流过该电阻的电流 $I_i = 0$，而当 $D_i = 1$，S_i 使该电阻接 V_{REF} 时，$I_i = V_{REF}/(2^{n-1-i}R)$。因此，对于受 D_i 位控制的权电阻流过的电流可写成：

$$i_\Sigma = \sum_{i=0}^{n-1} I_i = \sum_{i=0}^{n-1} \left(\frac{V_{REF}}{2^{n-1}R} \times 2^i \times D_i \right) = \frac{V_{REF}}{2^{n-1}R} \sum_{i=0}^{n-1} (2^i \times D_i)$$

$$(13-1)$$

因运算放大器的输入偏置电流近似为 0，故上述流入 Σ 点的 i_Σ 应等于流向反馈电阻 R_F 的电流 i_F，即：

$$i_\Sigma = i_F$$

又因 $i_F = (0 - v_o)/R_F = -v_o/R_F$，故得到输出电压：

$$v_o = -i_\Sigma R_F = -\frac{V_{REF} R_F}{2^{n-1}R} \sum_{i=0}^{n-1} (2^i \times D_i)$$

$$(13-2)$$

　　该式说明输出的电压模拟量 v_o 与输入的二进制数字量 D 成正比,完成了数模转换,改变 V_{REF} 或 R_F 可以改变输出电压的变化范围。

　　通常取 $R_F = R/2$,则式(13 – 2)可简化为:

$$v_o = - \frac{V_{REF}}{2^n} \sum_{i=0}^{n-1} (2^i \times D_i)$$

　　权电阻网络DAC的转换精度取决于基准电压 V_{REF} 以及模拟电子开关、运算放大器和各权电阻值的精度。它的缺点是各权电阻的阻值都不相同,位数多时,其阻值相差甚远,这给精度保证带来很大困难,特别是对于集成电路的制作很不利,因此在集成的 DAC 中很少单独使用该电路。

　　2. R – 2R 倒 T 形电阻网络 DAC

　　图 13 – 3 是 4 位 R – 2R 倒 T 形电阻网络 DAC 的电路原理图,图中的位权网络是 R – 2R 倒 T 形电阻网络。它由若干个相同的 R、2R 网络节组成,每节对应于一个输入位,节与节之间串接成倒 T 形网络。

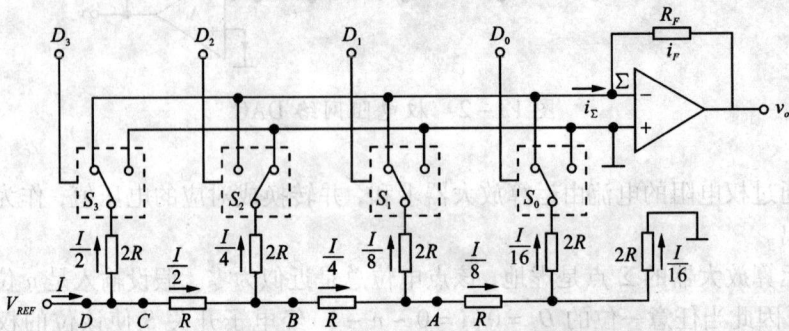

图 13 – 3　4 位 R – 2R 倒 T 形电阻网络 DAC

　　因运算放大器的 Σ 点为虚地,故不论输入数字量 D 为何值,也就是不论电子开关掷向左边还是右边,对于 R – 2R 电阻网络来说,各 2R 电阻的上端都相当于接地,所以从网络的 A、B、C 点分别向右看的对地电阻都为 2R,因此在网络中的电流分配应该如图中的标注,即由基准电源 V_{REF} 流出的总电流 I,每经过一个 2R 电阻就被分流一半,这样流过 4 个 2R 电阻的电流分别是 $I/2$、$I/4$、$I/8$、$I/16$。这 4 个电流是流入地,还是流向运算放大器,由输入数字量 D 所控制的电子开关 S 决定。故流向运算放大器的总电流是:

$$i_\Sigma = \frac{I}{2}D_3 + \frac{I}{4}D_2 + \frac{I}{8}D_1 + \frac{I}{16}D_0 \tag{13 – 3}$$

式中: D_i——二进制代码,可为 0 或为 1(以下类同)。

又因为从 D 点向右看的对地电阻为 R，所以总电流 I 为：

$$I = \frac{V_{REF}}{R}$$

代入式(13 – 3)，得：

$$i_\Sigma = \frac{V_{REF}}{2^4 R}(2^3 D_3 + 2^2 D_2 + 2^1 D_1 + 2^0 D_0)$$

输出电压 v_O 为：

$$
\begin{aligned}
v_O &= -i_F R_F = -i_\Sigma R_F \\
&= -\frac{V_{REF} R_F}{2^4 R}(2^3 D_3 + 2^2 D_2 + 2^1 D_1 + 2^0 D_0)
\end{aligned}
$$

DAC 为 n 位时，有：

$$
\begin{aligned}
v_O &= -\frac{V_{REF} R_F}{2^n R}(2^{n-1} D_{n-1} + 2^{n-2} D_{n-2} + \cdots + 2^1 D_1 + 2^0 D_0) \\
&= -\frac{V_{REF} R_F}{2^n R} \sum_{i=0}^{n-1} D_i \times 2^i \tag{13 – 4}
\end{aligned}
$$

式(13 – 4)表明输出模拟量 v_O 与输入数字量 D 成正比，转换比例系数 $k = -\frac{V_{REF} R_F}{2^n R}$。输出电压的变化范围同样可以用 V_{REF} 和 R_F 来调节。

一般 R – 2R 倒 T 形电阻网络 DAC 集成片都使 $R_F = R$，因此式(13 – 4)可简化为：

$$v_O = -\frac{V_{REF}}{2^n} \sum_{i=0}^{n-1} D_i \times 2^i \tag{13 – 5}$$

由于模拟电子开关在状态改变时，都设计成按"先通后断"的顺序工作，使 2R 电阻的上端总是接地或接虚地，而没有悬空的瞬间，即 2R 电阻两端的电压及流过它的电流都不随开关掷向的变化而改变，故不存在对网络中寄生电容的充、放电现象，而且流过各 2R 电阻的电流都是直接流入运算放大器输入端的，所以提高了工作速度。和权电阻网络比较，由于它只有 R、2R 两种阻值，从而克服了权电阻网络阻值多且阻值差别大的缺点。

因而 R – 2R 倒 T 形电阻网络 DAC 是工作速度较快、应用较多的一种。采用 R – 2R 倒 T 形电阻网络 DAC 集成片种类也较多，例如 AD7524(一级寄存缓冲，8 位)、DAC0832(两级寄存缓冲，8 位)、5G7520(无寄存缓冲，10 位)、AD7534(数据串行输入，12 位)、AD7546(分段，16 位)等。

13.2.3　D/A 转换器的性能指标

(1)精度。精度有绝对精度和相对精度两种。绝对精度是指 DAC 输出信号的实际值与理论值的误差,它包括非线性、零点、增益、温度漂移等项误差。

(2)转换时间。输入数字代码产生满度值的变化时,其模拟输出达到最终值的±LSB/2内所需时间。输出形式是电流时,其转换时间是很快的,一般50～500ns,若输出形式是电压,转换器主要建立时间是输出运算放大器所需的时间,约为 $1 \sim 10 \mu s$。

(3)分辨率。分辨率 D 是 DAC 最重要的指标,它是表示 DAC 对微小输入量变化的敏感程度的描述。

分辨率 D 的定义:量化单位 q 除以满量程电压值 U_{scm},或用 D/A 转换器的位数表示,可写成:

$$D = \frac{q}{U_{scm}} = \frac{U_{scm}}{2^n} \cdot \frac{1}{U_{scm}} = \frac{1}{2^n} \qquad (13-6)$$

式中:　$q = \dfrac{U_{scm}}{2^n}$(数字量最低位所代表的数值);N——数字量的位数。

分辨率 D 的另一种形式的定义:量化单位 q 与能有效地得到的最大电压之比。即:

$$D = \frac{U_{scm}}{2^n} \cdot \frac{1}{V_{REF} \cdot \dfrac{2^n - 1}{2^n}} = \frac{1}{2^n - 1}(\text{取 } U_{scm} = V_{REF}) \qquad (13-7)$$

当 D/A 转换器的位数足够多时,上述两种定义是等价的,这是常见的情况。

表 13-1 给出了各种不同位数的分辨率。

表 13-1　DAC 的分辨率

位数	分辨率	量化单位(满度值的百分数)
8	1/256	0.392%
10	1/1024	0.0978%
12	1/4096	0.0244%
14	1/16384	0.0061%

13.2.4　D/A 转换器的输出极性及调整方法

在 D/A 转换电路的基本结构的基础上,再增设一些附加电路,可以取得各种形式的输出特性,供不同实际需要选择。

D/A 转换器的输出特性主要有单极性输出、双极性输出和偏置输出等。

1. 单极性输出 D/A 转换器

电压输出型 DAC，均为单极性输出方式。电流输出型 DAC，需要外接一个运算放大器作为电流—电压变换电路，此时输出亦为单极性输出，特性如图 13 −4 所示。

可见，DAC 输出的模拟电压与输入二进制数之间为线性关系。表 13 −2 列出了它们之间的对应关系。输出电压的极性由参考电压 V_{REF} 极性而定，当运算放大器为反相放大器，输出电压的极性与参考电压的极性相反。

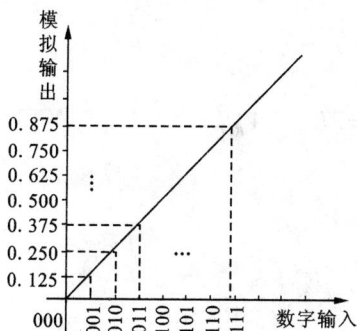

图 13 −4 单极性 DAC 的
输入输出特性

表 13 −2 单极性输出时
数字量和模拟量关系

数字量 MSB LSB	模拟量
11111111	$\pm V_{REF}(\frac{255}{256})$
10000001	$\pm V_{REF}(\frac{129}{256})$
10000000	$\pm V_{REF}(\frac{128}{256})$
01111111	$\pm V_{REF}(\frac{127}{256})$
00000001	$\pm V_{REF}(\frac{1}{256})$
00000000	$\pm V_{REF}(\frac{0}{256})$

DAC 在正常使用前，都需要经过调整、校准。调整的内容包括零点调整和满程调整。DAC 集成电路本身没有零点调整机构，要在其后级电流—电压变换电路中，与运算放大器一起调整零点，满量程调整是通过 DAC 的基准电压来实现的。

（1）零点调整方法。令数字输入为 00H，调整运算放大器的补偿电位器，把输出电压调整到小于 1mV。

（2）满量程调整方法。令数字输入为 FFH，通过调节基准电压 V_{REF}，把输出电压 $\frac{2^n-1}{2^n}V_{REF}$ 调节到所需的值。其中 n 为 DAC 的位数，由所选芯片决定，例如，对于 8 位 DAC，$V_{REF}=10V$，则最大输出电压为 $\frac{255}{256}\times10=9.96(V)$。

2. 双极性输出 D/A 转换器

在自动控制中，有时要求 DAC 的输出为双极性。为此，在单极性输出的基础上增加一个运算放大器即可，其原理图如图 13 - 5 所示。AD7524 原理电路如图 13 - 6 所示。

运算放大器 A_2 为反相加法器，V_{REF} 为 A_2 提供一偏移电流 I_4，它与 A_1 的输出电流 I_2 方向相反，并且由 R_4 和 R_2 比值决定了偏移电流 I_4 和 I_2 的关系。取 $R_2 = R$，$R_4 = 2R$。由图可得：

$$U_{sc} = -\frac{R_3}{R_4}V_{REF} - \frac{R_3}{R_2}U_{sc1} \qquad (13-8)$$

代入 R_4、R_2 和 R_3 的值：

$$U_{sc} = -(\frac{2R}{2R}V_{REF} - \frac{2R}{R}U_{sc1}) = 2U_{sc1} - V_{REF} \qquad (13-9)$$

若取 $V_{REF} = +5V$，则：

当 $U_{sc1} = 0$，$U_{sc} = -V_{REF} = -5V$

$U_{sc1} = +2.5V$，$U_{sc} = 0V$

$U_{sc1} = +5V$，$U_{sc} = +5V$

可见，式(13 - 9)即为双极性输出特性表达式。表 13 - 3 列出了图 13 - 5 电路的输入数字量与输出模拟量之间的对应关系。

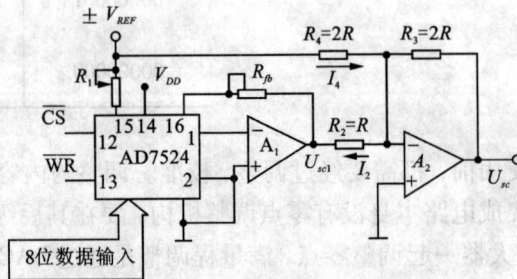

图 13 - 5　双极性输出电路

比较表 13 - 2 和表 13 - 3，可以看出：

单极性输出最低有效位 $1LSB = \frac{1}{2^8}V_{REF}$；

双极性输出最低有效位 $1LSB = \frac{1}{2^7}V_{REF}$。

V_{REF}

15

12位可乘DAC

16 RFB
1 I_{OUT1}
2 I_{OUT2}
3 AGND

$\overline{CLR}$　13

12位DAC寄存器

$\overline{WR}$　9

$\overline{CS}$　8

地址译码器

高字节数据寄存器　中字节数据寄存器　低字节数据寄存器

A_0　10

A_1　11

7 D_0
6 D_1
5 D_2
4 D_3

图 13-6　AD7524 原理电路图

表 13-3　双极性输出时数字量和模拟量关系

数字量 MSB LSB	模拟量
11111111	$+\dfrac{127}{128}V_{\mathrm{REF}}$
10000001	$+\dfrac{1}{128}V_{\mathrm{REF}}$
10000000	0
01111111	$-\dfrac{1}{128}V_{\mathrm{REF}}$
00000001	$-\dfrac{127}{128}V_{\mathrm{REF}}$
00000000	$-\dfrac{128}{128}V_{\mathrm{REF}}$

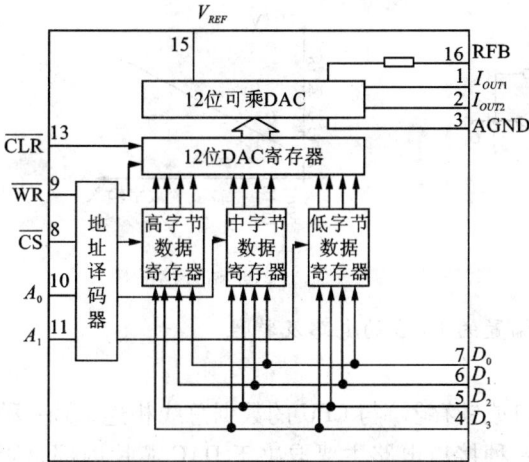

显然,双极性输出比较单极性输出,灵敏度降低一倍。

双极性 DAC 输出特性调整如下:

(1)零点调整方法。令数字量输入为 00H,调整 A_1, A_2 零位补偿电位计,使输出电压 $U_{sc}=-5\mathrm{V}$。

(2)取数字量输入为 80H,调整 R_1 和 R_{fb},使输出电压 $U_{sc}=0\mathrm{V}$。取数字量输入为 FFH,观察 U_{sc} 值,若 $U_{sc}=4.96\mathrm{V}$,则调整完毕。

3. 具有偏置的输出特性

在过程控制中,有些场合需要带偏置的输出特性,如图 13-7(b)所示。例如,模拟输出为 $1\sim5\mathrm{V}$。为此,需要采取偏置措施,图 13-7(a)为具有模拟偏置的电路,图中 A_2 为反相加法器,A_1 为提供偏置电压的放大器。

设 U_{sc} 为 $1\sim5\mathrm{V}$,偏置值为 $1\mathrm{V}$。

偏置的调整方法:取数字量输入为 00H,调节 R_p,使 $U_{sc}=1\mathrm{V}$。

满量程的调整方法:取数字量输入为 FFH,调节 R_r,使 $U_{sc}=(\dfrac{2^n-1}{2^n}\cdot 4\mathrm{V}+1\mathrm{V})$。

13.2.5　D/A 转换器与微处理器的接口电路及接口技术

由于 DAC 转换器的转换时间很短,所以 DAC 转换器与 CPU 的接口电路很简单。DAC 和微处理器的典型接口电路如图 13-8 所示,接口由数据锁存器和控制电路构成。在实际应用中,DAC 与 CPU 的接口电路有两种基本形式。一

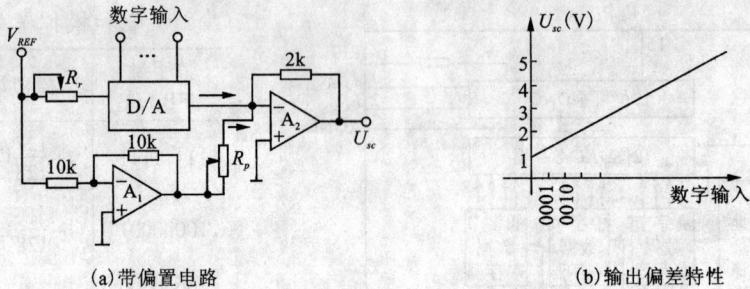

(a)带偏置电路　　　　　　　　　　(b)输出偏差特性

图 13-7　带偏置的 DAC 的电路及特性

种是通过 I/O 接口(输入/输出接口或锁存器)与 CPU 的数据总线相连;另一种是与数据总线直接连接。采用哪一种接口电路主要取决于 DAC 芯片内部是否设置了数据锁存器。对于芯片内部已有锁存器的 DAC,既可采用直接连接,也可用并行接口或锁存器连接,应用较灵活。但内部没用锁存器的 DAC,如 AD7520, DAC0808 等,必须使用并行接口或锁存器进行连接。

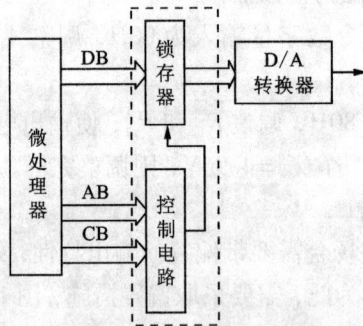

图 13-8　DAC 和 CPU 的典型接口电路

　　不同型号与不同位数的 DAC 与微处理器之间的接口电路是不同的,然而它们之间的信号连接,可以分成 3 个部分:数据线、控制线、地址(端口)译码。

　　1.8 位 D/A 转换器与 CPU 的接口电路

　　8 位 DAC AD1408 与 8 位单片机 8031 接口电路如图 13-9 所示。数据由 8031 单片机 P_1 口输出,由于 $8031 P_1$ 口具有数据锁存功能,可以直接与 AD1408 数据输入端相连。DAC 的参考电压 V_{REF} (+)由精密稳压集成电路 AD580 输出, V_{REF} (-)端接地。输出电流 I_0 经过运算放大器变换为电压信号 v_o 。

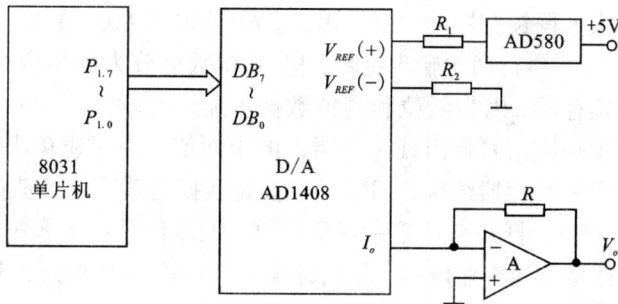

图 13 - 9   AD1408 与 8031 接口电路

由于 AD1408 与 8031 接口电路采用无条件数据传送方式，接口程序很简单。假设输出数据存放在 8031 内部数据存储器中，地址为 DATA，接口程序为一条指令。

MOV P1，DATA

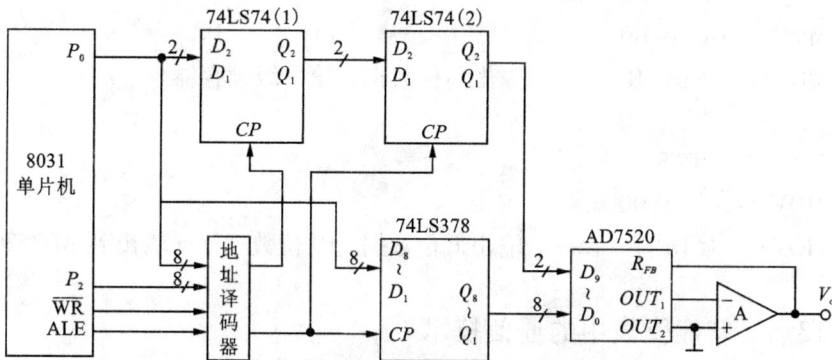

图 13 - 10   AD7520 与 8031 的接口电路

2. 12 位 D/A 转换器与 CPU 的接口电路

为满足高精度的要求，应采用 10 位、12 位、14 位或更高位数的 DAC。那么，如何把一个多于 8 位的 DAC 接到 8 位的微型计算机呢？解决的办法是分两步，先将 8 位以上的数据分二段或三段传送到 DAC 的输入缓冲寄存器，然后再将全部数据一起进行 D/A 转换。需要注意的问题是为保证在 DAC 芯片内全部数据一起进行 D/A 转换，防止所谓的"闪跃"问题，目前一些新型的 DAC，其内部已设有两级缓冲寄存器，不需要外加缓冲器了。例如，AD7542 就属于这一种。图 13-10 为 10 位 DAC AD7520 与 8 位单片机 8031 接口电路。AD7520 是一种不带输入数据锁存器的 DAC，因此，AD7520 与 8031 的接口需要两个数据锁存器。若 CPU 执行两次输出指令，把 10 位数据分为低 8 位和同 2 位分别送入两个数据锁存器，因为低位和高位数据不能同时输出到 DAC 的数据输入端，DAC 的模拟输出信号将出现一个错误的中间值。为了避免出现这种情况，通常采用双级数据锁存器结构。CPU 先把高位数据送入第一级锁存器，在把低位数据输出的同时，打开高位第一级锁存器，把高位数据送入第二级锁存器。这样，数据虽然是分两次输出的，却同时输出到 DAC 的数据线，不会出现中间值。数据锁存器选通信号如图 13-10 所示，低位数据锁存器相同位第二级数据锁存器采用同一个锁存器选通信号控制，以实现 10 位数据同时输出到 DAC 的数据输入端。

AD7520 和 8031 接口程序如下。假设数据存放在 8031 内部数据存储器中，所占用单元地址为 DATA 和 DATA+1，第一级锁存器地址为 PORT，第二级锁存器地址为 PORT+1。

```
MOV     R0, #DATA
MOV     DPTR, #PORT
MOV     A, @R0
MOVX    @DPTR, A    ;输出高位数据到第一级锁存器
INC     R0
INC     DPTR
MOV     A, @R0
MOVX    @DPTR, A    ;输出低位数据，10 位数据同时输出到 AD7520
```

13.3　智能仪表中的通信技术

智能仪表与智能仪表之间，智能仪表与计算机之间在实际测量与控制过程中，需要不断地进行各种信息交换和传输(即数据通信)。通信方式一般都采用标准总线形式，但也有一些其他形式，本节重点讨论几种标准总线通信。

13.3.1　通用仪表接口总线综述

随着计算机应用的发展，尤其是微处理器作为仪表设备控制的需要，人们越来越希望将智能仪表与计算机连接起来，组成一个由计算机控制的智能仪表系统。但由于一般仪表与常用的计算机外设不同，它们种类繁多，功能各异，独立性强，而且一个系统常需要多个不同类型的仪表协同工作。这样应用一般

的串行通信接口（如 RS232C）不能满足要求。因此，从 20 世纪 60 年代开始，人们就着手研究能够将一系列仪表和计算机连成一个整体的接口系统。

1965 年美国 HP 公司开始考虑所有将来的 HP 仪表的接口问题，后来设计一种 HP – IB 总线。1975 年美国电气电子工程师协会（IEEE）在 HP – IB 基础上，正式颁布了 IEEE – 488 仪表通用接口总线标准，称之为 IEEE – 488 总线。1980 年国际电工委员会 IEC 又通过了 IEC – 625 – I 总线标准，叫做 IEC 总线。这样，目前实际上有两种国际上通用的标准仪表的接口总线，即 IEEE – 488 总线和 IEC 总线。两种总线电性能是相同的，所以，只要加一个插转接头，二种总线即可通用，总称它们为 GP – IB，即通用仪表接口总线。

众所周知，系统和系统之间、系统内部插件之间或芯片之间都要用导线联结起来。这些互连信号线的集合称之为总线。自从微型计算机问世以来，已提出多种总线标准。按其用途及应用场合可分为以下 3 类：

1. 片总线（又称元件级总线）

组成一微型机各芯片（CPU，存贮器，I/O 接口芯片）间的连接总线。它通常包括地址总线、数据总线和控制总线，即"三总线"结构。这种总线的结构与设计由芯片的生产厂完成。

2. 内总线（又称系统总线或板总线）

它是微型计算机系统内连接各插件板的总线，称为内总线，又称系统总线，如 S – 100 总线，STD 总线等。

3. 外总线（又称通信总线）

这种总线用于各微机之间或微机与其他外部设备（例如仪表）间通信的总线。

按照总线的结构不同，它可分为并行总线和串行总线两类。系统总线都是并行总线。

由于微型机所使用的 CPU 芯片不同，总线的数目、名称和功能都不一样，故总线的结构和功能主要取决于微处理器芯片的型号。因此，尽管微处理芯片的管脚引线数都相同，但若各引线的名称和功能没有统一的定义，也会给微型机的设计和生产带来很大的困难。为此，有些计算机生产厂家首先设计出比较通用的总线标准，后来由美国电气电子工程师学会（IEEE）正式公布，称为标准总线，作为计算机生产的标准为广大用户广泛接受。目前常用的标准总线有以下几类：

（1）S – 100 总线，共 100 根连接线，国际标准代号为 IEEE – 696。

（2）STD 总线，共 56 根连接线，国际标准代号为 IEEE – P961。

（3）IEE – 488 总线，共 25 根线，应用于微机系统与仪表之间连接。

（4）EIA – RS232C，共 25 根线，多用于微机与外部设备的串行异步通信。

13.3.2 通信规程与同步技术

数据通信中,在信源与信宿之间传输的一组二进制数位串处在不同位置时代表不同含义,它可代表同步字符、通信双方地址、通信数据或为了差错检验与控制而加入的冗余位。所有这些都应该通过通信协议规定好,收发双方在进行通信时严格遵守这个协议,从而保证数据传送的正确性。通信协议可分为异步协议和同步协议两类,异步协议把字符看作一个独立的信息,在每个字符的起始处同步,各字符间相对时间可以变化。与之相应的通信方式称为异步通信方式。同步协议则把许多字符组成一个数据块,在该数据块的起始处用8位或16位特定的字符进行同步。收发两端维持固定的时钟。

1. 异步通信方式

异步通信每次传送一个字节的数据。通信时一帧信息以起始位和停止位来完成收发同步,图13-11给出了异步通信时的标准数据格式。

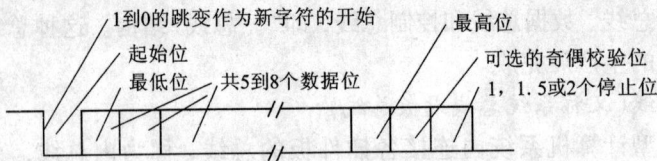

图 13-11 标准的异步通信数据格式

由图可见,异步通信时,一帧字符以起始位开始,停止位结束。在起始位和停止位之间,是数据位和奇偶校验位,起始位后是数据的最低位。如果无数据发送,则为高电平,这样,每个信息帧之间的间隔可用停止位任意延长。

通信时,接收设备不断检测传输线,当检测到1到0的跳变后,便启动内部计数器开始计数,当计数到一个数据位宽度的一半时,又一次采样传输线,若其仍为低电平,则确认是一个起始位,即一帧信息的开始,然后以位时间为间隔,移位接收所规定的数据位和奇偶校验位,拼装成一个字节信息,之后应接收到规定位长的停止位"1"。一帧信息接收完毕,接收设备又继续测试传输线,监测"0"信号的到来。能够完成异步通信的硬件称为 UART。

异步通信一帧信息只传送5到8个数据位,接收设备在收到起始位后,只要在5到8个数据位的传输时间内能和发送设备保持同步就能正确接收。若接收设备和发送设备两者的时钟略有偏差,数据位之间的停止位和空闲位将为这种偏差提供一种缓冲,不会因累积效应而导致错位,接收端对异步通信每一帧信息的起始位都重新校准时钟。由于异步通传时每个字符都要用起始位和停止位作为字符的开始和结束标志,因此数据的传送效率低。

2. 同步通信方式

同步通信每次传送由 n 个字节构成的数据块。通信时,用一个或两个同步字符表示传送字符的开始,接着是 n 个字节的数据块,字符之间没有空闲。当无字符发送时,连续送出同步字符。图 13 – 12 为同步通信时的标准数据格式。

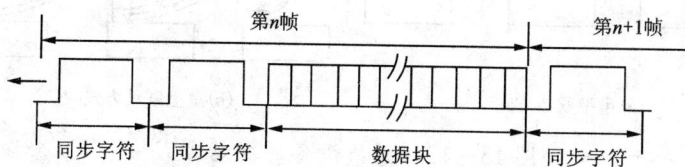

图 13 – 12 同步通信信息帧示例

同步字符通常由用户选择,以选择一个特殊的 8 位二进制码(如01111110)作为同步字符(称单同步字符),或两个连续的 8 位二进制码作为同步字符(称双同步字符)。为了保证收、发同步,收、发双方必须使用相同的同步字符。能够完成同步通信的硬件称为 USRT,既能用于异步,又能用于同步通信的硬件称 USART。

同步通信的信息帧包括同步字符和数据块,而同步字符只有 8 位或 16 位,数据块可以任意字节长,所以数据传送效率高于异步通信。另外,通信数据中自带时钟信息,从而可以保证收、发双方的绝对同步,但同时造成同步通信的硬件比异步通信复杂。

图 13 – 12 所示的同步通信协议(是一种面向字符的通信协议),其最大的缺点是,若数据信息中有与同步字符相同的代码,就可能发生误解,因此协议必须有将特定模式也作为普通数据处理的能力。显然,相应的硬件和软件都比较复杂。随着数据通信和计算机网络的发展,产生了面向比持(位)的同步通信协议,如 SDLC 和 HDLC。它们均为面向比持的通信协议,能克服面向字符的通信协议的缺陷。

13.3.3 IEEE – 488(或 IEC – 625)标准总线通信

1. 总线设备的联结方式及联结插头结构

只要具有 IEEE –488 接口芯片的计算机、数字仪表和其他设备均可联结。通常采用标准的(美国 57 系列)24 针插头座将总线设备进行联结,如图 13 – 13 所示。有串型联结方式和星型联结方式两类。IEC –625 总线则采用标准的(欧洲 F1611 系列)25 针插头座。两种总线的引脚分配略有差别,如表 13 - 4 所示。目前,已有两种插头的转接插头,供两种标准的仪表设备在同一系统中互联。如荷兰 Philips 公司生产的 PM9483 型转换器。

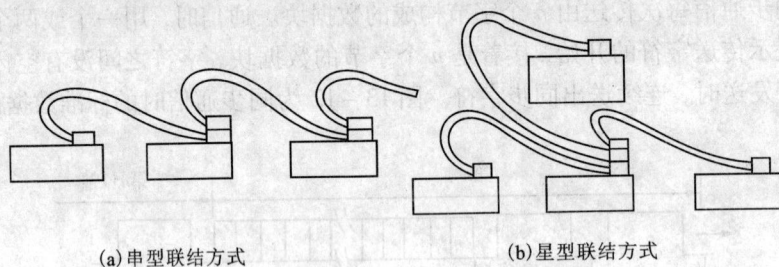

(a)串型联结方式　　　　　　　　　(b)星型联结方式

图 13 - 13　总线设备的联结方式

表 13 - 4　IEEE - 4888 标准和 IEC - IB 标准

IEEE - 488 标准				IEC - IB 标准			
引脚号	符号	引脚号	符号	引脚号	符号	引脚号	符号
1	DIO_1	13	DIO_5	1	DIO_1	14	DIO_5
2	DIO_2	14	DIO_6	2	DIO_2	15	DIO_6
3	DIO_3	15	DIO_7	3	DIO_3	16	DIO_7
4	DIO_4	16	DIO_8	4	DIO_4	17	DIO_8
5	EOI	17	REN	5	REN	18	地
6	DAV	18	地	6	EOI	19	地
7	NRFD	19	地	7	DAN	20	地
8	NDAC	20	地	8	NRFD	21	地
9	IFC	21	地	9	NDAC	22	地
10	SRQ	22	地	10	IFC	23	地
11	ATN	23	地	11	SRQ	24	地
12	机壳地	24	地	12	ATN	25	地
				13	机壳地		

　　IEEE - 488 总线(或 IEC - 625 总线)联结由一条 24 芯的无源电缆及插头组件来实现,插头结构是组合式的插头座结构。插头座为子、母型,即一面为插头,背面为插座(见图 13 - 13)。各插脚的排列顺序如图 13 - 14 所示。当它插入外部设备的插座时,自己所带的插座就可供其他电缆的插头插入。因此,每个设备只需安装一个 IEEE - 488 插座(与相应的接口芯片相连),就能很方便地将多个设备连接起来组成系统。可见,实际上 GP - IB 总线是一个可以联接

多个设备的总线。

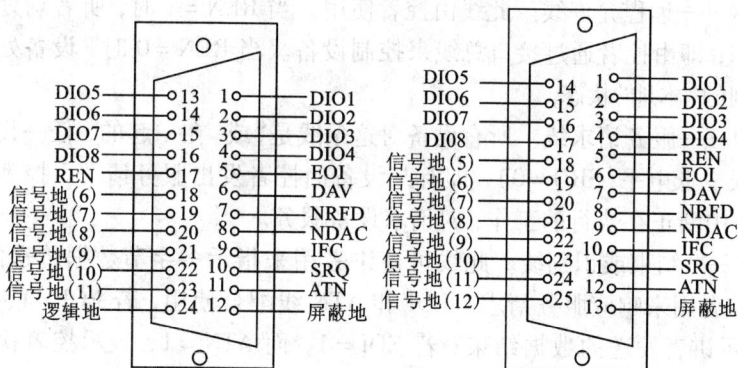

图 13 - 14　GP - IB 总线插头排列图

2. GP - IB 总线结构

GP - IB 总线由一根 24 芯无源电缆所组成,包括双向数据总线(8 根),联络总线(3 根)、接口管理总线(5 根)和逻辑地线及屏蔽线(8 根)。图 13 - 15 为 GP - IB 总线结构。

(1)数据总线(8 条)。数据总线由 DIO1 ~ DIO8 组成。GP - IB 总线中没有专门的地址总线与控制总线,所以数据总线除传递信息数据外,也用来执行这些功能。

(2)联络总线(3 条)。又称挂钩母线,用以保证信息的可靠传送。因为在数据传送过程中,"讲者"和"听者"之间需要联络,故实际上是它们之间的应答线。这 3 条线的定义如下：DAV——数据有效线。由讲者(或控者)发出,通知听者,DIV 总线的数据是否有效。当讲者置 DAV 线为低电平时,示意所有听者可以从数据总线上接收数据。NRFD——未准备好接收数据线。由听者发出,用来告诉讲者或控者,自己是否已准备好接收数据。当 NRFD 线为高电平时,则表示全部听者都准备好接收数据,示意讲者可以发送信息,否则,就不行。NDAC——数据未接收完毕线。是听者向讲者报告数据接收完否。当 NDAC 变为高电平时,表示所有听者(包括最慢听者)都已接收完数据,示意讲者这时才能撤销数据总线的信息。

(3)接口管理总线(5 条)。用于控制接口的工作方式。

IFC——接口消除线。控者将此线变为低电平(IFC = 0),使所有设备恢复到初始状态。

ATN——注意线。由控者使用,用以指明 DIO 线上的信息的类型。当 ATN = 1 时,说明 DIO 线上的信息是控者发出的指令或地址。当 ATN = 0 时,表明

DIO 线上的信息是讲者发出的数据或状态信号。

REN——远程允许线。此线由控者使用。当 REN = 1 时，听者均处于远程控制状态，即由控者通过接口总线来控制设备。当 REN = 0 时，设备处于面板开关控制的"本地"状态。

SRQ——服务请求线。所有设备对这条线是"或"在一起的，任一设备都可使这条线变低电平(SRQ = 0)，即有某设备向控者发出服务请求。控者接到此请求后，中断正在执行的工作，对请求设备服务。

EOI——结束或识别线。此线可被讲者用来指示多字节数据传送的结束；又可被控者用来响应服务请求。EOI 和 ATN 线配合使用，若 EOI = 1，而 ATN = 0，表示讲者发送的数据结束；若 EOI = 1，而 ATN = 1，表示控者执行查询(识别)操作，控者可将数据总线上的数据与一个预先设定的表进行比较，即可判断是哪个设备的服务请求。

由图 13 – 15 可知，接在总线上的每一个设备(微型计算机、数字仪表或称为 IEC 仪表等)，可选择 3 种方式工作：

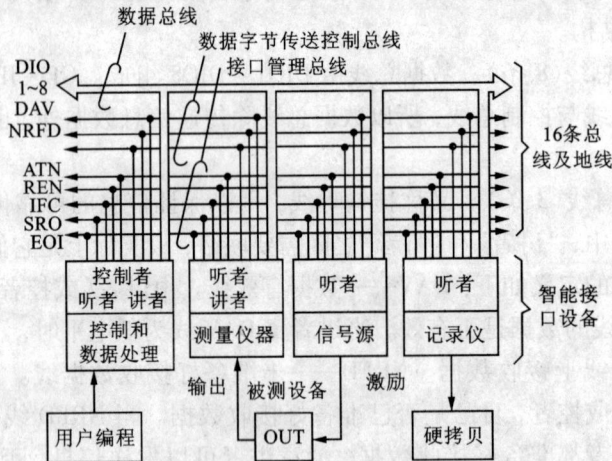

图 13 – 15　GP – IB 标准总线结构

(1)"讲者"方式。向数据总线上发送数据信息的仪表设备。一个系统可以有两个以上的讲者，但每一时刻只能有一个讲者工作。微型计算机、数字电压表等仪表设备，若配有专用的接口芯片，便具有这种功能。

(2)"听者"方式。从数据总线上接收数据信息，即能接收"讲者"所发出信息的仪表。同一时刻可以有两个以上的听者，如打印机、数字电压表等设备，若配有相应的接口芯片，便具有这种功能。

(3)"控者"方式。对总线进行控制的仪表设备。它指定"讲者"和"听者"；

向总线设备发布命令；控制数据交换等。系统中可以有多个控者，但每一时刻只能有一个"主控者"或"责任控者"。控者通常由微型计算机担任，机内配有专用接口芯片。

接在总线上的每个设备，在某一时刻只能选择上述 3 种方式之一工作，但不同时刻可按不同的方式工作。任何一个设备在总线上的地位是经常变化的，每一时刻的讲者和听者是由控者根据系统需要任命。

综上所述，由 GP-IB 组成的自动测量系统主要由器件设备、接口和母线 3 部分组成。GP-IB 系统的器件设备可分为 4 类，即控者、讲者兼听者、听者和讲者。GP-IB 系统共配置了 10 种接口功能。GP-IB 系统总线分为数据总线、联络总线和接口管理总线 3 组。

3. GP-IB 总线接口芯片

GP-IB 总线结构实际上是 GP-IB 系统。微型计算机如何接入呢？需要通过一个专门的 GP-IB 接口芯片来实现。

GP-IB 接口芯片的作用之一就是实现微型计算机的内部总线与 GP-IB 总线的转换。为此，它必须具有以下功能：用它产生、监视和传递各个 GP-IB 总线信号；以硬件的形式实现部分接口功能；在软件程序控制下，实现微型机与 GP-IB 总线上其他设备进行通信。

目前，各类计算机大都配备了适合本机使用的 GP-IB 接口芯片作为选配件提供给用户。主要生产厂家及产品有：Motorola 公司生产的 68488 芯片；Intel公司生产的 8291 和 8292；Texas 公司生产的 TMS9914；Fairchild 公司生产的F86LS488 等。68488 是问世最早的接口芯片，具有除控者功能以外的其他全部功能，在总线上充当讲者或听者，适于装在带 M6800 微处理器的智能仪表中去完成接口功能。8291 也可充当讲者或听者，比 MC68488 功能强。它适于装在带有 Intel8080、8085、8086 等微处理器的智能仪表去完成接口功能。8292 包括完善的控者功能，它与 8291 联用时，可使设备在总线上充当讲者、听者或控者。

4. GP-IB-PC 软件介绍

GP-IB 软件的管理程序的文件名 GP-IB.COM。它是一个可执行的二进制代码文件，是一个与操作系统配置并安装在一起的程序，用于对 GP-IB 接口适配器进行管理。GP-IB.COM 软件由 23 个功能子程序组成，所有的子程序均采用汇编语言编写，由高级语言调用以实现 IEEE-488 标准所规定的仪器控制、测试测量数据读取等操作。

软件支持的 GP-IB 功能可以由用户手册直接查出。将常用的功能及调用命令列于表 13-5。

表 13 – 5　GP – IB – PC 子程序功能及调用命令

子程序	子程序功能	调用命令
INIT	PC – GPIB 接口适配器初始化	CALL INIT%(A%)
DOUT	发送仪器信息子程序	CALL DOUT%(DEV%,STRING $)
DENT	接收仪器信息子程序	CALL DENT%(DEV%,STRING $)
DCL	仪器清除子程序	CALL DCL%(A%)
SDC	仪器选清除子程序	CAL SDC%(DEV%)
SDT	仪器选触子程序	CALL SDT%(DEV%)
LOC	本地封锁子程序	CALL LOC%(A%)
GTL	返回本地子程序	CALL GTL%(DEV%)
SPOL	串行查询子程序	CALL SPOL%(DEV%,S%)
TSRQ	SRQ 测试子程序	CALL TSRQ%(SRQ%)
PPCE	并行查询组态子程序	CALL PPCE%(DEB%,P%,S%)
PPRU	并行查询子程序	CALL PPRU%(STATU)
IFC	接口清除子程序	CALL IFC%(A%)
RFN	远地/本地可能子程序	CALL RFN%(A%)
LDA	听者寻址子程序	CALL LAD%(DEV%)
TAD	讲者寻址子程序1(MC 不听)	CALL TAD%(DEV%)
TADL	讲者寻址子程序2(MC 监听)	CALL TADL%(DEV%)
CMD	接口信息发送子程序	CALL CMD%(C%)
TALK	讲子程序	CALL TALK%(A%)
LISN	听子程序	CALL LISN%(A%)
UNL	仪器不听子程序	CALL UNL%(A%)
UNT	仪器不讲子程序	CALL UNT%(A%)
TCT	控制转移子程序	CALL TCT%(DEC%)

5. IEC 仪表的组成及功能

凡配置 IEC 接口的仪表简称为 IEC 仪表。目前,国外生产的大多数测量仪表都配有 IEC – 625 或 IEEE – 488 接口。

若从功能角度出发来分析仪表的结构,则所有 IEC 仪表都可看成由仪表功能单元和接口芯片两大部分组成,如图 13 – 16 所示。各功能部分的作用如下:

(1)仪表功能单元。仪表的功能单元用来完成仪表本身规定的任务。例如,数字电压表的仪表功能单元能够以一定的速度和精度采集、测量模拟电压,并以数字形式输出测量结果。显然,不同的 IEC 仪表具有不同的仪表功能单元,其功能指标和电路组成完全由仪表的设计者根据使用要求来决定,不受 IEC – 625 标准文件规定的限制。唯一要求是:仪表功能单元必须是可程控的,仪表信息的编码和格式应尽量向 IEC – 625 规定的标准靠拢。

（2）IEC 接口芯片。用来实现仪器间在信号级或命令级水平上的相互兼容，使它们能用 IEC 总线联接起来组成系统。它由下列几个功能单元组成。

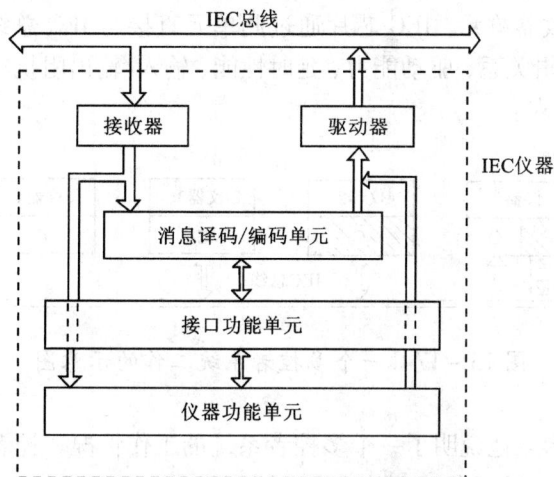

图 13-16　IEC 仪表（仪器）的功能结构

接口功能单元。其作用是能产生各种管理消息和接口命令，或者能接收这些消息和命令，并完成相应的操作；能被任命为讲者、听者或控者，实施这些职能的工作；能进行三线联络。

IEC 标准文件为 IEC 接口规定了 10 种不同的接口功能，见表 13-6。

表 13-6　IEC 接口功能表

接口功能	缩写	英文名	作用
数据源联络	SH	Source Handshake	三线联络
受信表联络	AH	Acceptor Handshake	三线联络
讲功能	T	Talker	发送仪表消息
扩大讲功能	TE	Extended Talker	发送仪表消息
听功能	L	Listener	接收仪表消息
扩大听功能	LE	Extended Listener	接收仪表消息
服务请求	SR	Service Request	请求服务
远地本地转换	RL	Remote/Local	本控远控转换
并行点名	PP	Parallel Poll	参加并行点名
仪表复位	DC	Device Clear	发送清零信号
仪表触发	DT	Device Trigger	发送触发信号
控功能	C	Controller	发送控制消息

消息译码/编码单元。用来接收接口消息并对它译码，译码后形成控制信号，发送给相应的接口功能单元，使后者执行规定的操作，或者用来将 IEC 接口内的信号编码成所需要的接口消息发送出去。

驱动器/接收器单元。IEC 芯片通过此单元直接与 IEC 总线相接，以达到在逻辑电平、逻辑关系、驱动能力、延时性能、输入/输出阻抗等性能指标上符合 IEC 总线的要求。

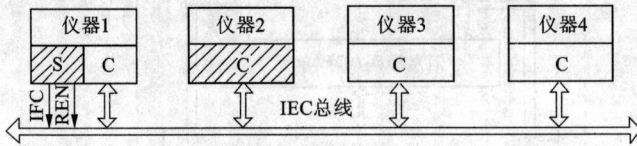

图 13-17　一个多控者系统工作的示意图

图 13-17 形象地说明了一个多控者系统的工作情况。控者仪表的 IEC 芯片应配置 C 功能，以便向 IEC 总线发送接口消息和管理消息。一个测试系统中可以接入一台控者仪表，也允许接入多台控者仪表。在后一种情况下，任何时刻只允许一台仪表执行控者职能，称它为责任控者，其他控者的 C 功能处于空闲状态。责任控者也可以根据需要将控制权移交给其他控制仪表，此时，自己的 C 功能便进入空闲状态。

一个 IEC 系统中的控制器，又有系统控者和一般控者之分。二者不同之点是：前者具有发送 IFC 和 REN 种管理消息的能力(这种能力称为系统控能力)，后者不具备这种功能。系统只允许有一个系统控者，通电后系统控者成为当然的责任控者。在测试过程中，它可以把控制权移给其他的控制仪表，但它的系统控功能是不允许移交的，当它不是责任控者时，它仍保留系统控功能，可以随时发送 IFC 和 REN 消息。作这样的规定后，系统在通电和复位后，不会产生控制权竞争现象。

图中仪表 1 是系统控者，仪表 2、3、4 是一般控者，S 表示系统控能力，C 表示一般控功能。在测试过程中，系统控者一直由仪表 1 担任，责任控者可轮流由仪表 1、2、3、4 来担任。图中用斜线表示系统正在工作的接口单元，仪表 2 正在以控者身份工作，是这一时刻的责任控者。

13.3.4　RS-232C(或 RS-422)标准总线通信

1. RS-232 标准及应用

(1)RS-232 接口信号。完整的 RS-232 接口有 25 根信号线，采用图 13

–18 所示的 25 芯插头座。表 13 –7 给出了 RS –232 标准接口的定义。

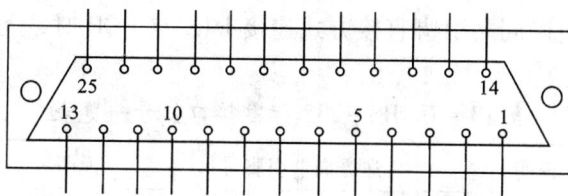

图 13 –18 RS –232 标准插件形式

利用 RS –232 进行串行通信的典型应用情况是，参与通信的设备一个为数据终端设备 DTE，另一个为数据通信设备 DCE，如图 13 –19 所示。为了保证 DTE 与 DCE 之间能用一条 RS –232 总线电缆直接连接，两种设备各自 RS –232 接口的各引脚应该具有相同的名称。但是，从接口角度看，两种设备的 RS –232 接口同名引脚的信号流向却是相反的。例如，对图 13 –19 来说，数据终端设备 DTE 的发送端(引脚2)是输出信号，而数据通信设备 DCE 的发送端(也是引脚2)却是输入信号。也就是说 DEC 设备的发送端实质是起接收作用，之所以仍称之为发送端，是沿用数据终端设备 DIE 的引脚名称，从而使 RS –232 的每一引脚只有唯一的名称。其他引脚信号流向的定义方式亦类似。

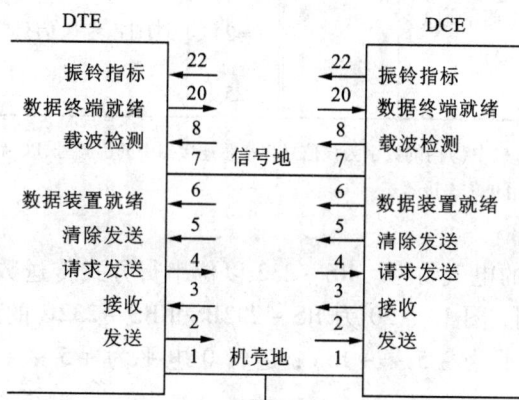

图 13 –19 两类设备的 RS –232 接口

当 RS –232 接口所用的接口信号流向按图 13 –19 中左边的箭头来定义时，称 RS –232 接口为 DTE 方式连接；当 RS –232 接口所用的接口信号流向按右边的箭头来定义时，称 RS –232 接口为 DCE 方式连接。当 DTE 的 RS –232 与

DCE 的 RS‐232 接口时，用于连接接口信号的 RS‐232 电缆上的每根信号线的信号流向，无论从 DCE 侧看，还是从 DTE 侧看，都是一致的，这就保证了在用 RS‐232 电缆以同名引脚直接方式连接 DTE 与 DCE 时，全部信号部畅通无阻。

表 13‐7　RS‐232 标准接口信号一览表

引脚号	说明	传送方向	引脚号	说明	传送方向
*1	保护地		13	清除发送(辅)(CTS)	
*2(3)	发送数据(TxD)	DTE→DCE	14	发送数据(辅)(TxD)	
*3(2)	接收数据(RxD)	DCE→DTE	*15	DCE 发送信号定时	DCE→DTE
*4(7)	请求发送(RTS)	DTE→DCE	16	接收数据(辅)(RxD)	
*5(8)	清除发送(允许)(CTS)	DCE→DTE	*17	接收信号定时	DCE→DTE
*6(6)	数据装置准备就绪(DSR)	DCE→DTE	18	未定义	
*7(5)	信号地		19	请求发送(辅)(RTS)	
*8(1)	载波检测(DCD)	DCE→DTE	*20(4)	数据终端准备就绪(DTR)	DTE→DCE
9	(保留供 DCE 测试)		*21	信号质量检测	DCE→DTE
10	(保留供 DCE 测试)		*22(9)	振铃指示	DCE→DTE
11	未定义		*23	数据信号速率选择	
12	载波检测(辅信道)(DCD)		*24	DTE 发送信号定时	DTE→DCE
			25	空	

注：表中"引脚号"栏中( )内的数字为该信号在 9 芯连接器中的引脚号,PC 系列机带有的 RS‐232 接口一般至少有一个采用 9 芯连接器。

（2）RS‐232 的电气特性。RS‐232 以位串行方式传送数据，RS‐232 标准采用负逻辑体制，图 13‐20 为 RS‐232B 和 RS‐232C 的逻辑电平。RS‐232C 的逻辑 1 电平为 -5 ~ -15V；逻辑 0 电平为 +5 ~ +15V。噪声容限为 2V。

由于 RS‐232 的逻辑电平与 TTL 电平不兼容，因此，为了与 TTL 器件连接，必须进行电平转换。MC1488 驱动器（TTL→RS‐232）和 MC1489 接收器（RS‐232→TTL）是 RS‐232 通用的集成电路转换器件，其引脚及功能原理如图 13‐21 所示。由图可知，作为驱动器用的 MC1488 需要 ±12V（或 ±15V）电源，这在某些本来不需要这组电源的应用场合，就显得不太方便。虽然有些设

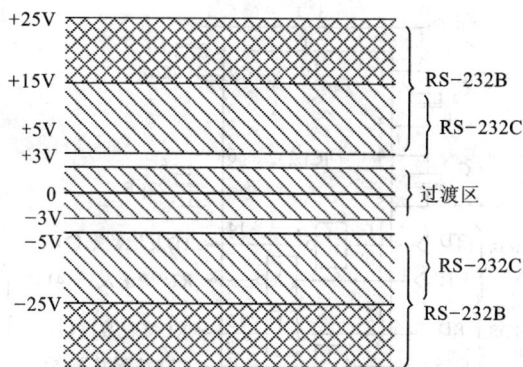

图 13-20 RS-232B 和 RS-232C 的逻辑电平

计得比较巧妙的分立电路避免了对 ±12V 电源的要求，但从使用的方便性和可靠性等方面来看，这些分立电路仍存在一些不足。ICL232 单电源双 RS-232 发送/接收器则较好地克服了上述电平转换器件的缺陷。

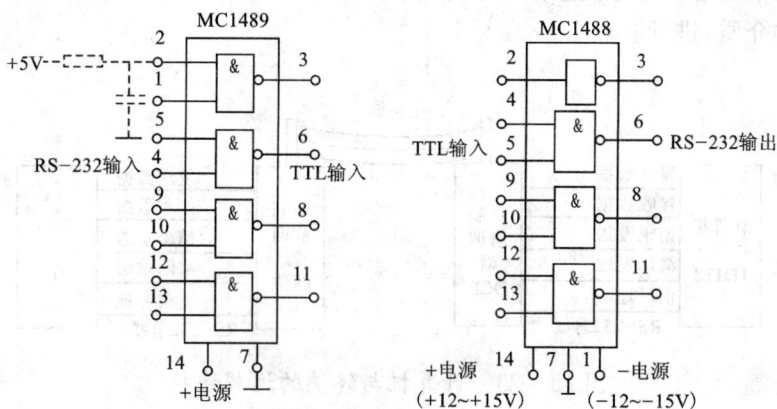

图 13-21 MC1489 总线接收器和 MC1488 总线驱动器

图 13-22 是 ICL232 实现电平转换的电路，该芯片只需 +5V 单电源供电，片内具有两路驱动器和两路接收器，详细内容可查阅产品使用手册。

(3)用 RS-232 标准总线连接系统。用 RS-232 标准总线连接系统时，首先要确定被连接设备所用的 RS-232 是按 DTE 方式连接的，还是按 DCE 方式连接的。另外，还要注意数据通信是采用近距离通信方式还是远距离通信方式。

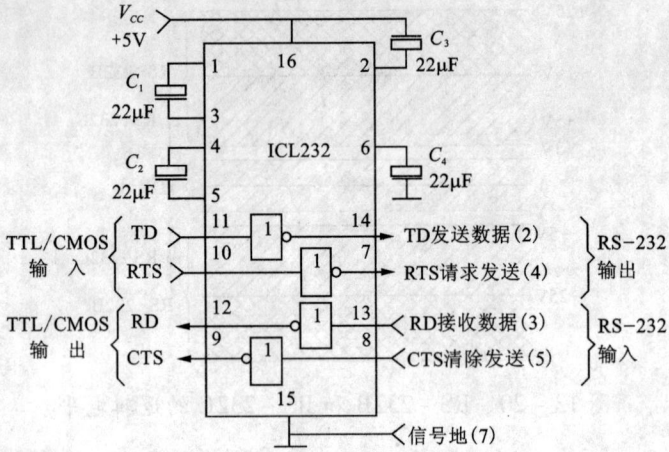

图 13 – 22 双通道 RS – 232 接口

近距离通信是指传输距离小于 15m 的通信,此时可用 RS – 232 电缆直接连接通信设备;而大于这个距离,则需采用 MODEM(调解器)经电话线(或其他传输介质)进行。

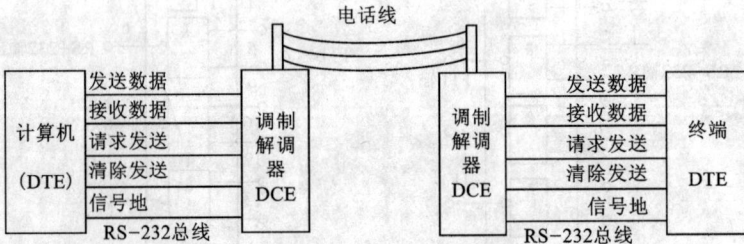

图 13 – 23 计算机与终端的远程连接

图 13 – 23 为最常用的采用解调器的远程通信连接示意图。作为通信设备之一的 MODEM,其 RS – 232 接口是按 DCE 方式连接的,而目前绝大多数微机系统的 RS – 232 接口都是按 DTE 方式连接的,因此它们接口时可采用同名引脚直连的方式,显然,这种连接既简单又方便。

当智能仪表间用 RS – 232 作近距离连接时,有两种不同的情况。若两台仪器的 RS – 232 接口,一个采用 DCE 方式连接,另一个采用 DTE 方式连接时,可将同名引脚直连,如图 13 – 24 所示。若两台仪表的 RS – 232 接口均采用 DTE

方式或 DCE 方式时，若同名引脚直连，就会像电缆连接时遇到针对针或孔对孔那样的麻烦。此时，应采取交叉连接的方式。如图 13-25 所示。图中发送数据线与接收数据线是交叉的，这就使两台设备都能正确地发送数据和接收数据。数据终端就绪线与数据装置就绪线也是交叉连接的，使得两台设备都能检测到对方是否准备好。

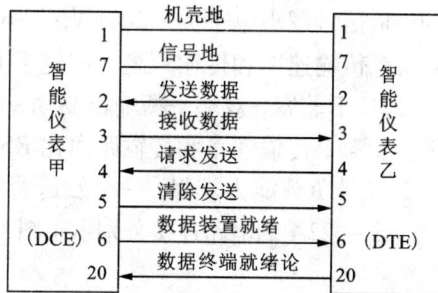

图 13-24　DTE 方式与 DCE 方式接口

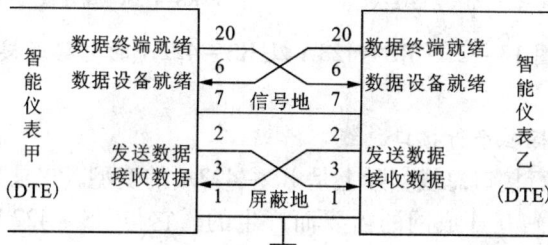

图 13-25　DTE 方式的 RS-232 接口之间的连接

　　带有采用 DTE 连接方式 RS-232 接口的两台智能仪表进行近程通信的最简单连接方式如图 13-26 所示，即发送数据线与接收数据线交叉连接，其余信号线不用。

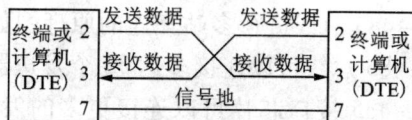

图 13-26　DTE 间连接的最简单方式

2. RS-422 串行接口总线

虽然，RS-232C 使用得很广泛，但是它存在若干固有的不足，例如：数据传输速率慢，一般低于 20kbps；传送距离短，一般局限于 15m 以内，即使采用较好的器件及优质同轴电缆，最大距离也不能超过 60m。针对上述问题，EIA 又公布了新标准 RS-422（平衡传输线）RS-423（不平衡传输线）标准。

RS-423A 与 RS-232C 兼容，单端输出驱动，双端差分接收。正信号逻辑电平为 +200mV ~ +6V，负信号逻辑电平为 -200mV ~ -6V，差分接收提高了总线的抗干扰能力，从而在传输速率和传输距离上都优于 RS-232C。

RS-422A 与 RS-232C 不兼容，双端平衡输出驱动，双端差分接收，从而使其抵御共模干扰的能力更强，传输速率和传输距离比 RS-423A 更进一步。

RS-423A 与 RS-422A 带负载能力较强，一个发送器可以带动十个接收器同时接收。RS-423A 与 RS-422A 的电路连接分别示于图 13-27(a)、(b)。

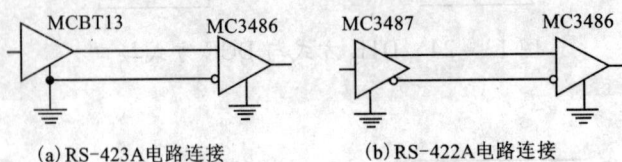

(a) RS-423A电路连接　　　(b) RS-422A电路连接

图 13-27　RS-423A 及 RS-422A 的电路连接

3. RS-485 标准串行接口总线

RS-485 串行接口总线实际上是 RS-422A 的变型，它是为了适应用最少的信号线实现多站互连成网的需要而产生的。它与 RS-422A 的不同之处在于：在两个设备相连时，RS-422A 为全双工，RS-485 为半双工，对于 RS-422A，数据传输信号线上只能连接一个发送驱动器，而 RS-485 却可以连接多个，但在某一时刻只能有一个发送驱动器发送数据。因此，RS-485 的发送电路必须由使能端 E 加以控制。

RS-485 用于多个设备互连成网十分方便，而且，它可以高速远距离传送数据。因此，许多智能仪器仪表都配有 RS-485 总线接口，它们可以联网构成分布式系统。利用 RS-485 总线进行多站互连的原理图如图 13-28 所示。在同一对信号线上，RS-485 总线可以连接多达 32 个发送器和 32 个接收器。最近几年问世的一些 RS-485 接口芯片可以连接更多的发送器和接收器，例如 128 个或 256 个。

RS-423A、RS-422A 与 RS-485 的各项性能对比列于表 13-8 中。

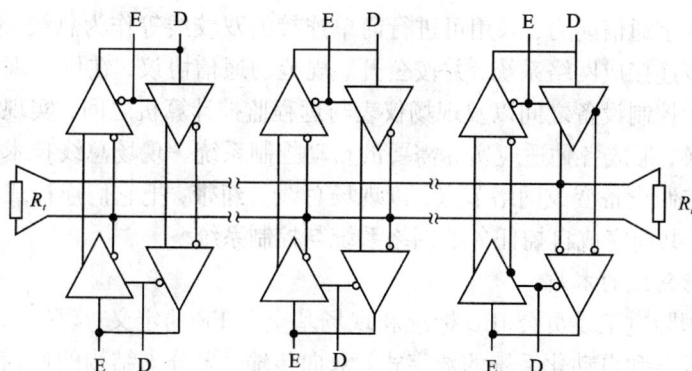

图 13-28　RS-485 总线多站互连原理图

表 13-8　RS-423A、RS-422A 与 RS-485 各项性能对比

	RS-232C	RS-423A	RS-422A	RS-485
操作方式	单端	单端输出，差分输入	差分	差分
最大传输距离	15m	600m	1200m	1200m
最大传输速率	20kbps	300kbps	10Mbps	10Mbps
可连接的台数	1 台驱动，1 台接收	1 台驱动，10 台接收	1 台驱动，10 台接收	32 台驱动，32 台接收
驱动器输出电压（无负载时）	±15V	±6V	±5V	±5V
驱动器输出电压（有负载时）	±5~15V	±3.6V	±2V	±1.5V
接收器输入灵敏度	±3V	±0.2V	±0.2V	±0.2V
接收器输入阻抗	3~7kΩ	≥4kΩ	≥4kΩ	≥12kΩ

13.3.5　现场总线技术

我国的工业控制仪表体系大体经历了 4 代：基地式气动仪表控制系统、电动单元组合式模拟仪表控制系统、集中式数字仪器仪表控制系统和集散控制系统 DCS。

随着信息技术的飞速发展，引发了自动化系统结果的变革，逐步形成了以网络集成自动化系统为基础的企业信息系统，从而形成了一种新型的网络集成式全开放和控制系统——现场总线控制系统 FCS。

现场总线技术将专用微处理器置入传统的测量控制仪表，使它们具有了数字计算和数字通信能力，采用可进行简单连接的双绞线等作为总线，把多个测量控制仪表连接成网络系统，并按公开、规范的通信协议，在位于现场的多个微机化测量控制设备之间以及现场仪表与远程监控计算机之间，实现数据传输与信息交换，形成各种适应实际需要的自动控制系统。现场总线技术把单个分散的测量控制设备变成网络节点，以现场总线为纽带，把它们连接成可以相互沟通信息、共同完成自控任务的网络系统与控制系统。

1. 现场总线的本质

根据国际电工委员会 IEC 标准和现场基金会 FF 的定义：现场总线是连接智能现场设备和自动化系统的数字式、双向传输、多分支结构的通信网络。现场总线的本质含义体现在以下 6 个方面。

(1)现场通信网络。用于过程以及制造自动化的现场设备或现场仪表互连的通信网络。

(2)现场设备互连。现场设备或现场仪表是指传感器、变送器和执行器等，这些设备通过一对传输线互连，传输线可以用双绞线、同轴电缆、光纤和电源线等，并可根据需要因地制宜地选择不同类型的传输介质。

(3)互操作性。现场设备或现场仪表种类繁多，没有一家制造商可以提供一个工厂所需的全部现场设备，所以，互相连接不同制造商的产品是不可避免的。用户不希望为选用不同的产品而在硬件或软件上花很大气力，而希望选用各制造商性能价格比最优的产品，并将其集成在一起，实现"即接即用"；用户希望对不同品牌的现场设备统一组态，构成所需的控制回路。这些就是现场总线设备互操作性的含义。现场设备互连是基本的要求，只有实现互操作性，用户才能自由地集成 FCS。

(4)分散功能块。FCS 废弃了 DCS 的输入/输出单元和控制站，把 DCS 控制站的功能块分散地分配给现场仪表，从而构成虚拟控制站。例如，流量变送器不仅具有流量信号变换、补偿和累加输入模块，而且有 PID 控制和运算功能块。调节阀的基本功能是信号驱动和执行，还内含输出特性补偿模块，也可以有 PID 控制和运算模块，甚至有阀门特性自检验和自诊断功能。由于功能块分散在多台现场仪表中，并可统一组态，供用户灵活选用各种功能块，构成所需的控制系统，实现彻底的分散控制。

(5)通信线供电。通信线供电方式允许现场仪表直接从通信线上获取能量，对于要求本地安全的低功耗现场仪表，可采用这种供电方式。众所周知，化工、炼油等企业的生产现场有可燃性物质，所有现场设备都必须严格遵循安全防爆标准。现场总线设备也不例外。

（6）开放式互连网络。现场总线为开放式互连网络，它既可与同层网络互连，也可与不同层网络互连，还可以实现网络数据库的共享。不同制造商的网络互连十分简便，用户不必在硬件或软件上花太多气力。通过网络对现场设备和功能块统一组态，把不同厂商的网络及设备融为一体，构成统一的 FCS。

2.现场总线系统的技术特点及优越性

现场总线系统在技术上具有以下特点：

（1）系统的开放性。开放性是指对相关标准的一致性、公开性，强调对标准的共识与遵从。一个具有开放性的系统，可以与任何遵守相同标准的其他设备或系统连接。这样，用户可按自己的需要，把来自不同供应商的产品通过现场总线构筑一个大小随意的开放互连系统。

（2）互可操作性与互用性。互可操作性，是指实现互连设备间、系统间的信息传送与沟通；而互用则意味着不同生产厂家的性能类似的设备可实现相互替换。

（3）现场设备的智能化与功能自治性。现场设备能完成传感测量、补偿计算、工程层处理与控制等功能，即仅靠现场设备就可完成自动控制的基本功能，并可随时诊断设备的运行状态。

（4）系统结构的高度分散性。现场总线已构成一种新的全分散性控制系统的体系结构，从根本上改变了以往 DCS 集中与分散相结合的集散控制系统体系，简化了系统结构，提高了系统的可靠性。

（5）对现场环境的适应性。工作在生产现场前端，作为工厂网络底层的现场总线，是专为现场环境而设计的，可支持双绞线、同轴电缆、光缆、射频、红外线、电力线等，具有较强的抗干扰能力，能采用两线制实现供电与通信，并可满足安全防爆要求等。

由于现场总线的以上特点，特别是现场总线系统结构的简化、投运到正常生产运行及其检修维护，都体现出优越性。现场总线系统的优越性如下：

（1）节省硬件数量与投资。由于现场总线系统中分散在现场的智能设备能直接执行多种传感、控制、报警和计算功能，因而可减少变送器的数量，不再需要单独的调节器、计算单元等，也不再需要 DCS 系统的信号调理、转换、隔离等功能单元及其复杂接线，还可以用工控 PC 机作为操作站，从而节省了一大笔硬件投资，并可减少控制室的占地面积。

（2）节省安装费用。现场总线系统的接线十分简单，一对双绞线或一条电缆上通常可挂接多个设备，出入电缆、端点、槽盒、桥架的用量大大减少，连线设计与接头校对的工作员也大大减少。当需要增加现场控制设备时，无须增设新的电缆，可就近连接在原有的电缆上，既节省了投资，也减少了设计、安装的工作员。据有关典型试验工程的测算资料表明,可节约安装费用60%。

(3)节省维护开销。由于现场控制设备具有自诊断与简单故障处理的能力,并通过数字通信将相关的诊断维护信息送往控制室,用户可以查询所有设备的运行,诊断维护信息,以便早期分析故障原因并快速排除,因此,缩短了维护停工时间;同时由于系统结构简化,连线简单,因此,可减少维护工作量。

(4)用户具有高度的系统集成主动权。用户可以自由选择不同厂商提供的设备来集成系统,不会为系统集成中不兼容的协议、接口而一筹莫展,从而使系统集成过程中的主动权牢牢掌握在用户手中。

(5)提高了系统的准确性与可靠性。由于现场总线设备的智能化、数字化,与模拟信号相比,它从根本上提高了测量与控制的精确性,减少了传送误差。同时,系统结构的简化,设备间连线的减少,现场仪表内部功能的加强,减少了信号的往返传输,提高了系统的工作可靠性。

此外,由于现场总线设备的标准化,功能的模块化,因而还具有设计简单,易于重构等优点。

3. 现场总线网络通信协议模型及特点

自20世纪80年代末以来,逐渐形成了几种有影响的现场总线技术,它们大都以国际标准化组织(ISO)规定的开放系统互联模型OSI作为基本框架,并根据行业的应用需要施加某些特殊规定后形成自己的标准,在较大范围内取得了用户及制造商的认可。开放系统互连模型是现场总线技术的基础。众所周知,OSI模型按通信功能分为7层,如图13-29所示。从连接物理媒介的底层开始,分别赋予1,2直至7层的编号,其中1至3层完成通信传送功能,4至7层完成通信处理功能。

物理层为用户提供建立、保持和断开物理连接的功能,即提供同步和双向传输流在物理媒体上的传输手段。但它并不包括物理媒体本身;数据链路层用于保证信息的可靠传送,对互连开放系统的通路实行差错控制、数据成帧、同步控制等,如采用循环冗余校验,自动请求重发等。网络层规定了网络连接的建立、维护与拆除协议,利用链路的传输功能,以及端口选择和串联功能,实现两个网络系统之间的连接。传输层可完成开放互连系统端点之间的数据传送控制,数据接收确认以及传输差错恢复。会话层的功能是按正确的顺序收发数据,进行各种对话。如实现接收处理和发送处理的交替变换,改变发信端和传送控制,在数据传送过程中给数据打上标记等。表达层用于应用层信息内容的形式变换,如提供字符代码、数据格式、控制信息、格式加密等,把应用层提供的信息变为能够共同理解的形式。应用层作为OSI模型的最高层,用于对用户的应用服务提供信息交换,为应用接口提供操作标准。与商业网中所传送的大

用户　　　　　　　　　　用户

应用层 （APPLICATION）	应用层 （APPLICATION）
表达层 （PRESNTATION）	表达层 （PRESNTATION）
会话层 （SESSION）	会话层 （SESSION）
传送层 （TRANSPIRT）	传送层 （TRANSPIRT）
网络层 （NETWORK）	网络层 （NETWORK）
数据链路层 （DATALINK）	数据链路层 （DATALINK）
物理层 （PHYSICAL）	物理层 （PHYSICAL）

物理介质

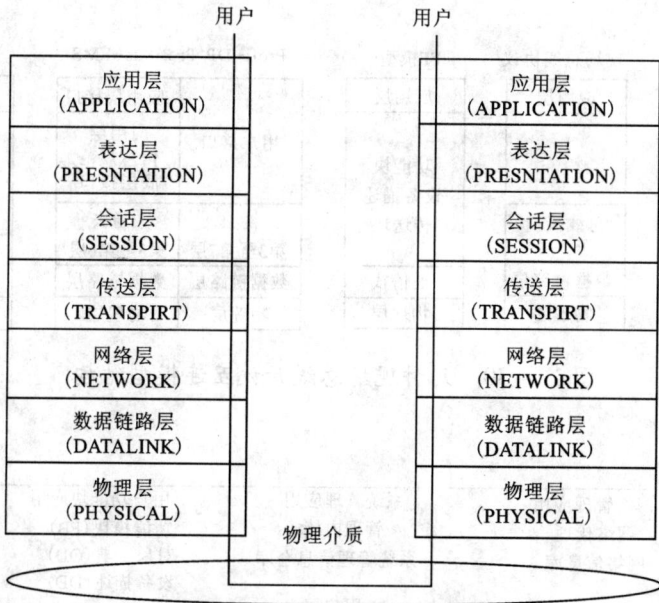

图 13 – 29　ISO/OSI 参考模型

批量数据不同，由于现场总线处在通信网络的最底层，各种生产过程所产生的数据在数据类型、运算复杂程度及其响应的紧迫性等方面相去甚远。对于实时性要求很强的数据，必须在规定的时间内处理完毕，因此现场总线的网络结构就不可能具有像 ISO/OSI 那样多的层次。图 13 – 30 给出了几种现场总线开放互连模型的结构。它们都参照了 ISO/OSI 模型，又具有如下几个各自的特点。

①协议是分层的，但层次之间的调用关系不一定像 OSI 那样严格，层次也可简化，以提高协议的工作效率。

②既要遵循 OSI 模型体系结构原则，又要考虑 FCS 的特点，满足 FCS 的特殊要求。

现场总线通信模型采用的分层结构如图 13 – 31 所示。通过图示模型完成现场总线控制系统的通信、控制和管理功能。其中物理层和数据链路层采用 IEC/ISA 标准。接口子层与应用层的任务是完成应用程序到应用进程的描述，实现应用进程之间的通信，提供应用接口的标准操作，实现应用层的开放性。

应用层有两个子层：现场总线访问子层 FAS 和现场总线报文规范子层 FMS。FAS 的基本功能是确定数据访问的关系模型和规范，根据不同要求，采用不同的数据访问工作模式。现场总线报文规范 FMS 的基本功能是面向应用服务,根据进程目标 APO,生成规范的应用协议数据单元 APDU。

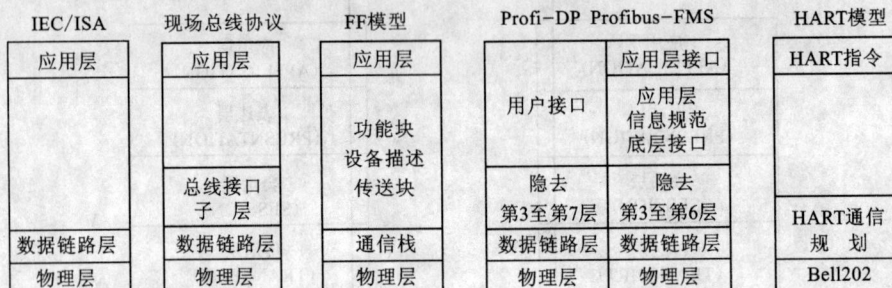

IEC/ISA	现场总线协议	FF模型	Profi-DP Profibus-FMS		HART模型
应用层	应用层	应用层	用户接口	应用层接口	HART指令
		功能块 设备描述 传送块		应用层 信息规范 底层接口	
	总线接口 子层		隐去 第3至第7层	隐去 第3至第6层	HART通信 规划
数据链路层	数据链路层	通信栈	数据链路层	数据链路层	
物理层	物理层	物理层	物理层	物理层	Bell202

图 13 – 30　几种现场总线开放互连模型结构

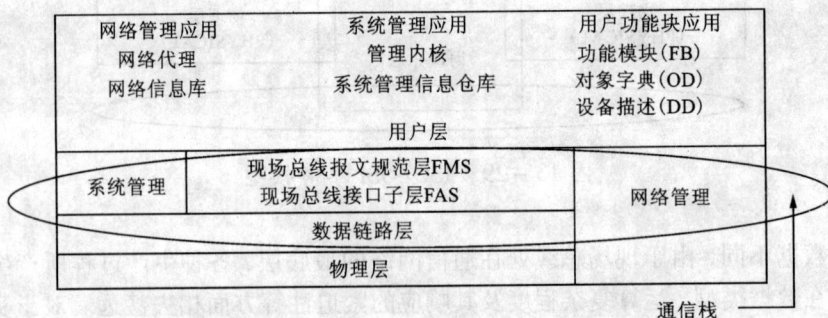

网络管理应用 网络代理 网络信息库	系统管理应用 管理内核 系统管理信息仓库	用户功能块应用 功能模块(FB) 对象字典(OD) 设备描述(DD)
用户层		
系统管理	现场总线报文规范层FMS 现场总线接口子层FAS	网络管理
	数据链路层	
	物理层	

通信栈

图 13 – 31　现场总线通信模型分层结构

4.现场总线测控网络 CANbus 简介

　　现场总线的国际标准很多,这里重点介绍 CAN 总线。CAN 最早由德国 Bosch 公司推出,最早用于汽车内部监测部件与控制部件的数据通信网络。现在已经逐步应用到其他控制领域,成为 ISO11898 标准。CAN 协议是建立在 ISO/OSI 模型基础上的,采用了 OSI 底层的物理层、数据链路层和高层的应用层。信号传输介质为双绞线。最高通信速率为 1Mbps(通信距离 40m),最远通信距离可达 10km(通信速率为 5kbps),节点总数可达 110 个。CAN 的信号传输采用短帧结构,每一帧的有效字节数为 8 个,因而传输的时间短,受干扰的概率低,每帧信息均有 CRC 校验和其他检错措施,通信误码率极低。

　　CAN 支持多主方式工作,网络上任何节点均可在任意时刻主动向其他节点发送信息,支持点对点、一点对多点和全局广播方式接收/发送数据。它采用总线仲裁技术,当出现几个节点同时在网络上传输信息时,优先级高的节点可继续传输数据,而优先级低的节点则自动停止发送,从而避免总线冲突。

　　由于 CAN 独特的设计、良好的功能和极高的可靠性,它越来越受到工业界的青睐。在国外已广泛应用于汽车、火车、船舶、机器人技术、楼宇自动化、各类机械行业、传感器及仪表自动化领域。在国内也有许多 CAN 总线产品,如各种接口卡(PC 接口卡、STID 接口卡及 PC104 接口卡)及各种采用 CAN 的数据采集/控制单元。利用这些产品,用户可方便地构成一个高可靠、高性能价格比的分布式监测与控制系统,如图 13－32 所示。

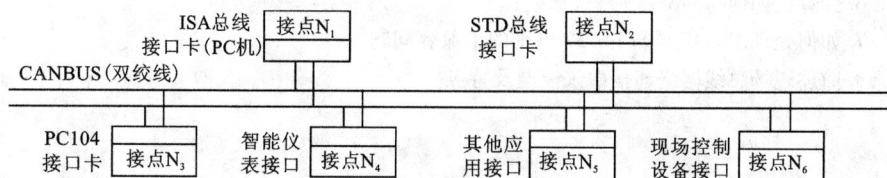

图 13－32　CAN 构成的测控网络的典型结构

　　CAN 另一个具有发展前途的领域是仪器仪表领域。国外很多大的控制设备及仪表厂商都在开发、生产采用 CAN 的智能仪器仪表设备,即将 CAN 与现场仪表作为一体,然后将这些仪表通过 CAN 网络与监控计算机互连,如图 13－33 所示。

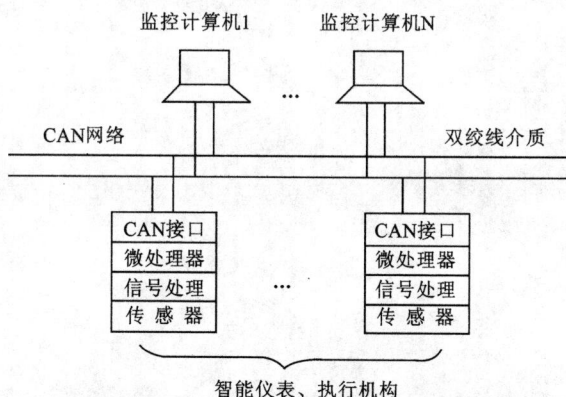

图 13－33　由智能仪表组成的 CAN 网络

复习思考题

1. A/D 与 D/A 的主要性能指标有哪些? 说明分辨率的意义。

2. 说明 A/D 与 D/A 转换在智能仪表中的作用。

3. 对于 8 位 D/A 转换器而言,若其满度输出电压为 4.98V, 电阻网络电阻 $R = 1k\Omega$, 试计算基准电压 V_{REF}。当转换二进制代码为 0F0H 时, 计算其输出电压。

4. 画出 12 位 D/A 转换器与 8 位数据总线微机系统接口原理图,并说明其工作原理。

5. 异步通信技术与同步通信技术有何不同?

6. 计算机如何与 GB – IB 总线连接?

7. 如何处理 TTL 电平与 RS232 电平的不兼容问题?

8. 简述现场总线网络通信协议模型及特点。

第 14 章 显示与接口技术

键盘、显示器和打印机等是仪表操作人员与智能仪表交换信息的主要手段，它们常被称做智能仪表中的人机对话通道。操作人员利用键盘等输入设备向智能仪表输入数据、命令等有关信息，实现对仪表的控制与管理；利用显示器或打印机等输出设备把智能仪表的测量结果或中间结果等信息显示或打印输出。因此，通常情况下，键盘、显示器和打印机等是智能仪表中不可缺少的组成部分。本章讨论智能仪表中这些人机对话通道的扩展方法及智能仪表对它们的管理方法。

14.1 键盘

键盘是若干按键的集合，键盘接口应具有如下功能：

①识键功能：即判别是否有键按下。

②译键功能：即确认哪个键被按下。

③键义分析功能：即根据按键被识别后的结果，产生相应的键值。

④去抖动功能：即消除按键按下或释放时机械触点产生的抖动。

⑤处理串键功能：即同时有一个以上的键被按下时能避免产生错误键值。

通常采用硬件与软件相结合的方法来实现键盘接口的这些功能。下面讨论与键盘接口相关的几个基本问题。

14.1.1 按键抖动的消除

目前使用的按键一般采用机械式触点。由于机械式触点的弹性作用，在按键闭合及断开的瞬间均会产生抖动现象。因此，按键过程中希望产生的矩形负脉冲，实际上变成了如图 14 – 1 所示的抖动波。图中 t_1 与 t_3 分别为按键闭合和断开过程中的抖动期（呈现一串负脉冲），抖动时间的长短与按键的机械特性有关，一般为 5 ~ 10ms。t_2 为按键稳定闭合期，其时间由操作人员的按键动作确定。显然，按键时产生的抖动会引起一次按键被多次识别的后果，必须采用有效的措施加以消除。

通常，采用两种措施来消除按键抖动。一种是硬件措施，即用 R – S 触发器或单稳态电路来消除按键抖动。但在键数较多时，会使键盘接口的硬件电路复杂化,并增加硬件成本。另一种是软件措施,即通过程序消除按键抖动。此时常用软件延时法来消除按键抖动。软件延时法是通过执行延时程序来避开按键时产生机械抖动的方法。具体做法是:在检测到有

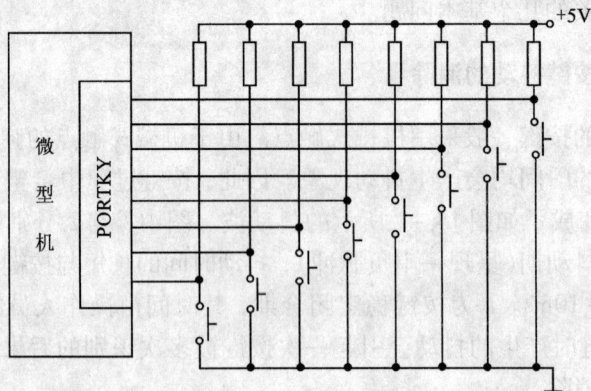

t:按键时间; t_1:闭合时间;
t_2:稳定时间; t_3:释放时间

图 14-1　按键抖动波形

键按下时,执行一个 10ms 左右的延时子程序,然后再判断与该键相对应的电平信号是否仍然保持在闭合状态,如是,则确认为有键按下。显然通过执行延时程序能避开按键闭合时的抖动期。由于键松开也有抖动,因此,如有必要也可采用类似的方法检测按键是否松开。

14.1.2　键盘的工作原理

1.独立联接式非编码键盘

这是最简单的键盘组织,每一个键相互独立,各自接通一条输入数据线,如图 14-2 所示,键未按下时,相应的数据线处于高电平,即为"1"态。当某键按下时,该键所连数据线接地,即为"0"态。因此,这类键盘的识键与译键程序十分简单。当没有键按下时,PORTKY 口的输入全为 1 (FFH);当有键按下时,输入不为 FFH,这时再判别按下的是哪一个键。这种键盘组织十分简单,但当键数量较多时,要采用多个输出口,这就不适用了。

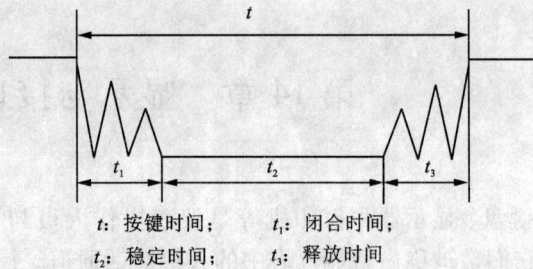

图 14-2　独立联接式非编码键盘

2. 独立联接式编码键盘

在键数较多时，可采用编码键盘，图 14－3 所示为独立式编码键盘，由 16－4 线编码电路进行编码，这样只需要 PORYKY 口中的 4 根数据线连接。编码键盘号与端口接线之间的逻辑关系如表 14－1 所示。每按一键，在 A_3、A_2、A_1、A_0 端输出相应的按键读数。这种编码器不需要扫描，因而称为静态式编码器，为加快识键的速度，可以利用图中虚线所示的电路，从各键引线通过一个与非门来产生一个信号，作为输入口的选通信号，或作为处理器的中断请求信号。

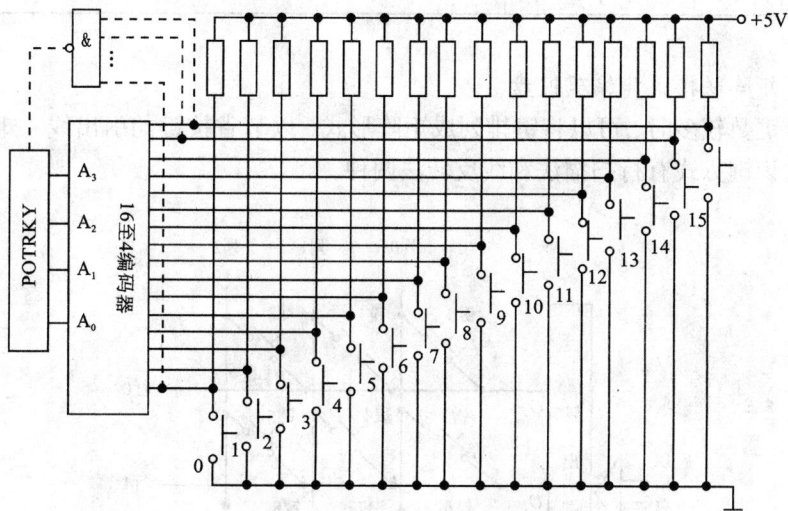

图 14－3　独立连接式编码键盘

表 14－1　编码键盘真值表

键号	A_3	A_2	A_1	A_0
0	0	0	0	0
1	0	0	0	1
2	0	0	1	0
3	0	0	1	1
4	0	1	0	0
5	0	1	0	1
6	0	1	1	0
7	0	1	1	1
8	1	0	0	0

续上表

键号	A_3	A_2	A_1	A_0
9	1	0	0	1
10	1	0	1	0
11	1	0	1	1
12	1	1	0	0
13	1	1	0	1
14	1	1	1	0
15	1	1	1	1

3. 矩阵联接式非编码键盘

在键数较多时，可以将键排列成矩阵形式，以节省按键的引出线。矩阵式键盘的识键方式有行扫描法和线反转法两种。

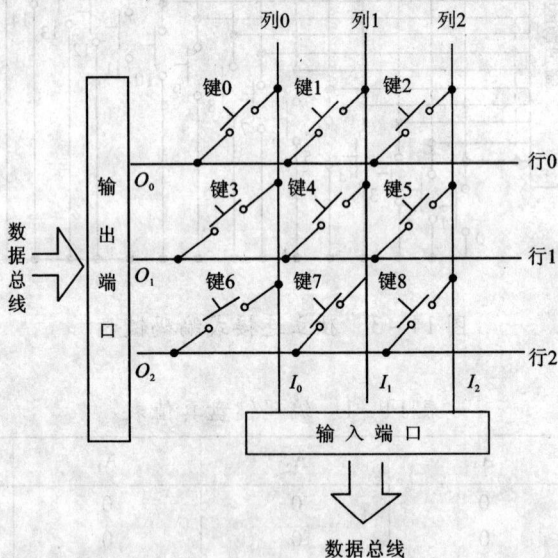

图 14 – 4　矩阵式非编码键盘原理图

（1）行扫描法。图 14 – 4 是 3 × 3 矩阵式非编码键盘的原理图。从图可以看出，该键盘分成三行三列，如果键 4 按下，则行 1 与列 1 线接通；如行 1 线接低电平，则列 1 线也将为低电平。故可采用行扫描法来判别键是否按下以及按下的键号。即先使一行线接地，然后检查列线。如果某条列线也是地电位，则可判别两线相交处的某号键已按下。假如在扫描时没有发现有列线为地电位，

则说明此行中无键按下。那么可将下一行线接地，再逐一扫描列线，直到查完
最后一行为止。

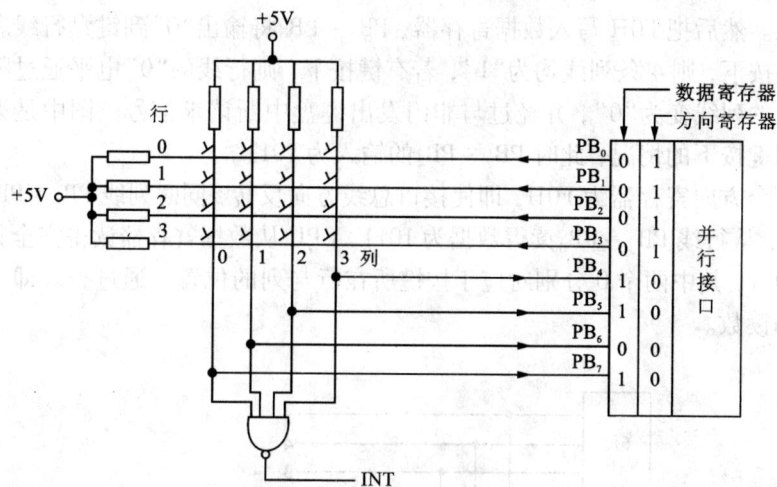

(a)行输出列输入

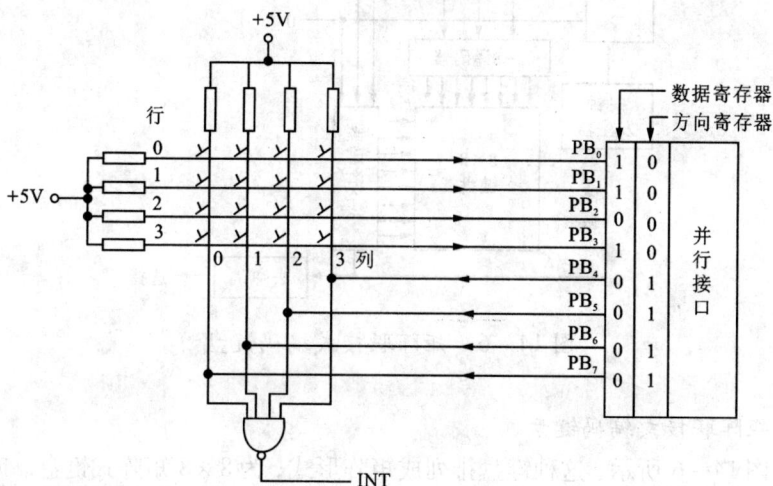

(b)行输出列输出

图 14 - 5　线反转法键盘接口

　　(2)线反转法。线反转法是借助于可编程并行口来实现的，比行扫描的速
度快，图 14 - 5 表示了一个 4 × 4 的矩阵式非编码键盘与并行接口的连接，并行
接口有一个方向寄存器和一个数据寄存器。方向寄存器规定了接口总线 PB_0 ～

PB_7的方向,寄存器的某位置"1",该位为输出,反之则为输入。具体的操作如下:

①令方向寄存器为0FH,即4条行线$PB_3 \sim PB_0$为输出,4条列线$PB_7 \sim PB_4$为输入。然后把F0H写入数据寄存器、$PB_3 \sim PB_0$将输出"0"到键盘行线。这时若无键按下,则4条列线均为"1",若有键按下,则行线的"0"电平通过闭合键使相应的列线变为"0",并经过与非门发出键盘中断请求信号。图中是第二行第一列键按下的情况,此时$PB_7 \sim PB_4$的输入为1011。

②令方向寄存器为F0H,即使接口总线方向反转,同时列线$PB_7 \sim PB_4$输出0电平,从行线$PB_3 \sim PB_0$读得数据为1011,CPU从数据寄存器读得完全数据为10111011,其中两个0分别对应于按键所在行与列的位置。通过查表即可得到按键的读数。

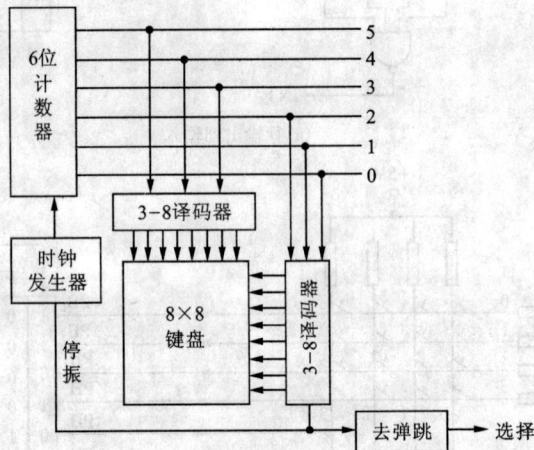

图 14 -6　矩阵联接式编码键盘

4. 矩阵联接式编码键盘

如图 14 -6 所示,这种键盘排列成矩阵形式,为 8 ×8 矩阵式键盘。时钟发生器的输出送给6位计数器进行计数。计数器的低3位经译码后进行行扫描,高3位经译码后进行列扫描,因而当扫描某列时,所有8行先后都被扫描。若没有发现键闭合,则计数器周而复始地进行计数,反复进行扫描,一旦发现键闭合,就发出一脉冲使时钟发生器停止振荡,计数器停止计数,微处理器读取计数器的内容就知道了闭合键所在的行列位置,然后从内存中查表得到按键的情况。

14.1.3　键盘信号的获取

智能仪表获取键盘信号的方法有 3 种,分述如下。

1. 程序扫描法

智能仪表通过程序用扫描的方法判别是否有键按下,在有键按下时,智能仪表根据键号转入执行相应操作。但有时智能仪表在执行相应操作后很难再回到执行扫描键盘操作,从而使智能仪表不能响应新的按键。

2. 中断扫描法

智能仪表设计成按任何键都能引起中断请求的形式。这样,当有键按下时,智能仪表响应中断并转入相应的中断服务子程序进行键盘扫描和键码分析等操作。这种方法的优点是,当没有键按下时,微处理器不必对键盘进行扫描而提高微处理器的利用率。但需独自占有一个外部中断源(如图 14 – 6 所示)。

3. 定时中断法

每隔一段时间,微处理器内部产生一定时中断,键盘扫描及键码分析在定时中断程序中完成。由于定时时间较短,操作者仍能感觉对按键响应是实时的。采用这种方法时,须在初始化程序中对定时器写入相应的命令,使之能够产生定时中断申请。

14.1.4　键盘接口的设计

前面讨论了与键盘接口设计的几个基本问题,下面讨论两个键盘接口设计的实例。

1. 采用简易 I/O 接口实现的键盘接口

图 14 – 7 是一个采用简易 I/O 接口实现的 24 键矩阵式键盘的接口电路(8 行 3 列结构),采用中断扫描法获取键盘信号。键盘的列线受系统扩展的一片 74LS273(8D 锁存器)控制,锁存器锁存的初始状态为全为零,当有键按下时引起 $INT0$ 中断。在键盘扫描服务程序中,微处理器对锁存器进行写操作,送出扫描信号,同时微处理器输入 $P_{1.0}$, $P_{1.1}$ 和 $P_{1.2}$ 根行线的信号。这样,微处理器就获得了如前所述输入—输出码,由此即可确定闭合键的键号。

2. 采用 Intel8279 可编程键盘与显示接口

当智能仪表键盘接口的键数较多时,采用简易 I/O 接口实现的键盘接口,会占用较多的 I/O 口线,加上智能仪表中的微处理器还需忙于按键扫描和键码识别,因此,会降低微处理器的工作效率。此时,可考虑采用专用集成电路来完成按键的扫描和键码的识别任务。8279 是 Intel 公司推出的通用可编程键盘和显示器接口器件,它可提供扫描信号,替代微处理器成对键盘与显示器的管

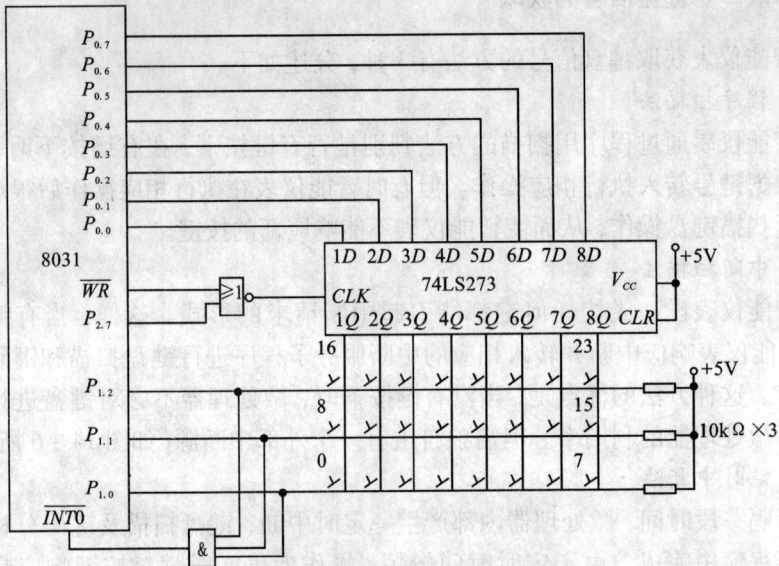

图 14 - 7　按键中断键盘接口

理。Intel8279 的主要性能如下：

①与 Intel 公司生产的多种微处理器兼容；

②能同时管理键盘与显示器；

③采用扫描方式管理键盘，有键按下时产生中断请求信号：

④具有触点去抖动的二键锁定或 N 键轮回功能；

⑤控制两个 8 位或 16 位的数字显示器按扫描方式工作；

⑥工作方式可由微处理器编程确定。

采用 Intel8279 可编程键盘接口实现的 8 × 8 键盘如图 14 - 8 所示。图中 8279 数据总线接 8031 的 P_0 口。$\overline{RD}$、$\overline{WR}$ 接 8031 的读、写信号线，$\overline{CS}$ 分别接 8031 的 $P_{2.7}$ 和 $P_{2.0}$，8031 的 ALE 信号作为 8279 的时钟。8279 采用上电自动复位方式，其中断请求 IRQ 经反相后接 8031 的外部中断 $\overline{INT1}$，键盘的反馈输入接 8279 的 $RL_0 - RL_7$。该电路采用外部译码方式，通过 $SL_0 - SL_2$ 送出编码信号经 74LS138 译码后产生扫描信号。当键盘上某按键闭合时，IRQ 线变高，经反相器向 8031 请求中断。当微处理器将 8279 缓冲器中输入的键数全部读取时，IRQ 线变为低，撤除中断。有关 8279 编程细节可参阅相关文献资料。

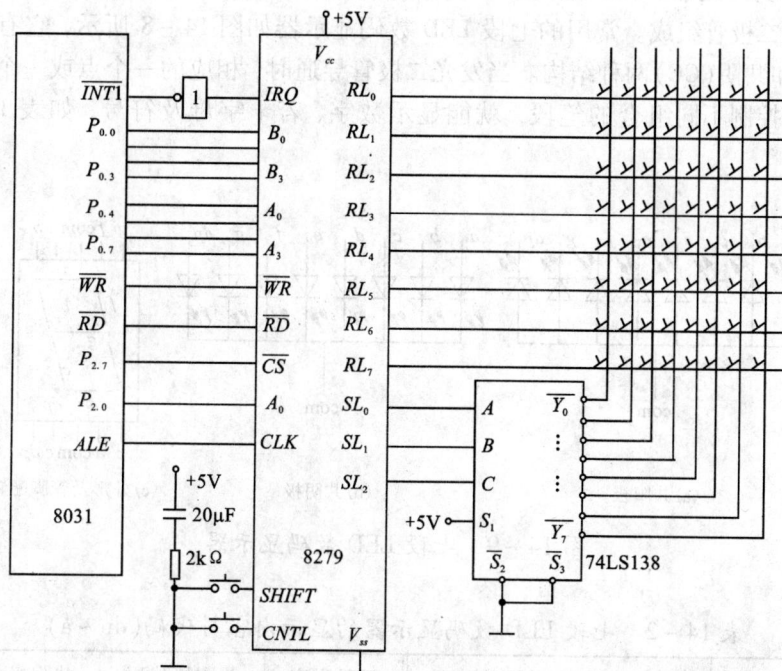

图 14 – 8 8031 经 8279 外接 8 × 8 键盘电路

14.2 显示器

14.2.1 LED 显示器

LED 是发光二极管的简称，其应用形式有多种，例如单个 LED 显示管，七段 LED 数码显示器以及点阵式 LED 字符显示器等。LED 的发光效率及颜色取决于它的制造材科，有红、黄、绿 3 种颜色。LED 显示器具有结构简单、体积小、功耗较低、响应速度较快、可靠性高及价格低廉等优点，因此，在智能仪表的人机对话通道中，常用 LED 显示器作为输出设备。

1. LED 显示器的基本结构和工作原理

LED 显示器件的基本单元均为 LED，其基本特点是：工作电压为 1.5V 左右；功耗为 150mW 左右；响应时间大致为 $1.0\mu s$；正常工作电流为 $2 \sim 20mA$ 时发光，在此电流范围之内，LED 的发光强度基本上与正向工作电流成正比。

在智能仪表中，单个 LED 显示管常用作状态指示，可用三极管或 74LS06/

07 等作为驱动器。LED 数码显示器是智能仪表中最常用的显示器,它由若干个发光二极管组成。常用的七段 LED 数码显示器如图 14-8 所示,它有共阳(CA)和共阴(CC)两种结构。当发光二极管导通时,相应的一个点或一个笔段发光。控制不同组合的笔段,就能显示数字、若干字母及符号,如表 14-2 所示。

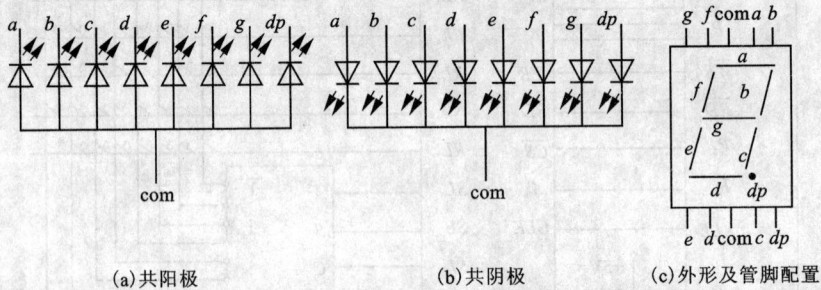

(a)共阳极　　　　　　　　(b)共阴极　　　　　　　(c)外形及管脚配置

图 14-9　七段 LED 数码显示器

表 14-2　七段 LED 数码显示器的显示内容与代码(dp~a)

显示内容	共阴极代码	共阳极代码	显示内容	共阴极代码	共阳极代码
0	3FH	C0H	b	7CH	83H
1	06H	F9H	C	39H	C6H
2	5BH	A4H	d	5EH	A1H
3	4FH	B0H	E	79H	86H
4	66H	99H	F	71H	84H
5	6DH	92H	P	73H	82H
6	7DH	82H	U	3EH	C1H
7	07H	F8H	Γ	32H	CEH
8	7FH	80H	y	6EH	91H
9	6FH	90H	8.	FFH	00H
A	77H	88H	熄灭	00H	FFH

　　智能仪表中的显示装置一般由 N 个 LED 显示器组成。常把每个数码显示器中并接的引出线称为位选线,而把组成显示内容的各段 LED 的引出线称为段选线。因此,由 N 个 LED 数码显示器组成的显示装置共有 N 根位选线和 8×N 根段选线。智能仪表中的 CPU 通过相应硬件接口使 N 个 LED 数码显示器工作在静态或动态两种显示方式。

　　(1)LED 数码显示器的静态驱动显示方式。LED 数码显示器工作在静态显示方式时，各显示器的公共阴极或公共阳极连接在一起(接电源或地)；每位的段选线与一个八位并行口相连。CPU 只要送一次与需要显示的字符所对的段选码到各个 I/O 口锁存，经驱动后显示将一直保留到下一次 CPU 重新送段选码为止。显然，显示控制方便，占用 CPU 的工作时间少，但是由于 N 位显示器要有 N×8 根 I/O 口线，因此，当位数较多时，占用 I/O 口资源较多，此时往往采用动态显示方式。

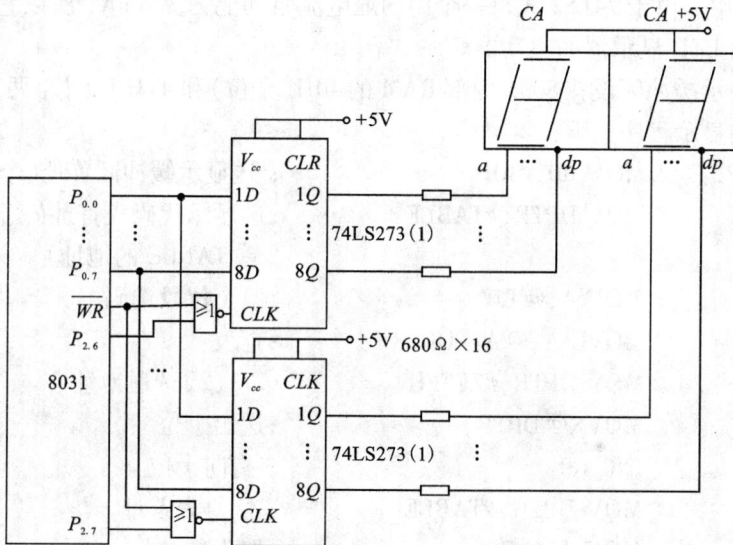

图 14 – 10　利用并口控制二位 LED 静态显示接口

(2)LED 数码显示器的动态驱动显示方式。LED 数码显示器工作在动态显示方式时，所有位的段选码并联在一起由一个 8 位 I/O 口控制，而共阴极点或共阳级点分别由另外的 I/O 口线控制。这样，8 位 LED 动态显示电路只需两个 8 位 I/O 口，一个控制段选码，一个控制位选码，由于所有的段选码皆由一个 8 位 I/O 口控制，因此，要想每位显示不同的字符，必须采用扫描方式，即在每一瞬间，段选控制 I/O 口输出与显示字符相应的段选码，位选控制 I/O 口在该显示位送出选通电平(共阴极送低电平，共阳极送高电平)。通过一位一位的轮流，使每位显示该位应该显示的字符并保持一段时间。只要对每个显示器来说，选通频率大于 50Hz，就可以造成视觉暂留效果(即人的眼睛并不会感觉显示器是闪动的)。由于动态显示时每个 LED 显示器点亮的时间不大于扫描周期的 1/N，因此，为保证动态显示时每个 LED 显示器仍能达到其单独点亮时的亮度，每段驱动电流的大小应不小于静态显示方式时的 N 倍。动态显示方式的优点是节省硬件，缺点是 CPU 须周期性地对各显示器进行扫描。

14.2.2　七段 LED 数码显示器接口设计实例

1. 七段 LED 数码显示器静态显示接口设计实例

(1)利用并行口扩展二位静态 LED 显示器。图 14-10 为利用并行口扩展二位 LED 静态显示器的实用电路。图中的 LED 显示器为共阳极结构, 8031 通过其 P_0 口并利用其 $P_{2.6}$, $P_{2.7}$ 和 $\overline{WR}$ 信号将每个 LED 显示器的段选码锁入两个 74LS273 中。由于 74LS273 每一个门的灌电流驱动能力为 8mA, 所以它们同时又可作为 LED 显示器的驱动器。

设显示缓冲区设在 8031 内部 RAM 的 40H(个位)和 41H (十位)两个单元,则相应的显示程序如下:

```
DISP1:    MOV R0,#40H              ; 送显示缓冲区首址(个位)
          MOV DPTR,#TABLE          ; 送显示代码表首址(实际为表
                                      首 TABLE 的地址)
          MOV A,@ R0               ; 取个位段选码
          MOVC A,@ A + DPTR        ; 查表
          MOV DPTR,#7FFFH          ; 273(2)选通地址
          MOVX@ DPTR,A             ; 送出个位
          INC R0                   ; 指向十位
          MOV DPTR,#TABLE          ; 恢复表首址
          MOV A,@ R0               ; 取十位数
          MOVC A,@ A + DPTR        ; 查表
          MOV DPTR,#0BFFFH         ; 273(1)选通地址
          MOVX @ DPTR,A            ; 送出十位
          RET
TABLE:    DB 0C0H,0F9H,0A4H,0B0H,99H,92H,82H,0F8H,80H,90H
```

(2)利用串行口扩展二位静态 LED 显示器。当智能仪表中 8031 的并行口不够用时, 可利用其串行口来扩展 LED 显示器, 如图 14-11 所示。74LS595 为带输出锁存的 8 位移寄存器, 其输出端灌电流驱动能力为 16mA, 因此, 若采用共阳极型 LED 显示器可不必另加驱动器。8031 的串行口工作于方式 0, 从 $P_{3.0}$ 输出显示代码, $P_{3.1}$ 送出移位脉冲;用 $P_{1.0}$ 控制 74LS595 的输出锁存端 RCK, 即在串行送出所有位的段选码后, 通过 $P_{1.0}$ 使 74LS595 的输出锁存端出现一个负脉冲, 用该脉冲的上升沿将已经变成并行的数据锁入 74LS595 的锁存器中, 显然可避免移位寄存器串行输入过程中其并行输出状态的不断变化。

图中, 74LS595 的输出允许端($\overline{G}$)始终有效(接低电平), 串行移寄存器请

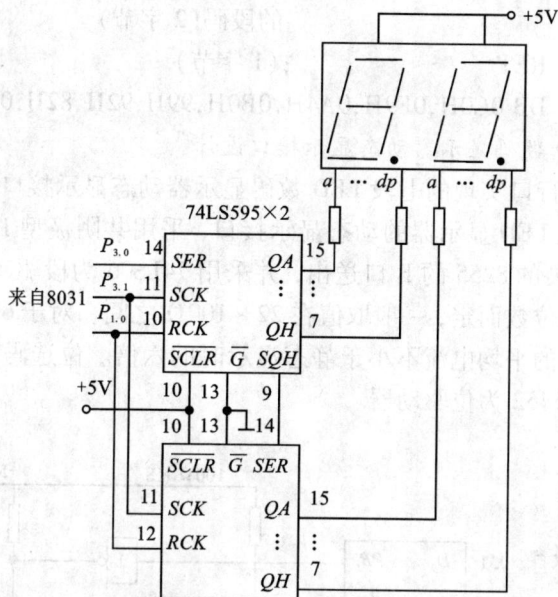

图 14-11 利用串口扩展二位 LED 静态显示接口

零端(SCLR)始终无效(接高电平)。若显示缓冲区首址设在 8031 内部 RAM 的 30H,则相应的显示程序如下:

```
DISP2:    MOV R7,#02H        ;设置显示器位数
          MOV R0,#30H        ;送显示缓冲区首址
          MOV SCON,#00H      ;初始化串行口
DISP21:   MOV A,@R0          ;取数
          ADD A,#11H         ;设置表首(DSCODE)偏移量
          MOVC A,@A+PC       ;查表(1 字节指令)
          MOV SBUF,A         ;启动串行口,发送数据(2 字节)
DISP22:   JNB T1,DISP22      ;等待 1 帧发送完毕(3 字节)
          CLR T1             ;清发送中断标志(2 字节)
          INC R0             ;(1 字节)
          DJNZ R7,DISP21     ;取下一个数(2 字节)
          CLR P1.0           ;(2 字节)
          NOP                ;(1 字节)
          NOP                ;(1 字节)
```

```
        SETB P1.0          ;595RCK 端出现负脉冲锁存已变成并行
                            的段码(2 字节)
        RET                ;(1 字节)
DSCODE: DB 0C0H,0F9H,0A4H,0B0H,99H,92H,82H,0F8H,80H,90H
```

2. 七段 LED 数码显示器动态显示接口设计

(1)通过并行口实现的七段 LED 数码显示器动态显示接口。图 14－12 所示的电路为 6 位 LED 显示器的动态显示接口,采用共阴极型 LED 显示器,段选码由 8031 扩展的 8255 的 B 口送出,并采用 74LS06 为段驱动器。限流电阻的选择,应视其位数而定,一般取值在 22～100Ω 之间。对于 6 位 LED 显示器而言,每一笔段的平均电流不小于静态显示时的六倍。位选码由 8255 的 A 口送出,并采用 75452 为位驱动器。

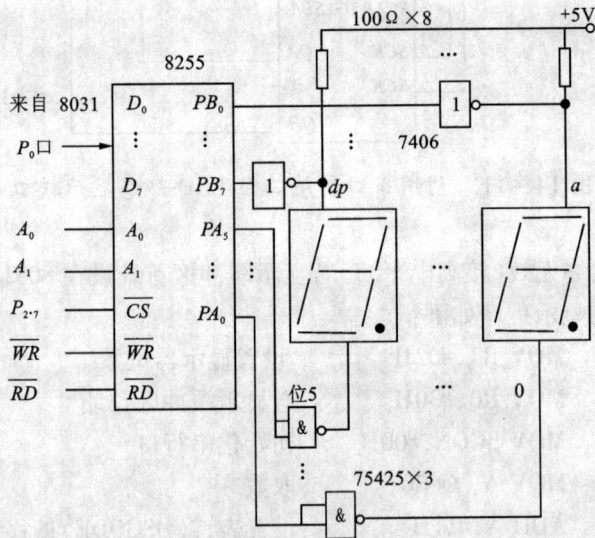

图 14－12　通过并口实现 6 位 LED 的动态显示接口

对于图 14－12 所示的电路,如果被显示的 6 位数据分别存放在 8031 内部 RAM 的 70H(最高位)至 75H(最低位)中,则动态扫描显示程序如下(设 8255 已经初始化):

```
        MOV R0,#75H        ;显示缓冲区末地址送 R0
        MOV R2,#01H        ;位选初值选择最低位
        MOV A, R2
LOOP0:  MOV DPTR,#7FFCH    ;8255A 口地址送 DPTR
```

```
            MOVX @ DPTR,A         ;送出位选码
            INC DPTR              ;DPTR 指向 8255B 口
            MOV A,#R0             ;取显示数据
            ADD A,#13             ;设置表首 DSCODE 偏移量
            MOVC A,@ A + PC       ;查表取出字形(1 字节指令)
            MOVX @ DPTR,A         ;送出段码(1 字节指令)
            ACALL DLAY            ;延时 1ms(2 字节指令)
            DEC R0               ;显示缓冲区地址减 1(1 字节指令)
            MOV A,R2             ;(1 字节指令)
            JB ACC.5,LOOP1       ;是否扫描到第六位(3 字节指令)
            RL A                 ;未到第六位,位选码左移一位(1 字节指令)
            MOV R2, A            ;(1 字节指令)
            AJMP LOOP0           ;(2 字节指令)
LOOP1：      RET                  ;(1 字节指令)
DSCODE：     OB 0C0H,0F9H,0A4H,0B0H,99H,92H,82H,0F8H,80H,90H
DLAY：       MOV R7,#02H          ;延时子程序
DLAY0：      MOV R6,#0FFH
DLAY1：      DJNZ R6, DLAY1
            DJNZ R7,DLAY0
            RET
```

(2)通过 Intel8279 实现的七段 LED 数码显示器动态显示接口。与键盘接口一样,多位七段 LED 数码显示器动态显示接口还可通过专用集成电路来实现。前面提到的 Intel8279 除了能够管理键盘外还可管理 LED 显示器。这里侧重于介绍它的显示接口功能。Intel8279 能自动实现对 LED 显示器的动态扫描,显示的位数可多达 16 位。图 14 – 13 为 8031 通过 8279 扩展一个 8 × 8 键盘和16 位动态 LED 显示器的原理图。图中 8279 的 SL0 – SL3 由 4 线 – 16 线译码器译出 16 个位选线接显示器的公共端 COM_0 – COM_{15}。B_0 – B_3、A_0 – A_3 送出 8 位段选码(B_0 为最低位,A_3 为最高位),分别接显示器的 a,b,…,dp,BD 输出可作为消除控制,显示器切换时输出低电平,经反相后接 4 线 – 16 线译码器控制端,使译码器在显示器切换时输出为全高,所有显示器熄灭,以避免段选码和位选码切换时可能造成的显示叠影。详细电路及编程信息可参考相关文献。

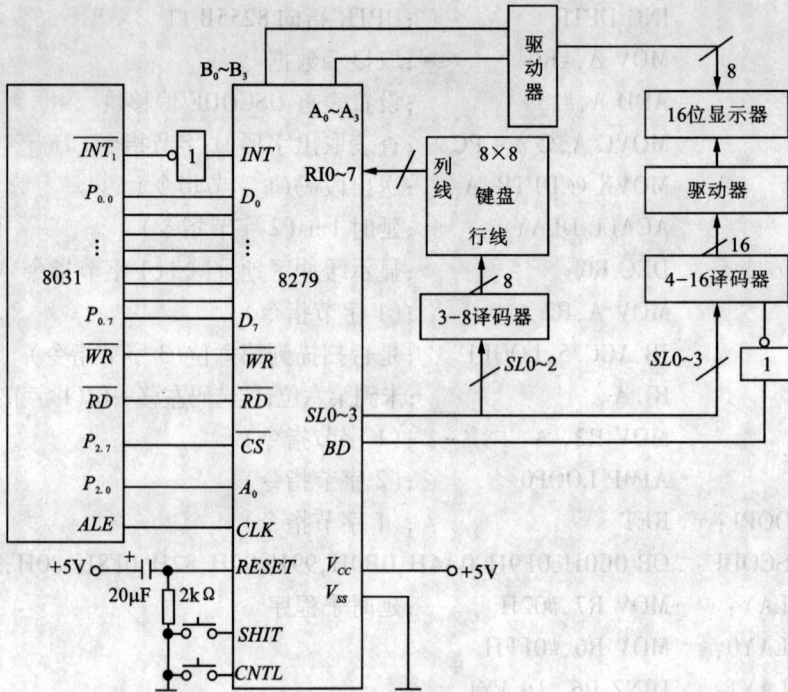

图 14 − 13 8031 与 8279 的接口逻辑图

14.2.3 点阵 LED 字符显示器接口

1. 点阵 LED 字符显示器

七段 LED 数码显示器虽然结构简单,但它能够显示的字符毕竟太少,当需显示汉字或曲线时,可考虑采用点阵 LED 字符显示器。点阵 LED 字符显示器能以点阵格式显示图文,形象逼真,适合制作各种显示屏。图 14 − 14 为 8 × 8 点阵字符显示器显示汉字"回"的图形。点阵中的每个像素(发光二极管)点亮的条件是从列线送出高电平,而从行线送出低电平(每列 LED 采用共阳接法)。使用时,仍利用视觉暂留效应,按从左至右的顺序按列扫描显示器,而从行线送出的数据使相应的发光二极管发光以显示所需内容;若要改变显示内容,只需改变行线送出的数据。

2. 采用字符发生器的点阵 LED 字符显示器接口

为节省内存,特别是为提高 CPU 的利用率,可采用专用字符发生器与 LED 点阵显示器配合使用。图 14 − 15 为 2513 型字符发生器,它可以产生 ASCII 码表中的 64 个数字及符号(包括数字 0 至 9,26 个英文大写字母及常用符号)。

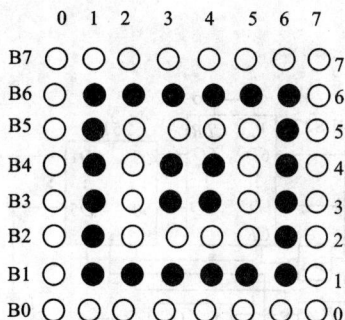

图 14-14　8×8 点阵字符显示器

2513 由如下的 4 个部分组成。

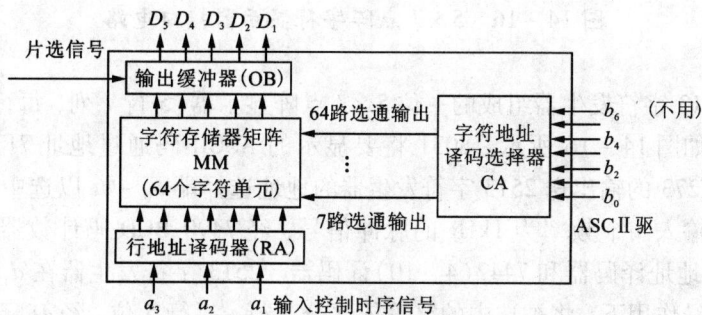

图 14-15　2513 字符发生器的原理图

①字符地址译码选择器(CA)。它是一个 6 线 - 64 线译码器,输入为 ASCII 码的低 6 位(b_5 - b_0),输出为 64 个地址选通信号,用于选择存储器矩阵中的任一个字符单元。

②存储器矩阵(MM)。它是一个 ROM 器件,内含 64 个字符单元,每个单元件包括字长为 5 位的 7 个字节,用以组成 5×7 点阵,这样每个字符共有 35 个亮点。因此器件的内存共有 64×7 =448 个单元。它可在时序电路的控制下,按被选定的地址(即被选定的 ASCII 码),依次把一个字符分 7 次输出[每次输出 1 个字节(5 位)]。

③行地址译码器(RA)。它在 3 条时序输入线控制下,依次输出 7 个选通信号送给存储器矩阵。行地址译码器每工作一个周期,就使 MM 送出一个 5×7 点阵字符。

④输出缓冲器(OB)。它在片选信号的控制下将 MM 的输出送给点阵显示器。

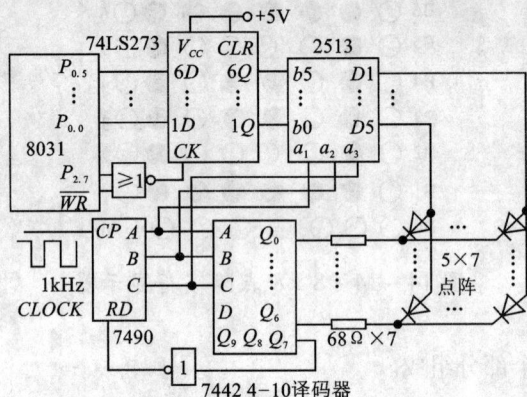

图 14 - 16　5 × 7 点阵字符显示器接口电路

由 2513 字符发生器组成的一位 5 × 7 点阵显示器(5 行 7 列,每行共阴极)接口电路如图 14 - 16 所示。8031 将要显示的 ASCII 码通过地址 7FFFH 送入 74LS273,273 的输出送 2513 字符发生器的地址选择端 $b_0 - b_5$ 以选中字符。从外部逻辑输入一个频率为 1kHz 的脉冲信号,经 7490 BCD 码计数器,分别送 2513 的行地址译码器和 7442(4 - 10)译码器。2513 字符发生器在 $a_1 a_2 a_3$ 输入的时序信号作用下,将被选中的字符依次分 7 行,每行 5 位,经 D_1 至 D_5 输出送至 5 × 7 点阵显示器的各阳极上。7442 译码器的输出端 Q_0 至 Q_6 接至点阵显示器的公共阴极以控制行的显示。Q_7 端经反相后作为 7490 的清零信号。由此可见,点阵显示器件的每个字符是从上至下分 7 行显示的。7490 与 7442 是连续工作的,而每当 2513 的输入改变时,就可使显示器更换一个字符。

14.3　LCD 显示器

由于液晶显示器 LCD 的功耗极低,抗干扰能力很强,可以直接由 CMOS 集成电路驱动,寿命达 5 万小时以上,因此广泛应用于低功耗、便携式的智能仪器仪表中。LCD 的响应时间和余辉为毫秒级,阈值电压为 3 ~ 20V,功耗为 5 ~ 100mW/cm²。

从显示原理上讲,驱动电压为交、直流均可,通常采用交流驱动。应注意交流显示频率信号的对称性,严格限制其直流分量在 100mV 以下。由于 LCD

显示器是容性负载,工作频率越高,消耗功率就越大,且对比度也变差,所以宜采用低频工作。低频下限值由人的视觉暂留特性决定,一般选用 50 ~ 100Hz,从对比度方面考虑,取方波之效果最好。

本节重点介绍 LCD 的驱动方式,LCD 的驱动方式可分为静态驱动和叠加驱动两种,驱动方式由电极引线的选择确定,即 LCD 选定,其驱动方式也就随之确定了。

14.3.1 LCD 的静态驱动方式

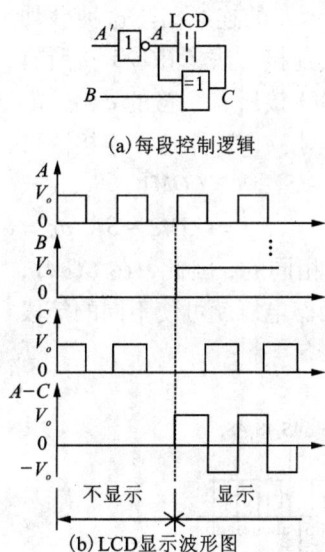

图 14 - 17 LCD 静态驱动回路　　图 14 - 18 七段 LCD 显示电路　　图 14 - 19 显示字符的 5 控制波形

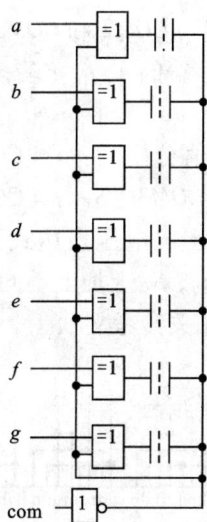

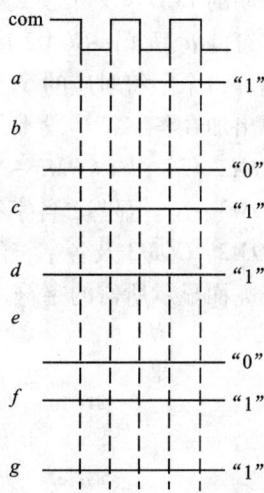

图 14 - 17 为 LCD 静态驱动方式中采用的驱动回路。图中标以 LCD 的图形符号为七段 LCD 显示器中的某一段。当该笔段上两个电极(A,C)的电压同相时,电极间的相对电压为 0,该笔段不显示;当该笔段上两个电极间的电压相位相反时,两电极间的相对电压为两倍幅值方波电压,该笔段显示。电路中使用了一个异或门,运用了异或运算的性质:某数字量与 0 异或,该数字量不变;与 1 异或,则该数字量取反。因此,在 A 处输入方波电压时,可以在 B 处对该笔段是否显示进行控制:若在 B 处输入 0,则该笔段不显示;若在 B 处输入 1,则该笔段显示。

把七个笔段的静态驱动回路合并在一起(com),就成为如图 14 - 18 所示的七段 LCD 显示电路。如果要显示 5，从 com，a，b，c，d，e，f，g 端输入的波形比如图 14 − 19 所示。

14.3.2　LCD 的叠加驱动方式

LCD 采用静态驱动方式时每个显示器的每个字段都要引出电极，所有显示器的公共电极连在一起后引出。显然，显示位数越多，引出线也越多，相应的驱动电路也越多。当显示数据增多时，为减少引出线和驱动电路，往往选用叠加驱动方式(也称时分驱动方式)。选加驱动方式通常采用电压平均法。图 14 − 20 所示为采用 1/3 偏置法驱动四位七段 LCD 显示器的连线图。这种叠加驱动的 LCD 有 3 个公共极 $COM1$、$COM2$ 和 $COM3$，其连接方法是 $COM1$ 接所有字符的 a、b 端；$COM2$ 接所有字符的 c、f、g 端；$COM3$ 接所有字符的 d、e、dp 端。每个字符对应的 $S1$ 接 b、c、dp，S_2 接 a、d、g，S_3 接 e，f。用这种连接法可得出加在各字符笔段上的电压值分别为：$a = COM1 − S_2$，$b = COM1 − S_1$，$c = COM2 − S_1$，$d = COM3 − S_2$，$e = COM3 − S_3$，$f = COM2 − S_3$，$g = COM2 − S_2$，$dp = COM3 − S_1$。显然，各字符笔段上的电压表达式是不相同的，因此，在 $COM1$，$COM2$，$COM3$ 及各字符的 S_1，S_2，S_3 上加上不同的动态电压就可使不同的笔段点亮而显示所需的字符，详见相关参考文献。

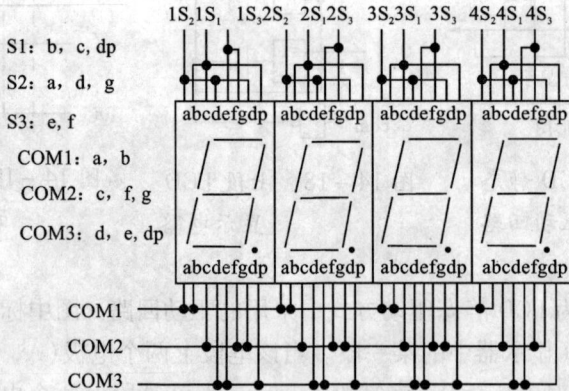

图 14 − 20　四位 LCD 显示的叠加驱动连接

14.3.3　硬件译码的 LCD 驱动接口

MC14543 是一种常用的 LCD 锁存/译码/驱动接口电路，可用于 LCD 的静态驱动方式。图 14 − 21 所示为采用 MC14543 构成的静态驱动 LCD 接口。

MCl4543 的 BI 加低电平时, A, B, C, D 端输入的 BCD 码由 LE 端输入的低电平锁存, PH 端输入方波时, 在译码笔段输出端就能输出与 PH 端同相或反相的方波, 使与之对应的液晶笔段不亮或点亮而显示相应的字符。执行以下的程序即可显示出显示缓冲区 DISB 的内容。

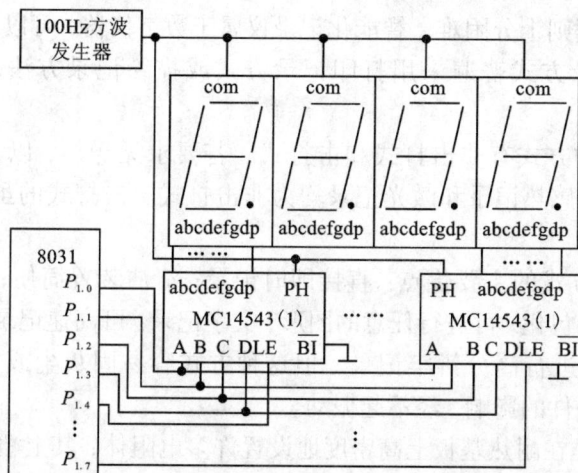

图 14 - 21　采用 MC14543 构成的静态驱动 LCD 接口

```
DISP:      MOV R0,#DISB          ; R0 指向显示缓冲区最高位
           MOV R2,#10H           ;设定最高位锁存控制标志
DISP1:     MOV A,@ R0            ;取显示数码
           ANL A,#0FH            ;保留 BCD 码
           ORL A, R2             ;加上锁存控制位
           MOV P1,A              ;送入 MC14543
           ANL P1,#0FH           ;置所有 MC14543 为锁存状态
           INC R0                ;R0 指向显示缓冲区下一位
           MOV A, R2             ;锁存端控制标志送 A
           RL A                  ;锁存控制标志循回左移
           MOV R2,A
           JNB ACC.0,DISP1       ; 4 位未显示完则继续
           RET                   ;显示内容已更新,返回
```

14.4　打印记录技术

工业上曾普遍应用模拟式记录仪表,其记录方式几乎均为指针式记录笔在记录纸上描绘曲线。这种模拟记录方式能连续表示参数变化过程,十分直观,但得到精确数据则十分困难。智能化记录仪属于数字仪器,可以提供高精确度的记录。其记录方式普遍采用打印记录方式或描绘记录方法,统称为打印方式。

打印记录的方式有非击打式和击打式。若要求无噪声,以非击打方式为宜。喷墨记录、感热记录和激光记录均为非击打式。击打式的虽然存在噪声,但仍广泛使用。

喷墨记录方式的主要优点:直接即时记录;清洁装置简便;非接触记录,无噪声;容易彩包化;可进行任意的图形、文字记录:可高速记录;可使用普通纸,成本低;能进行高分辨牢记录。但这种方式容易固灰尘或气泡而发生故障,易受环境条件的影响,经不起振动。

感热记录是在耐热基板上高密度地设置许多电阻体,其上覆以感热纸,根据所得信号有选择地在电阻体上通电,它所产生的焦耳热便在感热纸的相应位置得到记录结果。

感热记录的优点:无噪声,无须显影定影,不产生电气噪声,结构简单,成本低,记录纸便宜。但该方式记录速度不易提高,保存性较差。

激光记录是以激光作为信息载体,输入到记录材料上。激光打印机已被广泛采用。

击打式打印记录是将电信息转换为控制打印头的命令,打印头特点、线或字符打印到纸上。根据信息传输的不同可分为串式打印机与行式打印机。串式打印机从微型机那里逐个接收字符,一次打印一个字符。行式打印机有若干个打印头或若干个撞针,打印时它们同时动作,这种方法需有打印缓冲寄存器存放足够的字符信息。行式打印速度高于串式打印速度。行式打印机的接口电路,根据其获取信息形式分为串行和并行两种。由于串行接口的硬件电路较复杂,一般多使用并行接口电路。

随着单片机的广泛应用,在智能仪表的发展过程中,一些新型微型打印机是更受技术人员欢迎的记录装置。

14.4.1　点阵打印记录

1.点阵打印记录工作原理

点阵式打印方法是由若干根打印针打印出 m × n 点阵组成字符图形。通常点阵格式有 5 × 7、7 × 9、9 × 9 等几种。点阵格子越密,字符质量就越高。

点阵式打印机由印字机构、横移机构、输纸机构、色带系统及相应的控制线路所组成。打印针在印字机构上整齐地排列成一列或两列,打印针是一种特制的钢针,针头直径一般为 0.3mm 左右。印字机构安装在字车上,字车可沿水平导轨横向往复运动。色带在打印针与打印纸之间,当打印针撞击色带时,就在纸上印出一个色点,多根打印针同时撞击色带,可印出多个色点。字车从左向右移动、每移动一步,被选中的电磁铁便驱动对应的打印针,有打印动作,而未被选中的电磁铁,因无驱动电流,对应打印针不动作,这样在纸上打印出一列选中色点。然后,字车右移一步,打印第二列上若干色点。依次打印完第 n 列,完成一个字符。此后,字车右移数步,打印针不动作,实现字符间的间隙。如此,继续打印这一行的诸字符。然后,字车移到下一行的起始位置,并由输纸机构完成输纸任务后,开始打印新的一行字符。

2.点阵打印机的控制

采用单片微型机控制点阵打印动作,使智能化打印机得以实现。

由 MCS – 51 系列单片机 8031 扩展 RAM、EPROM 和并行 I/O 口等可组成控制电路。RAM 作为字符缓冲存储器、EPROM 存储打印程序并作为字符发生器。通常以点阵形式将全部字符存放在字符发生器中。

开始打印时,CPU 将要打印的一行字符顺序存入 RAM,然后,以 RAM 输出信息作为 EPROM 的地址,去寻找相应字符的代码。从字符发生器中取出该打印字符的第一列数据,经打印驱动电路控制打印针,打出若干点。然后再从字符发生器中取出第二列数据继续打印,直到从字符发生器中取出第 n 列数据,打印完最后一列为止。当 RAM 中的一行字符打印完后,CPU 将第二行字符送至 RAM,重复以上步骤,直至打印完所有信息。

下面举例说明打印控制原理。例如,对于由 7 × 7 点阵组成的字母 A,它在国标 GBl988 – 80 中的编码,用八进制表示为 101,存储在 ROM 中单元 0100 开始的连续 7 个单元里,每个均为 7 位,如图 14 – 22 所示。当从 RAM 中读出 A 时,经过地址译码,在 ROM 字符发生器里一定能找到从 0100 单元开始的连续 7 个单元地址。若在 t_1 时刻,从 ROM 中取出第 1 个数据(其十六进制数为 0FH),驱动 7 根打印针中第 4 ~ 7 根打印出四个点,在 t_2 时刻,取出第 2 个数据(其十六进制数为 10H),驱动第 3 根针打印出一个点,…,直到 t_7 时刻,取出第7个数据(其十六进制数为0FH)，驱动第4~7根针打印出4个点，于是在 t_1 至 t_7 时间内这些打印出的点阵组成字符 A 的图形。ROM 在 t_8、t_9、t_{10} 时刻停读3次，形成字符间隔。如果从时间上分析，可以假定每隔1ms 从 ROM 中读出一列数据，每隔10ms 从 RAM 中读出一个字符信息。一行字符打印完后，RAM 中所暂存的代码被读完。然后，打印机请求微处理器送来第2行数据，接着打印第2行，直到所有字符全部打印完毕为止。

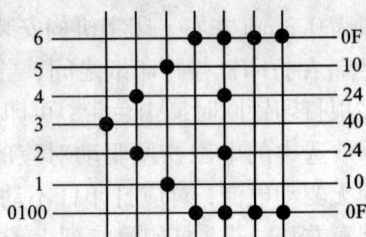

图 14-22　ROM 中字符 A 所在地址单元

3. 微型打印机应用实例

(1)GP16 微型打印机接口信号。GP16 微型打印机接口信号如表 14-3 所示。其中 $D_0 \sim D_7$ 为双向三态数据总线。它是 CPU 和 GP16 打印机之间命令、状态和数据信息传输通道。$\overline{CS}$ 是设备选择线，低电平有效。$\overline{RD}$、$\overline{WR}$ 是读写信号线，低电平有效。BUSY 是状态输出线。BUSY 输出高电平表示 GP16 为忙状态，BUSY 线可作为中断请求线，也可供 CPU 查询。

表 14-3　CP16 打印机接口信号

1	2	3~10	11	12	13	14	15	16
5V	5V	$D_0 \sim D_7$	$\overline{CS}$	$\overline{WR}$	$\overline{RD}$	*BUSY*	地	地

(2)GP16 微型打印机的命令。GP16 的命令占两个字节，格式如下：

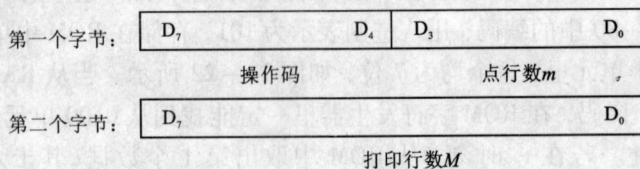

第一个字节：

D_7　　　　　　　　D_4	D_3　　　　　　　　　　D_0
操作码	点行数 m

第二个字节：

D_7　　　　　　　　　　　　　　　　　　D_0
打印行数 M

命令编码如表 14-4 所示。

表 14-4　CP16 命令编码

D_7	D_6	D_5	D_4	命令功能
1	0	0	0	空走纸
1	0	0	1	字符串打印
1	0	1	0	十六进制数据打印
1	0	1	1	图形打印

GP16 是微型机械式针打，字符行本身占 7 个点行，命令字中的点行数 m 是选择字符行之间行距的参数，若 $m=10$，则行矩为 3。命令字的第二个字节为本命令打印（或空走纸）的字符行行数。

①字符串打印。GP16 打印机的可打印字符如表 14-5 所示。

表 14-5　GP16 可打印字符编码

	代表码		代码的低半字节（十六进制）															
			0	1	2	3	4	5	6	7	8	9	A	B	C	D	E	F
ASCⅡ代码	代码的高半字节（十六进制）	0																
		1																
		2		1	"	#	$	%	&	'	(	)	*	+	,	-	.	/
		3	0	1	2	3	4	5	6	7	8	9	:	;	<	=	>	?
		4	@	A	B	C	D	E	F	G	H	I	J	K	L	M	N	O
		5	P	Q	R	S	T	U	V	W	X	Y	Z	[	/	]	↑	←
		6		a	b	c	d	e	f	g	h	i	j	k	l	m	n	o
		7	p	q	r	s	t	u	v	w	x	y	z	{	|	}	~	
		8	○	一	二	三	四	五	六	七	八	九	十	¥	甲	乙	丙	丁
		9	个	百	千	万	分	年	月	日	共	∣		∣	_	_	'	
非ASCⅡ代码		A	2	0	φ	∠	⋯		±	×									

GP16 接收到字符串打印命令后，等待主机写入字符，当接收完 16 个字符（一行）后，转入打印，打印一行需一秒左右时间。若接收到非法字符则作空格

处理,若接收到回车(0AH)作停机处理。打印完本行则停止打印。当规定的行数打印完后,GP16 停机转入空闲状态。

② 十六进制数打印。GP16 接收到数据打印命令后,把主机写入的数据字节分二次打印,先打印高4位,后打印低四位,一行打印四个字节的数据,行首为相对地址,其格式如下:

00H	××	××	××	××
04H	××	××	××	××
08H	××	××	××	××
0CH	××	××	××	××
10H	××	××	××	××

③ 图形打印。GP16 接收到主机的图形打印命令后,接收到首行图形信息(96个字节)便转入打印,把这些数据所表示的图形直接打印出来,然后再接收打印下一行的图形信息,直至规定的行数打印完为止。图形信息的传送规则如图 14 - 23 所示。

打印的点为1,空白点为0,正弦波分两次打印,先打印正半波,后打印负半波,下面为两行图形数据:

第一行:80H,20H,04H,02H,01H,02H,04H,20H,80H,00H,00H,00H,
　　　　00H,00H,00H,00H,00H,00H,00H,00H,……

第二行:00H,00H,00H,00H,00H,00H,00H,00H,00H,00H,01H,04H,
　　　　20H,40H,80H,80H,40H,20H,04H,01H,……

(3) 状态字。GP16 有一个状态字供主机查询。状态字格式如下:

D_7	D_6	D_5	D_4	D_3	D_2	D_1	D_0
错	×	×	×	×	×	×	忙

其中 D0 位为忙位。主机的写入命令或数据没有处理完时,置忙位为"1",GP16 处理自检状态时忙位也置"1";GP16 处于空闲时忙位置"0"。

D7 位为错误标志位。GP16 接收到非法命令时,D7 置"1";接收到正确命令后,D7 复位。

(4)MCS - 51 单片机和 GP16 打印机的接口程序设计。GP16 可以和 MCS - 51 单片机直接相连,其接口逻辑如图 14 - 24 所示。图中 8031 的 P2.2 连接 GP16 的$\overline{CS}$,因此 GP16 的打印机地址为 7FFFH。

8031 执行下面程序时,读取 GP16 的状态字:

```
MOV    DPTR, #7FFFH
MOVX   A, @DPTR
```

行	数位	1	2	3	4	5	6	7	8	9	10	11	12	13	14	15	16	17	18	19	20	21	22		96
1	D_0					■	■																		
	D_1				■			■																	
	D_2			■					■																
	D_3																								
	D_4																								
	D_5		■							■															
	D_6																								
	D_7	■									■														
2	D_0											■									■				
	D_1																								
	D_2												■								■				
	D_3																								
	D_4																								
	D_5													■						■					
	D_6														■			■							
	D_7															■	■								

图 14 - 23　　图形信息结构示意(正弦波)

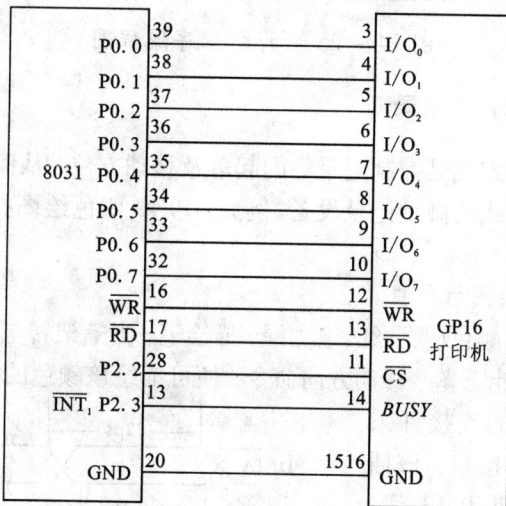

图 14 - 24　　GP16 和 8031 的接口方法

当 8031 执行如下程序段, 可将命令或数据写入 GP16:

```
MOV     DPTR, #7FFFH
MOV     A, DATA/COM
MOVX    @ DPTR, A
```

若要求以查询工作方式打印 3 行字符，则打印子程序流程图如图 14 - 25。

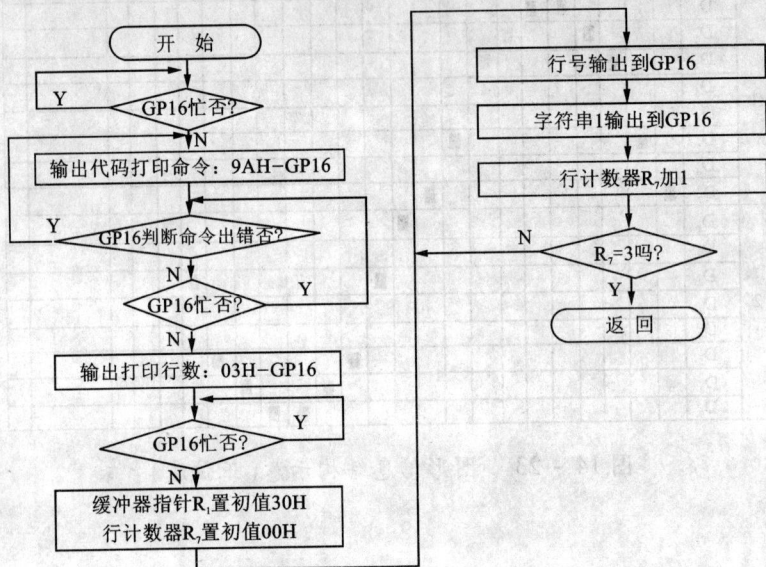

图 14 - 25　　打印程序流程图

14.4.2　绘图打印记录

绘图打印记录方式是控制记录笔的起落及移动方位，从而完成在记录纸上描绘字符与图形曲线的微型记录设备。例如：PP40 四色绘图打印机，它具有较强的绘图功能。

1. PP40 四色绘图打印机

PP40 具有 4 种颜色(黑、红、蓝、绿)描绘笔，当笔架转至 4 个不同角度，相应色笔就位，根据起、落、移动方向命令，便可描绘该颜色的字符或图形曲线。

PP40 与外部的连接件采用标准 centronics 接口，该插座上的 36 线只使用 13 线。*STROBE*(1) 选通输入线，在低电平有效时，使打印机接收数据线上的数据。DATA1 - DATA8(2 - 9)8 位并行数据输入总线，用来接收主机送来的 ASCII 码命令或数据。

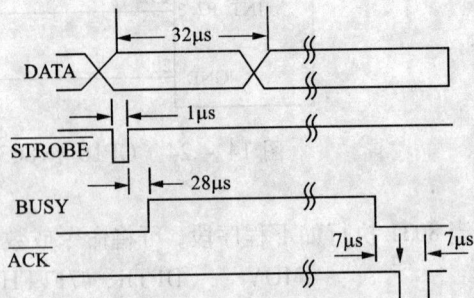

图 14 - 26　PP40 的工作时序

$\overline{ACK}$(10)响应信号输出线,在低电平有效时,表示打印机处理完已接收的数据,可以接收新的数据。BUSY(11)工作状态输出线,在高电平有效时,表示打印机处于忙碌状态,不能接收数据线上的数据。GNG(15,16)为地端。

PP40 的工作时序如图 14-26 所示。当 PP40 得到主机送来的选通信号 $\overline{STROBE}$ 后,便读取数据总线上的命令或数据,并进行打印记录,在此期间忙碌状态信号 BUSY 有效。当打印记录任务完成后,便发出 $\overline{ACK}$ 响应有效信号,向主机表示可以接收新数据。采用单片机为主机的仪表系统中,一般不必使用 $\overline{ACK}$ 信号。

PP40 在文本方式下,可以描绘所有 ASCII 字符。PP40 上电后的初始状态为文本工作方式。在文本工作方式下,如果得到主机送来的回车控制命令 CR(0DH) 和图案方式控制命令 DC2(12H),则 PP40 转变为图案工作方式。

表 14 - 6　PP40 绘图打印机字符、命令数码表

	0	1	2	3	4	5	6	7	8	9	A	B	C	D
0				0	@	P	、	p				A	δ	U
1		DC1	!	1	A	Q	a	q			à	A	∈	φ
2		DC2	"	2	B	R	b	r			à	Å	ξ	X
3			#	3	C	S	c	s			ä	E	m	v
4			$	4	D	T	d	t			é	E	θ	ω
5			%	5	E	U	e	u			ê	Ē	L	
6			&	6	F	V	f	v			è	E	K	
7			'	7	G	W	g	w			ê	I	λ	
8	BS		(	8	H	X	h	x			i	I	Y	
9			)	9	I	Y	i	y			i	O	V	
A	LF		*	:	J	Z	i	z			O	U	ε	
B	(VT)LU		+	;	K	[						Ü	Ü	O	
C			,	<	L	\	l	l			Ū	Ü	π	
D	CR	NC	-	=	M	]	m	}			U	α	ρ	
E			.	>	N	·	n	~			G	β	σ	
F			/	?	O	—	o	⊠			æ	γ	T	

PP40 的字符编码表中包括 7 个控制命令字符。回车命令 BS(08H) 使笔回到前一个字符位置,若笔已处于最左边位置,该命令失效。进纸命令 LF(0AH) 将

纸推进一行。倒退命令 LU(0BH) 将纸倒退一行。回车命令 CR(0DH) 将笔返回到最左边位置。文本方式命令 DCl(11H) 使 PP40 进入文本工作方式。图案方式命令 DC2(12H) 使 PP40 进入图案工作方式。转色命令 NC(1DH) 将笔架转动一个位置至另一颜色笔。当超过一行的字数时,PP40 自动回车并进纸一行。

　　PP40 的字符编码表见表14 - 6,其中除 ASCII 字符编码,7 个控制命令字符之外,还有希腊字符编码。

　　PP40 在图案工作方式下,可以描绘用户设计的各种颜色图案。它具有 16 种线条(虚、实线),根据相对坐标或绝对坐标,绘制出最小分辨率达 0.2mm 的图形,并能以大小 64 种规格,朝 4 个不同方向(上、下、左、右)打印出所需字符。

表 14 - 7　　PP40 打印机绘图操作命令格式

命令	格式	功能
绘线形式	$LP(P:0 \sim 15)$	实线:$P = 0$ 虚线:$P = 1 \sim 15$ 具有指定格式
重置	A	笔架返回 X 轴最左方,而 Y 轴不变,返回文字模式,并以笔架停留点作为起点
回挡	H	笔嘴升起返回起点
预备	I	以笔架位置作为起点
绘线	$Dx,y,\cdots,x_n,y_n$ $(-999 < x,y < 999)$	由现时笔嘴位置(x,y) 连线
相对绘线	$J\Delta x,\cdots,\Delta x_n,\Delta y_n$ $(-999 < \Delta x,\Delta y < 999)$	由现时笔嘴位置画一直线至相距 $\Delta x,\Delta y$ 的点上
移动	$Mx,y(-999 < x,y < 999)$	笔嘴升起,移动至坐标(x,y) 点
相对移动	$R\Delta x,\Delta y$ $(-999 < \Delta x,\Delta y < 999)$	笔嘴升起,移动至相距现时笔嘴的距离为 $\Delta x,\Delta y$ 的点上
颜色转换	$C_n(n:0 \sim 3)$	笔嘴颜色由 n 决定 0:黑色,1:蓝色,2:绿色,3:红色
字符尺码	$S_n(n:0 \sim 63)$	指定打印字符的打印尺码
字母打印方向	$Q_n(n:0 \sim 3)$	0:字头向上,1:右,2:下,3:左
打印字母	$P_0,e,\cdots C_n(n$ 无限制$)$	打印字符。C 为字符
绘轴	$X_{p,q,r}(p:0 \sim 3)$ $(q: -999 \sim 999)$ $(r:1 \sim 255)$	由现时笔架位置绘制轴线 Y 轴:$P = 0$;X 轴:$P = 1$ q:点距;r:重复次数

　　PP40 的绘图操作命令格式与功能见表14 -7。其绘图命令可分为5类:不带参数的单字符命令(A, H, I);只带一个参数的命令(L, C, S, Q);带两个参数

的命令(D, J, M 和 R 命令, 参数之间以","作为分隔符, 指令以回车 0DH 结束); P命令(用以编绘字符, 字符之间以","分隔, 以回车结束); X 命令(带 3 个参数, 用以绘制坐标及分度线, 参数之间以","分隔, 以回车结束)。X 命令实例: 当执行命令"X1, 100, 5"(将 58H, 31H, 2CH, 31H, 30H, 30H, 2CH, 35H, 0DH 写入 PP40) 以后, 可描绘出图 4 - 27 所示图形。

绘图命令的应用有下列约定:

单字符命令后可直接跟其他命令(返回文本命令除外) 例如 HJ300, - 100[CR]

一个参数的命令, 可以在参数后面加",", 后跟其他命令。例如: L2, C3, Q3, 50. M - 150, - 200[CR]。

图 14 - 27　描绘图形

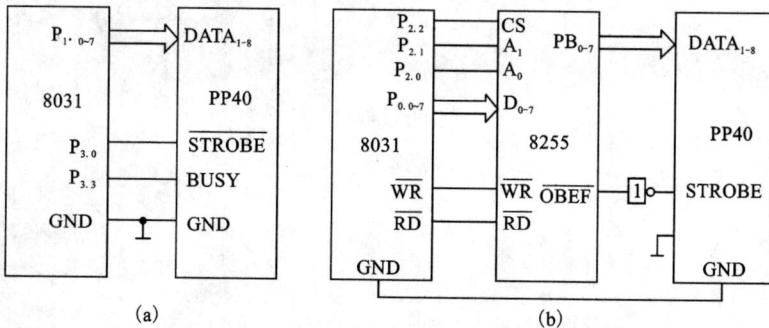

两个以上参数的命令必须以回车符结束, 不可省略。

在图案工作方式下, 将回车控制命令 CR 和文本方式控制命令 DCl 写入 PP40, 则 PP40 转变为文本工作方式。

2. PP40 的应用

采用 PP40 作为仪表装置的记录设备, 应该将 PP40 与主机进行正确连接。以 MCS - 51 系列单片机为例, 它与 PP40 的连接如图 14 - 28(a) 所示。占用单片机的 P_1 口与 PP40 数据总线相连, 由 $P_{3.0}$ 向 PP40 提供选通信号。当 PP40 工作状态信号 BUSY 为低电平, 表示空闲时, 向单片机 $P_{3.3}$ 提出中断中请 $\overline{INT_1}$。这种方法简单, 但要占用单片机口线。图 4 - 28(b) 是用 8255PB 口与 PP40 数据总线相连, 这需要加一对握手线。8255 以 B 口输出缓冲器满输出信号 $\overline{OBFB}$ 作为 PP40 的选通信号。PP40 以 BUSY 工作状态忙信号端与单片机 $\overline{INT_1}$ 相连, 以便 PP40 在处理工作完毕之后, 向主机提出中断请求索取数据信息。

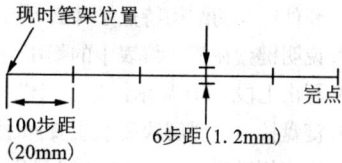

图 14 - 28　PP40 的两种连接电路

PP40 的数据总线也可以与 MCS - 51 单片机的 P_0 口相连接, 但需要增加一个锁存器。

　　电路确定之后,应根据打印任务要求,利用 PP40 的命令,进行程序设计。

复习思考题

　　1. 硬件键盘的结构特点是什么?使用时应注意什么问题?

　　2. 说明键盘在智能仪表中的作用与分类。

　　3. 写出七段 LED 显示器显示"H"字符时的共阳极代码和共阴极代码。

　　4. 键盘接口主要解决哪些主要问题?

　　5. 画出用微机的一个 8 位 I/O 口实现 4×4 矩阵键盘的线反转法识别键的硬件原理图,并说明其工作原理。

　　6. 按键去抖动有哪些方法?如何实现?

　　7. LCD 有哪两种常用的驱动方式?说明其中一种驱动方式的工作原理。

第 15 章　　智能技术

　　常用的仪器仪表，不论采用什么原理、何种结构，也不论被测参数是何种参数，一般都有一些类似的典型功能，除了其他章节介绍的典型功能外，还有诸如标度变换、非线性校正、自动测量补偿、信号滤波等典型功能。一个智能仪表性能的好坏、功能的强弱，与仪表完成这些典型功能的优劣有极大的关系。当仪表从传统型发展到智能型时，由于智能仪表内部具有微处理器，因此可以发挥软件优势来完成这些典型功能。通常把智能仪表中的微处理器完成的标度变换、非线性校正、自动测量补偿、数字滤波等称做智能仪表中的智能技术。

15.1　标度变换

　　智能仪表检测的物理量，一般均通过传感器转换为电量，再经采集系统后得到与被测量相对应的数字量。例如，测量温度时常采用热电阻或热电偶作敏感元件。若采用铂铑 — 铂（S 型）热电偶，则其输出的热电势为 0 ~ 16.71mV，经放大后对应为 0 ~ 5V 直流电压；再经 A/D 转换（假设为 8 位）转换为 00H ~ FFH 的数字量。再如，测量机械压力时，常利用压力传感器，当压力变化为 0 ~ 100N，压力传感器的输出为 0 ~ 10mV，放大为 0 ~ 5V 后进行 A/D 转换；同时也可以得到 00H ~ FFH 的数字量（假设也采用 8 位 ADC）。也就是说，在不同的智能仪表（或同一台仪表的不同通道）中，同样的数字量所代表的物理量及其值是不同的。通常采用一定的处理技术将这些数字量转换成具有不同量纲的相应物理量，这一技术常被称做标度变换（或工程变换）。

15.1.1　标度变换的原理

　　若被测物理量的变换范围为 A_0 ~ A_m 即传感器的测量下限为 A_0，上限为 A_m，物理量的实际测量值为 A_x，而 A_0 对应的数字量为 N_0，A_m 对应的数字量为 N_m，A_x 对应的数字量为 N_x，若同时再假设包括传感器在内的整个数据采集系统是线性的，则标度变换公式为：

$$A_x = A_0 + \frac{N_x - N_0}{N_m - N_0}(A_m - A_0) \tag{15 - 1}$$

也就是说，若计算机得到一个 A/D 转换结果 N_x，则就可根据上式求得相应

的被测量 A_x。

　　对于智能仪表检测的某一物理量而言，式(15 - 1) 中的 A_O、A_m、N_0、N_m 均为常数，可以事先存入计算机中。若为多参量检测，对于不同的参量，这些数字一般是不同的，如果某些参量的测量还具有多档量程，则即使是同一参量，在不同量程时，这些数值也不相同。因此，此时计算机中应存入多组这样的常数，在进行标度变换时，可根据需要调入不同的常数来计算。

　　为使程序简单，一般地，通过一定的处理使被测参数的起点 A_0 对应的 A/D 转换值 N_0 为 0，这样式(15 - 1) 就变成为：

$$A_x = A_0 + \frac{N_x}{N_m}(A_m - A_0) \tag{15 - 2}$$

　　例 1　某智能温度测量仪采用 8 位 ADC，测温范围为 100 ~ 1000℃，在某一时刻仪器采样并经过滤波和非线性校正后的数字量为 5FH，求此时的温度值为多少？

　　根据式(15 - 2)，$A_0 = 100℃$，$A_m = 1000℃$，$N_m = FFH = 255$，$N_x = 5FH = 95$

　　则：$A_x = A_0 + \dfrac{N_x}{N_m}(A_m - A_0) = 100 + \dfrac{95}{255}(1000 - 100) = 435.3(℃)$

此时的温度值为 435.3℃。

5.1.2　非线性参数的标度变换

　　式(15 - 1) 和式(15 - 2) 是线性的。实际上，许多智能仪表所使用的传感器是非线性的。此时，一般先进行非线性校正，然后再进行标度变换。但是，如果能将非线性关系表示为以被测变量为因变量，传感器输出信号为自变量的解析式时，则一般可直接利用该解析式来进行标度变换。

　　例如，利用节流装置测量流量时，流量和节流装置两边的压差之间有以下关系：

$$G = K\sqrt{\Delta P} \tag{15 - 3}$$

式中：　　G—— 流量；

　　　　　K—— 与流体的性质及节流装置尺寸有关的系数；

　　　　　ΔP—— 节流装置的压差。

　　根据上式得节流装置的标度变换关系式为：

$$G_x = G_0 + \frac{\sqrt{N_x} - \sqrt{N_0}}{\sqrt{N_m} - \sqrt{N_0}}(G_m - G_0) \tag{15 - 4}$$

式中：G_0、G_x、G_m、N_0 和 N_x 的含义与式(15 - 1) 中的对应参数类似。

15.2　　自动测量补偿

在各种智能仪表的测量过程中，测量误差是不可避免的。按照误差的基本性质和特点可将测量误差分为系统误差和随机误差两种。由于系统误差一般是有规律的，因此，可以针对具体误差情况在测量技术上采取一定的补偿措施来加以克服。本节介绍旨在消除或削弱系统误差对测量结果产生影响的一些常用而有效的测量补偿方法。

5.2.1　　零位补偿(自校零技术)

从信息角度看，智能仪表一般由信息变换、信息获取和信息处理 3 部分组成，如图 15 - 1 所示。

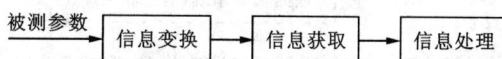

被测参数 → 信息变换 → 信息获取 → 信息处理

图 15 - 1　　智能仪表的构成

信息变换部分主要是各种传感器，其作用是将被测物理量(常为非电量)转换成电量。信息获取部分是将转换后的信号放大和数字化等。而信息处理部分是按照设计者事先规定的要求对信息进行加工处理从而得到最终的预期结果。

因此，就仪表的零位而言，可能来自传感器，也可能来自信息获取部分。下面先以减小信息获取部分的零位为例来说明零位补偿的原理。

信息获取部分的零位是整个数据采集系统的零位总和，消除此部分零位误差的原理图如 15 - 2 所示。与非零位方式相比，在硬件上增加了一个开关 S，其状态由微处理器控制。

当按下仪表的校零键时，仪表中断正常的测量过程，进入零位补偿，S 开关接通 V_z(许多仪器开机后首先自动进入该状态)。V_z 的值等于被测参数处于下限时传感器对应电压的输出值，大多数情况下，$V_z = 0$，此时微机采集的数据 N_{01} 为：

$$N_{01} = K(V_z + V_\varepsilon) \qquad (15 - 5)$$

式中：　K—— 转换系数(即总增益或标度)；

　　　　V_ε—— 输出折算到输入端的电压(零位)。

微机将此结果存入内存并将开关 S 接通传感器输出端后即完成了零位测量的任务。之后仪器转入正常的测量过程，在此过程中，仪器在每次测量后，均从采样值中减去原先存入的零位输出值 N_{01}，从而实现零位补偿。也就是说，如果此时采集的数据为 N_{02}，则：

$$N_{02} = K(V_m + V_\varepsilon) \qquad\qquad (15-6)$$

式中：V_m —— 被测参数对应的电压值，则 N_{02} 减去 N_{01} 的值 N 为：

$$N = N_{02} - N_{01} = K(V_m - V_z) \qquad\qquad (15-7)$$

显然，N 只与被测参数成正比，而与 V_ε 无关，即实现了零位补偿。

由于 V_z 是容易获得的(许多情况下 $V_z = 0$)，因此这种零位校正的原理已被广泛用于智能仪表中。

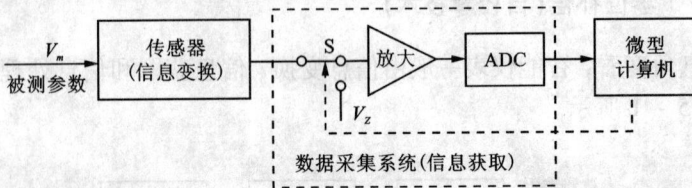

图 15 – 2　消除零位误差的原理图

15.2.2　零漂的补偿

当智能仪表的零位随仪表的运行时间的持续或运行环境的变化而变化时，说明仪表的零位发生了漂移(简称为零漂)。此时，用上述的零位补偿方法难以达到良好的补偿效果。为消除零漂对仪表测量精度的影响，应对零漂进行补偿。

当测量过程按如图 15 – 3 所示的时序进行时，图 15 – 2 所示的消除仪器的信息获取部分零位硬件线路同样可用来消除信息获取部分的零位漂移。在 t_0 时刻，开关 S 接通电压 V_z，在 $t_0 \sim t_1$ 期间等待开关 S 的稳定，在 $t_1 \sim t_2$ 期间，运行数据采集程序，在 $t_2 \sim t_3$ 期间，开关 S 接通传感器输出并等待其稳定，在 $t_3 \sim t_4$ 期间，再次运行数据采集程序，测出 N_{02}，然后将 N_{02} 减去 N_{01} 就可得到 N，即 $N = N_{02} \sim N_{01}$，N 即为该次测量值。在之后的每次测量过程中，均重复上述 $t_0 \sim t_4$ 的各个步骤，以得到新的 N 值。由于每一个 N 值的获得均扣除了在获取该 N 值时的零位，因此即使零位发生变化(即零漂)也能得到很好的补偿。

15.2.3　标度漂移补偿

标度漂移可能由传感器的特性改变引起，也可能由信息获取部分的参数变化(例如各种放大器的增益漂移)产生。智能仪表可以方便地对信息获取部分的标度漂移进行补偿(自校准技术)。下面重点介绍自校准技术。

假设被测参数处于测量下限时传感器的输出为零，则减少信息获取部分标

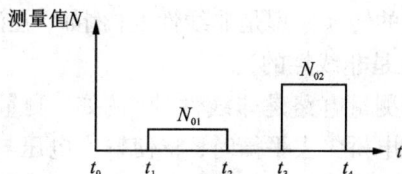

图 15 – 3　减少零漂的测量时序

度漂移的系统结构如图 15 – 4 所示。在微机控制下，多路开关 MUX 使 S_3、S_2、S_1 依次接通地、V_{REF} 和 V_x 并依次进行三次测量。

图中，V_x 为被测量电压；V_{REF} 为高精度标准电压，ε 为折算到放大器输入端的增益及漂移变化输入通道的误差。

自校准时，MUX 多路开关先接通 S_3，即输入端对地短路，此时放大器输入电压为：

$$V_{03} = G\varepsilon \qquad\qquad (15 – 8)$$

再将 S_2 接通，S_3 断开。即给定的基准电压 V_{REF} 接至放大器的输入端。此时输入电压为：

$$V_{02} = (V_{REF} + \varepsilon)G \qquad\qquad (15 – 9)$$

最后将 S_1 接通，S_2 断开，测量待测的未知量 V_x，得：

$$V_{01} = (V_x + \varepsilon)G \qquad\qquad (15 – 10)$$

综合式(15 – 8)、式(15 – 9)及式(15 – 10)得：

$$V_x = \frac{V_{01} - V_{03}}{V_{02} - V_{03}}V_{REF} \qquad\qquad (15 – 11)$$

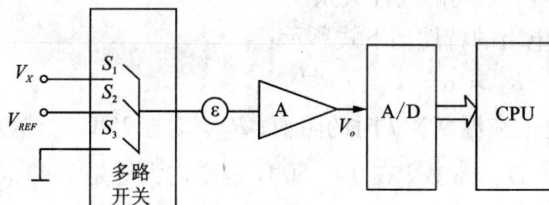

图 15 – 4　自校准原理图

15.3　非线性校正

众所周知，实际应用中的传感器绝大部分是非线性的，即传感器的输出电信号与被测物理量之间的关系呈非线性。造成非线性的原因主要有两个方面：

第一，许多传感器的转换原理是非线性的(例如，在温度测量中，热电阻及热电偶与温度的关系就是非线性的)。

第二，仪表采用的测量电路是非线性的(例如，测量热电阻所用的四臂电桥，当电阻的变化引起电桥失去平衡时，将使输出电压与电阻之间的关系为非线性)。

在以微处理器为基础构成的智能仪表中，可采用各种非线性校正算法(校正函数法、线性插值法、曲线拟合法等)，从仪表数据采集系统输出与被测量呈非线性关系的数字量中提取与之相对应的被测量，然后由CPU控制显示器接口以数字方式显示被测量，如图15－5所示。图中所采用的各种非线性校正算法均由仪表中的微处理器通过执行相应的软件来完成，显然这要比传统仪表中采用的硬件技术方便并使具有较高的精度和广泛的适应性。

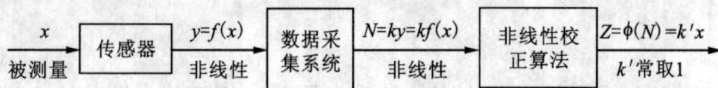

$$x \text{（被测量）} \rightarrow \boxed{\text{传感器}} \xrightarrow{y=f(x) \text{（非线性）}} \boxed{\text{数据采集系统}} \xrightarrow{N=ky=kf(x) \text{（非线性）}} \boxed{\text{非线性校正算法}} \xrightarrow{Z=\phi(N)=k'x \quad k' \text{常取1}}$$

图 15 － 5　　智能仪表中非线性校正原理框图

15.3.1　校正函数法

如果能找到传感器非线性特性的解析式，则可以利用相应的校正函数进行校正，从图15－5中可看出，被测参数 x 经过传感器后得到输出信号 y，y 再经过数据采集系统 A/D 转换得到与 y 成比例对应的数字量 N 送往计算机。N 与 x 之间不是线性关系，在计算机内，按校正函数 $z = \phi(N)$ 满足 $y = f(x)$ 的反函数，这样就可获得 z 与 x 之间的线性关系。

例如某热敏电阻的特性如下式所示：

$$R_T = \alpha \cdot R_{25℃} \cdot e^{\beta/T} \tag{15－12}$$

式中 R_T 为热敏电阻在温度为 T 时的阻值；$R_{25℃}$ 为在25℃时热敏电阻的电阻值；T 为绝对温度，α、β 为常数，在 0～50℃ 范围内大约是 1.44×10^{-6} 和 4016K。

据此特性，校正函数为：

$$z = \phi(Y) = \frac{K}{\ln(R_T) - \ln(\alpha \cdot R_{25℃})} \tag{15－13}$$

将上两式合并得：

$$z = \frac{K}{\beta/T} \frac{K}{\beta} \cdot T \tag{15－14}$$

也就是说,经过校正函数的校正作用以后,z 与 T 之间完全是线性关系。在实际应用中许多传感器很难直接找到其特性的解析式,这就要利用曲线拟合来求校正函数。

15.3.2　代数插值法

设有 $n+1$ 组离散点:$(x_0, y_0), (x_1, y_1), \cdots, (x_n, y_n)$ $x \in [a, b]$ 和未知函数 $f(x)$,并有 $f(x_0) = y_0, f(x_1) = y_1, \cdots, f(x_n) = y_n$。要找一个函数 $g(x)$,在 $x = x_i (i = 0, \cdots, n)$ 处使 $g(x_i)$ 与 $f(x_i)$ 相等。此即为插值问题,满足该条件的函数 $g(x)$ 称为 $f(x)$ 的插值函数,x_i 称为插值节点。若找到了函数 $g(x)$,则在以后的计算中在区间 $[a, b]$ 上均用 $g(x)$ 近似代替 $f(x)$。在插值法中,$g(x)$ 有多种选择方法。由于多项式是最容易计算的一类函数,一般常选择 $g(x)$ 为 n 次多项式,并记 n 次多项式为 $P_n(x)$,这种插值法就叫代数插值,也叫多项式插值。因此,所谓代数插值,就是用一个次数不超过 n 的代数多项式

$$P_n(x) = a_n x^n + a_{n-1} x^{n-1} + \cdots + a_1 x + a_0 \qquad (15-15)$$

去逼近 $f(x)$,使 $P_n(x)$ 在节点 x_i 处满足:

$$P_n(x_i) = f(x_i) = y_i \qquad i = 0, i, \cdots, n$$

对于前述 $n+1$ 组离散点,系数 $a_n, \cdots, a_1, a_0$ 应满足的方程组为:

$$\begin{cases} a_n x_0^n + a_{n-1} x_0^{n-1} + \cdots + a_1 x_0^1 + a_0 = y_0 \\ a_n x_1^n + a_{n-1} x_1^{n-1} + \cdots + a_1 x_1^1 + a_0 = y_1 \\ \vdots \\ a_n x_n^n + a_{n-1} x_n^{n-1} + \cdots + a_1 x_n^1 + a_0 = y_n \end{cases} \qquad (15-16)$$

式 $(15-16)$ 是一个含有 $n+1$ 个未知数的线性方程组,当 $x_0, x_1, \cdots, x_n$ 互异时,方程组 $(15-16)$ 有唯一解,即一定存在唯一的 $P_n(x)$ 满足所要求的插值条件。这样,只要用已知的 $(x_i, y_i)(i = 0, 1, \cdots, n)$ 去求解方程组 $(15-16)$,即可求得 $a_i(i = 0, 1, \cdots, n)$,从而得到 $P_n(x)$。此即为求出插值多项式的最基本的方法。

由于实际应用中,(x_i, y_i) 总是已知的,因此 a_i 可以先离线求出,然后按所得的 a_i 编出一计算 $P_n(x)$ 的程序。这样,对于每一个传感器输出信号的测量数值 x_i 就可近似地实时计算出被测量 $y_i [y_i = f(x_i) \approx P_n(x_i)]$。

通常,给出的离散点数总多于求解插值方程所需要的离散点数,因此,在用多项式插值方法求解离散点的插值函数时,首先必须根据所需要的逼近精度来决定多项式的次数。多项式的次数与所要逼近的函数有关,例如函数关系接近性的,可从离散点中选取两点,用一次多项式来逼近(即 $n = 1$)。接近抛物线的可从离散点中选取三点,用二次多项式来逼近(即 $n = 2$)。同时多项式次数还与自

变量的范围有关。一般地,自变量的允许范围越大(即插值区间越大),达到同样精度时的多项式的次数也较高。对于无法预先决定多项式次数的情况,可采用试探法,即先选取一个较小的 n 值,看看逼近误差是否接近所要求的精度,如果误差太大,则使 n 加 1,再试一次,直到误差接近精度要求为止。在满足精度要求的前提下,n 不应取得太大,以免增加计算时间。一般最常用的多项式插值是线性插值和抛物线(二次)插值。

1. 线性插值

线性插值是从一组数据 (x_i, y_i) 中选取两个有代表性的点 (x_0, y_0) 和 (x_1, y_1),然后根据插值原理,求出插值方程

$$P_1(x) = \frac{x - x_1}{x_0 - x_1} y_0 + \frac{x - x_0}{x_1 - x_0} y_1 = a_1 x + a_0 \qquad (15-17)$$

中的待定系数 a_1 和 a_0:

$$a_1 = \frac{y_1 - y_0}{x_1 - x_0}, a_0 = y_0 - a_1 x_0 \qquad (15-18)$$

当 (x_0, y_0)、(x_1, y_1) 取在非线性特性曲线 $f(x)$ 或数组的两端点 A, B 时(如图 15 - 6),线性插值就是最常用的直线方程校正法。

设 A, B 两点的数据分别为 $[a, f(a)]$,$[b, f(b)]$,则根据式(15 - 18)就可求出其校正方程 $P_1(x) = a_1 x + a_0$,式中 $P_1(x)$ 是 $f(x)$ 的近似表示。当 $x_i \neq x_0, x_n$ 时,$P_1(x_i)$ 与 $f(x_i)$ 一般不相等,存在误差 V_i,其绝对值为:

$$V_i = |P_1(x_i) - f(x_i)| \qquad i = 1, 2, \cdots, n-1$$

若在 x 的全部取值区间 $[a, b]$ 上始终有 $V_i < \varepsilon$(ε 为允许的校正误差),则直线方程 $P_1(x) = a_1 x + a_0$ 就是理想的校正方程。实时测量时,每采样一个 x 值,就用该方程计算 $P_1(x)$ 并把 $P_1(x)$ 当做被测量值的校正值。

当线性插值不能满足要求时,应考虑其他插值方法,如抛物线插值和分段线性插值。

2. 抛物线插值

抛物线插值(二次插值)是在一组数据中选取 $(x_0, y_0), (x_1, y_1), (x_2, y_2)$ 三点,相应的插值方程为:

$$P_2(x) = \frac{(x - x_1)(x - x_2)}{(x_0 - x_1)(x_0 - x_2)} y_0 + \frac{(x - x_0)(x - x_2)}{(x_1 - x_0)(x_1 - x_2)} y_1 + \frac{(x - x_0)(x - x_1)}{(x_2 - x_0)(x_2 - x_1)} y_2$$

$$(15-19)$$

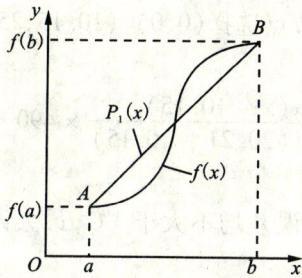

图 15 - 6　非线性特性的
直线方程校正

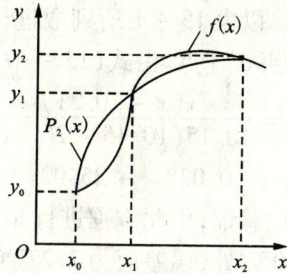

图 15 - 7　抛物线插值

3. 分段插值

分段插值有等距节点分段插值和不等距节点分段插值两类。

(1) 等距节点分段插值。这种方法是将曲线 $y = f(x)$ 按等距节点分成 N 段，每段用一个插值多项式 $P_{ni}(x)$ 来进行非线性校正($i = 1, 2, \cdots, N$)。

等距节点分段插值适用于非线性特性曲率变化不大的场合。分段数 N 及插值多项式的次数 n 均取决于非线性程度和仪表的精度要求。非线性越严重或精度越高，则 N 取大些或 n 取大些。为实时计算方便，常取 $N = 2^m$, $m = 0, 1, \cdots$, 及 $n < 2$。每段的多项式系数可离线求得，然后存入仪表的程序存储器中。实时测量时只要先用程序判断输入 x(即传感器输出数据) 位于折线的哪一段，然后取出与该对应的多项式系数，并按此段的插值多项式计算 $P_{ni}(x)$，就可求得被测物理量的近似值。

(2) 不等距节点分段插值。对于曲率变化大的非线性特性，若采用等距节点的方法进行插值，要使最大误差满足精度要求，分段数 N 就会变得很大(因为一般取 $n \leqslant 2$)。这将使多项式的系数组数相应增加，占用内存也就增加。此时更宜采用非等距节点分段插值法。即在线性好的部分，节点间距离取大些，反之则取小些，从而使误差达到均匀分布。

下面以镍铬—镍铝热电偶为例，说明这种方法的具体作用。

$0 \sim 490℃$ 的镍铬—镍铝热电偶分度表如表15 - 1。若允许的校正误差小于 $3℃$，分析能否用直线方程进行非线性校正。

取 $A(0, 0)$ 和 $B(20.21, 490)$ 两点，按式(15 - 8) 可求得 $a_1 = 24.245$, $a_0 = 0$，即 $P_1(x) = 24.245x$，此即为直线校正方程。显然两端点的误差为0。通过计算可知最大校正误差在 $x = 11.38mV$ 时，此时 $P_1(x) = 275.91$。误差为4.09℃。另外，在 $240 \sim 360℃$ 范围内校正误差均大于3℃。即用直线方程进行非线性校正

不能满足准确度要求。

现仍以表15－1所列数进行抛物线插值,节点选择(0,0),(10.15,250)和(20.21,490)3点。由式(15－19)得:

$$P_2 = \frac{x(x-20.21)}{10.15(10.15-20.21)} \times 250 + \frac{x(x-10.15)}{20.21(20.21-10.15)} \times 490$$

$$= -0.038x^2 + 25.02x$$

可以验证,用此方程进行非线性校正,每点误差均不大于3℃,最大误差发生在130℃处,误差值为2.277℃。

因此,提高插值多项式的次数可以提高校正准确度。考虑到实时计算这一情况,多项式的次数一般不宜取得过高,当多项式的次数在允许的范围内仍不能满足校正精度要求时,可采用提高校正精度的另一种方法 —— 分段插值法。

在表15－1中所列的数据中取3点(0,0),(10.15,250),(20.21,490),并用经过这3点的两个直线方程来近似代替整个表格。通过计算得

$$P_1(x) = \begin{cases} 24.63x & 0 \leqslant x \leqslant 10.15 \\ 23.86x + 7.85 & 10.15 \leqslant x \leqslant 20.21 \end{cases}$$

可以验证,用这两个插值多项式对表15－1中所列的数据进行非线性校正时,第一段的最大误差发生在130℃处,误差值为1.278℃,第二段最大误差发生在340℃处,误差为1.212℃。显然与整个范围内使用抛物线插值法相比,最大误差减小1℃。因此,分段插值可以在大范围内用较低的插值多项式(通常不高于二阶)来达到很高的校正精度。

表15－1　0～490℃镍铬—镍铝热电偶分度表

温度 (℃)	0	10	20	30	40	50	60	70	80	90
	热电势(mV)									
0	0.00	0.40	0.80	1.20	1.61	2.02	2.44	2.85	3.27	3.68
100	4.10	4.51	4.92	5.33	5.73	6.14	6.54	6.94	7.34	7.74
200	8.14	8.54	8.94	9.34	9.75	10.15	10.56	10.97	11.38	11.80
300	12.21	12.62	13.04	13.46	13.87	14.29	14.71	15.13	15.55	15.97
400	16.40	16.82	17.24	17.67	18.09	18.51	18.94	19.36	19.79	20.21

15.3.3　曲线拟合法

可以用曲线拟合法来寻找传感器的非线性传输特性,它是通过实验求取有

限对测试数据(x_i, y_i)，利用这些数据来获得近似的函数 $y' = F(x)$，并不要求 $y' = F(x)$ 的曲线通过所有的(x_i, y_i) 点，只要求 $y' = F(x)$ 反映其一般趋势，不允许出现局部波动。拟合的方法有多种，如平均法、样本函数和最小二乘法等，但应用最多的是最小误差逼近的最小二乘法。

最小二乘曲线拟合法的实质，是利用一组实测的数值(x_i, y_i)（其中 $i = 1$、$2, \cdots, n$）拟合成一条 m 次方程的有理多项式曲线 $y' = F(x)$。在曲线拟合过程中，应保证二者的均方差为最小的条件来确定多项式的系数。假设 x_i 和 y_i 分别为 N 个测试数据，它们之间存在非线性关系，且很难用准确数学方程表示，因此用 N 对实测数据表示，如表 15 - 2 所示。

表 15 - 2　N 对实测数据

x_i	x_0	x_1	x_2	x_3	$\cdots$	x_N
y_i	y_0	y_1	y_2	y_3	$\cdots$	y_N

设拟合函数：$y' = a_0 + a_1 x + \cdots a_m x^m = \sum\limits_{j=1}^{n} a_j x^j$

则标定函数 $y = f(x)$ 与拟合函数 $y' = F(x)$ 的均方差为 δ，则：

$$\delta = \sum_{i=0}^{N} [y' - y]^2 = \sum_{i=1}^{N} \left[\sum_{j=0}^{N} x^i a_j - y_i \right]^2 \qquad (15-20)$$

取均方差为最小（由于误差可能为正，也可能为负，而均方差对正负误差均有效），可以对上式求 a_j 的一阶导数，并令其为零，得：

$$\frac{d\delta}{da_j} = 2 \sum_{i=0}^{N} \left\{ \left[\sum_{j=0}^{N} a_j \cdot x^j - y_i \right] x^j \right\} = 0$$

此式相当于$(m+1)$ 元线性方程组：

$$\begin{cases} s_0 a_0 + s_1 a_1 + s_2 a_2 + \cdots + s_m a_m = t_0 \\ s_1 a_0 + s_2 a_1 + s_3 a_2 + \cdots + s_{m+1} a_m = t_1 \\ \vdots \qquad \vdots \qquad \vdots \qquad \vdots \\ s_m a_0 + s_{m+1} a_1 + s_{m+2} a_2 + \cdots + s_{2m} a_m = t_m \end{cases} \qquad (15-21)$$

上式中系数：$s_k = x_0^k + x_1^k + \cdots + x_n^k = \sum\limits_{i=0}^{N} x_i^k \qquad (15-22)$

$(k = 0, 1, 2, \cdots, 2m)$

$$t_j = x_0^j y_0 + x_1^j y_i + \cdots + x_n^j y_n = \sum_{i=0}^{N} x_i^j y_i \qquad (15-23)$$

$(j = 0, 1, 2, \cdots, m)$

根据实验数据(x_i, y_i)值,可求得系数s_k、t_j代入线性方程组,即可求得系数a_j,进而确定$y(x)$的拟合曲线方程$y'(x) = F(x)$。

实验数据被拟合的精度,和N与m的取值有很大关系。通常要求$N > m$,且m的取值愈大,逼近的精度愈高。但考虑到在微机上运算量与运算速度的限制也不宜太大,若已给定精度要求,可以用试探法寻找m值。即先假定一个m值,求出δ_i,得到y'再算出各点函数值并与给定实测值比较,若误差超过允许的误差e,则令多项式的m次方加高,再重新计算δ_i,直到求得满足的精度为止。

上述利用最小二乘拟合整个曲线的方法,在微机中获得好的效果,保证系统的精度要求和速度要求。也可以简化最小二乘法为直线最小二乘拟合法、分段直线拟合法、分段m次曲线拟合法及不等距分段拟合法,这些都可以获得非常满意的曲线拟合效果。

15.4　数字滤波技术

随机误差是由串入仪表的随机干扰引起的。随机误差是指在相同条件下测量同一量时,其大小和符号作无规则变化而无法预测,但在多次测量时符合统计规律的误差。可采用硬件或软件方法来克服随机干扰对测量的影响。前面章节提到的模拟滤波技术就是硬件方法,本节讨论软件方法 —— 智能仪表中常用的数字滤波技术。在智能仪表中,采用数字滤波技术的优点主要是:

(1) 数字滤波只是一个计算过程,无须硬件,因此可靠性高,并且不存在阻抗匹配、特性波动、非一致性等问题。模拟滤波器在频率很低时较难实现的问题,不会出现在数字滤波器的实现过程中。

(2) 只要适当改变数字滤波程序有关参数,就能方便地改变滤波特性,因此数字滤波使用时方便灵活。

本节主要讨论智能仪表中常用的滤波算法,对于专门的数字信号处理技术,应参阅其他专门书籍。

1. 克服大脉冲干扰的数字滤波法

克服由仪器外部环境偶然因素引起的突变性扰动或仪器内部不稳定引起误码等造成的尖脉冲干扰,是仪表数据处理的第一步。通常采用简单的非线性滤波法。

(1) 限幅滤波法。限幅滤波法(又称程序判别法)通过程序判断被测信号的变化幅度,从而消除缓变信号中的尖脉冲干扰。具体方法是,依赖已有的时域采样结果,将本次采样值与上次采样值进行比较,若它们的差值超出允许范围,则认为本次采样值受到了干扰,应予剔除。

设$\bar{y}_n, \cdots, \bar{y}_{n-2}$为已滤波的采样结果,若本次采样值为$y_n$,则本次滤波的结果由下式确定：

$$\Delta y_n = \mid y_n - \overline{y}_{n-1} \mid \begin{cases} \leq a, \overline{y}_n = y_n \\ > a, \overline{y}_n = \overline{y}_{n-1} \ \text{或} \ \overline{y}_n = 2\overline{y}_{n-1} - \overline{y}_{n-2} \end{cases}$$

$$(15-24)$$

式中，a 是相邻两个采样值的最大允许增量，其数值可根据 y 的最大变化速率 V_{max} 及采样周期 T 确定，即 $a = V_{max} T$。

实现本算法的关键是设定被测参量相邻两次采样值的最大允许误差 a，要求准确估计 V_{max} 和采样周期 T。

（2）中值滤波法。

中值滤波是一种典型的非线性滤波器，它运算简单，在滤除脉冲噪声的同时可以很好地保护信号的细节信息。

对某一被测参数连续采样 n 次（一般 n 应为奇数），然后将这些采样值进行排序，选取中间值为本次采样值。

对温度、液位等缓慢变化的被测参数，采用中值滤波法一般能收到良好的滤波效果。

2. 抑制小幅度高频噪声的平均滤波法

小幅度高频电子噪声主要由电子器件热噪声、A/D 量化噪声等引起。通常采用具有低通特性的线性滤波器（如算术平均滤波法、加权平均滤波法、滑动加权平均滤波法等）进行滤波。

3. 复合滤波法

在实际应用中，有时既要消除大幅度的脉冲干扰，又要做数据平滑。因此常把前面介绍的两种以上的方法结合起来使用，形成复合滤波。

去极值平均滤波算法：先用中值滤波算法滤除采样值中的脉冲性干扰，然后把剩余的各采样值进行平均滤波。连续采样 N 次，剔除其最大值和最小值，再求余下 $N-2$ 个采样的平均值。显然，这种方法既能抑制随机干扰，又能滤除明显的脉冲干扰。

4. 模拟滤波器数字化的滤波方法

下面简单介绍一个一阶模拟惯性滤波器（低通滤波器）的数字化过程。这是一种动态滤波法，其滤波算式为一阶惯性环节的传递函数，即：

$$\frac{Y(S)}{X(S)} = \frac{1}{T_F S + 1}$$

由上式得：

$$T_F \frac{dY(t)}{dt} + Y(t) = X(t)$$

将其变为差分方程：$\dfrac{T_F [Y(K+1) - Y(K)]}{T} = X(K) - Y(K)$

变换后得：
$$Y(K) = (1 - \beta) \cdot Y(K - 1) + \beta X(K - 1)$$
其中，
$$\beta = \frac{T}{T_F}$$

一阶惯性滤波算法对周期性干扰具有良好的抑制作用，适用于波动频率高的参数滤波；其不足之处是相位滞后，灵敏度低，滞后的相位取决于 β 值的大小。

复习思考题

1. 什么是标度变换技术?并举例说明。
2. 简要说明传统仪表和智能仪表实现非线性校正时的主要区别。
3. 什么是代数插值法?简述线性插值和抛物线插值是如何进行的。
4. 什么是线性拟合法?如何利用最小二乘法来实现多项式拟合?
5. 以仪表信息获取部分为对象,说明自校零技术和自校准技术的实现方法。
6. 与硬件滤波器相比,采用数字滤波器有何优点?
7. 常用的数字滤波算法有哪些?说明各种滤波算法的特点和使用场合。

第4篇　自动化仪表控制及抗干扰技术

第 16 章　工业自动化仪表控制技术

自动化仪表的概念及结构形式,已在第 1 章中作了简单介绍。利用自动化仪表可灵活构成各种类型的生产过程控制系统,满足各种生产工艺的需要。随着科学技术和生产的发展,自动化仪表与计算机紧密结合,形成智能化仪表,对生产的发展发挥更大的作用。

众所周知,从自动化仪表的组成来看基本上有检测仪表、调节器、执行器3 类,有些环节在前面的章节中已有详细阐述,这里就不重复。本篇除介绍典型的执行器外,还重点阐述自动化仪表控制的各类控制系统。

16.1　自动化仪表控制系统中的执行器

执行器实质上是根据调节器输出,控制输入被控对象能量大小的装置,利用它能改变对象被调量的一类自动化仪表。在生产过程仪表控制系统中,操作量多数是一些原料流量,因此操作量多数是些物质流量,而操作物质流量的机构一般又采用阀门。采用阀作为执行器也是这类系统不同于其他控制系统的一个特点。此外,也有少数采用电能为操作量,如电炉、电镀、电解等,此时常用可控硅及可控硅触发器作为执行器,这里就不介绍它了。

根据执行器机构使用的能源种类,执行器可分为气动、电动、液动 3 种。气动执行器具有结构简单,工作可靠,价格便宜,维护方便,适用于防火防爆等优点。电动执行器的优点是能源取用方便,信号传输速度快和传输距离远,缺点是结构复杂、价格贵。液动执行器的特点是推力最大,缺点是结构复杂,辅助设备多等。目前工业中普遍使用的是前两种。

16.1.1　气动执行器

图 16 - 1 是一个典型的气动执行器的结构示意图。图中上部分为执行机构,是产生推力的薄膜式执行机构。当输入气压信号(标准气压信号为 $0.2 \sim 1 \text{kg/cm}^2$ 或 $0.4 \sim 2 \text{kg/cm}^2$)进入薄膜气室时,在膜片上产生向下推力,此推力压缩弹簧的作用力,使阀杆产生向下位移,即为执行机构的输出,这个动作直至弹簧的反作用力与薄膜上的推力平衡为止。薄膜面积的大小,不仅决定了产生的推力大小,还决定了气室大小,前者决定了该执行机构的静态传递系数,后

者决定了气室充气时间，即决定
了该执行机构的一阶滞后特性的
时间常数。不同系统选择适当的
薄膜大小的执行机构，可使它既
不影响系统动特性（即可近似为比
例特性看待），又可满足系统静特
性要求。此外，在选用气动执行
器时，还需注意其气管长短，因为
它要引起纯滞后时间。

下部分为调节阀部分，主要
由阀杆、阀体、阀芯、阀座等部件
组成。当阀芯在阀体内上下移动
时，可改变阀芯座间的流通面积，
控制通过阀的流量。这种气动执
行机构，当输入的信号气压增加
时，阀门开度减小，并趋向关闭。
关于调节阀的特性，由于它是一
个刚体联接件，因此动特性总可
看成比例环节，而阀的静特性是
指其输入位移（即阀门开度）和输
出流量之间的静态关系。

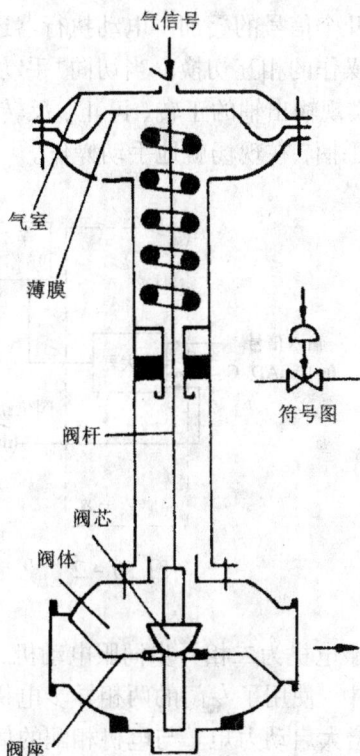

图 16-1　气功薄膜调节阀结构示意图

16.1.2　电动执行器

以电动执行机构操纵的执行器称为电动执行器，如图 16-2 所示。电动执
行器的输入量规定为 0~10mA(DC) 或 4~20mA(DC)，将其转换成相应的输出
轴角位移或直线位移，去操纵调节机构，以实现自动调节。从图看出，它是采
用位置随动系统的反馈方式来构成，从调节器来的信号通过伺服放大器去驱动
电动机，经减速器输出轴位置，同时经位置发送器将轴位置信号反馈给伺服放
大器，组成位置随动系统，依靠位置负反馈，保证输入信号准确地转换为伺服
电机带动的减速器轴位移。伺服电动机是执行机构的动力装置，将电功率变为
机械功率，电信号变为角转速，减速器将角转速、小力矩转换为角位移、大力
矩的输出。位置发生器的作用是输出一个与执行机构输出轴位移成比例的电信
号，一方面可借电流表来指示轴位置，另一方面作为位置反馈信号反馈至放大
器输入端，与输入信号叠加。伺服放大器有三个输入通道和一个反馈通道，可

以满足几个信号的叠加。电动执行器还具有手动操作器,通过它实现自动操作和手动操作的相互切换。当切向"手动"位置时,可利用按钮开关直接控制伺服电机,实现输出轴的正转、停止、反转 3 种状态的遥控操作。还可以转动执行器上的手柄,在现场就地手动操作。

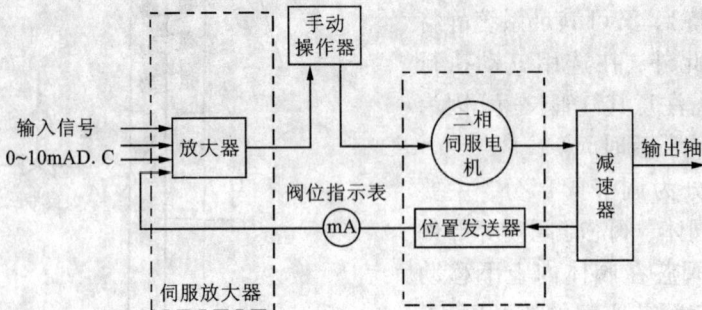

图 16-2 电动执行机构方块图

伺服电机为二相异步伺服电动机,在国产 DDZ-Ⅱ型电动单元组合仪表的执行器中,使用了专门的两相异步电机,采取增大转子电阻的方法,减小启动电流,增大启动力矩。与电机相配的伺服放大器典型电路如图 16-3 所示。

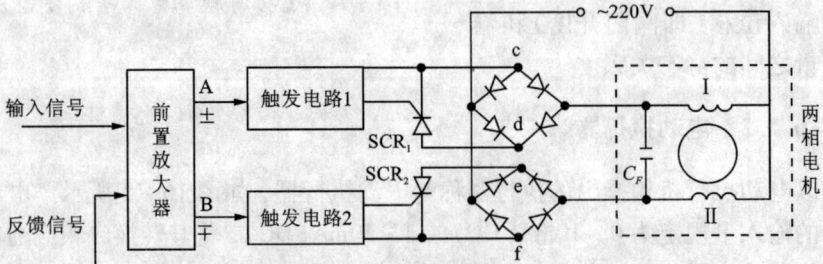

图 16-3 伺服放大器的原理示意图

电动执行器中一般使用两位式输出的伺服放大器,电机可能工作于长期堵转状态而不致因温升过高而烧毁。从图看出,它由前置放大器和可控硅驱动电路两部组成,前者是一个增益很高的放大器,在其输出端 A、B 两点均能产生两位式的输出电压,例如 A(+)、B(-)时,触发器 2 被截止,可控硅 SCR_2 不通,而由触发电路 1 连续地发出一系列触发脉冲,使 SCR_1 完全导通。由于 SCR_1 直接在二极管桥式整流器两个对应顶点,它的导通使整流桥的 c、d 两端近于短接,故 220V 交流电压直接接到伺服电机的绕组 I,同时经分相电容 C_F 加到绕组 II 上,这样,II 中的电流相位比绕组 I 超前 90°,形成旋转磁场,使电机朝一个方向转动。若相反,A(-)、B(+),则电机反转,这是因为两绕组所形成的旋转磁场方向反了的缘故。由于前置放大器的增益很高,只要偏差信号大于某一不灵敏区,触发电路便可使可控硅完全导通,电动机以全速转动,因此这里可控硅起的是灭触点开关的作用。当 SCR_1 和 SCR_2 都不导电时,伺服电机不转。

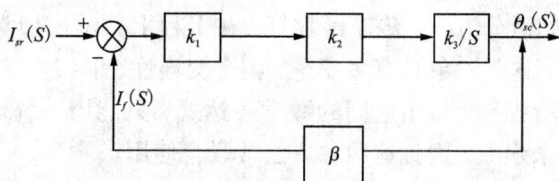

图 16 - 4 电动执行机构动态方块图

与图 16 - 3 方块图对应的动态方块图(传递函数)如图 16 - 4 所示。为了简化起见,可把电动机近似为一个比例环节 k_2,前置放大器放大倍数 k_1,位置发送器为无惯性环节 β,而减速比较大的减速箱是将转速变换为位置(角度),因此,相当于积分环节。从图 16 - 4 可知,整个电动执行器的传递函数 $W_E(S)$ 为:

$$W_E(S) = \frac{Q_{sc}(S)}{I_{sr}(S)} = \frac{k_1 k_2 \cdot \dfrac{k_3}{S}}{1 + k_1 k_2 \cdot \dfrac{k_3 \beta}{S}} = \frac{\dfrac{1}{\beta}}{\dfrac{S}{k_1 k_2 k_3 \beta} + 1} = \frac{K_E}{T_E S + 1} \qquad (16 - 1)$$

式中,
$$T_E = \frac{1}{k_1 k_2 k_3 \beta} \qquad (16 - 2)$$

T_E 为时间常数,一般为数秒至几十秒。$k_E = 1/\beta$,为放大系数。

式(16 - 2)表明,电动机执行器实质上是一个惯性环节。

16.2 生产过程被控对象的数学模型

众所周知,生产过程仪表控制系统的品质是由对象、控制部分的各类自动化仪表、调节器和系统的结构等因素决定。若要改善系统特性,则必须根据不同的对象特性,配上恰当的调节器特性,并恰当地调整调节器的参数方能达到,因此了解对象特性是设计和分析这类系统的重要前提。

由于生产过程中被控对象的结构形式繁多,如热工过程中的锅炉、热交换器、动力反应堆；化工过程中的精馏塔、化学反应器、流体传输设备；冶金过程中的平炉、转炉；机械工业中的热处理炉等等，表明生产过程的对象特点性具有多样性和复杂性的特点。但归纳起来它们可分为两大类：有自平衡对象和无自平衡对象，并大致有表 16－1 所示的几种特性。有自平衡对象的特征是：当输入量为定值时，其输出量是有限值的对象。无自平衡对象的特征是：当输入量为定值时，其输出量是发散的对象。例如，最简单的无自平衡对象是一个积分环节。然而，不论是有自平衡对象还是无自平衡对象，其特性可由它的数学模型来描述。数学模型是反映被建模型对象中，各物理量之间的数量关系的一种数学结构式，如微分方程、传递函数等，在工程上数学模型常用数学式来表示的。前述可知，这类对象具有多变量、耦合交连性、非线性、纯滞后等特性，很难用分析法进行推导，得出它们的数学表达式，只能用系统辨识方法，或者实验统计的方法来建立，而且这两种方法常联合使用。

表 16－1　生产过程中被调对象的特性

过程对象		对　象　特　性	
		飞升曲线	传递函数
有自平衡对象	近似无容量对象		K
	单容对象		$\dfrac{K}{TS+1}$
	多容对象		$W_0(S)=$ $\dfrac{K}{(T_1S+1)(T_2S+1)\cdots(T_nS+1)}$ 或者 $W_0(S)=\dfrac{K}{(T_1S+1)^n}$
	具有纯滞后的多容对象		$e^{-\tau s}W_0(S)$

续上表

无自平衡对象	积分对象		$\dfrac{K}{S}$
	具有纯滞后的无自平衡对象		$\dfrac{K}{S}W_0(S)\mathrm{e}^{-\tau s}$

理论和实践均证实，在生产过程仪表控制系统中遇到的对象，可用带纯滞后的多阶惯性环节来描述，它们的传递函数 $G(S)$ 为：

$$G(S) = \frac{k\mathrm{e}^{-\tau_0 S}}{(T_1 S + 1)(T_2 S + 1)\cdots(T_n S + 1)} \qquad (16-3)$$

式中：　k——放大系数；

　　　　T_1、T_2、T_3、T_3——时间常数；

　　　　τ_0——纯滞后时间，它是由传输滞后产生的。

或者　　　　　$G(S) = \dfrac{k\mathrm{e}^{-\tau_0 S}}{(TS + 1)^n}$　（当 $T_1 = T_2 = \cdots T_n$）　　(16-4)

工程上还需将它们进一步简化，常用的近似方法如下所述。

1. 无自平衡对象

$$G(S) = \frac{k\mathrm{e}^{-\tau_0 S}}{TS(T_1 S + 1)^n} \approx \frac{k}{(T_1 S + 1)}\frac{1}{TS}\mathrm{e}^{-\tau_0 S}$$

$$\approx \frac{k}{TS}\mathrm{e}^{-(\tau_0 + \tau_e)S} = \frac{k}{TS}\mathrm{e}^{-\tau S} \qquad (16-5)$$

式中：$\dfrac{1}{T_1 S + 1} \approx \mathrm{e}^{\tau_e S}$（当 T_1 较小时）。

在理论计算时，采用表达式 $\dfrac{k}{(T_1 S + 1)}\dfrac{1}{TS}\mathrm{e}^{-\tau_0 S}$，其近似程度要好些，但计算复杂。在系统计算时采用 $\dfrac{k}{TS}\mathrm{e}^{-\tau s}$ 近似式，尽管误差要大些，但计算方便得多。

式（16-5）中有关参数的确定方法见图 16-5（a）。在飞升曲线（阶跃响应）图 16-5（a）上，作曲线的切线（渐近线）与 t 轴相交于 A 点，则可得到 $\tau = OA = \tau_0 + \tau_e$，式中 τ_0 为传输纯滞后；τ_e 为容量纯滞后。切线的斜率 $\varepsilon = k/T$。

2. 有自平衡对象

$$G(S) = \frac{k}{(T_1 S + 1)^n}\mathrm{e}^{-\tau_0 S} \approx \frac{k}{(TS + 1)}\mathrm{e}^{-(\tau_0 + \tau_e)S} = \frac{k}{TS + 1}\mathrm{e}^{-\tau S} \qquad (16-6)$$

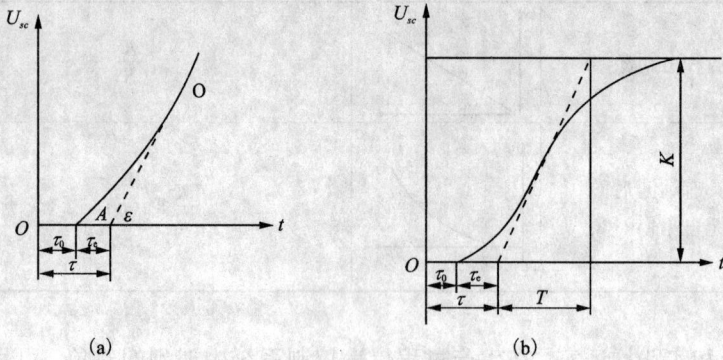

图 16 – 5　复杂对象特性近似法图

与无自平衡对象一样,近似计算时,采用$\dfrac{k}{TS+1}\mathrm{e}^{-\tau S}$表达式。

式(16 – 6)中有关参数的确定方法见图 16 – 5(b)。在图 16 – 5(b)的飞升曲线拐点处,做切线作交于 τ 轴及曲线稳态值的渐近线,由它们的相交处可得 K、T、τ 3 个参数。

上述近似法就是把一个复杂对象近似成一个具有纯滞后的一阶特性的简单对象来处理,此时 τ 和 T 都发生了变化,并可由实测对象飞升曲线上求得。从近似式也可看出,不论是简单对象还是复杂对象,其特性都可用 T、K、τ 3 个参数来表示或近似表示。可见,对象特性的共同点可用这 3 个参数的特点来表述,不同对象对系统特性的影响也可用这 3 个参数对系统特性的影响来阐明,这样对系统的分析和计算带来了方便。

归纳起来,对象的参数有如下特点:

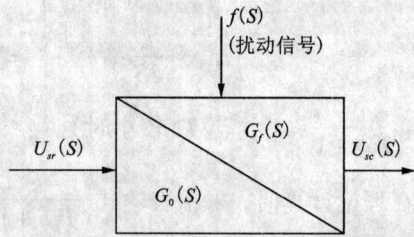

图 16 – 6　过程对象的传递函数

(1)过程对象的 T、τ 都较其他工业自动控制系统中的对象为大,其中有不少是属大滞后对象(包括纯滞后的环节),T、τ 一般从十多秒到几十分钟甚至更大。τ、T 越大,控制越困难。

(2)过程对象的 τ、T、K 都是分布参数,作为集中参数处理是近似的。

(3)过程对象的传递函数一般包括两部分,除了对控制信号的传递函数外,还有对扰动信号的传递函数,两者是各不相同的,如图 16 – 6 所示。对应扰动信号的对象传递函数为：

$$G(S) = \frac{U_{sc}(S)}{f(S)} \approx \frac{k_d}{(T_d S + 1)} e^{-\tau_d S}$$

它也可用图 τ_d、k_d、T_d 3 个参数描述，称为对象的扰动通道特性参数。

（4）有滞后的对象不仅要考虑 τ，尚需要考虑 τ/T 比值。因为 T 小，即使 τ 不大，也会引起较大的被调量变化。因此 τ/T 比值小对调节有利。当然扰动通道和调节通道比较起来，显然调节通道是主要的，我们要尽量缩小 τ/T 值。

16.3　仪表 PID 调节器

调节器的作用是根据被调量与设定值之间的偏差，按一定的控制规律产生输出信号，推动执行器，对生产过程自动调节。因此，要合理选择调节器控制规律，才能保证系统获得优良性能。众所周知，必须根据被控对象的数学模型，才能制订合理的控制方案，选择恰当的调节器控制规律。当建立了控制系统结构之后，调节器参数整定和计算也很重要，因为参数整定不合适也不能发挥系统控制方案和仪表调节器的良好潜力。

前面已经阐明，由于过程控制对象的多样性和复杂性，如多变量和强耦合，大滞后及纯滞后，分布参数及参数时变性等等，即使花费很大的力量和时间去求得较精确的数学模型，但最后的控制结果仍不能令人满意，控制性能不佳，甚至不稳定。而用现代理论的方法又显得太复杂，一般的计算机控制系统不一定都需要。因此，人们从另一途径着手，通过大量的实验数据和曲线的统计、综合，选择适应这类被控对象的控制方案，使能较方便地解决问题，获得满意的品质。在此条件下仅需对被控对象的数学模型的结构有基本的定性了解，而在运行过程中适当调整控制规律中有关调节器参数即可。目前，获得广泛应用的有 PID 控制、模糊控制（FUZZY）、变结构控制等。下面对它们进行分析研究。

16.3.1　PID 控制规律（比例、积分、微分）的基本形式

PID 调节器早在 20 世纪 30 年代末期就已经出现，经过 70 多年不断的更新换代，无论是电动式还是气动式仪表都经历了 Ⅰ、Ⅱ 及 Ⅲ 型几个改进阶段，仪表的性能有了很大的提高。与此同时，用计算机来实现 PID 控制的算法也相应地在发展，出现了非线性 PID 控制、选择性 PID – PD 控制、自适应 PID 算法等。然而，这些算法都是基于 PID 基本算法而发展起来的。

PID 基本算法是：调节器的输出量与其输入量（偏差）成正比例的，与输入

量的导数成比例的，与输入量的积分成比例的 3 个分量之和。其连续形式的数学表达式为：

$$U_{sc}(t) = k_P e(t) + k_I \int e(t)\mathrm{d}t + k_D \frac{\mathrm{d}e(t)}{\mathrm{d}t} \qquad (16-7)$$

记为

$$U_{sc}(t) = U_P(t) + U_I(t) + U_D(t) \qquad (16-8)$$

式中的 $U_P(t)$、$U_I(t)$、$U_D(t)$ 分别为比例部分、积分部分、微分部分。相应的结构图如图 16-7 所示。

PID 控制规律之所以在工业控制中经历几十年的变迁而至今仍被广泛应用，其原因在于：

（1）这样控制规律中的参数 k_P、k_I、k_D 是相互独立的（内在联系仍存在），参数的物理概念和作用易于理解和掌握，参数的调整也比较简单，因此它适用于被控对象的数学模型不甚清楚的情况，操作人员可在定性的理论指导下，根据他们的操作经验直接调整参数，容易获得较满意的控制效果。

（2）这种控制规律已从理论上和实践上均被证实，对于过程特性为 $\dfrac{k}{TS+1}\mathrm{e}^{-\tau S}$ 或 $\dfrac{k\mathrm{e}^{-\tau S}}{(T_1S+1)(T_2S+1)}$ 的受控对象，PID 算法是最佳的一种常规控制算法。

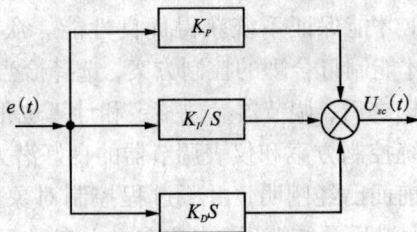

图 16-7　连续型 PID 调节器

（3）模拟 PID 和数字 PID 算法均比较简单，如果用时钟为 4MHz 的 CPU，采用定点算法，完成一次算法（包括模拟量输入与输出）约为 1.5ms 以下。这样快的计算速度对于实现多回路的控制是十分容易的。

16.3.2　PID 算法的实现

1. 模拟 PID 调节器

模拟形式的 PID 在工业中普遍采用运算放大器构成，在自动化仪表中所用的 PID 调节器多数是基于这个原理。运算放大器线路一般形式如图 16-8(a) 所示。传递函数为：

$$G(S) = \frac{U_{sc}(S)}{U_{sr}(S)} = \frac{Z_1}{Z_2} \qquad (16-9)$$

根据式(16-9)，选择不同的 Z_1、Z_2 的形式，则可实现多种控制规律，如

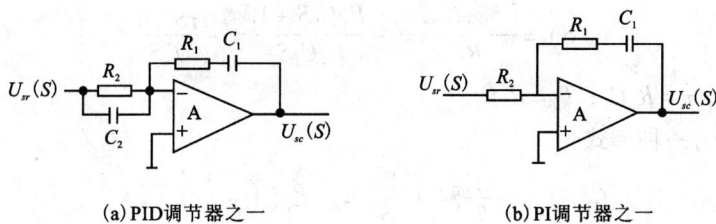

(a) PID 调节器之一　　　　　　(b) PI 调节器之一

图 16 - 8　PID 调 节 器

P、PI、PD、PID 等。图 16 - 8(a)是 PID 调节器之一, 图中 $Z_1 = R_1 + \dfrac{1}{C_1 S}$, $Z_2 = \dfrac{R_2 \dfrac{1}{C_2 S}}{R_2 + \dfrac{1}{C_2 S}}$, 代入式(16 - 9)可得出:

$$G(S) = \frac{R_1 + \dfrac{1}{C_1 S}}{\dfrac{R_2 \cdot \dfrac{1}{C_2 S}}{R_2 + \dfrac{1}{C_2 S}}}$$

简化后得:　　　　　$$G(S) = \frac{(\tau_1 S + 1)(\tau_2 S + 1)}{T_i S} \qquad (16 - 10)$$

式中, $\tau_1 = R_1 C_1$; $\tau_2 = R_2 C_2$; $T_i = R_2 C_1$。

写成另一种形式:

$$G(S) = -\frac{\tau_1 + \tau_2}{T_i}\Big[1 + \frac{1}{(\tau_1 + \tau_2) S} + \frac{\tau_1 \tau_2}{\tau_1 + \tau_2} S\Big]$$

$$= -K_P\Big[1 + \frac{1}{T_I S} + T_D S\Big] \qquad (16 - 11)$$

式中,　　　$K_P = \dfrac{\tau_1 + \tau}{T_i} = \dfrac{C_2}{C_1} + \dfrac{R_1}{R_2}$　　　比例增益

$T_I = \tau_1 + \tau_2 = R_1 C_1 + R_2 C_2$　积分时间常数

$T_D = \dfrac{\tau_1 \tau_2}{\tau_1 + \tau_2} = \dfrac{R_1 C_1 R_2 C_2}{R_1 C_1 + R_2 C_2}$　微分时间常数

改变 Z_1 和 Z_2 的形式, 还可以得到 PID 调节器的其他形式, 如 PI 调节器等。

例如, 图 16 - 8(b)则为 PI 调节器。图中 $Z_1 = R_1 + \dfrac{1}{C_1 S}$, $Z_2 = R_2$, 则传递函数为:

$$G(S) = \frac{R_1 + \dfrac{1}{C_1 S}}{R_2} = -\frac{R_1 C_1 S + 1}{R_2 C_1 S} = -\frac{\tau S + 1}{T_i S} \qquad (16-12)$$

式中，$\tau = R_1 C_1$；$T_i = R_2 C_1$。

写成另一种形式：

$$G(S) = -\frac{\tau}{T_i}\Big[1 + \frac{1}{\tau S}\Big] = -K_P\Big[1 + \frac{1}{T_i}\Big] \qquad (16-13)$$

式中，$K_p = \tau/T_i$ 称为比例增益；$T_i = \tau$ 称为积分时间常数。

式(16-13)表明，它为常用的 PI 调节器。

各参数的作用分析如下：

(1)PID 控制规律的优点是：它的积分作用能够消除静差，提高系统的无差度；微分作用能加快过渡过程及提高系统的稳定性，改善系统的动态特性。

(2)积分作用的特点是自动消除稳态误差，为此，调节器的输出在稳定状态下可以停止在任何位置，这是它与比例调节器控制的差别之一。而在动态过程中增大积分作用，除了降低稳定度外，在一定范围内对其他指标都有利。积分作用与积分时间 T_I 成反比关系。仅有积分作用的积分调节器很少采用，一般都与比例作用联合构成 PI 调节器，如图 16-8(b)所示，从而使系统在调节初期具有比例控制规律作用，加快动态过程，而同时存在的积分作用，将偏差积累，从而在调节后期消除余差。

(3)积分时间 T_I 对 PI 调节器系统的动态过程也有影响，具有两重性，即在同样的比例系数下，缩短积分时间，将使积分调节作用加强，容易消除余差，这是有利的一面，但会使系统振荡加剧，有不易稳定的倾向。积分时间越短，振荡倾向越强烈，甚至会发散，这是不利的一面，显然，积分时间过大或过小均不合适。

(4)微分调节作用在自动化仪表控制中也常使用。由于积分作用的迟缓作用，使调节作用不够及时，这时可再增加微分规律，它是根据偏差的变化趋势(即变化速度)而动作的，称为超前作用，显然微分控制主要用来克服被控对象的惯性滞后(时间常数)，但不能克服纯滞后。微分作用的强弱以微分时间 T_D 来衡量，微分作用强，则超前时间大。增加微分作用可以使系统的稳定性增加，但差加得过大，调节作用太强，会引起大幅度振荡，系统不仅不能趋向稳定，反而会加剧振荡，现在工业上常用调节器的微分时间可在数秒至几分的范围内调整。在实际应用中，欲增加微分作用，可先把比例作用减小一些，一般减小 20% 左右，然后再增加微分作用，这样对系统质量的改进较大。

微分作用不管偏差的大小及方向如何，它都能阻止被调参量的一切变化，它具有一种预先调节的性质，所以称为"超前调节"。一般温度控制系统常需加微分作用，其他系统需要较少。

2. 数字 PID 算法的实现

(1)数字 PID 的位置算法。智能仪表的特点就是具有微处理器，为充分利用它的功能，相应地采用数字控制方式。模拟 PID 控制规律亦应改变为数字 PID 算法。

如果用差分反演法对式(16－7)进行离散化，则有：

$$\left.\begin{array}{l} e(t) = e(k), t = kt \text{ 或用 } t = k \\[2mm] \int e(t)\,\mathrm{d}t = \sum_{k=0}^{n} e(k)T, T \text{ 为采样周期} \\[2mm] \dfrac{\mathrm{d}e(t)}{\mathrm{d}t} = \dfrac{e(k) - e(k-1)}{T} \end{array}\right\} \qquad (16-14)$$

将式(16－14)的关系代入式(16－7)中，则在第 k 个采样时刻的调节器输出值为：

$$\begin{aligned} U_{sc}(k) &= K_P\left[e(k) + \frac{1}{T_I}\sum_{k=0}^{k-1} e(k)T + T_D\frac{e(k) - e(k-1)}{T}\right] \\ &= K_P\left[e(k) + \frac{T}{T_I}e(k) + \frac{T}{T_I}\sum_{k=0}^{k} e(k) + T_D\frac{e(k) - e(k-1)}{T}\right] \\ &= [K_P - K_I]e(k) + K_I\sum_{k=0}^{k} e(k) + K_D[e(k) - e(k-1)] \qquad (16-15) \end{aligned}$$

式中，

$$K_I = \frac{K_P T}{T_I}; K_D = \frac{K_P T_D}{T}$$

式(16－15)就是 PID 的差分方程式，有了它计算机就可以进行控制计算了。式(16－15)称为 PID 的位置算法，$U_{sc}(k)$ 是全量输出。差分方程式中只存在加、减、乘、除的运算，而不再存在微分和积分运算。然而，每个采样时刻的输出值 $U_{sc}(k)$ 与过去所有状态有关，因此，一旦计算机出现故障，U_{sc} 的大幅度变化会导致执行机械的大幅度调整，这会对生产的安全带来严重的后果，故在实际工程中多采用所谓增量式算法。

(2)数字 PID 的增量算法。按式(16－15)，很容易写出 $U_{sc}(k-1)$：

$$U_{sc}(k-1) = = [K_P - K_I]e(k-1) + K_I\sum_{k=0}^{k-1} e(k) + K_D[e(k-1) - e(k-2)]$$

$$(16-16)$$

由式(16－15)减去式(16－16)，则得增量输出的 PID 差分方程为：

$$\Delta U(k) = U(k) - U(k-1) = K_P[e(k) - e(k-1)] + + K_I e(k) + K_D[e(k) - 2e(k-1) + e(k-2)]$$

$$= K_p[e(k) - e(k-1)] + + K_I e(k) + K_D[e(k) - 2e(k-1) + e(k-2)]$$

$$(16-17)$$

式(16-17)就是 PID 的增量形式。

采用 PID 增量形式计算时,控制量实际输出为 $U(k)$。

$$U(k) = U(k-1) + \Delta U(k) \qquad (16-18)$$

在 PID 增量形式中,控制作用 P、I、D 3 部分仍是相互独立的,可见这种算法仍比较直观,易于操作人员理解,便于判断参数变化对控制效果的影响,而且增量算法在计算中不需要累加,增量输出只与前几次的采样输入有关,容易得到较好的控制效果。

有时为了使控制算法简单,对 PID 算法从形式上作了较大的改变,甚至脱离了传统的 PID 概念。由式(16-17),将它展开并合并同类项,可得:

$$\Delta U(k) = K_P[d_0 e(k) + d_1 e(k-1) + d_2 e(k-2)]$$
$$= Ae(k) - Be(k-1) + Ce(k-2) \qquad (16-19)$$

式中,

$$A = K_p d_o, d_o = \left[1 + \frac{T}{T_I} + \frac{T_D}{T}\right]$$

$$B = K_p d_1, d_1 = \left[1 + 2\frac{T_D}{T}\right]$$

$$C = K_p d_2, d_2 = \frac{T_D}{T_I}$$

显然,式(16-19)比式(16-17)算法简单,A、B、C 3 个参数可独立进行选择,但从形式上已看不出 P、I、D 作用的直接关系了,它只反映各次偏差对控制作用的影响。

(3)数字 PID 算法的参数整定方法。由于控制对象通常有较大惯性,而且采样周期与对象时间常数相比要小得多,所以在一般情况下数字 PID 参数整定可仿照模拟 PID 的整定方法。当然,也有它自身的特殊性,下面只作简单说明。

数字 PID 算式整定的任务主要是确定 K_P、K_I、K_D 及 T 4 个参数。目前它们的工程整定方法有多种。

(1)1974 年,P. D. Roberts 提出了扩充临界比例度整定法,他给出一个整定参考表,使用者可按照它的规定进行参数整定,这里不做介绍,读者可参阅有关资料。

(2)Ziegler - Nichle 提出的整定方法。

令 $T = 0.1T_M$; $T_I = 0.5T_M$; $T_D = 0.125T_M$, T_M 为振荡周期。然后再进行计算确定 K_P 等,方法也是较麻烦的。

16.4　模糊(Fuzzy)调整器

16.4.1　概述

在自动控制领域中,对于难以建立数学模型、非线性和大滞后的控制对象,模糊控制技术具有很好的适应性。自从 1974 年,E. H. Mamdani 首先利用模糊数学理论进行蒸汽机和锅炉控制的研究并在实验室获得成功后,模糊控制技术的研究十分活跃。1980 年丹麦 F. L. Smidth 公司第一个成功地将模糊控制应用到水泥窑炉自动控制中。自此,模糊控制技术的应用日益增长。在 1987 年第 7 届国际模糊系统学会会议上发表的研究成果中,有关控制、专家系统等应用研究成果占 65%,与会代表一致认为,模糊系统的研究已经不是抽象的理论和思想,已进入应用阶段。在自动化仪表控制中已广泛应用并取得成功,已经研究出各种模糊控制调节仪表。与一般的控制技术相比,模糊控制具有如下几个方面的特点:

(1)它是一种语言控制器,不需要知道被控对象准确的数学模型;

(2)模糊控制器结构简单,易于实现,成本低廉;

(3)易于实现对非线性系统进行控制,对系统参数的变化有较强的鲁棒性;

(4)对干扰有较强的抑制能力。

当然,模糊控制器也不是万能的,它也有局限性。模糊控制器的本质是一种推理逻辑,不同的控制过程,其推理规则也不同,而且它的模糊矩阵的计算十分麻烦。这样,在某种程度上就限制了模糊控制的推广及应用范围。

16.4.2　Fuzzy 控制的基本原理

1. Fuzzy 控制器的结构

Fuzzy 控制器原理框图如图 16-9(a)所示。

输入信号为偏差 e 及偏差变化量 $\dot{e}$,因为判断控制效果好坏最重要的指标就是控制系统不同时刻输出的偏差及其变化率。另一方面,由于 Fuzzy 控制规则是根据人的控制经验提出的,而一般操作人员只能观察到被控对象的输出及其变化率两个状态。因此,总是选误差及其变化率作为输入量,而把控制量的变化作为输出量,对生产对象进行控制。

2. 精确定量的 Fuzzy 及隶属度表

它完成精确量与模糊量之间的转换。系统误差及其变化率的实际变化范围,叫做这些变量的基本论域,设偏差 e 的基本论域 $[a, b]$,把它转换为 Fuzzy

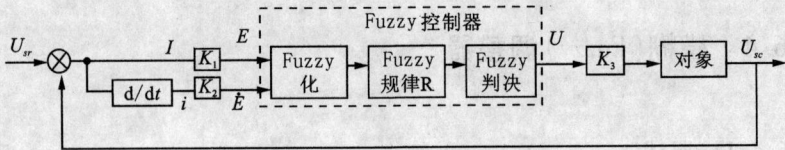

(a)离线Fuzzy算法

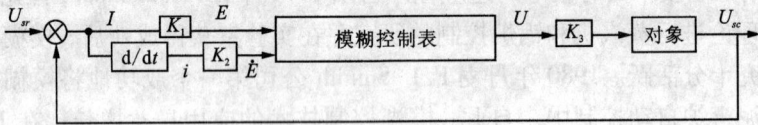

(b)在线查表法结构图

图 16-9 Fuzzy 控制器原理框图

化规定的区间$(-n, +n)$,并完成离散化为$[-n, -n+1, \cdots, 0, \cdots, +n-1, +n]$,即误差所取的 Fuzzy 集的论域,一般为$(-6, +6)$或$(-5, +5)$,这样可求出精确的 Fuzzy 化之量化因子 K_1:

$$K_1 = \frac{2n}{b-a} \qquad (\text{或 } K_1 = \frac{n}{a} \quad \text{当 } b = a) \qquad (16-20)$$

设(a, b)间的变量为 x,$(-n, +n)$之间的变量为 y,则它们之间的线性变换关系式为:

$$y = \frac{12}{b-a}\left[x - \frac{a-b}{2}\right] \qquad (\text{取 } n = 6) \qquad (16-21)$$

利用式(16-21),可将 $x = U_{sr} - U_{sc}$ 的采样值,变换到其 Fuzzy 集中对应值 $y(y = E)$。

下一步是将$[-6, +6]$离散化,即分为若干档,每档对应有一个模糊集,一般每档宜选用 3~10 个模糊状态来描述。我们分为 8 档,则对应的模糊量可用模糊语言值(即 Fuzzy 状态)表示如下:

在 -6 附近称为负大(NL);

在 -4 附近称为负中(NM);

在 -2 附近称为负小(NS);

比零稍小称为负零(NO);

比零稍大称为正零(PO);

在 +2 附近称为正小(PS);

在 +4 附近称为正中(PM);

在 +6 附近称为正大(PL)。

若 E 用更多的 Fuzzy 状态来描述,制定规则时更灵活,但相应地也使规则变得复杂化了。因此在选择模糊状态时需要兼顾简单性和灵活性。接下来是定义各模糊状态的模糊子集,而模糊子集在各偏差等级中的取值称为隶属度函数,简称隶属度,此函数通常是正态分布,不同的正态函数取值的模糊集将导致不同的控制效果,一般在误差较大的范围中采用低分辨率的模糊集,在误差接近零时采用高分辨率的模糊集,这样就可确定表 16 – 2 所示的模糊子集 A_1,A_2,$\cdots$,A_8 的隶属度表。

表 16 – 2　A(或 E)的隶属度表

$\mu_{(\alpha)}$ $\diagdown$ $\begin{matrix}E\\A\end{matrix}$	–6	–5	–4	–3	–2	–1	–0	+0	+1	+2	+3	+4	+5	+6
$A_1 PL$	0	0	0	0	0	0	0	0	0	0	0.1	0.4	0.8	1.0
$A_2 PM$	0	0	0	0	0	0	0	0	0.2	0.7	1.0	0.7	0.2	
$A_3 PS$	0	0	0	0	0	0	0.3	0.8	1.0	0.5	0.1	0	0	
$A_4 PO$	0	0	0	0	0	0	1.0	0.6	0.1	0	0	0	0	
$A_5 NO$	0	0	0	0	0.1	0.6	1.0	0	0	0	0	0	0	
$A_6 NS$	0	0	0.1	0.5	1.0	0.8	0.3	0	0	0	0	0	0	
$A_7 NM$	0.2	0.7	1.0	0.7	0.2	0	0	0	0	0	0	0	0	
$A_8 NL$	1.0	0.8	0.4	0.1	0	0	0	0	0	0	0	0	0	

同量,对偏差变化率 E 在其相应论域中取下列语言值:NL;NM;NS;Z(零);PS;PM;PL,它们在各个模糊量中的取值越高,表示该语言接近该等级,对应的模糊子集 B_1,B_2,$\cdots$,B_7 的隶属度如表 16 – 3 所示。

表 16 – 3　B(或 $\dot{E}$)的隶属度表

$\mu_{(\alpha)}$ $\diagdown$ $\begin{matrix}E\\B\end{matrix}$	–6	–5	–4	–3	–2	–1	–0	+0	+1	+2	+3	+4	+5	+6
$B_1 PL$	0	0	0	0	0	0	0	0	0	0.1	0.4	0.8	1.0	
$B_2 PM$	0	0	0	0	0	0	0	0.2	0.7	1.0	0.7	0.2		
$B_3 PS$	0	0	0	0	0	0.9	1.0	0.7	0.2	0	0			
$B_4 O$	0	0	0	0	0.5	1.0	0.5	0	0	0	0	0		
$B_5 NS$	0	0	0.2	0.7	1.0	0.9	0	0	0	0	0			
$B_6 NM$	0.2	0.7	1.0	0.7	0.2	0	0	0	0	0	0			
$B_7 NL$	1.0	0.8	0.4	0.1	0	0	0	0	0	0	0			

同理,输出端的语言变量(控制决策的值)C,通常也分为 7 档,而其对应的模糊集 C_1,C_2,$\cdots$,C_7,通常按表 16 – 4 来取值。

表16-4　C(或U)的隶属度表

$\mu(x)$ U / C	-7	-6	-5	-4	-3	-2	-1	0	+1	+2	+3	+4	+5	+6	+7
C_1PL	0	0	0	0	0	0	0	0	0	0	0.1	0.4	0.8	1.0	
C_2PM	0	0	0	0	0	0	0	0	0.2	0.7	1.0	0.7	0.2	0	
C_3PS	0	0	0	0	0	0	0.4	1.0	0.8	0.4	0.1	0	0	0	
C_4O	0	0	0	0	0	0.5	1.0	0.5	0	0	0	0	0	0	
C_5NS	0	0	0	0.1	0.4	0.8	1.0	0.4	0	0	0	0	0	0	
C_6NM	0	0.2	0.7	1.0	0.7	0.2	0	0	0	0	0	0	0	0	
C_7NL	1.0	0.8	0.4	0.1	0	0	0	0	0	0	0	0	0	0	

3. 确定模糊控制状态表

通常我们把根据人们对过程控制的实际经验，写成的推理语言控制规则的模糊条件语句简写成一个表，即模糊控制状态表，如表16-5所示，由表查得：若 $A=PM$，$B=PS$，则 $C=NM$，其意思是，若误差为正中，变化率为正小，则控制决策应为负中，而用语句形式表示为：

if$A=PM$, and $B=PS$, then　$C=NM$。例如，如在某种恒水温装置中，水温偏高而且温度继续上升，则多加一些冷水。

表16-5　控制规则表

B / C / A	B_7NL	B_6NM	B_5NS	B_4O	B_3PS	B_2PM	B_1PL
A_8NL	PL	PL	PL	PL	PM	PM	PS
A_7NM	PL	PM	PM	PM	PM	PS	OO
A_6NS	PM	PM	PS	PS	OO	OO	OO
A_5NO	PS	PS	PS	OO	OO	OO	NS
A_4PO	PS	OO	OO	OO	NS	NS	NS
A_3PS	OO	OO	OO	NS	NS	NM	NM
A_2PM	OO	NS	NM	NM	NM	NL	NL
A_1PL	NS	NM	NM	NL	NL	NL	NL

因此，表16-5实际上是许多控制规则合在一起的组成，根据表16-5中的推理规则，即可求得模糊阵 R。

表16-5实质上就是人们在控制过程中的经验总结，每一个控制状态都是将偏差及其变化率两个因素综合考虑得出的。因此，模糊控制状态表对不同的控制对象也可以不同。

4. 确定 Fuzzy 控制器的 Fuzzy 关系矩阵 R

一般的 Fuzzy 控制器都是双输入单输出型,其框图如图 16 – 10 所示。增加输入信息有助于获得好的控制效果。

Fuzzy 控制器是用 Fuzzy 矩阵 R 来表达其特征的,所以 R 亦称为 Fuzzy 算法。利用表 16 – 2 至表 16 – 4 的隶属度进行"交"运算,可计算出表16 –5中的全部模糊关系 $R_1 \sim R_{56}$,则总的 Fuzzy 阵 R 为:

$$R = R_1 VR_2 V \cdots$$
$$= U_{ij}(E_i \times C_j) \times U_{ij} \qquad i = 1, 2, \cdots, 8 \qquad j = 1, 2, \cdots, 7 \qquad (16-22)$$

$R_1 \sim R_{56}$的计算量甚大,需用计算机离线算出,如果 E、$\dot{E}$、U 分级取得少,矩阵容量可以减少,但控制效果亦相应降低。

5. 确定控制表(又称查询表)

利用已有的 R,当任意给出一个 E_i 和相应的$\dot{E}$,查表 16 –2 和表 16 –3,可得对应的模糊子集 E_i 和$\dot{E}_i$,再按式(16 –23)计算出模糊子集 U_i 为:

$$U_i = (E_i \times \dot{E}_i) \cdot R \qquad (16-23)$$

按式(16 –23)所计算出的控制量是一个模糊子集,它反映控制描述语言的不同取值的组合。而被控对象只能接受一个控制量,这就需要从输出的模糊子集中判决出一个控制量,这过程就是所谓的模糊决策。

Fuzzy 决策方法有两种,即最大隶属度法和加权平均法。

最大隶属度法就是取所得到 U_i 模糊子集中隶属度的最大值,作为执行量信号。这种方法简单易行,在控制过程中实时性好,但它概括的信息量太少,因为此方法完全不考虑其余较小隶属度的所有取值的数量,即没有区分隶属函数的宽窄和分布情况。

加权平均判决法可分两种,即普通加权平均法、权系数加权平均法。

(1)普通加权平均法。设 U_i 的 Fuzzy 子集中隶属度为 $\mu(U_i)$,执行量的计算值为 μ_{max},则有:

$$\mu_{max} = \frac{\sum_{i=1}^{n} \mu(U_i) \cdot U_i}{\sum_{i=1}^{n} \mu(U_i)} \qquad (16-24)$$

(2)权系数加权平均法。

$$\mu_{max} = \frac{\sum_{i=1}^{n} K_i \cdot U_i}{\sum_{i=1}^{n} K_i}$$

通常，选择权系数 $K_i = \mu_i(U_i)$，则上式可写成：

$$\mu_{max} = \frac{\sum_{i=1}^{n} \mu_i(U_i) \cdot U_i}{\sum_{i=1}^{n} \mu(U_i)} \tag{16-25}$$

例如，由表 16-4 查得，若 $U = \frac{0.2}{2} + \frac{0.7}{3} + \frac{1}{4} + \frac{0.7}{5} + \frac{0.2}{6}$，

则：

$$\mu_{max} = \frac{2 \times 0.2 + 3 \times 0.7 + 4 \times 5 \times 0.7 + 6 \times 0.2}{0.2 + 0.7 + 1 + 0.7 + 0.2} = 4$$

应加权平均法决定输出信息的执行量，类似于概率论中求数学期望值，权系数的选取直接影响系统的响应特性，这一点对模糊控制十分重要。

重复上述运算，最后可获得总控制表 16-6。必须指出，控制表需通过运行试验和在线修改，才能达到优化目的。控制表是 Fuzzy 控制器的结果，表中 E、$\dot{E}$ 分别表示离散规范后的偏差量及其变化率的大小及方向，表中的数值为控制量的大小及方向。将此表存入计算机内存，仅需 $14 \times 13 = 182$ 个字节。

系统运行过程中，根据采样值计算出 E 和 $\dot{E}$，再经过量化处理即可调用查表子程序，获得控制量 U，从而实现 Fuzzy 控制。

表 16-6　模糊控制表

E ＼ $\dot{E}$ / U	-6	-5	-4	-3	-2	-1	-0	+1	+2	+3	+4	+5	+6
-6	7	6	7	6	7	7	7	4	4	2	0	0	0
-5	6	6	6	6	6	6	6	4	4	2	0	0	0
-4	7	6	7	6	7	7	7	4	4	2	0	0	0
-3	7	6	6	6	6	6	6	3	2	0	-1	-1	-1
-2	4	4	4	5	4	4	4	1	0	0	-1	-1	-1
-1	4	4	4	5	4	4	1	0	0	0	-3	-2	-1
-0	4	4	4	5	1	1	0	-1	-1	-1	-4	-4	-4
+0	4	4	4	5	1	1	0	-1	-1	-1	-4	-4	-4
+1	2	2	2	2	0	0	-1	-4	-4	-3	-4	-4	-4
+2	1	2	1	2	0	-3	-4	-4	-4	-3	-4	-4	-4
+3	0	0	0	0	-3	-3	-6	-6	-6	-6	-6	-6	-6
+4	0	0	0	-2	-4	-4	-7	-7	-7	-6	-6	-6	-7
+5	0	0	0	-2	-4	-4	6	-6	-6	-6	-6	-6	-6
+6	0	0	0	-2	-4	-4	-7	-7	-7	-6	-7	6	-7

6. 在线查表 Fuzzy 控制结构图

Fuzzy 矩阵 R 控制表计算是复杂的, 计算工作量大, 因此需要离线进行, 这是传统的模糊控制的特点。理论和实践证明, Fuzzy 控制具有较强的鲁棒性, 表 16-5 中的 Fuzzy 控制规则具有普通性, 故控制表 16-6 相应有广泛适用性。一般的控制对象, 尤其是同类型的控制对象均可采用, 仅需在模拟调试和试运行中适当修改表中的参数, 直至获得最佳控制结果。

采用查表 Fuzzy 控制结构如图 16-9(b) 所示。图中 K_1、K_2、K_3 是 Fuzzy 控制器的三个参数, 分别为偏差及其变化率的量化因子和控制量的比例因子, 它们对系统的输出特性均有影响, K_1、K_2 是通过调整语言变量的取值来改变 Fuzzy 控制器的输出, 而 K_3 则相当于常规控制系统中比例增益的作用。

随着 Fuzzy 控制技术的发展, 近年来, 通用 Fuzzy 控制器和软件的研究更引人注目, 国外及国内很多厂家已纷纷推出商品化的通用 Fuzzy 控制器芯片 (硬件) 和通用软件, 这意味着控制技术已开始深入到硬件技术之中, 而硬件系统的实现将会带来 Fuzzy 控制系统的更新飞跃。目前, 许多专用的 Fuzzy 推理芯片已有产品, 1988 年日本山川又研制成功世界上第一个 Fuzzy 计算机微处理器, 这个微处理器采用一个叫"规则", 另一个叫"解模糊"两个芯片, 不仅能像普通微处理器那样接收数字信息, 而且能在模糊信息的基础上进行推理和运行。

16.5　双位式调节系统

16.5.1　非线性环节对系统性能的影响

前面已述, 过程控制对象特点之一是存在较明显的非线性特性。如图 16-11 所示的典型非线性是它无法线性化的, 只能用非线性微分方程来描述, 对于这类由非线微分方程来描述的非线性环节和系统, 需相应地采用一些特殊的方法进行分析和研究。

在实际中, 非线性环节 (元件) 存在的原因, 大致有 3 个方面:

(1) 在系统中应用的全部元件, 严格地说, 多少都有些非线性特性, 如元件的输入输出特性中普遍存在着曲线关系、死区、滞环等。不过, 在很多情况下系统是工作在小偏差状态, 或者元件的非线性不太严重, 则通过线性化后再按线性系统的方法近似地进行研究, 一般说来其结果仍符合实际情况。但当系统工作在大偏差情况, 就必须考虑到非线性特性对控制过程的影响, 按非线性系统的研究方法进行研究。

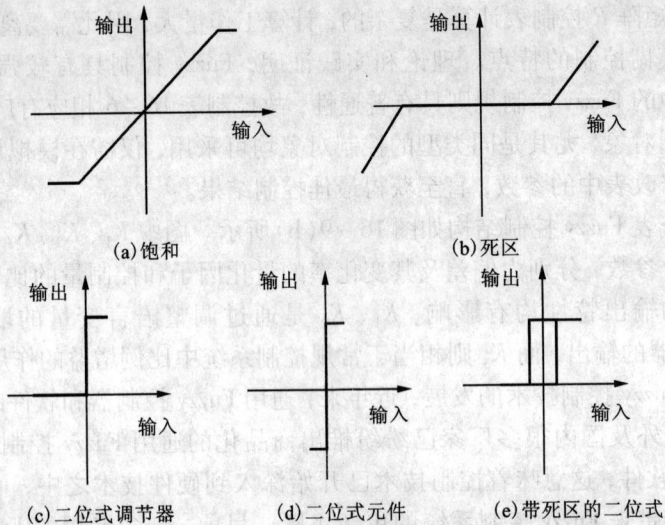

图 16 – 11　非线性环节

(2)实际应用中经常使用一类结构简单、成本较低的位式控制系统,这类系统中由于存在位式元件而得名。位式元件有二位式、三位式、位式带死区等。不论系统工作在小偏差还是大偏差,它都无法线性化,必须用非线性系统的研究方法进行研究。在古典的仪表控制中,典型的双位调节仪系统就是这类系统之一,它使用继电器作执行元件,故只能进行断续控制。

(3)有时为了改善系统的动态性能,人为地引入非线性环节,如引入非线性阻尼环节改善系统稳定性;引入非线性环节构成快速控制系统;引入变系数放大元件,构成简单的自适应系统。

非线性系统研究方法,常用的有以下 3 种:微分方程法、相平面法、频率法。前面两种方法适用二阶以下非线性系统即简单系统,后一种是一种近似研究方法,实际上称为描述函数法,由于它和线性系统中的频率法相似,故也称为非线性系统的频率法。

16.5.2　双位调节仪控制系统

非线性系统在生产过程中有不少应用,因此了解它的原理和研究方法就很有必要。下面以双位电加热温度控制系统来说明它的特性和工作情况。系统如图 16 – 12 所示,相应的双位调节仪的电路如图 16 – 13 所示。

从图 16 – 13 看出,图中采用双位式动圈指示调节仪,它由铝片、振荡线圈

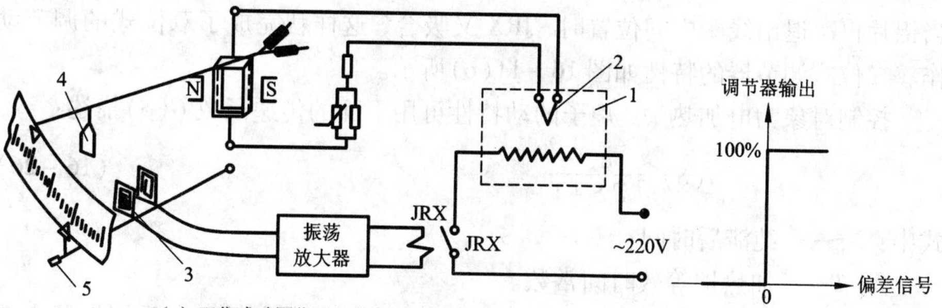

(a) 双位式动圈指示调节仪　　　　(b) 双位式调节器的特性

图 16-12　双位式调节仪控制系统

1—电炉；　2—热电偶；　3—振荡线圈；　4—铝片；　5—给定指针

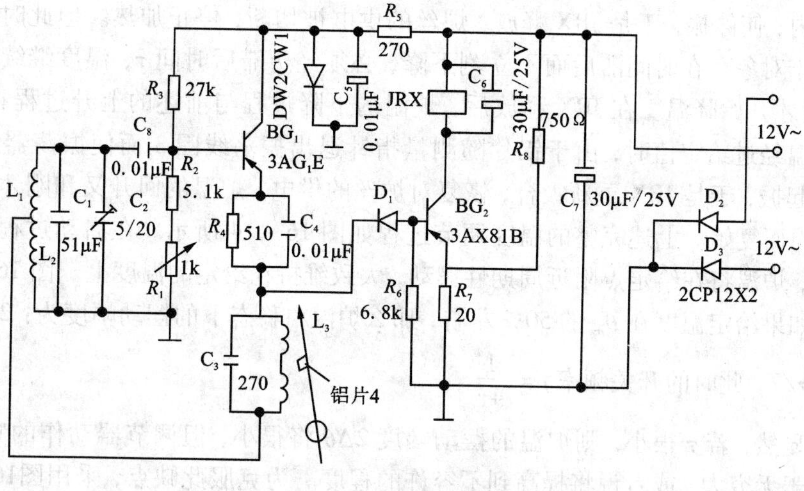

图 16-13　双位式调节仪电路

L_3 和电容 C_3、三极管 BG_1 和 BG_2，执行元件(中间继电器)JRX 等组成。振荡器为电感 3 点式高频振荡器，利用 L_2 对 L_1 的互感来实现正反馈，调谐回路 L_3C_3 在 BG_1 的射极回路内，测量指针上的铝片可在 L_3 的两段线圈中间自由进出。当铝片在外(未进入中间)，L_3 的电感量最大，振荡器起振，其交流阻抗较小，故 BG_1 的电流负反馈作用较小，使振荡幅值较大，此电压加到 D_1 和 R_6 上，于是在 R_6 上获得一直流电压，使 BG_2 导通，继电器 JRX 流过 $20 \sim 25mA$ 的电流，从而使 JRX 吸合。而当铝片逐渐进入线圈中间时，铝片上感应的高频涡流电流消耗能量，从而使线圈 L_3 的电感量逐渐减少，L_3C_3 谐振电路的负反馈作用逐渐增大，当铝片到达给定位置时，振荡器停振，从而使 BG_2 截止，JRX 释放。当铝片再次退出线圈中间位置时，JRX 又吸合，这样就完成了双位式的调节动作。二位式调节器的特性如图 16-11(c)所示。

控制对象为电加热炉，炉子的动特性可用下面的传递函数 $G(S)$ 描述：

$$G(S) = \frac{e^{-\tau s}}{T_i S + 1} \qquad\qquad (16-26)$$

式中： τ——纯滞后时间；

T——加热炉等效时间常数。

系统从启动到稳定工作的过程，可由图 16-13 来表示。当系统接通电源时，开始由于炉温很低，带铝片的测量指针不在振荡线圈 3 内，使振荡器处于振荡状态，继电器 JRX 吸合，使电炉丝通电加热，炉温慢慢上升。这一过程进行到炉温到达给定指针 5 所指定的温度时，由于铝片被测量指针带入振荡器线圈 3 内，使停振，于是 JRX 释放，炉丝的供电被切断，停止加热。但此时的炉温由于对象存在时间滞后而不立刻下降，必须经历滞后时间 τ，温度继续上升 $\Delta\theta°$ 后才开始降温。在 JRX 释放后，炉温的下降过程与前述的上升过程相似，当炉温经过给定值时，由于铝片随测量指针退出振荡线圈 3 而使振荡器 $L_3 C_3$ 重新起振，于是 JRX 重新吸合，恢复对炉丝的供电，炉温的回升又和刚才不相似，周而复始。上述完整的温度调节过程如图 16-14 所示。在启动过程结束以后，炉温将在给定点附近周期性摆动，大致维持在给定的温度上。图 16-14 中，如果给定温度在 θ_m 的 50% 左右，那么炉温在稳态下的摆动幅度为：$2\Delta\theta = \theta_m \cdot \tau/T$，此时的开关频率 $f = \dfrac{1}{4\tau}$。

显然，若 τ 很小，则炉温的摆动幅度 $2\Delta\theta$ 将很小，但调节器动作的频率 f 将趋于无穷大，或者说将提高到不容许的程度。为克服此缺点，采用图 16-11(e)所示带不灵敏区 Δ 的双位式调节器，使用这种具有回环特性的调节器，可使开关频率降低，延长执行器的寿命。

但是无论如何，这种简单的双位式调节器由于输出只有断续的两种状态，因此调节过程只能是一种不断振荡的过程。当控制对象的负载变化时，被调量的平均值也会随负载变化而变化，即出现调节误差。要使调节过程平衡下来，必须使用输出能够连续变化的调节器，并通过引入微分、积分等调节规律来提高控制质量。虽然，双位式调节器也能借助于各种内反馈等电路，能获得近似于连续调节器的 P、I、D 等调节规律，但目前工业中，除一些要求不高的场合及比较适宜于使用双位式执行器的电动调节系统外，大部分使用连续变化的 PID 调节器。

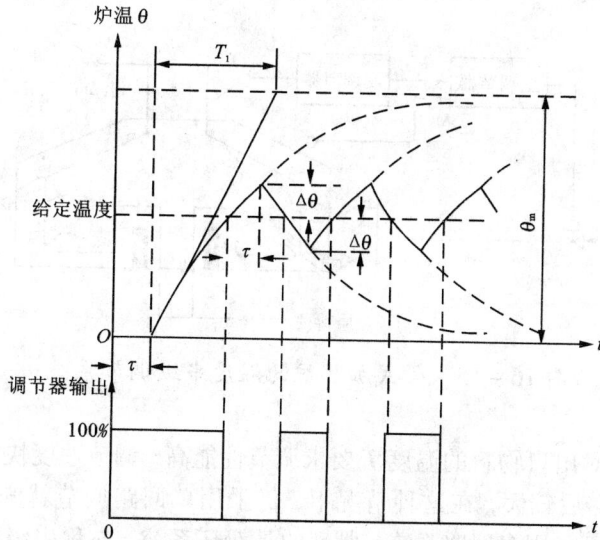

图 16 - 14　双位式调节器的调节过程

16.6　串级控制系统

前面介绍的过程控制系统，只有一个反馈回路，称为单回路控制系统。这种系统结构简单，易于调整，对于一般控制对象，控制性能较好，解决了工程上大量的恒值控制问题，因而是使用最广泛的一种系统。但如果对象特性较复杂，如惯性很大，具有较明显的纯滞后，则对于外界的干扰反应较慢；一些调节对象特性虽不复杂，但调节的任务较特殊；现代工业发展，工艺革新导致操作条件要求更加严格，对调节质量要求更高，等等。此时必须采用更为复杂的控制系统以适应新的要求，下面将介绍用得较多的串级控制和前馈控制两种。

16.6.1　串级控制系统的组成

串级控制是改善控制品质有效的方法之一，在过程控制中亦获得广泛的应用，下面结合典型的过程控制来说明串级控制的构成原理。图 16 - 15 为加热炉温度控制系统。工艺要求被加热物料的出口温度（即炉出口温度）保持为某一定值，所以，炉出口温度为被控量。影响炉出口温度的因素很多，主要有：被加热物料为原料油，它的流量和初温等因素，用 $f_1(t)$ 干扰函数表达；燃料压力的波动、流量的变化、燃料热值的变化等因素，用 $f_2(t)$ 干扰函数来表达；烟

卤抽力变化等用 $f_3(t)$ 干扰函数表达。

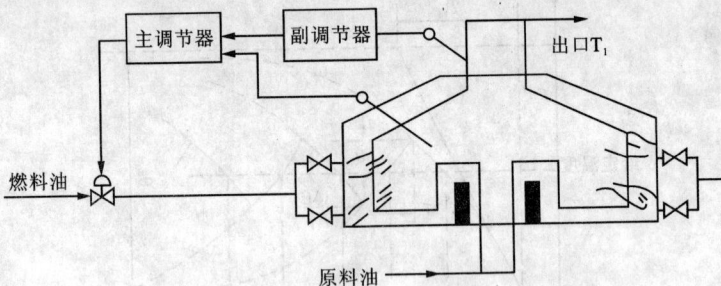

图 16-15 管式加热炉的温度串级调节系统

由于工艺对出口物料的温度 T 要求调节性能高,调节速度快,而对象的热惯性很大、纯滞后较大,在这种情况下,仍采用单回路调节就满足不了要求,根据控制理论可采用多回路系统,典型的是双环系统,亦称串级控制,控制系统的结构框图如图 16-16 所示,图中选取炉膛温度 T_2 为副环(内环)调节参数,通过控制原料油调节阀,企图迅速克制扰动因素 $f_2(t) + f_3(t)$,减少它们对炉膛温度 T_2 的影响,从而削弱它对炉出口温度 T_1 的影响,可见,副回路起到超前"粗调"的作用,而主回路进一步完成"细调"任务。双层调节作用大大提高调节速度和调节性能。此外,对于被加热油料方面扰动 $f_1(t)$ 的影响,采用串级调节也可得到一些改善,间接协助了主环的工作。

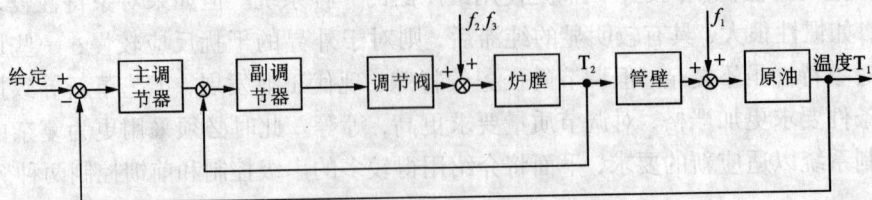

图 16-16 加热炉调节系统方块图

16.6.2 串级调节系统的控制过程及效果分析

1. 串级调节系统控制过程分析

根据控制理论,在分析和调试中应注意下面的问题。

(1)副回路的调节对象可以看做是整个调节对象的一部分,调节内环相当于改善了部分被调节对象的动态和静态特性,从而使对象的时间常数和放大倍数都减少了。因此，在过程仪表控制中，常把串级调节作用用来改善和提高主被调量动态特性和调节精度。如用于具有大纯滞后的对象和存在强扰动或剧烈变化扰动的对象。

（2）能迅速控制进入副环的强干扰，如 $f_2(t) + f_3(t)$。当出现 $f_2(t)$ 和 $f_3(t)$ 后，还没有等它影响到主被调量前，副回路就进行调节，因而削弱它对主被调量的影响，从而提高主回路参量的控制质量，可见串级系统具有较强的鲁棒性。

（3）串级调节系统是双回路系统，或称双环系统，实质上是把两个调节器串接起来，并使它们协调工作，使外环被调量准确保持在给定值位置上。通常，串级系统副环的对象惯性小，工作频率高，而主环惯性大，工作频率低。为了提高系统的调节性能，希望主副环的工作频率错开，相差 3 倍以上，以免频率相近时发生共振现象，破坏正常工作。

（4）串级调节主要是用来克服落在副环内的扰动，这些扰动能在中间变量反映出来，很快就被副调节器抵消了。主调节的任务主要是克服落在副环以外的扰动，并准确保持被调量为给定值。

2. 副环输出量选择和调节器的选型

这两个问题是串级调节系统的重要问题，一般有下列原则：

（1）副回路应包围强扰动引入处，系统常有多个扰动，其中必有影响最大的干扰、副回路将它包围进去，意味着进行了控制，消除它的影响，从而使主环被调量变动小，这对于含纯滞后的对象特别有意义。

（2）副回路要尽可能将大时间常数的对象部分包围，从而使对象总时间常数减少，这样也就能提高系统的快速性。

（3）关于串级系统中调节器的这类问题。由于两个调节器任务不同，因此要选择不同调节规律的调节器，副调节器主要任务是快速动作，迅速抵制进入副回路的扰动，至于副回路的调节不要求一定是无静差，所以一般副调节器可采用比例调节器，主调节器的任务是准确保持被调量在一定精度范围内，因此，主调节器采用 PI 调节器。如果主回路中的对象容积数目较多，同时有主要扰动落在副回路之外，就可考虑采用 PID 调节器。

16.6.3　串级调节系统参数整定方法

一般来说，串级调节系统的整定比单回路系统要复杂，因为两个调节器构成的回路是相互关联的。从频率法分析控制系统可知，主回路与副回路的工作频率不同，副回路工作频率高，主回路工作频率低，这些频率主要决定于调节对象的动态特性，但也与主、副调节器的参数整定有关。在整定时，应尽量加大副调节器的放大系数,以提高副回路工作频率,目的是使主、副回路的频率错开,以减少相互之间的影响,提高调节质量。

根据控制要求,串级调节器可有两种参数整定方法:

(1)由于在运行中,有时会把主调节器切除,而只留下副调节器独立工作,因此,副调节器的整定亦要考虑到这个因素,自己应能独立工作。这种情况可按如下的整定方法。先切除主调节器,按单回路整定方法整定副调节器,然后再投入主调节器,仍然按单回路系统方法整定主调节器。

(2)当主、副回路频率比较接近时,它们之间互相影响就大了,此时需要在主、副回路之间反复测试,用逐步逼近的办法,达到最佳的整定,但是反复测试是很花时间、很麻烦的。实际中,由于一般工业串级调节系统多数是为提高主被测量精度和改善动态特性而设置的,因此对副回路的质量指标没有严格要求,而对主回路的质量指标要求很高。这时,主回路对副回路的影响虽然存在,但是只要保证主回路的调节质量,副回路的质量牺牲一些也没有关系。

16.7 前馈控制系统

无论什么扰动引起的被调量变化,调节器均可根据偏差原理进行控制。然而,反馈调节必须在出现偏差之后,才有控制作用以消除偏差。可见,这种控制落后于扰动作用,是不及时的调节。另一类是按扰动的性质和大小进行控制,当某一扰动出现时,调节器立即对被控参数进行控制,补偿扰动对被控参数的影响,使它基本不变化,这种调节称为前馈控制或扰动控制。

16.7.1 前馈控制的工作原理

前馈控制又称扰动补偿,它是与反馈调节原理完全不同的调节方法。前馈控制是按照引起被调量变化的扰动大小进行调节的,因此,前馈控制对扰动的克服比反馈调节快。下面举一个例子说明。图 16 – 17 所示为换热器出口温度控制示意图,利用它进一步阐明反馈控制和前馈控制。

图中被调量为出口温度 T,被加热液体的流量为 Q,调节阀门用于调节加热蒸汽,它通过换热器中排管的外面,把热量传给排管内流过的被加热液体,它的出口温度 T 用阀门来调节。引起温度改变的扰动因素很多,其中主要的扰动是被加热液体的流量 Q。调节器 $G_c(S)$ 及虚线部分构成反馈控制原理,$G_B(S)$ 为前馈调节器。

设没有前馈调节器 $G_B(S)$,若发生流量 Q 的扰动时,出口温度 T 就会有偏差,由于用一般的反馈调节,调节器 $G_c(S)$ 只根据被加热液体出口温度 T 的偏差进行调节,则当发生 Q 的扰动,要经过时间 T 后,调节器才开始动作,而且调节器 $G_C(S)$ 控制调节阀,改变加热蒸汽的流量后,又要经过热交换过程的惯性,才能使出口温度 T 改变,力图使 T 恢复原值,而反映调节效果,这就可能使出口温度 T 产生较大的动态偏差。

下面研究前馈控制。设不用调节器 $G_C(S)$,仅用前馈调节器 $G_B(S)$。如果**被加热液体 Q 是可测量的**(相当于扰动信号),并用它来控制调节阀,则当 Q 发生扰动后,就不必等到 Q 的变化反映到出口温度 T 变化以后再去进行控制,而是根据流量 Q 的变化,立刻对调节阀进行控制,甚至可以在出口温度 T 还没有变化,就及时对流量 Q 的扰动进行补偿了。这就提出了在原理上不同的调节方法,称为前馈控制,这个自动装置称为前馈调节器或扰动补偿器。

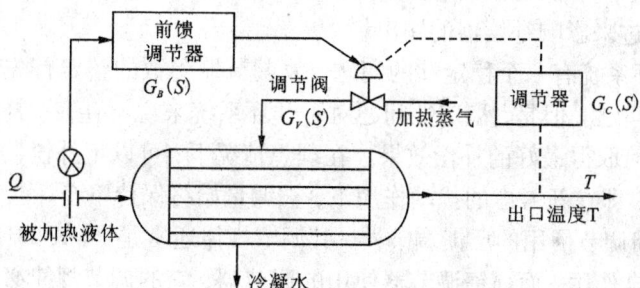

图 16-17 换热器前馈控制示意图

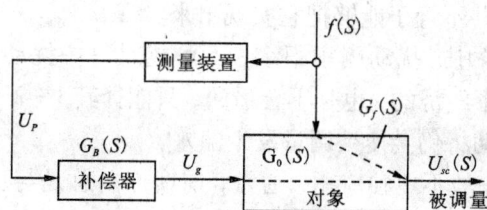

图 16-18 前馈控制系统方块图

16.7.2 前馈控制规律及其局限性

1. 前馈控制的结构图

前馈控制系统如图 16-18 方块图所示。由图可以看出,从扰动作用 $f(t)$ 到被调量 U_{sc} 之间,存在两个传递信号通道,一个是从扰动 $f(t)$ 通过对象的扰动通道传递函数 $G_f(S)$ 去影响输出量 U_{sc},这种影响称扰动作用。另一个是从扰动 f

(t) 通过前馈调节器 $G_B(S)$ 及对象的调节通道传递函数 $G_o(S)$ 去影响 U_{sc}，这种影响称调节作用。这两个调节作用对输出量 U_{sc} 的影响是相反的。这样在一定条件下，有可能使补偿通道的作用很好地抵消扰动 $f(t)$ 对控制对象的影响，使得 U_{sc} 可以在整个过程中不受对控制对象的影响，使得 U_{sc} 可以在整个过程中不受 $f(t)$ 的影响。这里，首先要求测量装置要十分精确地测出扰动信号 $f(t)$，还要求对控制对象特性有充分的了解，才能求出 $G_f(S)$ 和 $G_o(S)$，此外，所采用的前馈控制规律是应可实现的。

2. 前馈控制和反馈控制比较

前馈控制和反馈控制比较如下：

(1)反馈控制中，信号的传递通路形成一个闭环系统。前馈控制回路有闭环和开环两种，通常所述的简单前馈调节则是一个开环系统。因为输出被调量 U_{sc} 不会再反过来影响补偿器的输出量 U_P。

(2)闭环系统有一个稳定性的问题，故调节器参数的整定首先也就是考虑这个稳定性问题。但是，稳定性问题对于开环系统来说不存在，补偿量的设计主要考虑如何取得最好的补偿效果。在理想情况下，可以把补偿器设计到完全补偿的目的，即在新考虑的扰动作用下，被调量始终保持不变。

(3)反馈调节使用的反馈调节器，其调节规律通常是 P、I、D3 种调节作用或它们的组合作用，而前馈调节器使用的调节器，它的调节规律必须根据调节对象的特点来制定，常采用 P 调节规律。

3. 前馈控制的局限性

(1)实现完全补偿在很多情况下只有理论意义，实际上做不到，写出了补偿器的传递函数也并不等于能够把它实现出来。

(2)在工业对象中，扰动因素很多，不可能对每一扰动加一套前馈前置，实现全补偿，这是不经济的，也是不合适的，只能择其 $1 \sim 2$ 个主要的扰动进行补偿，而其余的扰动将仍会使被调量发生偏差。

(3)前馈控制一般不单独应用，通常，前馈控制总是与反馈控制结合起使用，组成前馈—反馈控制系统。系统中的主要扰动由前馈控制来克服，由反馈控制保证被调量等于给定值。

16.8　前馈—反馈控制系统

前馈控制是减少被调量动态偏差的最有效的方法之一。但是，在实际生产过程中，单独使用前馈控制是很难满足工业要求的，这是由于生产过程中总有各种扰动，而前馈控制只能用来克服其中主要扰动的影响，此外，有些扰动目前是难于测量的, 对它们就无法实现前馈补偿了。为了充分发挥前馈与反馈控制的优点, 在实际中采用前馈—反馈控制相结合的复合控制系统, 通过对各种扰动进行具体分析, 确定其中主要扰动进行前馈控制, 而其余的扰动影响则利用反馈控制来克服。并且, 若前馈控制不够理想时, 反馈控制还可帮助削弱主扰动对被调量的影响。若从控制的角度来分析, 则表明动态时, 依靠前馈控制能有效地减少被调量的动态偏差, 而利用反馈控制使系统在稳态时能准确地使被调量等于给定值, 消除静态误差。这样就充分利用了两种调节作用的优点。

　　一般情况下, 前馈—反馈控制系统的方块图如图 16 – 19(a)所示。为简化起见, 这里只考虑有一个主要扰动 $f(t)$, 被调量为 $U_{sc}(S)$, 给定量为 $U_{sr}(S)$。相应的结构图如图 16 – 19(b)所示。

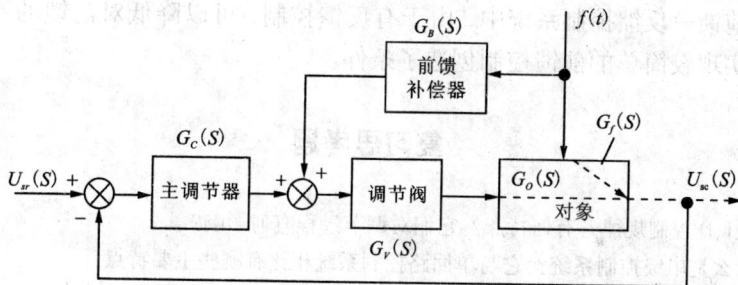

(a)方块图

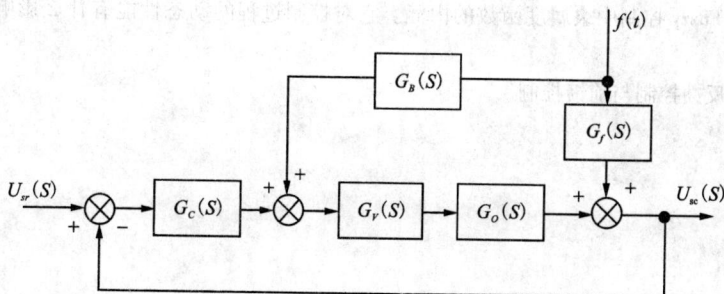

(b)结构图

图 16 – 19　前馈—反馈控制系统

　　由图 16 – 19(b)可写出输入量 $U_{sr}(S)$, 扰动 $f(t)$, 对输出量 $U_{sc}(S)$ 的影响为:

$$U_{sc}(S) = \frac{G_C(S)G_o(S)G_V(S)}{1+G_C(S)G_0(S)G_V(S)}U_{sr}(S) + \frac{G_f(S)+G_B(S)G_V(S)G_0(S)}{1+G_C(S)G_0(S)G_V(S)}f(S)$$

$$(16-27)$$

如果要实现对扰动 $f(S)$ 的完全补偿，则上式的第二项应等于零，即：

$$G_f(S) + G_B(S)G_V(S)G_o(S) = 0$$

或

$$G_B(S) = -\frac{G_f(S)}{G_V(S)G_o(S)}$$

可见，前馈—反馈控制系统对于扰动 $f(S)$ 实现完全补偿的条件与开环前馈控制相同。这样，对被调量影响最显著的主要扰动由前馈补偿，而其余次要的扰动可依靠反馈控制来克服，从而保证了被调量最终等于给定值。

在前馈—反馈控制系统中，由于有反馈控制，可以降低对前馈的要求，为工程上实现较简单的前馈控制创造了条件。

复习思考题

1. P、I、D 控制规律各有何特点？它们对调节过程有何影响？

2. 什么是串级控制系统？它与单回路控制系统相比有哪些主要特点？

3. 什么是前馈控制？它主要应用于什么场合？

4. 什么是 Fuzzy 控制？说明模糊化的内涵和方法。

5. 说明 Fuzzy 控制中隶属度函数的内涵。它对控制过程的动态性能有什么影响？应如何选取它？

6. 比较反馈控制与前馈控制。

第 17 章　干扰及其抑制技术

　　自动化仪表及微型计算机系统，在工业生产或试验现场中应用的条件常常是很复杂的，再加上被测量的参数往往仅能转换成微弱的低电平电压信号，最后还要通过长距离(有时长达数百米甚至更远)传输。因此，除有用信号外，由于各种原因必然会有一些与被测信号无关的电压或电流存在，这种无关的电压或电流统称为"干扰"(噪声)。在测量过程中，如果不能排除这些干扰的影响，它将歪曲测量的结果，严重时甚至使仪表或计算机完全不能工作。

17.1　干扰的来源

17.1.1　抗干扰的重要性

　　大量实践说明，抗干扰性能是各种电子测量装置一个很重要的问题。各种干扰对检测仪表的影响，轻则影响测量精度，重则使测量结果完全失常，尤其是随着电子装置的小型化、集成化、数字化和智能化的广泛应用和迅速发展，如何有效地排除和抑制各种干扰，已成为必须探讨和解决的迫切问题。因为干扰不仅能造成逻辑关系混乱，使系统测量和控制失灵，以致降低产品的质量，甚至能使生产设备损坏，造成事故。因此，在电子测量装置的设计、制造、安装和日常维修中都必须给以足够的重视。

　　有效的抗干扰措施，必须是"对症下药"才能收到良好的效果。

17.1.2　常见干扰的类型

　　干扰来自干扰源，在工业现场和环境中干扰源是各式各样的。为了便于讨论分析和综合采取措施，可以按不同特征，对干扰进行分类。按干扰的来源，可以把干扰分成内部干扰和外部干扰两大类。

　　1. 外部干扰

　　外部干扰是指那些与系统结构无关，由使用条件和外界环境因素所决定的干扰。它主要来自自然界的干扰以及周围电气设备的干扰。

　　自然干扰产生的原因来自自然现象，如闪电、雷击、宇宙辐射、太阳黑子活动等，它们主要来自天空，因此，自然干扰主要对通信设备、导航设备有较大影响。然而,在检测装置中已广泛使用半导体器件,在光线作用下将激发出电子—空穴对而产生电势,从而影响检测装置的正常工作,所以半导体元器件均封装在不透光的壳体内。对于具有光敏作用的元器件,尤其要注意光的屏蔽问题。

各种电气设备所产生的干扰有电磁场、电火花、电弧焊接、高频加热、可控硅整流等强电系统所造成的干扰。这些干扰主要是通过供电电源对测量装置和微型计算机产生影响。在大功率供电系统中,大电流输电线周围所产生的交变电磁场,对安装在其附近的智能仪表也会产生干扰。此外,地磁场的影响及来自电源的高频干扰也可视为外部干扰。

2. 内部干扰

内部干扰是指装置内部的各种元件引起的各种干扰,它又包括固定干扰和过渡干扰。过渡干扰是电路在动态工作时引起的干扰。固定干扰包括电阻中随机性的电子热运动引起的热噪声;半导体及电子管内载流子的随机运动引起的散粒噪声;由于两种导电材料之间的不完全接触,接触面的电导率的不一致而产生的接触噪声,如继电器的动静触头接触时发生的噪声等;因布线不合理、寄生参数、泄漏电阻等耦合形成寄生反馈电流所造成的干扰;多点接地造成的电位差引起的干扰;寄生振荡引起的干扰;热骚动的噪声干扰等。

上述两类来源的干扰,我们可粗略地示意于图 17 - 1 中。图中涉及的只是电气方面的干扰,各代号所代表的干扰分别为:

(1)装置开口或隙缝外进入的辐射干扰(辐射);

(2)电网变化干扰(传输);

(3)周围环境用电干扰(传输、感应、辐射);

(4)传输线上的反射干扰(传输);

(5)系统接地不妥引入的干扰(接地);

(6)外部线间串扰(传输、感应);

(7)逻辑线路不妥造成的过渡干扰(传输);

(8)线间串扰(感应);

(9)电源干扰(传输);

(10)强电器引入的接触电弧干扰(辐射、传输、感应);

(11)内部接地不妥引入的干扰(接地);

(12)漏磁感应(感应);

(13)传输线反射干扰(传输);

(14)漏电干扰(传输)。

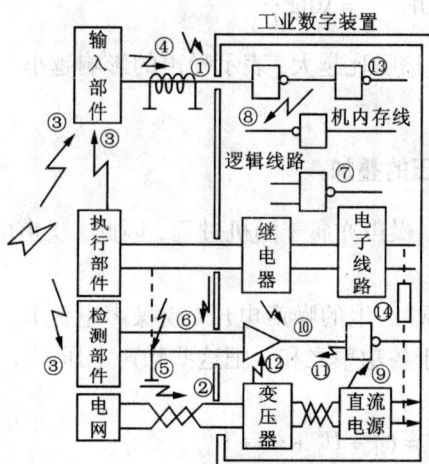

图 17-1 内部和外部干扰示意图

17.1.3 噪声与信噪比

1. 噪声

在检测仪表和检测系统中,测量的结果除了有用电信号之外,还会夹杂着一些无用的有害的电信号,这些无用的信号总和就称为"噪声"。通常所说的噪声就是干扰造成的不良效应。噪声和有用信号的区别在于,有用信号可以用确定的时间函数来描述,而噪声则不可以用预先确定的时间函数来描述。噪声属于随机误差,必须用描述随机误差的方法来描述,分析方法亦应采用随机误差的分析方法,如 4.3 节所介绍的。

2. 信噪比

在测量过程中,人们不希望有噪声信号,但客观事实中噪声总是与有用信号联系在一起,而且人们也无法完全排除噪声,只能要求噪声尽可能小些。究竟允许多大的噪声存在,必须与有用信号联系在一起考虑,显然,大的有用信号,允许噪声较大,而小的有用信号,允许噪声也随之减小。例如,传感器输出信息的级别为微伏或毫伏级,而干扰引起的噪声信号为毫伏,几伏乃至几百伏(对地的干扰信号),这样的差别是不能忽略它的影响的。为了衡量噪声对有用信号的影响(即相对关系),需引入信噪比(S/N)的概念。

所谓信噪比,是指在通道中有用信号成分与噪声信号成分之比。设有用信号功率为 P_s,有用信号电压 U_s,噪声功率为 P_N,噪声电压为 U_N,则有:

$$S/N = 10\lg \frac{P_s}{P_N} = 10\lg \frac{U_s}{U_N} \qquad (17-1)$$

式(17-1)表明,信噪比越大,表示噪声的影响越小。因此,在检测装置中应尽量提高信噪比。

17.1.4　噪声电压的叠加

根据4.3节介绍,噪声亦属于随机过程,因此,噪声电压的叠加应采用"方和根"法。

各噪声源(干扰源)产生的噪声电压(或噪声电流),若彼此独立,即不相关,则总噪声功率等于各功率之和。把这些噪声电压 U_1, U_2, $\cdots$, U_n 按功率相加得总噪声:

$$U_{\Sigma}^2 = U_1^2 + U_2^2 + \cdots + U_n^2$$

或

$$U_{\Sigma} = \sqrt{U_1^2 + U_2^2 + \cdots + U_n^2} \qquad (17-2)$$

若两个噪声电压是相关的,则总噪声电压 U_{Σ} 为:

$$U_{\Sigma} = \sqrt{U_1^2 + U_2^2 + 2rU_1U_2} \qquad (17-3)$$

式中:r——相关系数,它的取值范围在 $0 \sim 1$ 之间。

17.2　噪声的传输途径

17.2.1　噪声形成干扰的三要素

噪声对检测装置及检测系统形成干扰,需同时具备3个要素:
(1)噪声源;
(2)对噪声敏感的接收电路;
(3)噪声源到接收电路之间的传输途径。

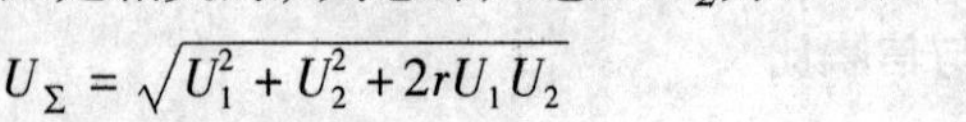

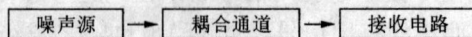

$$\boxed{\text{噪声源}} \longrightarrow \boxed{\text{耦合通道}} \longrightarrow \boxed{\text{接收电路}}$$

图17-2　噪声形成干扰三要素之间的关系

以上3个要素之间的关系如图17-2所示。研究和分析噪声干扰问题时,首先应该搞清楚有哪些噪声源存在,被干扰对象中有哪些电路对干扰是敏感的,然后了解噪声是如何传输和通过那些途径传输的。

为了消除和抑制干扰,除了消除和抑制噪声源,以及使接收电路对干扰不敏感之外，抑制和切断噪声的传输途径是重要的手段。

17.2.2　电场耦合

电场耦合是由于两个电路之间的存在寄生电容，使一个电路的电荷通过寄生电容影响到另一条支路，因此又称为电压性耦合。

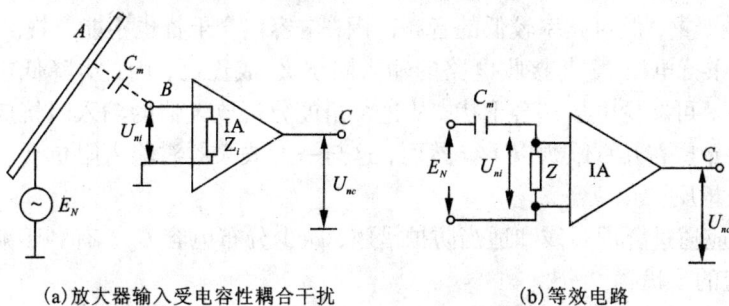

(a)放大器输入受电容性耦合干扰　　　　　　(b)等效电路

图 17 - 3　　电场耦合对测量线路的干扰

图 17 - 3 所示为仪表测量线路受电场耦合而产生干扰的示意图及等效电路。图中 A 导体为对地具有电压 E_N 的干扰源，B 为受干扰的输入测量电路导体，C_m 为 A 与 B 之间的寄生电容，Z_i 为放大器输入阻抗，U_{nc} 为测量电路输出的干扰电压。

为分析方便，设噪声源电压为 E_N 为正弦量，则 B 点的干扰电压为：

$$U_{ni} = \frac{E_N}{\dfrac{1}{\omega C_m} + Z_i}$$

若 $Z_i \leqslant \dfrac{1}{\omega C_m}$，则 $U_{ni} = E_N \omega C_m \cdot Z_i$。

设 $C_m = 0.01\mathrm{pF}$，$Z_i = 0.1\mathrm{M\Omega}$，$K = 100$，$E_N = 5\mathrm{V}$，$f = 1\mathrm{MHz}$，则有 $U_{ni} = 5 \times 2\pi \times 10^6 \times 0.01 \times 10^{-12} \times 10^5 = 31.4(\mathrm{mV})$，而在放大器输出端的干扰电压为：

$$U_{nc} = KU_{ni} = 31.4 （\mathrm{V}）$$

显而易见，这样大的干扰电压是不能容忍的。

推广到一般情况，电场耦合传输干扰可用图 17 - 4 表示。E_N 为干扰源电压，Z_i 为被干扰电路的输入阻抗。为分析方便，设噪声源电压为正弦量，于是被干扰电路的干扰电压 U_{nc} 为：

$$U_{nc} = \frac{j\omega C_m Z_i}{1 + j\omega C_m Z_i} \cdot E_N \tag{17-4}$$

式中 ω 为噪声源 E_N 的角频率。考虑到一般情况下有：

$$|j\omega C_m Z_i| \leqslant 1$$

则上式可化简为：

$$U_{nc} \approx j\omega C_m Z_i E_N \qquad\qquad (17-5)$$

从上式可以得到下列结论：

(1)干扰源的频率越高，电场耦合引起的干扰也越严重。频率很高的射频段影响最严重，但对频率较低的音频范围，电容耦合干扰也不能忽视。

(2)干扰电压 U_{nc} 与接收电路的输入阻抗 Z_i 成正比，因此，降低接收电路输入阻抗，可减少电场耦合干扰，从这个角度分析放大器的输入阻抗应尽可能低，一般希望在几百欧姆以下。然而，这与一般放大器对输入阻抗要求愈高愈好，正是相反。

(3)应通过合理布线和适当防护措施，减少分布电容 C_m，有利于减少电场耦合引起的干扰。

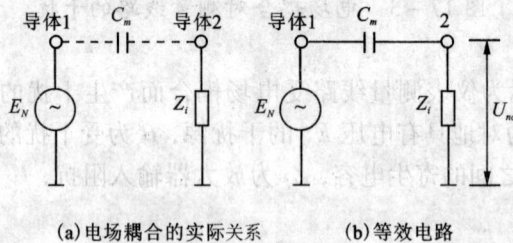

(a)电场耦合的实际关系　　　(b)等效电路

图 17-4　电场耦合及等效电路

17.2.3　磁场耦合(互感性耦合)

磁场耦合又称互感耦合。当两个电路之间的有互感存在时，一个电路的电流变化，就会通过磁的耦合影响另一个电路，从而形成干扰电压。在电气设备内部中，变压器及线圈的漏磁就是一种常见的磁场耦合干扰源。另外，任意两根平行导线也会产生这种干扰。一般情况下，可用图 17-5 表示磁场耦合方式及其等效电路。图中 I_n 为电路 A 中的干扰电流源，M 为两支电路之间的互感系数，U_{cn} 是电路 B 中所引起的感应干扰电压。由交流电路理论和等效电路可得：

$$U_{cn} = j\omega M I_n \qquad\qquad (17-6)$$

式中：　ω——电流噪声源 I_n 的角频率。

由式(17-6)可以得出下列结论：干扰电压 U_{cn} 正比于干扰源的电流 I_n、干扰源的角频率 ω 和互感系数 M。

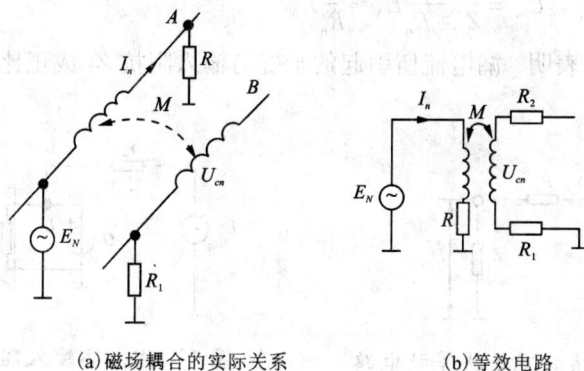

(a)磁场耦合的实际关系　　　　　(b)等效电路

图 17 −5　磁场耦合及等效电路

例1　图 17 −6 是交流电桥测量电路受磁场耦合干扰的示意图。图中 U_{sc} 为电桥输出的不平衡电压，交流供电电源频率为 10kHz，导线 A 在电桥附近产生干扰磁场，并耦合到电桥测量电路上。若 $I_n = 10\text{mA}$，$M = 0.1\mu\text{H}$，干扰源 I_n 频率与交流供电电源频率相同，则由式(17 −6)可得：

$$U_{cn} = \omega M I_n = 2\pi \times 10^4 \times 0.1 \times 10^{-6} \times 10 \times 10^{-3} = 62.8\ (\text{mV})$$

可见，电磁场耦合也是较严重的，应给以足够重视。在直流测量装置中，具体布线时应使直流控制线与交流动力线处于垂直方向。

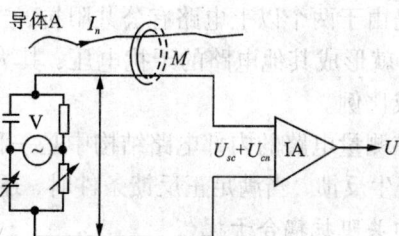

图 17 −6　磁场耦合对交流电桥的干扰

17.2.4　漏电流耦合干扰

由于电子电路内部的元件支架、接线柱、印刷板等绝缘不良，流经绝缘电阻的漏电流也会引起干扰。图 17 −7 表示漏电流引起干扰的等效电路，图中 E_n 表示噪声电势，R_n 为漏电阻，Z_i 为漏电流流入电路的输入阻抗，U_{nc} 为干扰电压。图中作用在 Z_i 上的干扰电压为：

$$U_{nc} = \frac{Z_i}{Z_i + R_n} E_N \approx \frac{Z_i}{R_n} E_N \qquad\qquad (17-7)$$

式(17-7)表明,漏电流所引起的干扰与输入阻抗 Z_i 成正比,与绝缘电阻成反比。

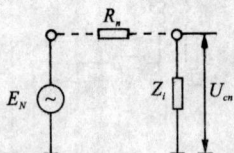

图 17-7　漏电流干扰等效电路

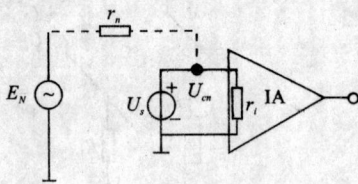

图 17-8　高输入阻抗放大器漏电流干扰电路

例 2　如图 17-8 所示,直流放大器为受漏电流干扰的对象,其输入阻抗 $r_i = 10^8 \Omega$,图中电压 E_N 为干扰源, $E_N = 15V$,绝缘电阻 $r_n = 10^{10} \Omega$。由式(17-7)可得:

$$U_{nc} = \frac{r_i}{r_i + r_n} E_N = \frac{10^8}{10^8 + 10^{10}} \times 15 = 0.149(\text{V})$$

可见,对于高输入阻抗放大器,即使是微弱漏电流干扰,也会造成严重的后果。所以在实际应用中,必须加强与输入端有关电路的绝缘水平。

17.2.5　共阻抗耦合

共阻抗耦合干扰是由于两个以上电路有公共阻抗,当一个电路中的电流流经公共阻抗产生压降,就形成其他电路的干扰电压,其大小与公共电阻的阻值及干扰源的电流大小成比例。

共阻抗耦合干扰在测量电路的内部电路结构中是一种常见的干扰,对多级放大来说,也是一种寄生反馈,当满足正反馈条件时,还会引起自激振荡。

1. 通过电源电阻的共阻抗耦合干扰

当几个电子线路共用一个电源时,其中一个电路的电流流过电源内阻抗时,就会造成对其他电路的干扰。图 17-9 表示两个三级电子放大器电路由同一直流电源 E 供电。

由于电源具有内阻抗 Z_c,当干扰通道放大器在输入信号 U_1 作用上,其输出电流 i_1 流经电源内阻 Z_c,在 Z_c 上产生电压 $U_{nc} = i_1 Z_c$, U_1 经电路传输到另一个三级电子放大器电路,就形成干扰电压,相当于电源波动干扰。

2. 通过公共接地线的共阻抗耦合干扰

在测量电路的各单元电路上都有各自的地线,如果这些地线不是一点接地,各级电流就流经公共地线,从而在地线电阻上产生电压,该电压就成为其他电路的干扰电压。

图 17-10 所示为 3 块插件板的接地情况。设 3# 板工作电流最大,通过公共地线 BA 段接地,并在 BA 段阻抗上形成电压降 ΔU_{BA}。1# 板接地点在 A 点,故其影响甚小,而 2# 板接地点设在 B 点,ΔU_{BA} 就构成了它的干扰电压。同样,2# 板放大器的输出电流亦流过 BA 段,又进一步改变 ΔU_{BA} 而形成对 3# 板的干扰电压,产生一个闭环的寄生反馈。当满足了一定条件时,这个环路就会产生自激振荡。

17.3　差模干扰和共模干扰

前面所述的各种噪声源必然会通过各种传输途径进入仪表,对其产生干扰。根据噪声进入测量电路方式以及它与有用信号的关系,可将噪声干扰分为差模干扰和共模干扰。

17.3.1　差模干扰

所谓差模干扰(又称串模干扰、常态干扰)就是在输入通道中与信号源串联的干扰,其特点是干扰信号与有用信号按电势源的形式相串联,如图 17-9 所示。图中 U_s 为有用信号,U_{NM} 为串模干扰信号。

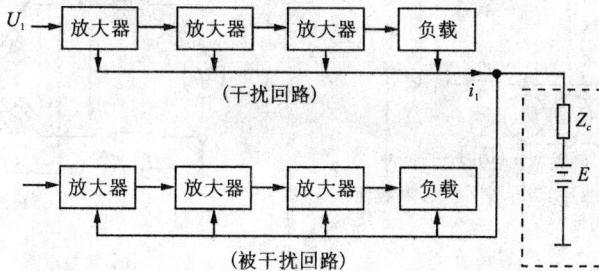

图 17-9　串联干扰等效电路

形成串模干扰的原因可归结为长线传输的互感,分布电容的相互干扰,以及 50Hz 的工频干扰等。较常见的是外来交变磁通对传感器的一端进行电磁耦合。如图 17-10 所示,外交变磁通 Φ 穿过其中一条传输线,产生的感应干扰

电势 U_{NM} 便与热电偶电势 e_r 相串联。

消除这种干扰的办法通常是采用低通滤波器、双绞信号传输及屏蔽等措施。

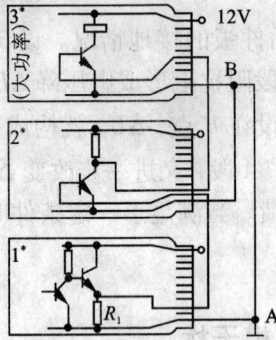

图 17-10 产生差模干扰的典型例子

17.3.2 共模干扰

共模干扰(又称共态干扰、对地干扰、不平衡干扰)电压是指测量装置两个输入端和地之间存在的电压。造成这种干扰的主要原因是双重接地后出现地电位差,如图 17-11 所示。除此之外,还有电场耦合和磁场耦合等因素,但由于它们的耦合机理和耦合电路不易搞清楚,要排除它们也比较困难,故这里不予研究。

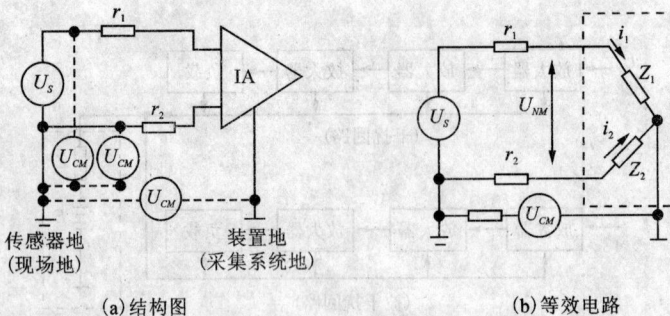

图 17-11 共模干扰的形成

理想情况下,现场接地点与系统接地点之间应具有零电位,但实际上大地的任何两点间往往存在电位差,尤其在大功率设备附近,当这些设备的绝缘性能较差时，各点的电位差更大，此电位差 U_{CM} 称为共模电压。U_{CM} 一般都较大，交流或直流均可达几十伏，甚至上百伏，它与现场环境及接地情况有关。图中 r_1、r_2 是长电缆导线电阻，Z_1、Z_2 是共模电压通道中放大器输入端的对地等效阻抗，它与放大器本身的输入阻抗、传输线对地的漏抗，以及分布电容有关。

共模干扰是如何对系统产生影响的呢？从等效电路看出，U_{CM} 产生回路电流 i_1 和 i_2，分别在输入回路电阻 r_1 和 r_2 上产生压降，从而在放大器的两个输入端之间产生一个干扰电压 U_{NM}，由图 2 – 13（b）得：

$$U_{NM} = U_{CM}\left(\frac{r_1}{r_1 + Z_1} - \frac{r_2}{r_2 + Z_2}\right) \tag{17-8}$$

式（17 – 8）表明：

（1）由于 U_{CM} 的存在，在放大器输入端产生一个等效干扰电压 U_{NM}，此电压称为串模干扰电压。可见，共模干扰电压是转化成串模干扰电压后才对检测装置产生干扰作用。

（2）共模干扰电压的干扰作用与电路对称程度有关，r_1、r_2 的数值愈接近，Z_1、Z_2 愈平衡，则 U_{NM} 愈小。当 $r_1 = r_2$、$Z_1 = Z_2$ 时，则 $U_{NM} = 0$。

17.3.3　共模抑制比 CMRR

共模干扰对检测装置和仪表的影响程度，取决于共模干扰转化成串模干扰的大小。为了衡量检测装置和仪表对共模干扰的抑制能力，引入共模抑制比（CMRR）这一重要概念。

CMRR 通常有两种表示方法，一种是：

$$CMRR = 20\lg \frac{U_{CM}}{U_{NM}} \tag{17-9}$$

式中：U_{CM} 为作用在测量电路和仪表上的共模干扰电压；U_{NM} 为在 U_{CM} 作用下，转化为在测量电路输入端所呈现的差模干扰信号电压。

对于图 17 – 13，并由式（17 – 8）有：

$$CMRR = 20\lg \frac{(r_1 + Z_1)(r_2 + Z_2)}{(r_1 Z_2 - r_2 Z_1)} \tag{17-10}$$

从式（17 – 10）看出，当 $Z_1 r_2 = Z_2 r_1$ 时，即测量电路差动输入端完全平衡时，共模抑制比趋向无限大。但实际上这是难以做到的。一般情况下，大多是 $Z_1 Z_2 \geq r_1 r_2$。当 $Z_1 = Z_2 = Z$ 时，式（12 – 10）可化简为：

$$CMRR \approx 20\lg \frac{Z}{r_1 - r_2} \tag{17-11}$$

由式（17 – 11）可知，若长电缆传输线对称，即 $r_1 = r_2$，则可以提高此测量电路的共模干扰能力。

CMRR 的另一种表示方法是：

$$CMRR = 20\lg \frac{K_{NM}}{K_{CM}} \qquad (17-12)$$

式中：　K_{NM}——串模增益；

　　　　K_{CM}——共模增益。

以上两种定义都说明，CMRR 愈高，测量电路及仪表对共模干扰的抑制能力愈强。

例3　设 $U_{CM} = 5\text{V}$，它对测量放大器的影响表现为，使增益为 200 的放大器输出端有 1mV 输出，则放大器输入端的等效常模干扰电压为：

$$U_{NM} = 1/200 = 5 \times 10^{-6}(\text{V})$$

共模抑制比则为：

$$CMRR = 20\lg \frac{U_{CM}}{U_{NM}} = 20\lg \frac{5}{5 \times 10^{-6}} = 120(\text{dB})$$

17.4　干扰抑制技术

既然形成对测量装置及系统的噪声干扰需要"三要素"，因此，消除和减弱噪声干扰的方法亦应针对三项因素采取措施，即：

(1)消除或抑制噪声源；

(2)阻截干扰传递途径；

(3)削弱接收电路对噪声干扰的敏感性。

必须指出，以上 3 方面措施均属硬件措施。随着微型计算机用于工业生产，进行实时检测和控制，出现了智能传感器和智能仪表，抑制噪声干扰也相应成为一项理论性和实践性强，内容十分丰富的研究课题。除了研究一些常规的抗干扰措施外，还应该寻找有用信号和噪声的规律，区分噪声与信号的性质等，有效地排除干扰。因此，仅有硬件措施仍满足不了要求，还需有软件措施，并将两者有机地结合起来。在软件方面，目前已有很多抑制干扰的措施和方法，包括数字滤波、选频和相关技术以及数据处理等，它们能将淹没于噪声中的有用信号巧妙地测量出来。

17.4.1　屏蔽技术

利用铜或铝等低电阻材料制成的容器，或者是利用导磁性良好的铁磁材料制成的容器，将需要防护的部分(如干扰源)包围起来，称为屏蔽。屏蔽可以分为以下几类：

（1）静电屏蔽。即电场屏蔽，可防止电场耦合干扰。

（2）电磁屏蔽。利用涡流效应，防止高频磁场干扰。

（3）磁屏蔽。采用高导磁材料，防止低频磁场干扰。

1. 静电屏蔽

静电屏蔽是根据静电学原理，即处于静电平衡状态下，导体内部各点等电位，故在导体内部无电力线。因此，采用由导电性能良好的金属作屏蔽盒，并将它接地，则屏蔽盒内的电力线不会影响外部，同时外部的电力线也不会穿透屏蔽盒进入内部。前者可抑制干扰源，后者可阻截干扰的传输途径，起电场隔离的作用。

图 17 – 12 表示了静电屏蔽原理。图中 17 – 12（a）表示空间导体 A 上带有电荷 $+Q$ 时的电力线分布。图 17 – 12（b）表示用导体 B 将 A 包围起来后的电力线分布。从外部看，A 和 B 组成的整体对外呈现 A 所带电荷和 B 的形状所决定的电力线分布。因此，不接地的静电屏蔽层不起静电屏蔽的作用。图 17 – 12（c）表示导体 B 接大地时的情况。这时导体 B 外部的电力线消失，即 B 起到了静电屏蔽的作用。

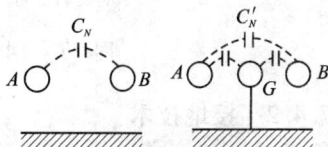

必须注意，若导体 A 上的电荷是随时间变化的，则在接地线上就必定有对应于电荷变化的电流流通，这样，导体的外部空间还会出现感应的电磁场，因此，达到完全屏蔽是不可能的。

静电屏蔽在实际布线中的应用，如图 17 – 13 所示。如果在 A、B 两导线之间敷设一条接地导线 G，则 A、B 间的电性耦合将明显减弱，显然 $C_N > C'_N$。

2. 电磁屏蔽

电磁屏蔽主要是抑制高频电磁场的干扰。它是采用导电良好的金属材料做成蔽层，利用高频电磁场能在屏蔽金属内产生涡流，再利用涡流产生的反磁场来抵消高频干扰磁场，从而达到屏蔽的目的。

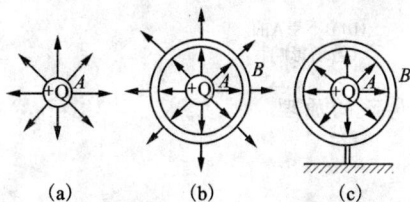

（a）　　　　（b）　　　　（c）

图 17 – 12　静电屏蔽原理　　　　图 17 – 13　接地导线的静电屏蔽作用

基于涡流反磁场作用的电磁屏蔽，在原理上与屏蔽体是否接地无关系，但在一般应用上都是接地的,其目的是同时兼有静电屏蔽的作用。

屏蔽层的材料必须选择导电性良好的低电阻金属,如铜、铝或镀银铜板等。根据高频集肤效应原理,高频涡流仅流过屏蔽层的表面一层,因此,屏蔽层的厚度仅需考虑机构强度就可以了。如果需要在屏蔽层上开孔或开槽,必须注意孔和槽的位置与方向,应尽量少影响涡流的途径,以免影响屏蔽效果。

3. 低频磁屏蔽

电磁屏蔽的措施对低频磁场干扰的屏蔽效果是很差的,因此,对低频磁场的屏蔽,要用高导磁材料作屏蔽层,以便将低频干扰磁力线限制在磁阻很小的磁屏蔽体的内部,防止其干扰作用。

低频磁屏蔽的原理如图 17 - 14 所示。图中 A 为磁性干扰源,B 为受影响的磁性对象,C 为屏蔽板。

磁屏蔽板要选择高磁导率的铁磁材料,如坡莫合金等,并且要有一定厚度,以减小磁阻。

设计磁屏蔽罩应注意以下问题:

(1)频率升高时,高磁导率屏蔽罩的磁导率要下降,如坡莫合金在频率超过 500Hz 时,其磁导率就会急剧下降。

(2)磁导率与磁场强度 H 有关。当 H 高达一定程度时,屏蔽体达到磁饱和,致使磁导率急剧下降。

(3)高磁导率材料(如坡莫合金)经机构加工后,导磁性能要降低,因此加工以后必须进行适当的热处理。

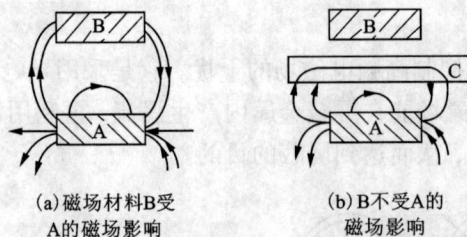

(a)磁场材料B受　　　　(b)B不受A的
A的磁场影响　　　　　磁场影响

图 17 - 14　低频磁屏蔽的原理

17.4.2　接地技术

1. 电子装置及计算机系统中的各种"地"线

随着电子技术和计算机的广泛应用,接地已成为一种重要的技术,国内外有关方面的专业技术人员在理论和实践方面进行了广泛的研究,并取得显著的效果。

接地技术起源于强电，强电接地的概念是将电网的零线及各种设备的外壳接大地，其目的是为保障人身和设备的安全。然而，在电子装置与计算机系统中，接地的概念又有新的内容。这里"地"是指输入信号与输出信号的公共零电位，它本身却可能与大地是隔离的。接地不仅是保护设备和人身安全，而且成为抑制噪声干扰，保证系统工作稳定可靠的关键技术。

很明显，接地可分为安全接地和工作接地两大类。两类地线既要独立处理又要密切配合，如果处理得不当，反而会导致噪声耦合，产生干扰。此外，还必须把接地和屏蔽妥善地结合，才能有良好的接地效果。

电子装置及计算机系统中，有以下几种"地"线。

(1)屏蔽接地线及机壳接地线。这类地线是对电场及磁场的屏蔽，也能达到安全防护的目的，一般是接大地。

(2)信号接地线。它只是电子装置的输入与输出的零信号电位公共线(基准电位线)，它本身却可能与大地是隔绝的。信号地线又分两种：模拟信号地线及数字信号地线。因模拟信号一般较弱，容易受干扰，故对地线要求较高，而数字信号一般较强，对地线要求可降低些。为了避免两者之间的相互干扰，两种地线应分别设置。

(3)功率地线。这种地为大电流网络部件的零电平。如中间继电器的吸上电路等，这种电路的电流在地线中产生的干扰作用也大，因此，对功率地线也有一定的要求，有时在电路上与信号地线是互相绝缘的。

(4)交流电源地线，即交流50Hz地线，它是噪声源，必须与直流地线相互绝缘，在布线时也应使两种地线远离。

以上这些不同的地线，一般应分别设置，在电位需要连通时，必须选择合适的方式相联接，用什么方式呢？是浮地还是共地？是一点接地还是多点接地？是分散接地还是集中接地？等等，都是计算机系统中设计、安装、调试的一个大问题。本节就这些问题进行分析，并提出各种不同的处理措施。

2. 一点接地和多点接地准则

(1)印刷电路板内的接地方式。在印刷电路板内接地的基本原则是低频电路需一点接地，高频电路应就近多点接地。因为在低频电路中，布线和元件间的电感并不是什么大问题，而公共阻抗耦合干扰影响较大，因此，常以一点为接地点。但一点接地不适用于高频电路，因为高频时各地线电路形成的环路会产生电感耦合，引起干扰。通常频率在1MHz以下用一点接地，频率在10MHz以上用多点接地。

一点接地方式又分单级电路一点接地和多级电路一点接地两种情况。

图17-15为单级电路的一点接地方式。图中单级选频放大器电路中有7

个线端需要接地,如果只从原
理图的要求进行接线,则这7
个线端可以任意接在接地母
线的各个点上,如图 17 – 15
(a)。由于母线本身存在电
阻,不同点间的电位差就有可
能成为这级电路的干扰信号,
如果这种干扰信号来自后级,

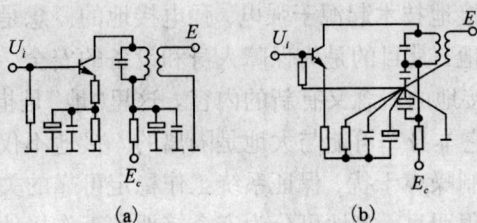

图 17 – 15　单级电路的一点接地

则可能由于内部寄生反馈而引起自激振荡,因此采用图 17 – 15(b)的一点接地
方式是合理的。

图 17 – 16 为多级电路的一点接地方式。

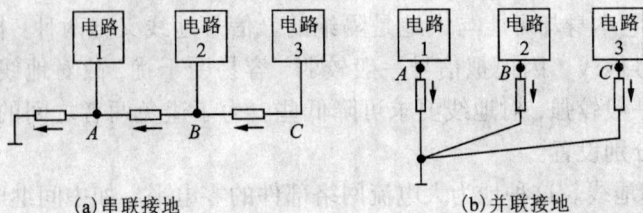

图 17 – 16　单级电路的一点接地方式

图 17 – 16(a)为串联接地方式,即多级电路通过一段公用地线后再在一点
接地,它虽然避免了多点接地可能产生的干扰,但是在这段公用地线上仍存在
着 A、B、C 3 点不同的对地电位差,如果电路中有一个是高电平电路(负载电流
较大),产生较大的地电流,则会干扰其他低电平电路。这种一点接地方式优
点是布线简便,因此常应用在级数不多,各种电平相差不大以及抗干扰能力较
强的数字电路方面。

图 17 – 16(b)是各电路地线并联一点接地。这种接地方法最适用于低频电
路,因为各电路之间的地电流不致耦合。各点电位只与本电路的地电流、地线
阻抗有关,它们之间互不相关。但是,这种接地方式不能用于高频。因为高频
时地线电感增加了电路阻抗,同时造成各地线间的电感耦合,此外,地线间的
分布电容也会造成彼此耦合。当频率升高时,地线阻抗也增大,特别是地线长
度是四分之一波长的奇数倍时,地线阻抗很高,就相当于天线向外辐射噪声信
号。所以高频时,地线尽量要短(最好小于波长的 1/20),降低地线阻抗,减少
干扰辐射。

（2）传感器接口电路的接地方式。图 17-17 为传感器接口电路的两点接地系统，传感器在现场接地，检测装置部分在主控室接地，把大地看作等电位体。实际上，大地各处电位是不相同的，两点接地会产生较大的共模干扰电压 U_{CM}（地电位差），它所产生的干扰电流要流经信号线，再转化为串模干扰，对检测装置带来很大的影响。

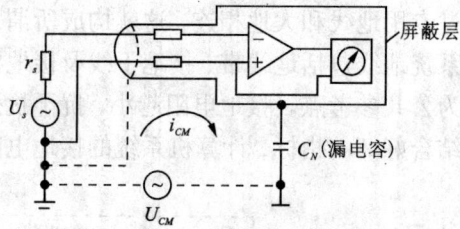

图 17-17 两点接地系统的干扰

若将图 17-17 改为一点接地，如图 17-18 所示，则干扰情况有较大的改善。从图中看出，屏蔽层也在传感器处接地，这样共模干扰电流 i_{CM} 大大减少，而且也不再流经信号线，只流经电缆屏蔽层，因此对检测装置影响很小。

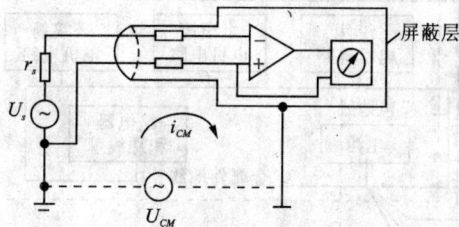

图 17-18 采用一点接地减小干扰

（3）检测装置与计算机系统的一点接地。检测装置与计算机系统中有多种

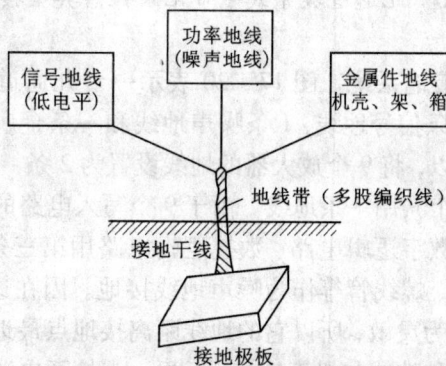

图 17-19 三条地线与系统地线相联图

地线，但归纳来主要有 3 种性质的地线，即输入信号的低电平地线，会带来干扰的功率地线，亦称噪声地线和机壳的金属件地线。这 3 种地线应分开设置，本身要遵循"一点接地"。此外，这 3 种地线最后要汇集在一起，它们在一点上

再通过专用地线和大地相连，这就构成所谓系统地线，如图 17 – 19 所示。

系统地线包括地线带、接地干线及接地极板。系统地线使系统以大地某一点作为公共参考点。接地电阻越小，抗干扰效果越显著，它是衡量接地装置与大地结合好坏的指标，计算机系统的接地电阻应在 10Ω 以下。

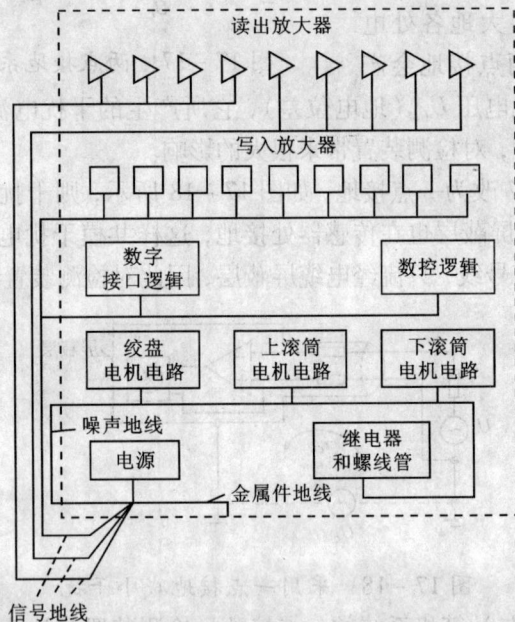

图 17 – 20　九通道数字式磁带记录仪器典型接地系统

　　(4) 仪器的一点接地系统。图 17 – 20 表示一台九通道数字式磁带记录仪的接地系统。它有 3 条信号地线，1 条噪声地线和一条金属件地线。读出放大器对地线最敏感，所以，将 9 个放大器的地线设置为 2 条，其中，5 个放大器共用一条地线，其余 4 个共用一条地线。由于 9 个写入电路的工作电平较读出放大器的要高，所以与数字逻辑电路、数控逻辑电路用第三条地线。3 个磁带盘控制电动机和继电器、螺线管等作为噪声地线接地。因在这些部件中，磁带盘的电动机控制电路最为灵敏，所以它的地线距离接地点最近。而机壳是和金属件地线连接的。这三种地线与机壳连接后，再一点接至电源地线。

　　3. 电缆屏蔽层的接地方式

　　如果检测电路是一点接地，电缆的屏蔽层也应一点接地。下面通过具体例子说明接地点的选择准则。

　　(1) 如果信号源不接地，而测量电路(放大器)接地时，电缆屏蔽层则应接到检测电路的接地端(公共端)。

图 17-21 和图 17-22 所示信号源不接地,而检测电路接地的检测系统。电缆屏蔽层 B 点接信号源 A 点,电缆通过绝缘层与地相连,U_{CM} 为两接地点的电位差。分析图 17-21,显而易见,共模干扰电压 U_{CM} 在检测电路输入端要产生差模干扰电压 U_{12}。图 17-22 中,电缆屏蔽层 C 点接地,由共模干扰电压 U_{CM} 产生的差模干扰电压 $U_{12} \approx 0$。

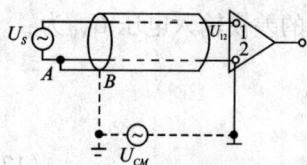

图 17-21　电缆屏蔽层
不正确接地方式之一

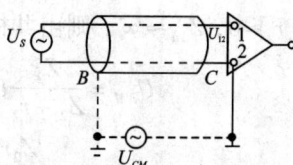

图 17-22　电缆屏蔽层
正确接地方式之一

(2)如果信号源接地,而检测装置(放大器)不接地时,电缆屏蔽层应接到信号源的接地端(公共端)。

图 17-23 和图 17-24 所示为信号端接地,而检测装置不接地的检测系统。

在图 17-23 中,共模干扰电压 U_{CM} 会在检测装置的输入端产生差模干扰电压 U_{12},而在图 17-24 中,差模电压 $U_{12} \approx 0$,因而是正确的接地方式。

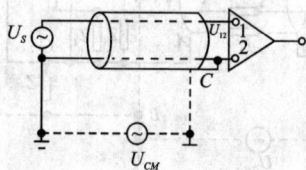

图 17-23　电缆屏蔽层不正确
接地方式之二

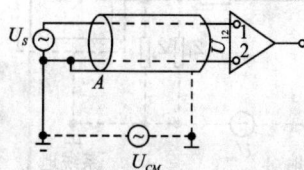

图 17-24　电缆屏蔽层正确
接地方式之二

17.4.3　浮空技术

浮空又称浮置、浮接。如果检测装置的输入放大器的公共线既不接机壳也不接大地,则称为浮空。被浮空的检测系统,其检测装置与机壳、大地没有任何导电性的直接联系。

浮空的目的是要阻断干扰电流的通路。浮空后,检测电路的公共线与大地(或机壳)之间的阻抗很大,因此,浮空与接地相比能更强的抑制共模干扰电流。

图 17－25 为某测温系统中被浮空的检测装置。图中,r_1、r_2 为信号传输电阻,Z_1、Z_2 为信号线对地等效阻抗(包括漏电阻、对地分布电容等),Z_{1n} 为检测电路输入阻抗,r_s 为传感器内阻。通常,传感器也不接地,它对地的等效阻抗较大,为讨论方便,在图中将它接地。

当 $r_s \approx 0$,$Z_{1n} \approx \infty$,则由共模电压 U_{CM} 引起的差模输入电压 U_{NM} 为:

$$U_{NM} = \frac{Z_2}{Z_2 + r_2}U_{CM} - \frac{Z_1}{Z_1 + r_1}U_{CM}$$

$$= \frac{Z_2 r_1 - Z_1 r_2}{(Z_2 + r_2)(Z_1 + r_1)}U_{CM} \qquad (17-13)$$

若 $r_1 = r_2$,$Z_1 = Z_2$,则 $U_{NM} = 0$,即检测装置输入端处于完全对称情况。

若 $Z_1 = Z_2 \approx \infty$,则 $U_{NM} \approx 0$。

显然,提高共模抑制能力的方法有:

(1)减少噪声源和信号源的公共阻抗 r_1,r_2;

(2)增加两条信号传输线的对地阻抗。

(3)截断干扰电流的通路。

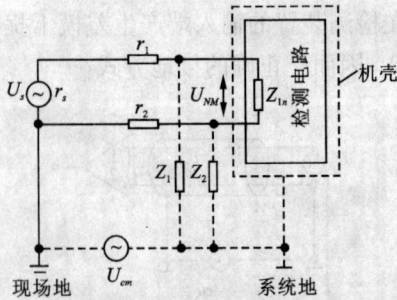

图 17－25　一般浮空方式　　　　图 17－26　浮空加保护屏蔽方式

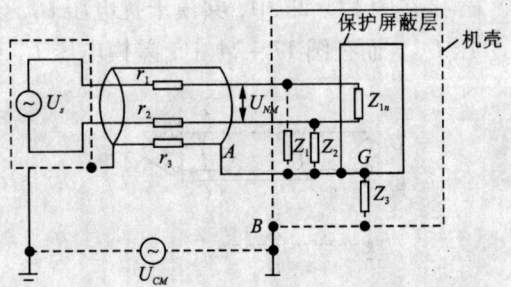

图 17－26 为目前较流行的浮空加保护屏蔽方式。图中,检测电路有两层屏蔽,因检测电路与内层保护屏蔽层不相连接,因此属于浮置输入。信号屏蔽线外皮 A 点接保护屏蔽层 G 点,r_3 为双芯屏蔽线外皮电阻,Z_3 为保护屏蔽层相对机壳的绝缘阻抗,机壳 B 点接地。

共模噪声电压 U_{CM},先经 r_3、Z_3 分压,再由 r_1、r_2、Z_1、Z_2 分压后才形成 UNM,其关系式为:

$$U_{NM} = \frac{r_3}{Z_3 + r_3}\Big[\frac{Z_2 r_1 - Z_1 r_2}{(Z_2 + r_2)(Z_1 + r_1)}\Big] U_{CM} \approx \frac{r_3}{Z_3}\Big[\frac{Z_2 r_1 - Z_1 r_2}{(Z_2 + r_2)(Z_1 + r_1)}\Big] U_{CM}$$

$$(17-14)$$

显然，只要增加屏蔽层对机壳的绝缘电阻，减小相应的分布电容，使得：

$$r_3/Z_3 \leqslant 1 \tag{17-15}$$

成立，则由 U_{CM} 引起的差模噪声 U_{NM} 较式(17-13)有显著的减小。说明浮空加屏蔽的方法是从阻抗上截断了共模噪声电压 U_{CM} 对信号回路的道路。

图 17-26 的结构特点是，信号传输线采用三线传输方式，传输导线使用双绞双芯屏蔽线，屏蔽外皮构成第 3 条线，其电阻 r_3 甚小，它的一端接检测装置的保护层，另一端接信号源(传感器)外壳或现场地。

17.4.4　隔离技术

采用隔离的办法将干扰信号源与测量电路之间的通道切断是一种十分有效的抗干扰措施。常用的隔离方法有变压器耦合和光电耦合等。如图 17-27 所示。

光电隔离是通过光电耦合器实现的。光电隔离具有很强的抗干扰能力。这是因为：

(1)光电耦合器的输入阻抗很小，一般为 $100\Omega \sim 1\text{k}\Omega$ 之间，而干扰源内阻则很大，通常为 $10^5 \sim 10^8 \Omega$，因此，能分压到光耦合器输入端的噪声很小。

(2)干扰噪声虽有较大的电压幅值，但能量小，只能形成微弱电流，而光电耦合器插入部分的发光二极管是在电流状态下工作，即使有很高电压幅值的干扰，也由于不能提供足够的电流而被抑制掉。

(3)光电耦合器是在密封条件下实现输入回路与输出回路的光耦合，不会受到外界光的干扰。

(4)输入回路与输出回路之间分布电容很小，一般仅为 $0.5 \sim 2\text{pF}$，而绝缘电阻很大，通常为 $10^{11} \sim 10^{12} \Omega$。因此，回路一边的干扰很难通过光电耦合器馈送到另一边去。

在传送线较长，现场干扰十分强时，为了提高整个系统的可靠性，可以通过光电耦合器将长线完全"浮置"起来。长线的"浮置"，去掉了长线两端的公共地线，不但有效地消除了各逻辑电路的电流流经公共地线时所产生的噪声电压相互干扰，而且也有效地解决了长线驱动和阻抗匹配等问题，同时也可以在受控设备短路时保护系统不受损坏。

但是，由于光电耦合器的线性度很差，因此，目前主要用于数字信号的隔离。模拟信号光电耦合器的性能也在逐步改善，市场上已有线性光电耦合器出售,其应用前景是十分可观的。

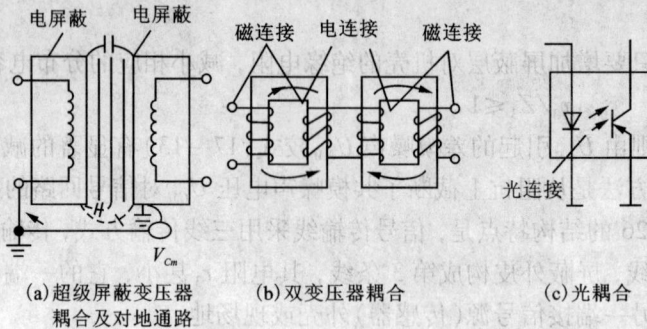

(a)超级屏蔽变压器
耦合及对地通路
(b)双变压器耦合
(c)光耦合

图 17 - 27　常用的隔离方法

17.4.5　滤波技术

滤波器是一种允许某一频带信号通过而阻止某些频带通过的网络,是抑制噪声干扰的最有效手段之一,特别是对抑制经导线耦合到电路中的噪声干扰更显著。

实践表明,通过电源窜入的干扰噪声,往往占有很宽的频带,可以近似从直流到 1000MHz。要想完全抑制这样宽的频率范围的干扰,只采取单一的滤波措施是很难办到的,必须在交流侧和直流侧同时采取滤波措施,而且还要与隔离变压器配合使用,才能收到良好的效果。下面介绍在数据采集系统中广泛使用的各种滤波器。

1. 交流电源进线对称滤波器

一般说来,通过交流电源窜入的干扰信号中,频率在 100MHz 以上的干扰,对工业数据采集装置没有多大影响,而主要的是 100MHz 以下的干扰信号。这些干扰信号是如何产生的呢? 众所周知,工业电网中,有多种电器和设备接入同一供电网络上,因此,瞬变过程是经常发生的,而瞬变过程常会产生大的电压及电流的变化,这不仅使电网波形产生一定程度的畸变,而且通过电源线耦合到各种电路中去,对系统形成干扰信号。为了抑制这种高频噪声干扰,可在交流电源进线端串联一个电源滤波器。图 17 - 28 所示的电源滤波器,可以较有效地抑制频率为中波段的高频噪声干扰的入侵(通常 100MHz 附近的频段)。

常用无源网络滤波器一般由电感和电容滤波 LC 网络或电容 C 网络组成,既可以避免用 RC 网络在 R 上的压降损失,又因是滤除高频干扰,L 的体积可以做得较小,从而获得较高的效率,另一方面,LC 网络又比 C 网络的效果更佳。

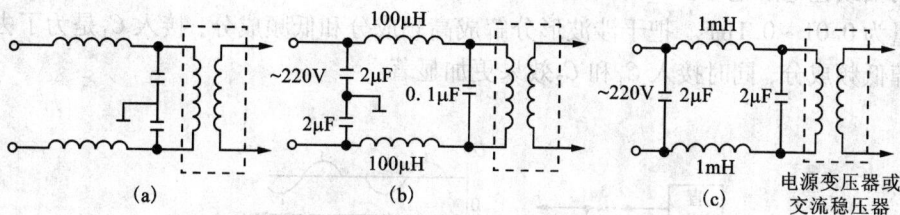

图 17 – 28 抗高频干扰无源滤波器

图 17 – 28(a) 中的数据未标出, 其电感线圈根据变压器初级的电流, 用适当的绝缘导线在磁棒上绕 50 ~ 100 圈, 电容可用 0. 01μF/400V。

图 17 – 29 为低通滤波器电路图。其主要的作用是允许 50Hz 的基波通过, 而滤除高次谐波(通常是 20kHz ~ 100MHz 的频段)。低通滤波器型号有 LD – 2D, LD – 3 型等, 它主要用于计算机或其他数字电子设备的交流电源系统, 它能有效地抑制沿电源线进入设备的电磁干扰, 同时对于由负载产生并向电网反馈的干扰, 也有好的抑制作用。

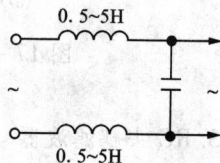

图 17 – 29 低通滤波器

对于滤波器的安装和使用, 注意事项有:

(1)为了防止由于滤波器输入线路和输出线路的感应而导致性能下降, 滤波器的输入及输出线必须用屏蔽电缆或将导线置于金属管中, 电缆外壳或金属管应与滤波器外壳连接, 并且要接地。

(2)在浮地系统中, 滤波器外壳应与设备机架或机箱绝缘, 以防止设备带电。

(3)滤波器接地不仅是为了安全, 主要还在于提高滤波器抑制共模干扰的能力。因此, 在可能情况下, 设备和滤波器均应有可靠的接地装置。在浮地系统中, 滤波器和电网间接入 1:1 的隔离变压器, 然后将滤波器外壳与系统的地可靠连接。

2. 直流电源输出滤波器

在检测装置和数据采集装置中常需要直流电源, 一般都采用直流稳压电源。它不仅可以进一步抑制来自交流电网的干扰, 而且还可以抑制由于负载变化造成直流电压的波动。直流电源往往又是几个电路公用的, 为了削弱公共电源在电路间形成的噪声耦合, 直流电源输出端需加高、低频成分滤波器。常用电路如图 17 – 30 所示, C_1 应为一个大容量的电解电容, 容量为 10 ~ 100μF, 可用铝或钽电解电容。C_2 为高频去耦电容,采用电感量小的云母或陶瓷电容,容量为 0.01 ~ 0.1μF。把干涉波形分解成高频成分和低频成分,接入 C_1 是为了去掉低频成分,同时接入 C_1 和 C_2 效果更加显著。

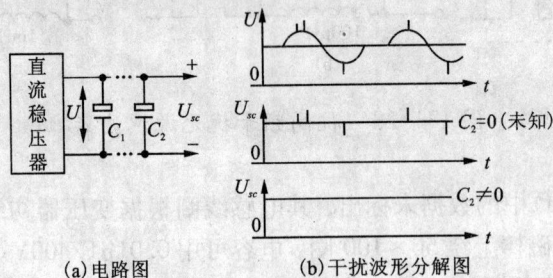

(a)电路图　　　　　　　(b)干扰波形分解图

图 17 – 30　　高低频干扰电压滤波器及波形图

3. RC 去耦滤波器

当一个直流电源对几个电路同时供电时,为了避免通过电源内阻造成几个电路之间互相干扰,应在每个电路电源进线与地线之间加装退耦滤波器,如图 17 – 31 所示。

例如,一个多级放大器,每个放大器之间会通过电源内阻抗产生耦合干扰,故各级放大电路供电必须加入 RC 去耦滤波器。

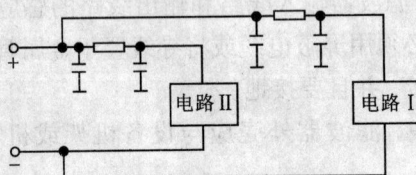

图 17 – 31　　电源退耦滤波器

17.4.6　交流供电系统抗干扰技术

根据分析,计算机系统的干扰有 70% 是从电源耦合进入的,为了提高系统的抗干扰能力,需要重视交流供电系统的设计。

目前,计算机系统大都使用市电 220V,50Hz。然而,不规整的电源本身往往便是一个噪声源,电网中某一设备的负荷突变时,就会在电源线和地线上产生强的脉冲干扰,这种干扰电压的峰值可达几百伏至 2.5kV,其频率为几百赫至 2MHz,电网的冲击,频率的波动将直接影响系统的可靠性和稳定性,甚至由于电网的冲击还会给整个系统带来毁灭性的破坏。因此,在工业电网和计算机之间，需要设计合理的交流供电系统，使具有强的抗干扰能力。

根据统计资料，计算机系统受干扰的总次数中，有 70% 是从电源耦合进来的，为了提高系统的抗干扰能力，需要重视交流供电系统的设计。

1. 典型的交流供电系统方案之一

系统图如图 17 − 32 所示。

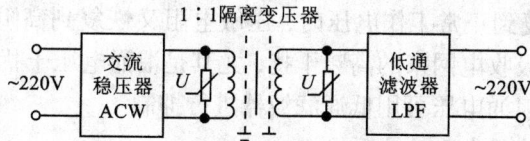

图 17 − 32　抗干扰供电系统方案之一

（1）交流稳压器 ACW。交流稳压器通常采用交流磁饱和型，按照铁磁谐振原理制成，它兼有变压和稳压两个作用。采用它可以消除交流电网电压的缓慢波动对系统造成的不良影响，也具有强的抑制电网干扰的能力。目前，又新开发了开关型 ACW，它具有更强的抗干扰功能。

（2）1:1 隔离变压器。为了把系统和工业电网隔离开来，消除因公共地电阻引起的耦合，常在电源变压器和低通滤波器之间插入一个 1:1 的隔离变压器。隔离变压器常用双屏蔽型，不但将原、副方电压的"地"隔离开来，减少交流电压波动通过地电阻的影响，同时亦起静电屏蔽作用，从而大大减少窜入干扰。屏蔽层接"地"还是接"零"的问题，要具体分析，较好的方案是一个接电源的地线，一个接系统专用地线。由于初、次级的屏蔽层分别接地，这就实现了噪声信号的隔离，整个隔离变压器放在一个铁壳内，以减少磁场干扰的影响。隔离变压器另一种接地方案如图 17 − 33 所示。

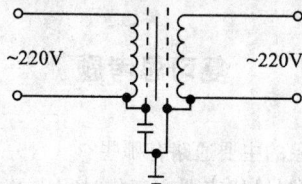

图 17 − 33　隔离变压器接地方案之一

隔离屏蔽层是用漆包线或铜等非导线磁材料绕一层，但电气上不能短路，然后引出一个头以便接地之用。初、次级间的静电屏蔽层各与初、次级的零电位线相接,再用电容耦合入地。

(3)压敏电阻。压敏电阻亦称非线性电阻器。当外加电压低于其临界电压时,即一般正常工作电压,压敏电阻呈高阻状态,流入它的电流极小,实际上只有 mA 数量级的漏电流,相当于开路。而当电压达到临界值(特别是过电压之后),压敏电阻即迅速变为低阻抗,电流急剧上升,电阻急剧下降,过电压以入电电流的形式被压敏电阻吸收,相当于过电压的部分被短路。而当浪涌过电压过后,电路恢复到正常工作电压时,压敏电阻又恢复到高阻状态。可见,可以用压敏电阻来吸收电网来的高频干扰,尤其是浪涌电压干扰。经压敏电阻吸收后残存的部分浪涌电压可用低通滤波器进行抑制。

2. 典型的交流供电系统方案之二

图 17-34 为带有分布参数低通滤波器 FCL 的供电系统方案。这也是实用的微型机实时控制系统的供电系统方案。

为了避免 DL 中的磁芯在干扰脉冲的幅度很大时发生磁饱和现象,使电感元件几乎完全失去抗干扰作用,在 DL-3A 前面加入一个分布参数电源低通滤波器 FCL,它由一捆约 50m 长的双扭导线组成,其工作原理是靠两根导线之间及各匝导线之间存在的分布参数(分布电感和电容)对流过它的低频市电进行滤波,因为它不存在磁芯,所以不会产生磁饱和现象。从而,使伴随在低频市电上的各种干扰,通过它之后都会受到大的衰减,甚至滤除,保证 DL 中的电感元件一直工作在非饱和状态,能充分发挥作用。

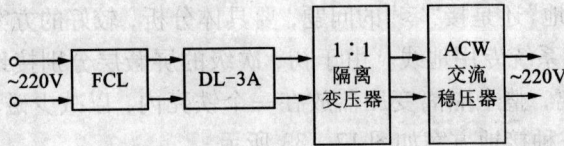

图 17-34　抗干扰供电系统方案之二

复习思考题

1. 干扰信号进入被干扰对象的主要通路有哪些?
2. 试分析一台你所熟悉的测量仪表器在工作过程中经常受到的干扰及应采取的防护措施。
3. 什么是共模干扰、差模干扰、共模性能抑制比?抑制干扰影响的主要途径有哪些?
4. 说明交流供电系统的干扰形成条件和方式,设计一个抗干扰的交流供电系统。
5. 简述常见噪声源的种类及主要特点。

主要参考文献

[1] 陈润泰等. 检测技术与智能仪表(修订版). 长沙:中南大学出版社,2008

[2] 杨欣荣等. 智能仪器原理、设计与发展. 长沙:中南大学出版社,2003

[3] 金伟等. 现代检测技术(第2版). 北京:北京邮电大学出版社,2006

[4] 徐科军等. 传感器与检测技术. 北京:电子工业出版社,2004

[5] 张宝芬. 自动检测技术及仪表控制系统. 北京:化学工业出版社,2000

[6] 刘迎春等. 传感器原理设计与应用(第4版). 长沙:国防科技大学出版社,2002

[7] 张宏建. 现代检测技术. 北京:化学工业出版社,2007

[8] 宋文绪等. 传感器与检测技术. 北京:高等教育出版社,2004

[9] 戚新波等. 检测技术与智能仪器. 北京:电子工业出版社,2005

[10] 赵茂泰等. 智能仪器原理及应用(第2版). 北京:电子工业出版社,2004

[11] 刘迎春等. 现代新型传感器原理与应用. 北京:国防工业出版社,2002

[12] 王元庆. 新型传感器原理与应用. 北京:机械工业出版社,2002

[13] 朱名铨. 机电工程智能检测技术与系统. 北京:高等教育出版社,2002

[14] 蔡萍等. 现代检测技术与系统. 北京:高等教育出版社,2002

[15] 刘君华. 智能传感器系统. 西安:西安电子科技大学出版社,1999

[16] 蒋敦斌,李文英. 非电量测量与传感器应用. 北京:国防工业出版社, 2004

[17] 林金泉. 自动检测技术. 北京:化学工业出版社,2003

[18] 马西泰,徐振中. 自动检测技术. 北京:机械工业出版社,2003

[19] 黄贤武等. 传感器原理与应用. 合肥:电子科技大学出版社,2004

[20] 王化祥等. 传感器原理及应用. 天津:天津大学出版社,1998

[21] 余成波. 传感器与自动检测技术. 北京:高等教育出版社,2004

[22] 刘君华. 现代检测技术与测试系统设计. 西安:西安交通大学出版社,2000

[23] 王绍纯. 自动检测技术(第2版). 北京:冶金工业出版社,1995

[24] 贾伯年等. 传感器技术. 南京:东南大学出版社,2007

[25] 曹天才等. 检测技术与应用. 长沙:中南大学出版社, 2009

[26] 周继明,池也明. 传感技术与应用(第2版). 长沙:中南大学出版社, 2009

图书在版编目(CIP)数据

检测技术与智能仪表/罗桂娥等主编.—3 版.—长沙:
中南大学出版社,2009
(21 世纪电工电子学课程系列教材)
ISBN 978-7-81105-982-3

Ⅰ.检... Ⅱ.罗... Ⅲ.①检测 – 技术 – 高等学校 – 教材
②传感器 – 高等学校 – 教材 Ⅳ.TP274

中国版本图书馆 CIP 数据核字(2009)第 183726 号

检测技术与智能仪表
(第 3 版)

主 编 罗桂娥
副主编 陈革辉

□责任编辑 肖梓高
□责任印制 汤庶平
□出版发行 中南大学出版社
　　　　　社址:长沙市麓山南路　　　邮编:410083
　　　　　发行科电话:0731-88876770　　传真:0731-88710482
□印　　装 长沙市华中印刷厂

□开　　本 730×960　1/16　□印张 22.25　□字数 405 千字
□版　　次 2009 年 11 月第 3 版　□2009 年 11 月第 1 次印刷
□书　　号 ISBN 978-7-81105-982-3
□定　　价 42.00 元